北京市市级职工创新工作室
河北省土木工程灾变控制与灾害应急重点实验室　联合资助

建筑工程测量技术与应用

苏中帅　江培华　李佳慧　孟宪磊　编著

中国建筑工业出版社

图书在版编目（CIP）数据

建筑工程测量技术与应用 / 苏中帅等编著. — 北京：
中国建筑工业出版社，2022.12（2023.6重印）
ISBN 978-7-112-27725-4

Ⅰ. ①建… Ⅱ. ①苏… Ⅲ. ①建筑测量 Ⅳ.
①TU198

中国版本图书馆 CIP 数据核字（2022）第 143561 号

本书共两篇，第一篇建筑工程测量技术理论部分，介绍了测绘学的基本概念和建筑工程测量技术，包括：测绘学基础、水准测量、角度测量、距离测量、坐标测量、全球卫星导航定位技术、无人机摄影测量技术、工程控制测量、地形图测绘及方法、建筑工程测量、建筑工程变形监测等内容；第二篇建筑工程测量应用案例部分，重点介绍了建筑工程测量技术在建筑工程施工、线路工程、地下工程等不同类型工程项目中的应用，选取部分有代表性的工程进行应用案例介绍。

本书可供本科生、研究生、高校教师和相关工程技术人员使用。

责任编辑：高　悦　范业庶
责任校对：李美娜

建筑工程测量技术与应用

苏中帅　江培华　李佳慧　孟宪磊　编著

*

中国建筑工业出版社出版、发行（北京海淀三里河路 9 号）
各地新华书店、建筑书店经销
北京红光制版公司制版
建工社（河北）印刷有限公司印刷

*

开本：787 毫米×1092 毫米　1/16　印张：20¾　字数：516 千字
2022 年 8 月第一版　　2023 年 6 月第二次印刷
定价：**85.00** 元
ISBN 978-7-112-27725-4
（39900）

本书编审委员会

编著　苏中帅　江培华　李佳慧　孟宪磊
主审　段红志　徐　伟　陈硕晖　秦　杰
编委　齐　菲　唐高生　王　栋　于风彬　夏宝东

前　　言

经过 70 多年的持续奋斗，我国的基础设施建设发展迅速取得了举世瞩目的成就。建筑工程建设离不开建筑工程测量，建筑工程测量是利用现代测绘地理信息技术为建筑工程建设全生命周期提供技术支撑，涉及建筑工程建设在勘测设计、施工建设及运营管理的各个阶段。

本书共两篇，第一篇建筑工程测量技术理论部分，介绍了测绘学的基本概念和建筑工程测量技术，包括：测绘学基础、水准测量、角度测量、距离测量、坐标测量、全球卫星导航定位技术、无人机摄影测量、工程控制测量、地形图测绘及方法、建筑工程测量、建筑工程变形监测等内容；第二篇建筑工程测量应用案例部分，重点介绍了建筑工程测量技术在建筑工程施工、线路工程、地下工程等不同类型工程项目中的应用，选取部分有代表性的工程进行应用案例介绍。

本书共二十一章，其中第一章、第十一章由北京市第三建筑工程有限公司苏中帅撰写，第二章、第五章、第八章、第十章、第十七章、第十九章、第二十章由华北科技学院江培华撰写，第六章、第七章、第九章、第十三章、第十八章、第二十一章由华北科技学院李佳慧撰写，第十五章由北京市第三建筑工程有限公司孟宪磊撰写，第四章由北京市第三建筑工程有限公司齐菲撰写，第三章由北京市第三建筑工程有限公司唐高生撰写，第十二章由北京市第三建筑工程有限公司王栋撰写，第十六章由北京市勘察设计研究院有限公司于风彬撰写，第十四章由北京市第三建筑工程有限公司夏宝东撰写。全书由苏中帅、江培华负责统稿，并对文字内容进行了校核与修改。

本书由北京市测绘设计研究院副总工程师段红志、北京市第三建筑工程有限公司测量大师徐伟、北京市第三建筑工程有限公司总工程师陈硕晖、华北科技学院秦杰教授共同主审，并对书稿提出了许多宝贵意见和建议，特致谢意。

本书撰写过程中引用和借鉴了大量相关文献和资料，在此向相关作者表示衷心感谢。

由于笔者水平有限，书中难免存在不妥之处，敬请读者批评指正。

2022 年 5 月

目　录

第一篇　建筑工程测量技术理论

第一篇 建筑工程测量技术理论

第一章 测绘学基础

第一节 测绘学与工程测量概述

一、测绘学的基本内容及作用

测绘科学是一门研究如何确定地球的形状和大小及地面、地下和空间各种物体的几何形态及其空间位置关系的科学。其任务概括起来主要有三个方面：一是精确地测定地面点的位置及地球的形状和大小；二是将地球表面的形态及其他相关信息制成各种类型的二、三维成果；三是进行经济建设和国防建设所需要的其他测绘工作，如地籍测量、城市规划测量、GPS 导航图测绘等。测绘被广泛用于陆地、海洋和空间的各个领域，对国土规划整治、经济和国防建设、国家管理和人民生活都有重要作用，是国家建设中的一项先行性、基础性工作。在各行各业中起着非常重要的作用。

在国民经济和社会发展规划中，测绘信息是最重要的基础信息之一。例如，以地形图为基础，补充农业专题调查资料编制的各种专题地图，可以从中了解到各类土地利用现状、土地变化趋势，了解到交通、工业、农田、林地、城镇建设等内容，是规划的重要依据。

在各种工程建设中，测绘是一项重要的前期工作。无论是公路、铁路，还是各种大中小型的建筑施工，在设计之前都要求提供准确无误的地形图，以便作为设计的依据。即使在工程施工中，为了保证施工精度和质量，也需进行施工测量，因而测绘是各种工程建设中的一个重要组成部分。

在军事活动以及国防建设中，军事测量和军用地图的作用更是特别重要，例如导弹、各种空间武器、人造卫星、航天器的发射等，要保证其精确入轨，除了应测算出发射点和目标点的精确坐标、方位、距离外，还必须掌握地球形状、大小的精确数据和有关地域的重力场资料。另外，国家陆海边界和其他管辖区的精确测绘，对保卫国家领土完整也具有重要意义。

在国家各级管理工作中，从工农业生产建设的计划组织和指挥，土地与地籍管理，交通、邮电、商业、文教卫生和各种公用设施的管理，直到社会治安等各个方面，测量和地图资料已成为不可缺少的重要工具。

在发展地球科学和空间科学等现代科学技术方面，测绘工作也起着非常重要的作用。对地表形态和地面重力的变化进行分析研究，可以探索地球内部的构造及其变化；对地表形态变化的分析研究，可以追溯各个历史时期地球大气圈、生物圈各种因素的变化；对地表及岩层的探测，可以用来预测预报地震的发生。

二、测绘学的分类

测绘学研究内容广泛，它和其他科学一样都是随着人们生产实践的需要而产生的，并随着社会生产和科学技术的发展而发展的。测绘学是测绘科学技术的总称，随着测绘学研究的深入和各学科研究的相互渗透，测绘学在发展中产生了许多分支并形成了相对独立的学科。一般可分为：大地测量学、地形测量学、工程测量学、摄影测量学、地图制图、海洋测绘等。

1. 大地测量学

大地测量学是以地球表面广大区域为研究对象，研究和测定地球形状、大小和地球重力场，以及测定地面点几何位置的学科。大地测量学中测定地球的大小，是指测定地球椭球的大小；研究地球形状，是指研究大地水准面的形状；测定地面点的几何位置，是指测定以地球椭球面为基准面的地面点的位置。其方法是将地面点沿法线方向投影于地球椭球面上，用投影点在椭球面上的大地纬度和大地经度表示该点的平面位置，用地面点至投影点的法线距离表示该点的大地高程。地面点的几何位置也可以用一个以地球质心为原点的空间直角坐标系中的三维坐标来表示，这时必须考虑地球的曲率，因而在理论和方法上较严密复杂。

大地测量学为地球科学、空间科学、地震预报、陆地变迁、地形图测绘及工程施工提供控制依据。若只以国家三、四等控制为研究内容并为地形图测绘和施工测量提供控制基础，这种大地测量学称为控制测量学。现代大地测量学包括几何大地测量学、物理大地测量学和卫星大地测量学三个主要部分。大地测量为地形测图和大型工程测量提供了基本的水平控制和高程控制，为空间科学技术和军事活动提供精确的点位坐标、距离、方位及地球重力场资料，为研究地球形状及大小、地壳变形及地震预报等科学问题提供重要数据。

2. 地形测量学

地形测量也叫作普通测量，是测绘科学的一个基础部分，它是研究测绘地形图的基本理论、技术和方法的一门学科。它通过航空摄影或陆地摄影测量内、外业或地形测量手段，按一定比例尺，依据测图规范要求，用规定的图式符号注记，将地面上的地形及有关数据、信息测绘于图面，制成地形图。我国国家地形图的基本比例尺系列规定为1：1万、1：2.5万、1：5万、1：10万、1：25万、1：50万、1：100万等。工程上常用的大比例尺地形图可分为1：500、1：1000、1：2000、1：5000等。随着科学技术不断发展，目前多采用数字化成图、遥感成图及三维立体扫描成图技术，大大加快了成图速度，提高了成图精度。

3. 工程测量学

工程测量学是主要研究工程建设在勘察设计、施工和运营管理阶段所进行的各种测量工作的学科。按其性质可分为：规划、勘察设计阶段的控制测量和地形测量；施工阶段的施工测量和设备安装测量；营运、管理阶段的变形观测和维修保养测量。根据工程建设对象的不同分为：矿山测量、建筑施工测量、道路施工测量、水利测量等。

4. 摄影测量学

摄影测量学是利用摄影或遥感的手段获取被测物体的信息，经过对图像的处理、量测、解译和研究，以确定被测物体的形状、大小和位置，并判断其性质的一门学科。按获取像片的方法不同，分为地面立体摄影测量学和航空摄影测量学。摄影测量主要用于测制地形图，它的原理和基本技术也适用于非地形测量。自从出现了影像的数字化技术以后，被测对象可以是固体、液体，也可以是气体；可以是微小的，也可以是巨大的；可以是瞬时的，也可以是变化缓慢的。只要能够摄得影像，就可以使用摄影测量的方法进行测量。

这些特性使摄影测量方法得到广泛的应用。用摄影测量的手段成图已成为当今大面积地形图测绘的主要方法。摄影测量发展很快,特别是与现代遥感技术相结合使用的光源,可以是可见光或近红外光,现在已发展为在电磁波等其他范围内得到构像,其运载工具可以是飞机、卫星、宇宙飞船及其他移动平台。因此,摄影测量与遥感已成为非常活跃和富有生命力的一个独立学科。

5. 地图制图

地图制图是主要研究地图及其制作的理论、工艺与应用的学科。它是运用测量成果或经过处理的信息,研究制版、印刷和出版地图等工艺的过程和方法。随着科学技术的发展,目前采用全站仪进行数据采集,运用计算机进行处理,并用 GIS 等软件自动完成地形图或其他专题图的绘制工作,大大提高了出图效率和精度。

地图一般可分为普通地图和专题地图。在地图制图技术方面,有机助制图、快速复印、地图缩微等。

6. 海洋测绘

海洋测绘是主要研究海洋以及陆地水域及水下地貌的一门综合性测绘工作,是测绘科学发展的一个重要分支,包括海洋大地测量、水深测量、海岸地形测量、海洋重力测量、海洋工程测量和海图制图等内容。

随着社会发展和科学技术的进步,测绘的内容不断丰富,测绘的手段不断提高,分类也在不断完善。例如近年来又出现了卫星定位测量技术等先进测绘技术。

三、工程测量的基本任务

随着科学技术的日益发展,测绘科学在国民经济建设和国防建设中的作用也将日益增大。测绘工作常被人们称为是建设的尖兵,不论是国民经济建设还是国防建设,在每一项工程的勘测、设计、施工、竣工以及保养维修等阶段都离不开测绘工作,而且都要求测绘工作走在前面。建筑领域同样离不开测绘工作,从建筑工程的特点来看建筑工程测量的内容大体包括两个方面:测定和测设。测定是指利用测量仪器和工具,通过一系列的观测和计算,获得确定地面点位置的数据,或把将要建设区域的地形测绘成一定比例的地形图,供建筑工程规划和设计时使用;测设是指把图纸上设计好的建筑物或构筑物的位置,按照设计与施工的要求在地面上标定出来,作为施工的依据。具体来说,建筑工程测量有以下几方面的任务。

1. 测绘大比例尺地形图

把将要进行工程建设地区的各种地物(如房屋、道路、铁路、森林植被与河流等)和地貌(地面的高低起伏,如山头、盆地、丘陵与平原等)通过外业实际观测和内业数据计算整理,按一定的比例尺绘制成各种地形图、断面图,或用数字表示出来,为工程建设的各个阶段提供必要的图纸和数据资料。

2. 建(构)筑物的施工放样

将图纸上设计好的建筑物或构筑物,按照设计与施工的具体要求在实地标定出来,作为施工的依据。另外,在建筑物施工和设备安装过程中,也要进行各种测量工作,以配合指导施工,确保施工和安装的质量。

3. 竣工总平面图的绘制

为了检查工程施工、定位质量等,在工程竣工后,必须对建(构)筑物、各种生产生活管道等设施，特别是对隐蔽工程的平面位置和高程位置进行竣工测量，绘制竣工总平面图。为建（构）筑物交付使用时的验收以及以后的改（扩）建和使用中的检修提供必要资料。

4. 建筑物的沉降、变形观测

在建筑物施工和运营阶段，为了监测其基础和结构的安全稳定状况，了解设计施工是否合理，必须定期地对其位移、沉降、倾斜以及摆动进行观测，为鉴定工程质量、工程结构和地基基础研究以及建筑物的安全保护等提供资料。

总之，建筑工程测量在城乡规划、工业与民用建筑、土地、地下工程、给水排水、建筑学等专业领域有着重要的作用。

第二节　地球的形状和大小

一、地球的自然形体

地球自然表面的形状是极其复杂的，要将地面上的各种物体（称为地物）和地面的高低起伏的形态（称为地貌）用特定的符号表示在图纸上，就需要在地物和地貌的轮廓线上选择一些具有表形特征的点，只要将这些点测绘到图纸上，就可以参照实地情况比较准确地将地物、地貌描绘出来而得到地形图。

通过长期的测绘实践和科学调查，人们发现地球表面海洋面积约占 71%，陆地面积约占 29%。有高达 8848.86m 的珠穆朗玛峰，也有深达 11022m 的马里亚纳海沟。但这样的高低起伏相对于庞大的地球而言仍是微小的，其总的形状是接近于两极稍扁的椭球体。

二、水准面与大地水准面

我们可以把地球总的形状看作是被海水包围起来的球体，也就是设想有一个静止的海水面延伸穿过大陆和岛屿后形成封闭的曲面，把这个封闭的曲面称为水准面。

水准面有无数多个，其中通过平均海水面的水准面叫作大地水准面，如图 1-1 所示，它是一个封闭的曲面，并处处与铅垂线垂直，它所包围的地球形体称为大地体。过水准面上任意一点与水准面相切的平面称为水平面。

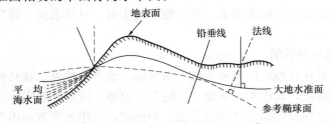

图 1-1　大地水准面

地球上的任一点，都同时受到两个力的作用，一个是地球自转产生的离心力，另一个是地心引力，这两个力的合力称为重力。重力的作用线称为铅垂线，它是外业测量工作的基准线，而大地水准面又是外业测量工作的基准面。

由于地球内部质量分布不均匀引起的铅垂线方向的变化，使大地水准面成为一个十分复杂而又不规则的曲面，在这个曲面上是无法进行数学计算的。在实用上，常用与其逼近的地球椭球体的表面代替大地水准面，以便把测量结果归算到地球椭球体上进行计算和绘图。

三、地球椭球体

测量工作是在地球表面上进行的，测量成果又需要归算到一定的平面上，才能进行计算与绘图，因此首先应当对地球的形状和大小有所了解。地球自然表面高低起伏，是一个表面形状极不规则的球体。可以近似采用椭球体来代替地球的基本形状，称为地球椭球体（图1-2），它与大地水准面不完全一致（椭球体上的法线与大地水准面上的铅垂线之间有偏差，称为垂线偏差δ），致使有的地方稍高一些，有的地方稍低一些，但其差数一般不超过±150m，地球椭球体的形状和大小，由长半轴a、短半轴b和扁率$\alpha = \dfrac{a-b}{a}$来表示。

我国1952年前采用海福德椭球，从1953年起采用克拉索夫斯基椭球。1980年国家大地坐标系采用了1975年国际椭球参数，其数值为$a = 6378140$m，$b = 6356755.3$m，$\alpha = \dfrac{1}{298.257}$。

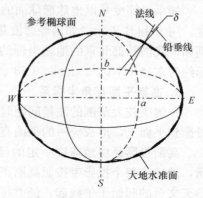

图1-2　地球椭球

由于地球椭球体的扁率很小，十分接近于圆球，因此在建筑工程测量中可以当成圆球体来看待，半径采用与椭球等体积的球体半径，即取地球椭球体三个半径的平均值：

$$R = \frac{a+a+b}{3} = 6371\text{km}$$

第三节　测量坐标系与地面点位的确定

测量的基本工作是确定地面特征点的位置，在数学上，一个点的空间位置，一般用它在三维空间直角坐标系中的x、y、z三个量来表示，测量上也采用同样的方法来确定点的空间位置，即确定一点在平面上的位置（平面直角坐标）和该点到大地水准面的垂直距离（高程）。

一、平面坐标系统

1. 大地坐标系（地理坐标系）

地面点在地球椭球面上的投影位置，通常是用经度和纬度表示的，那么某点的经纬度称为该点的地理坐标。

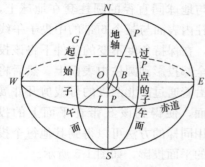

图1-3　地理坐标系

如图1-3所示，NS为地球的自转轴，称为地轴。地球的中心O称为球心，地轴与地球表面的交点N、S分别称为北极和南极。通过地轴和地球表面上任意点P的平面称为P点的子午面。它与地球表面的交线称为子午线或经线。其中通过英国格林尼治天文台的子午面叫作起始子午面，相应的子午线叫作起始子午线。垂直于地轴的平面与地球表面的交线称为纬线。通过球心且垂直于地轴的平面称为赤道面，赤道面与地球表面的交线称为赤道。

过地面上任意一点 P 的子午面与起始子午面所夹的二面角，称为 P 点的经度，用 L 表示，由起始子午面向东量 $0° \sim 180°$ 称为东经，向西量 $0° \sim 180°$ 称为西经。过 P 点的铅垂线与赤道平面的夹角称为 P 点的纬度，用 B 表示，其中，赤道以北 $0° \sim 90°$ 称为北纬，以南 $0° \sim 90°$ 称为南纬。

如果经纬度是以地球椭球面的法线为依据，用大地测量的方法来确定的称为大地经纬度，用 L 和 B 表示。如果经纬度是用天文观测得到的，称为天文经纬度，用 λ 和 ϕ 表示。例如，我国首都北京的地理坐标约为东经 $116°17'$、北纬 $39°55'$；河北省三河市的地理坐标约为东经 $117°04'$、北纬 $39°58'$。

2. 高斯平面直角坐标系

在解决较大范围的测量问题时，应将地面上的点投影到椭球体面上，再按一定的条件投影到平面上，形成统一的平面直角坐标系，通常采用高斯投影的方法来解决这一问题。

高斯投影是将地球按一定的经度差（如每隔 $6°$）划分成若干个投影带，如图 1-4 所示，然后将每个投影带按照高斯正形投影条件投影到平面上。投影带是从通过英国格林尼治天文台的起始子午线起，经差每隔 $6°$ 为一带（称为 $6°$ 带），自西向东将整个地球分为 60 个投影带，带号从起始子午线起向东，用阿拉伯数字 1、2、3、…、60 表示。位于各投影带中央的子午线称为该带的中央子午线，第 N 个投影带的中央子午线的经度 L_0 为：

$$L_0 = 6N - 3 \tag{1-1}$$

式中，N 为投影带的带号。

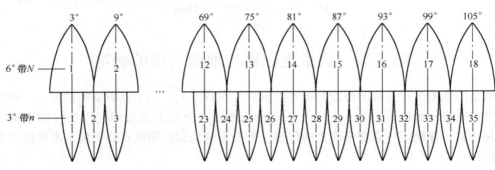

图 1-4 地球分带和高斯投影

分带以后，每一个投影带仍是一个曲面，为了能用平面直角坐标表示点的位置，必须将每个曲面按高斯正形投影条件转换成平面。基本方法是：把地球当作圆球看待，设想把一个与地球同直径的圆柱套在地球上，使圆柱内表面与某个 $6°$ 带的中央子午线相切，在保持角度不变的条件下将该投影带全部投影到圆柱内表面上。然后将圆柱沿着通过南北两极的母线剪开并展成平面，便得到该 $6°$ 带在平面上的投影。用同样的方法可以得到其他每个投影带的平面投影，如图 1-5 所示。

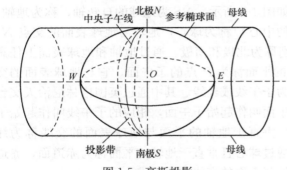

图 1-5 高斯投影

投影以后，在高斯平面上，每带的

中央子午线和赤道的投影成相互垂直的直线，取每带的中央子午线为坐标纵轴（X 轴），赤道为横轴（Y 轴），它们的交点 O 为坐标原点，纵轴向北为正方向，横轴向东为正方向，从而组成投影带的高斯平面直角坐标系，在其投影带内的每一点都可以用平面坐标 x、y 值来表示。由于我国位于北半球，纵坐标 x 值均为正值。为了使每带的横坐标 y 不出现负值，在测量中规定每带的中央子午线的横坐标都加上 500km，也就是把纵坐标轴向西移 500km，如图1-6 所示。

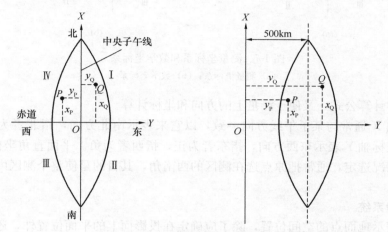

图 1-6 测量平面坐标值的构成

如上所述，每带都有相应的直角坐标系。为了区别不同投影带内的点的坐标，规定在横坐标值前加注投影带号，这种增加 500km 和带号的横坐标值称为通用坐标值；未加 500km 和带号的横坐标值称为自然坐标值。例如，Q、P 两点位于第 36 带内，其横坐标的自然坐标值为 $Y_Q = +36210.14\text{m}$，$Y_P = -41613.07\text{m}$。将 Q、P 两点横坐标的自然值加上 500km，并加注带号后便得到横坐标的通用坐标值，即 $Y_Q = 36536210.14\text{m}$，$Y_P = 36458386.93\text{m}$。

我国规定分别采用 6° 带和 3° 带两种投影带。在高斯平面直角坐标系中，离中央子午线越近的区域其长度变形越小，离中央子午线越远的部分其长度变形越大。在工程和城市测量中要求长度变形较小时，应采用高斯投影 3° 带坐标系。3° 带是从东经 1°30′ 起，每隔经差 3° 划分一带，将整个地球划分为 120 个投影带。3° 带中的单数带的中央子午线与 6° 带的中央子午线重合，而双数带的中央子午线则与 6° 带的边界子午线重合。3° 带中央子午线的经度 L_0 可按式（1-2）计算：

$$L_0 = 3n \tag{1-2}$$

式中，n 为 3° 带的带号。

3. 测量坐标系与数学坐标系的区别和联系

在小范围内（如较小的建筑区域或厂矿区等）进行测量时，由于测量区域较小又相对独立，可以把球面当作平面来看待。地面点在水平面内的铅垂投影位置，可以用在该平面内的假定坐标系中的 x、y、z 三个量来表示。

测量中所用的平面直角坐标和数学中的相似，只是坐标轴互易，而象限顺序相反（图1-7）。测量工作中规定所有直线的方向都是从坐标纵轴北端顺时针方向度量的，这样

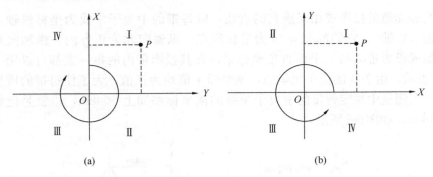

图 1-7　测量坐标系和数学坐标系

(a) 测量坐标系；(b) 数学坐标系

既不改变数学计算公式，又便于测量上的方向和坐标计算。

坐标纵轴 X 通常与某子午线方向一致，以它来表示南北方向，指北者为正，指南者为负；以横坐标轴 Y 表示东西方向，指东者为正，指西者为负。平面直角坐标系的原点，可以按实际情况选定，通常把原点选在测区的西南角，其目的是使整个测区内各点的坐标均为正值。

二、高程系统

如果要表示地面点的空间位置，除了应确定在投影面上的平面位置外，还应确定它沿投影方向到基准面的距离。在一般测量工作中都以大地水准面作为基准面，把某点沿铅垂方向到大地水准面的距离，称为该点的绝对高程或海拔，简称高程，如图 1-8 所示，一般用符号 H 表示高程，如图中 A、B 点的绝对高程用 H_A 和 H_B 表示。如果是距任意一个水准面的距离，则称为相对高程，如 H'_A 和 H'_B。我国的绝对高程是以青岛验潮站历年记录的黄海平均海水面为基准，并在青岛市建立了水准原点，其高程为 72.260m（称为 1985 国家高程基准），全国各地点的高程都以它为基准测算。

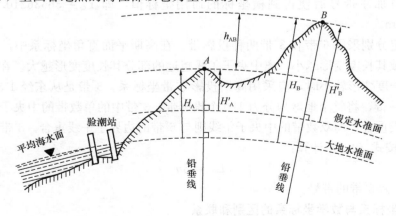

图 1-8　地面点的高程

地面上两点间的高程差称为两点间的高差，用 h 表示，高差有正、负之分。例如 A、B 两点的高差 h_{AB} 为：

$$h_{AB} = H_B - H_A \tag{1-3}$$

当 h_{AB} 为正时，说明 B 点高于 A 点，当 h_{AB} 为负时说明 B 点低于 A 点，当 h_{AB} 为零时

说明两点在同一水准面上（高程值相等）。

当使用绝对高程有困难时，可采用任意假定的水准面作为高程起算面，即为相对高程或假定高程。在建筑工程中所使用的标高，就是相对高程，它是以建筑物地坪（±0.000面）为基准面起算的。不论采用绝对高程还是相对高程，其高差值是不变的，均能表达两点间的高低相对关系。例如：

$$h_{AB} = H_B - H_A = H'_B - H'_A \tag{1-4}$$

三、我国常用坐标系统

1. 1954 北京坐标系

20 世纪 50 年代，在我国天文大地网建成初期，鉴于当时的历史条件，我国采用了克拉索夫斯基椭球元素（$a = 6378245\text{m}$，$\alpha = 1/298.3$），与苏联 1942 年普尔科沃坐标系联测，通过计算建立了我国的大地坐标系统，即 1954 北京坐标系。该坐标系起始点在我国东北边境的呼玛、吉拉林、东宁三个基线网。其原点在苏联的普尔科沃。

2. 1980 西安坐标系

1980 西安坐标系的原点在陕西省泾阳县永乐镇，其建筑物包括标石，观测楼、投影亭等。原点标石是一块整块花岗岩，中心镶有玛瑙标志，安放在地面以下 4m 深处。观测楼大厅中央装有"中华人民共和国大地原点"大理石标牌，底层有重力观测室。观测楼分内外架两部分，内架是 24m 高的空心水泥柱，供安放仪器之用，外架是用 8 根水泥柱组成的八面体，其间装有玻璃。该大地坐标系统采用 1975 年国际大地测量与地球物理联合会第十六届大会推荐数据，$a = 6378140\text{m}$，$\alpha = 1/298.257$。

3. 2000 国家大地坐标系

我国自 2008 年 7 月 1 日起启用 2000 国家大地坐标系（China Geodetic Coordinate System 2000，CGCS2000）。2000 国家大地坐标系是由 2000 国家 GPS 大地控制网、2000 国家重力基本网及国家天文大地网联合平差获取的三维地心坐标系统，其参考历元为 2000.0。CGCS2000 是右手地固直角坐标系。原点在地心，Z 轴为国际地球自转服务局（IERS）的参考极（IRP）方向，X 轴为 IERS 的参考子午面（IRM）与垂直于 Z 轴的赤道面的交线，Y 轴、Z 轴和 X 轴构成右手坐标系。

四、WGS-84 坐标系

WGS-84 坐标系统的全称是 World Geodetic System-84（1984 世界大地坐标系），它是一个地心地固坐标系统。WGS-84 坐标系统由美国国防部制图局建立，于 1987 年取代了当时 GPS（Global Positioning System）所采用的坐标系统——WGS-72 坐标系统，而成为 GPS 所使用的坐标系统。

WGS-84 坐标系的几何定义是：坐标系的原点是地球的质心，Z 轴指向 BIH1984.0 定义的协议地球极（CTP）方向，X 轴指向 BIH1984.0 的零度子午面和 CTP 赤道的交点，Y 轴和 Z、X 轴构成右手坐标系，如图 1-9 所示。

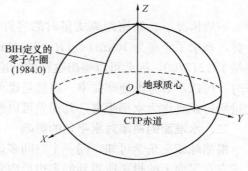

图 1-9 WGS-84 坐标系

第四节　用水平面代替水准面的限度

在实际测量工作中，在一定的测量精度要求或测区面积不大的情况下，往往以水平面直接代替水准面，就是把较小一部分地球表面上的点投影到水平面上来确定其位置。那么在多大范围内才能允许用水平面代替水准面呢？下面就其对距离、角度和高程的影响进行分析（为了方便，假设地球是一个圆球体）。

一、水准面的曲率对水平距离的影响

如图 1-10 所示，DAE 为水准面，AB 是水准面上的一段弧，弧的长度是 S，所对应的圆心角为 θ，地球半径为 R，过水准面上的 A 点作切平面，即 A 点的水平面。如果用 A 点的水平面来代替水准面，那么 AC 直线（长度为 t）就代替了 AB 弧，则在距离方面就会产生误差 ΔS，由图可知：

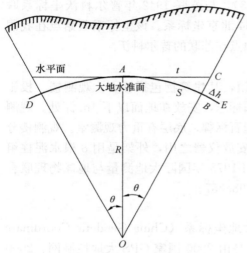

图 1-10　水平面代替大地水准面

$$\Delta S = AC - AB = t - S \tag{1-5}$$

式中：

$$AC = t = R - \tan\theta \tag{1-6}$$

$$AB = S = R \cdot \theta \tag{1-7}$$

则：

$$\Delta S = t - S = R\left[\tan\theta - \theta - R\left(\frac{1}{3}\theta^3 + \frac{5}{12}\theta^5 + \cdots\right)\right] \tag{1-8}$$

因 θ 角一般较小，所以可以略去 5 次以上各项，并以 $\theta = \dfrac{S}{R}$ 代入，可以得到：

$$\Delta S = \frac{1}{3}\frac{S^3}{R^2} \tag{1-9}$$

或者：

$$\Delta S = \frac{1}{3}\left(\frac{S}{R}\right)^2 \tag{1-10}$$

一般情况下，精密距离丈量时的容许误差为其长度的 1/1000000，而根据式（1-10）计算，当水平距离为 10km 时（$R = 6371$km），以水平面代替水准面所产生的距离相对误差是 1/1217700，因此可以得出这样的结论：在半径为 10km 圆的面积内进行距离测量工作时，可以不必考虑地球曲率。也就是说可以把水准面当作水平面来看待，即实际沿圆弧丈量所得距离作为水平距离，其误差可以忽略不计。

二、水准面的曲率对水平角的影响

根据球面三角学可知，同一个空间多边形在球面上投影所得到的多边形内角之和，要大于它在平面上的投影所得到的多边形内角之和，所得的这个量就是球面角超。由计算可知，对于面积在 100km² 以内的多边形，地球曲率对水平角度的影响只有在最精密的测量中才需要考虑，一般的测量工作是不必考虑的。因此可以得出结论：在面积为 100km² 范

围内，不论是进行水平距离测量还是水平角度测量，都可以不考虑地球曲率的影响；在精度要求较低的情况下，这个范围还可以相应扩大。

三、水准面的曲率对高差的影响

由图 1-10 可知：

$$(R + \Delta h)^2 = R^2 + t^2$$

$$2R \cdot \Delta h + (\Delta h)^2 = t^2$$

$$\Delta h = \frac{t^2}{2R + \Delta h}$$

根据前面所述，在一定范围内两点间在水平面上的投影长度可以代替其在水准面上投影的弧长，即可用 t 来代替 S，同时由于 Δh 与 2 倍的 R（地球半径）相比可略不计，所以上式可以写成：

$$\Delta h = \frac{S^2}{2R} \tag{1-11}$$

当 $S = 10\mathrm{km}$ 时，$\Delta h = 7.85\mathrm{m}$；当 $S = 5\mathrm{km}$ 时，$\Delta h = 1.96\mathrm{m}$；当 $S = 100\mathrm{m}$ 时，$\Delta h = 0.78\mathrm{mm}$。从计算可以看出，即使在较短的距离内，用水平面代替水准面对高程的影响也是较大的，它所带来的高程影响在建筑工程测量中是不能被允许的。因此，在高程测量方面应该考虑地球曲率对高差的影响。

第五节　测量工作概述

测量工作的实质是确定地面各点的平面位置和高程，以便根据这些数据绘制成图。确定某点的空间位置也就是确定该点的 x、y 坐标和高程 H，但其坐标和高程并非直接测出来的，而是首先测出能够确定它的基本要素，再根据所测的基本要素和已知数据计算出它的平面坐标和高程。

一、确定地面点位的三个基本要素

如图 1-11 所示，欲确定地面点 A 和 B 的位置，在实际测量工作中，并不是直接测出它们的坐标和高程，而是通过观测得到水平角 β_1、β_2 和水平距离 S_1、S_2 以及点与点之间的高差，再根据已知点的坐标、方位和高程推算出 A 点和 B 点的坐标和高程，以确定它们的点位。由此可见，地面点间的位置关系是以水平角度、水平距离和高差来确定的。所以水平角测量、水平距离测量和高差测量是测量工作的基本内容。水平角、水平距离和高差是确定地面点位的三个基本要素。

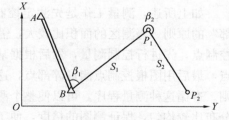

图 1-11　地面点平面位置的确定

二、测量工作的基本原则与程序

测量工作从整体上可以分为外业和内业两大部分。外业工作主要是指在室外进行的测量工作，如角度测量、距离测量、高差测量和测图，以及一些简单的计算和绘图工作等；内业工作主要是指在室内进行数据处理和绘图工作等，主要内容是整理并计算室外观测资料，以及进行绘图工作等内容。

　　通常，需要测量的区域称为测区，如图 1-12 所示。欲将如图 1-12（a）所示的该地区的地貌、地物测绘到图纸上，结果如图 1-12（b）所示。由于在测量过程中，不可避免地产生误差，因此必须采取正确的测量程序和方法，以防止误差的积累。例如在测量地貌或某一地物点时，假如从一点开始，再根据这一点测量下一点，逐点施测，这样前一点的测量误差就会传递到下一点，误差就会越积累越大，这样，最后虽然可以测得欲测各点的位置，但其位置误差可能达到不可容许的程度。

　　正确的测量方法和程序是按照"由高级到低级，由整体到局部"和"先控制后碎部"的原则进行。如图 1-12 所示，先在测区内选择若干有控制意义的点，如 *A*、*B*、*C*、…、*H* 等，把这些点称为控制点，并用较高的精度确定它们的位置，然后再根据这些控制点测定附近地物或地貌的特征点（称为碎部点，如房屋或道路的转折点等），从而绘制整幅地形图。由于前者在测量中起着控制作用，故称控制测量。后者称为碎部测量。

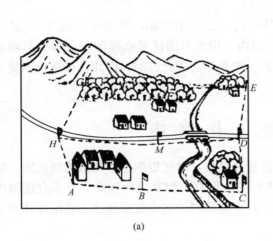
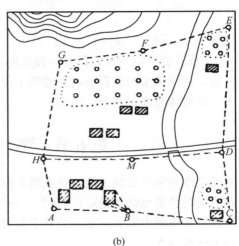

(a)　　　　　　　　　　　　　　　　　(b)

图 1-12　地物地貌测绘
(a) 测区示意；(b) 测区地形图

　　如上所述，测量工作是先测定控制点而后测定碎部点，这就是遵循的"先控制后碎部"的原则。当测区的面积比较大，需要测绘多幅图时，一般是在整个测区内布置高一级控制点，先进行控制测量，然后根据某一局部的控制点再布设次一级的控制点或图根控制点，最后用图根控制点测量碎部点，这就是遵循的"由高级到低级，由整体到局部"的原则。遵循这种测量程序，可以使整个测区连成一体，从而获得完整的地形图，也使得误差分布比较均匀，保证测图的精度，便于分幅测图，同时作业，加快测图的速度。

　　综上所述，整个地形测图工作大致可分为：用较精密的仪器和严密的方法，在全测区内建立高级控制点，精度要求较高；在高级控制点的基础上建立图根控制点，精度要求稍低，是控制点的进一步加密，也是地形测图的依据；地形测图就是根据每一图幅内的控制点，在野外测量碎部点，并绘制成图的。还可以看出，无论是控制测量还是碎部测量，其实质都是确定地面点的位置，而要确定点的位置，就要测角、量边和测高差。因此，测角、量边和测高差是测量的基本工作。

　　上述测量工作和程序，不仅适用于测图工作，也适用于放样测量工作，如要将图纸上设计好的建筑物测设到实地上，作为施工的依据，必须首先在实地进行控制测量，然后根据建筑物相对于控制点的设计要求，进行建筑物的放样测量工作，所以在放样测量工作中也要遵循上述原则。

第六节 测量误差的基本知识

一、概述

1. 观测值及观测误差

为获得地球及其他实体的空间分布有关的信息，我们需要对空间实体进行测量。通过测量获得的数据称为测量数据或观测数据，观测数据可以是直接测量的结果，称为直接观测值；也可以是经过某种变换后的结果，称为间接观测值。在测量工作中，如对某条边进行重复观测就会发现，每次测量的结果通常是不一致的；又如观测一个闭合的水准路线，就会发现其高差之和不等于零，这种在同一个量的各观测值之间，或在各观测值与其理论上的应有值之间存在差异的现象，在测量工作中是普遍存在的，为什么会产生这种差异呢？这是由于观测值中包含有测量误差的缘故。

任何一个观测量客观上总是存在着一个能代表其真正大小的数值，这一数值就称为该观测量的真值，用 L 表示。每次观测得到的数值称为该量的观测值，用 $L_i(i=1,2,\cdots,n)$ 表示，观测值与真值之差则称为真误差（亦称观测误差），其定义公式为：

$$\Delta_i = L_i - \tilde{L}_0 (i=1,2,\cdots,n) \tag{1-12}$$

由于观测结果中存在不可避免的误差，同时也可能存在可避免的人为错误，因此，在实际工作中，为提高成果的质量，发现观测值中有无错误，须进行多余观测，即观测值的个数多于确定未知量所必须观测的个数。例如，丈量距离，往返各测一次，则有一次多余观测；测一个平面三角形的三个内角和，则有一角多余。有了多余观测，势必会在观测结果之间产生矛盾，同一量的不同观测值不相等，或观测值之间不符合某一应有的条件，其差值在测量中称为不符合值，亦称为闭合差。因此，必须对这些带有误差的观测成果进行处理，求出未知量真值的最优估值（最或然值，平差值），并评定观测结果的质量，这项工作在测量上称为测量平差。

2. 观测误差的来源

任何一项测量工作，都是由观测者使用测量仪器、工具在一定的外界环境下进行的。通常把测量仪器、观测者的技术水平和外界环境三个方面综合起来，称为观测条件。观测条件不理想和不断变化，是产生测量误差的根本原因。因此测量误差主要源于以下三个方面。

（1）测量仪器

仪器在加工和装配等工艺过程中，不能保证其结构能满足各种几何关系，这样必然会给测量带来误差。例如水准仪的视准轴不平行于水准管轴、水准尺的分划误差等。DJ$_6$型经纬仪水平度盘分划误差可能达到 $3''$，由此引起的水平角观测误差也必然存在。

（2）观测者

由于观测者的感觉器官的鉴别能力有一定的局限性，所以在操作仪器的过程中也会产生误差。例如，用厘米刻度的钢尺测量水平距离时，观测者直接估读其毫米数，则毫米以下的估读误差是不可避免的。同时,观测者的技术水平和工作态度也会对观测的质量产生影响。

（3）外界条件

测量时所处的自然环境,如地形、温度、湿度、风力、大气折光等因素及其变化都会给观测结果带来影响。例如,温度变化对钢尺产生影响,大气折光使目标产生偏差等。

显然,观测条件的好坏与观测成果的质量有密切联系,可以说,观测成果的质量高低客观上也反映了观测条件的优劣。但是不管观测条件如何,在测量过程中,由于受到上述种种因素的影响,观测结果都含有误差。从这一意义上来说,在测量中产生误差是不可避免的。

3. 观测误差的分类及其处理方法

测量误差按其产生的原因和对观测结果影响性质的不同,可以分为系统误差和偶然误差。

（1）系统误差

在相同的观测条件下,对某一量进行一系列的观测,如果出现的误差在符号、大小上表现出系统性,或在观测过程中按一定的规律变化,或者为某一常数,这种误差称为系统误差。例如,用长度为 30m 钢尺量距,测量时的温度为 30℃,由于钢尺在高温下的膨胀,使得每测量一个尺段就使距离量产生 Δ 的误差。量距误差的符号不变,且与所量距离的长度成正比,此类误差即为系统误差,由此也可看出系统误差具有累积性。

由于系统误差具有累积性,它对测量成果的影响也就特别显著,在实际工作中,应采取各种方法来消除或减弱其影响。通常有以下三种方法。

1）对观测值加以改正。例如用钢尺量距时,通过对钢尺进行检定求出尺长改正数,对观测结果加上尺长改正值和温度变化改正值,来消除尺长误差和温度变化引起的误差。

2）采用合理的观测程序。采用合理的观测程序,可以使系统误差在数据处理时加以抵消。如水准测量时,采用前后视距相等的对称观测,可以消除由于视准轴不平行于水准管轴所引起的误差;经纬仪测水平角时,用盘左、盘右观测取中数的方法可以消除横轴倾斜误差等系统误差。

3）检校仪器。通过检校仪器使其残留的系统误差尽量降低到最小限度,以减小仪器系统误差对观测成果的影响。

外界条件（如大气折光、风力等）的影响,观测者的感官鉴别能力的不足,也会产生系统误差,有的可以改正,有的难以完全消除。

（2）偶然误差

在相同的观测条件下对某一量进行一系列的观测,所产生的误差大小不等,符号不同,表面上看没有明显的规律性,但就大量误差的总体而言,具有一定的统计规律,这类误差称为偶然误差,又称随机误差。

偶然误差是由人力所不能控制的因素或无法估计的因素（如人眼的分辨能力、仪器的极限精度和气象因素等）共同引起的测量误差,例如,用经纬仪测角时的照准误差、在厘米分划的水准尺上估读毫米数的误差、大气折光使望远镜目标成像不稳定,在照准目标时有可能偏左或偏右。

偶然误差反映了观测结果的准确程度。准确程度是指在相同观测条件下,用同一种观测方法对某量进行多次观测时，其观测值之间相互离散的程度。观测值中的偶然误差，常常是按数理统计的理论和方法进行处理。

由于观测者的粗心或各种干扰因素有可能会出现粗差，例如，观测时瞄错目标、读错数等。粗差也叫错误，凡含有粗差的观测值应将其剔除。一般而言，只要严格遵守规范，工作中仔细谨慎并对观测成果认真检核，粗差是可以发现和避免的。对粗差的处理，也可按照现代测量误差理论和测量数据处理方法，探测粗差的存在并剔除粗差。

在观测过程中，系统误差和偶然误差往往是同时存在的。当观测值中有显著的系统误差时，偶然误差就处于次要地位，观测误差呈现出系统性；反之，呈现偶然性。如果观测序列已经排除了系统误差和粗差，或者与偶然误差相比已经处于次要地位，则该观测值就可以认为是带有偶然误差的观测序列。

4. 偶然误差的特性

观测结果中不可避免地存在偶然误差，为了评定观测成果的质量，以及根据一系列具有偶然误差的观测值求得未知量的最可靠值，必须对偶然误差的性质作进一步的讨论。

偶然误差产生的原因是纯随机性的。只有通过大量观测才能揭示其内在的规律，这种规律具有重要的实用价值，现在通过一个实例来阐述偶然误差的统计规律。例如，在相同的条件下独立观测了 358 个三角形的全部内角，每个三角形内角之和应等于 $180°$，但由于误差的影响往往不等于 $180°$，按式（1-13）计算各内角和的真误差为：

$$\Delta_i = (L_1 + L_2 + L_3) - 180° (i = 1,2,\cdots,n) \tag{1-13}$$

并按误差区间间隔 $2''$ 进行统计，统计结果列于表 1-1。

三角形内角和真误差统计　　　　　　　　　　　　表 1-1

误差区间 d△	正误差		负误差		总数	
	个数 k	频率	个数 k	频率	个数 k	频率
$0''\sim2''$	46	0.128	45	0.126	91	0.254
$2''\sim4''$	41	0.115	40	0.112	81	0.226
$4''\sim6''$	33	0.092	33	0.092	66	0.184
$6''\sim8''$	21	0.059	23	0.064	44	0.123
$8''\sim10''$	16	0.045	17	0.047	33	0.092
$10''\sim12''$	13	0.036	13	0.036	26	0.073
$12''\sim14''$	5	0.014	6	0.017	11	0.031
$14''\sim16''$	2	0.006	4	0.011	6	0.017
$16''$以上	0	0.000	0	0.000	0	0.000
总和	177	0.495	181	0.505	358	1.000

从表 1-1 的统计数字中，可以总结出偶然误差具有如下四个统计特性。

（1）误差的有界性。在一定观测条件下的有限次观测中，偶然误差的绝对值不会超过一定的限值，上表中没有大于 $16''$ 的误差。

（2）误差的集中性。绝对值较小的误差出现的频率大，绝对值较大的误差出现的频率小，上表中 $2''$ 以下的误差有 91 个，$14''\sim16''$ 的误差仅 6 个。

（3）误差的对称性。绝对值相等的正、负误差出现频率大致相等，上表中正误差为

177 个，负误差为 181 个。

（4）误差的抵偿性。偶然误差的理论平均值（数字期望）趋近于零，即：

$$\lim_{n \to \infty} = \frac{\Delta_1 + \Delta_2 + \cdots + \Delta_n}{n} = \lim_{n \to \infty} \frac{[\Delta]}{n} = 0 \tag{1-14}$$

式中，[*] 为括号中数值的代数和。

为了更直观地表示偶然误差的正、负及大小的分布情况，分析研究偶然误差的特性，根据表 1-1 中的数据画出图 1-13 所示的偶然误差频率直方图。图中横坐标表示误差的大小，纵坐标表示误差出现于各区间的频率（k/n，$n = 358$）除以区间的间隔值（$d\Delta$）。图 1-13 中每一个误差区间上的长方条面积就代表误差出现在该区间内的频率，各长方条面积的总和等于 1，它形象地表示了误差的分布情况。

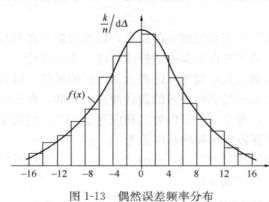

图 1-13 偶然误差频率分布

在独立等精度条件下所得的一组观测误差，只要误差的总个数 n 足够多，那么，误差出现在各区间的频率总是稳定在某一常数附近，而且观测个数较多，稳定程度越高。如果在观测条件不变的情况下，再继续观测更多的三角形，则可以预见，随着观测个数的增加，误差出现在各区间的频率变动幅度也就越来越小，当 $n \to \infty$ 时，各频率将趋于一个完全确定的值，这个值即为误差出现在各区间的概率，这就是说，一定的测量条件对应着一种确定的误差分布。

实际上误差的取值是连续的，当设想误差个数无限增多，所取区间间隔无限缩小时，则图 1-13 所示的直方图中各长方形上底的极限将分别形成一条连续光滑的曲线，该曲线在概率论中称为正态分布曲线，它完整地表示了偶然误差出现的概率 P。当 $n \to \infty$ 时，上述误差区间内误差出现的概率将趋于稳定，此时该概率称为偶然误差出现的概率。

正态分布曲线的数学方程式为：

$$y = f(\Delta) = \frac{1}{\sqrt{2\pi}\sigma} e^{-\frac{\Delta^2}{2\sigma^2}} \tag{1-15}$$

式中，δ 为标准差：

$$\delta = \pm \lim_{n \to \infty} \sqrt{\frac{[\Delta\Delta]}{n}} \tag{1-16}$$

由式（1-16）可知，标准差的大小决定于在一定条件下偶然误差出现的绝对值大小，标准差是和观测条件有关的参数，它是评定测量精度的一个重要指标。

二、评定精度的指标

所谓精度是指一组误差分布的密集或离散程度。在相同的观测条件下，对某一量所进行的一组观测对应着同一种误差分布，因此，这一组中的每一个观测值都具有同样的精度。但在实际工作中，用误差分布曲线来衡量观测值精度的高低很不方便。为了方便地使用某个具体的数字来反映观测值的精度，下面介绍几种衡量精度的指标。

1. 中误差

为了统一衡量在一定观测条件下观测值的精度，取标准差 δ 作为衡量精度的依据是比较合适的。但在实际测量工作中，不可能对某一量进行无穷多次观测。因此，按有限次数的观测值偶然误差求得的标准差称为中误差 m，即：

$$m = \sqrt{\frac{\Delta_1^2 + \Delta_2^2 + \cdots + \Delta_n^2}{n}} = \sqrt{\frac{[\Delta_i^2]}{n}} \quad (i = 1, 2, 3, \cdots, n) \tag{1-17}$$

2. 相对误差

在某些测量工作中，仅用中误差来衡量观测值的精度还是不能完全反映出观测结果的质量。例如，用钢尺分别丈量了 300m 和 500m 的两段距离，其距离丈量中误差均为 ±5cm。此时如果认为两者的丈量精度相同那是肯定不正确的，这是因为在距离丈量时，误差的大小与距离是相关的。这时就应该用相对误差来说明两者的精度。

观测误差与观测值之比称为相对误差，观测值中误差 m 的绝对值与观测值之比称为相对中误差，它们都是一个无量纲数，在测量中通常将其分子化为 1，即可采用 $k=1/M$ 的形式来表示。在上例中前者的相对中误差为 1/6000，后者则为 1/10000。显然，相对中误差越小（分母越大），表明观测结果的精度越高，反之越低。

3. 极限误差

由偶然误差的有界性可知，在一定的观测条件下，偶然误差的绝对值不会超出一定限度，这个限度就是极限误差，也称容许误差。

由图 1-13 可知，图中各矩形的面积代表了误差出现在该区间的频率，此时直方图的顶边即形成正态分布曲线。因此，根据正态分布曲线表示出误差在微小区间 dΔ 出现的概率，即：

$$p\Delta = f(\Delta) \cdot \mathrm{d}\Delta \tag{1-18}$$

但实际测量中，观测的次数总是有限的，可用 m 代替 σ，则式（1-18）可写成：

$$p\Delta = f(\Delta) \cdot \mathrm{d}\Delta = \frac{1}{\sqrt{2\pi}m} e^{-\frac{\Delta^2}{2m^2}} \mathrm{d}\Delta \tag{1-19}$$

对式（1-19）进行积分，即可得到偶然误差在任意区间内出现的概率。若以 k 倍的中误差作为积分区间，则在该区间内误差出现的概率可表示为：

$$p(|\Delta| < km) = \int_{-km}^{km} \frac{1}{\sqrt{2\pi}m} e^{-\frac{\Delta^2}{2m}} \mathrm{d}\Delta \tag{1-20}$$

以 $k=1$，2，3 代入式（1-20），即可分别求得偶然误差绝对值不大于中误差、2 倍中误差及 3 倍中误差的概率，即：

$$p(|\Delta| < m) = 0.683 = 68.3\%$$
$$p(|\Delta| < 2m) = 0.954 = 95.4\%$$
$$p(|\Delta| < 3m) = 0.997 = 99.7\%$$

从以上计算可以看出，绝对值大于 1 倍和 2 倍中误差的偶然误差出现的概率分别为 31.7% 和 4.6%；而绝对值大于 3 倍中误差的偶然误差出现的概率仅为 0.3%，概率接近于零，误差的概率极小，故通常以 3 倍中误差作为偶然误差的极限，即：

$$\Delta_允 = 3m$$

在精度要求较高的时候，可取 2 倍的中误差作为极限误差。即：

$$\Delta_允 = 2m$$

观测中，当观测值大于极限误差时，应剔除并重新观测。

三、误差传播定律

1. 误差传播定律

（1）线性函数

设有线性函数：

$$z = k_1 x_1 + k_2 x_2 + \cdots + k_n x_n \tag{1-21}$$

式中，$x_1, x_2, \cdots, x_n$ 为独立观测值，其中误差分别为 $m_1, m_2, \cdots, m_n$；$k_1, k_2, \cdots,$ k_n 为任意常数。

设 $x_1, x_2, \cdots, x_n$ 的真误差分别为 $\Delta x_1, \Delta x_2, \cdots \Delta x_n$，函数 z 的真误差为 Δz，则式（1-21）可表示为：

$$z + \Delta z = k_1(x_1 + \Delta x_1) + k_2(x_2 + \Delta x_2) + \cdots + k_n(x_n + \Delta x_n) \tag{1-22}$$

式中：

$$\Delta z = k_1 \Delta x_1 + k_2 \Delta x_2 + \cdots + k_n \Delta x_n \tag{1-23}$$

如对 $x_1, x_2, \cdots, x_n$ 各观测 n 次，可得：

$$\left. \begin{array}{l} \Delta z_1 = k_1 \Delta x_{11} + k_2 \Delta x_{21} + \cdots + k_n \Delta x_{n1} \\ \Delta z_2 = k_2 \Delta x_{12} + k_2 \Delta x_{22} + \cdots + k_n \Delta x_{n2} \\ \cdots \\ \Delta z_n = k_1 \Delta x_{1n} + k_2 \Delta x_{2n} + \cdots + k_n \Delta x_{nn} \end{array} \right\} \tag{1-24}$$

将式（1-24）平方后求和，再除以 n 得：

$$\frac{[\Delta z^2]}{n} = \frac{k_1^2 [\Delta x_1^2]}{n} + \frac{k_2^2 [\Delta x_2^2]}{n} + \cdots \frac{k_n^2 [\Delta x_n^2]}{n} + 2\frac{k_1 k_2 [\Delta x_1 \Delta x_2]}{n} + \cdots +$$

$$2\frac{k_{n-1} k_n [\Delta x_{n-1} \Delta x_n]}{n} \tag{1-25}$$

由于 $x_1, x_2, \cdots, x_n$ 均为独立观测值的偶然误差，所以乘积 $\Delta x_i \cdot \Delta x_j (i \neq j)$ 也必呈现偶然性。由偶然误差的特性可知，当观测次数 $n \to \infty$ 时，式（1-25）右边非自乘项均等于零。根据中误差的定义，可得函数 z 的中误差关系式为：

$$m_z^2 = k_1^2 m_1^2 + k_2^2 m_2^2 + \cdots + k_n^2 m_n^2 \tag{1-26}$$

式（1-26）就是测量值中误差与线性函数中误差的关系式，即误差传播定律。

（2）一般函数

设有一般函数：

$$Z = F(x_1, x_2, \cdots, x_n) \tag{1-27}$$

式中，$x_1, x_2, \cdots, x_n$ 为可直接观测的未知量；Z 为不便于直接观测的未知量。

设 $x_i(i = 1, 2, 3, \cdots, n)$ 的独立观测值为 r_i，其相应的真误差为 Δx_i，由于 Δx_i 的存在，使函数 Z 亦产生相应的真误差 ΔZ。将式（1-27）取全微分，有：

$$dZ = \frac{\partial F}{\partial x_1} dx_1 + \frac{\partial F}{\partial x_2} dx_2 + \cdots \frac{\partial F}{\partial x_n} dx_n \tag{1-28}$$

因误差 Δx_i 及 ΔZ 都很小，故在式（1-28）中，可近似用 Δx_i 及 ΔZ 代替 dx_i 及 dZ，于是有：

$$\Delta Z = \frac{\partial F}{\partial x_1}\Delta x_1 + \frac{\partial F}{\partial x_2}\Delta x_2 + \cdots \frac{\partial F}{\partial x_n}\Delta x_n \qquad (1\text{-}29)$$

式中，$\dfrac{\partial F}{\partial x_i}$ 为函数 F 对各自变量的偏导数。将 $x_i = r_i$ 代入各偏导数中，即为确定的常数，设：

$$\left(\frac{\partial F}{\partial x_i}\right) = f_i$$

则式（1-29）可写成：

$$\Delta Z = f_1\Delta x_1 + f_2\Delta x_2 + \cdots + f_n\Delta x_1 \qquad (1\text{-}30)$$

为了求得函数和观测值之间的中误差关系式，设想对各 x_i 进行了 k 次观测，则可写出 k 个类似于式（1-30）的关系式：

$$\left.\begin{aligned}
\Delta Z^{(1)} &= f_1\Delta x_1^{(1)} + f_2\Delta x_2^{(1)} + \cdots + f_n\Delta x_n^{(1)}\\
\Delta Z^{(2)} &= f_1\Delta x_1^{(2)} + f_2\Delta x_2^{(2)} + \cdots + f_n\Delta x_n^{(2)}\\
&\cdots\\
\Delta Z^{(k)} &= f_1\Delta x_1^{(k)} + f_2\Delta x_2^{(k)} + \cdots + f_n\Delta x_n^{(k)}
\end{aligned}\right\} \qquad (1\text{-}31)$$

将式（1-31）等号两边平方后，再相加，得：

$$[\Delta z^2] = f_1^2[\Delta x_1^2] + f_2^2[\Delta x_2^2] + \cdots + f_n^2[\Delta x_n^2] + 2\sum_{\substack{i,j=1\\i\neq j}}^{n} f_i f_j[\Delta x_1,\Delta x_j] \qquad (1\text{-}32)$$

式（1-32）两端各除以 k，得

$$\frac{[\Delta Z^2]}{k} = f_1^2\frac{[\Delta x_1^2]}{k} + f_2^2\frac{[\Delta x_2^2]}{k} + \cdots + f_n^2\frac{[\Delta x_n^2]}{k} + 2\sum_{\substack{i,j=1\\i\neq j}}^{n} f_i f_j\frac{[\Delta x_i,\Delta x_j]}{k} \quad (1\text{-}33)$$

设对各 x_i 的观测值 r_i 为彼此独立的观测，则 $\Delta x_i \cdot \Delta x_j\,(i\neq j)$ 时，亦为偶然误差。根据偶然误差的统计特性，可知当 $k\to\infty$ 时，式（1-33）的末项趋近于零，即：

$$\lim_{k\to\infty} = \frac{[\Delta x_i,\Delta x_j]}{k} = 0 \qquad (1\text{-}34)$$

故式（1-33）可写成：

$$\lim_{k\to\infty} = \frac{[\Delta Z^2]}{k} = \lim_{k\to\infty}\left(f_1^2\frac{[\Delta x_1^2]}{k} + f_2^2\frac{[\Delta x_2^2]}{k} + \cdots + f_n^2\frac{[\Delta x_n^2]}{k}\right) \qquad (1\text{-}35)$$

根据中误差的定义，式（1-35）可写成：

$$m_z^2 = f_1^2 m_{x_1}^2 + f_2^2 m_{x_2}^2 + \cdots + f_n^2 m_{x_n}^2 \qquad (1\text{-}36)$$

式（1-36）就是测量值中误差与一般函数中误差的关系式，即误差传播定律。应用误差传播定律求观测值函数的中误差时，可按下述步骤进行：

1）列出函数式：

$$Z = F(x_1, x_2, \cdots, x_n)$$

2）对函数式进行全微分：

$$\mathrm{d}Z = \frac{\partial F}{\partial x_1}\mathrm{d}x_1 + \frac{\partial F}{\partial x_2}\mathrm{d}x_2 + \cdots + \frac{\partial F}{\partial x_n}\mathrm{d}x_n$$

3）代入误差传播定律公式：

$$m_z^2 = \pm\sqrt{\left(\frac{\partial F}{\partial x_1}\right)^2 m_{x_1}^2 + \left(\frac{\partial F}{\partial x_1}\right)^2 m_{x_2}^2 + \cdots + \left(\frac{\partial F}{\partial x_1}\right)^2 m_{x_n}^2}$$

应用误差传播定律公式时，注意各观测值必须是相互独立的变量。

2. 几种常用函数的中误差

（1）和差函数的中误差

设和差函数为：

$$z = x_1 \pm x_2 \pm x_3 \pm \cdots \pm x_n \tag{1-37}$$

$$m_z^2 = m_{x_1}^2 + m_{x_2}^2 + \cdots + m_{x_n}^2 \tag{1-38}$$

当观测值 x_i 为等精度观测时，即：

$$m_{x_1} = m_{x_2} = \cdots = m_{x_n} = m_x$$

$$m_z = \sqrt{n}\, m_x$$

例如，用水准仪观测了一条水准路线，共观测了 n 个测站，设各站的高差分布为 h_1，h_2，$\cdots$，h_n，则两点的高差为：

$$h = h_1 + h_2 + \cdots + h_n$$

设各站高差均为等精度独立观测值，且中误差均为 $m_{站}$，则有：

$$m_h = \pm\sqrt{m_{h_1}^2 + m_{h_2}^2 + \cdots + m_{h_n}^2} = \pm\sqrt{n}\, m_{站} \tag{1-39}$$

式（1-39）说明水准测量高差的中误差与测站数 n 的平方根成正比。

在平坦地区，由于各站视线程度大致相等，所以每公里测站数接近相等，由此可以认为每公里水准路线高差中误差大小相等，假设每公里高差中误差为 m_{km}，等测量的水准路线为 $l$km 时，两点的高差中误差为：

$$m_h = \pm\sqrt{m_{km}^2 + m_{km}^2 + \cdots + m_{km}^2} = \pm\sqrt{l}\, m_{km} \tag{1-40}$$

这说明在平坦地区，水准测量高差的中误差与水准路线的长度 l 的平方根成正比。

（2）算术平均值的中误差

1）求算术平均值

在相同观测条件下，对某一未知量进行了 n 次观测，其观测结果为 L_1，L_2，$\cdots$，L_n。设该量的真值为 X，观测值的真误差为 Δ_1，Δ_2，$\cdots$，Δ_n，即：

$$\left. \begin{aligned} \Delta_1 &= L_1 - X \\ \Delta_2 &= L_2 - X \\ &\cdots \\ \Delta_n &= L_n - X \end{aligned} \right\} \tag{1-41}$$

将式（1-41）中各式求和得：

$$[\Delta] = [L] - nX \tag{1-42}$$

式（1-42）两端各除以 n 得：

$$\frac{[\Delta]}{n} = \frac{[L]}{n} - X \tag{1-43}$$

令：

$$\frac{[\Delta]}{n} = \delta, \quad \frac{[L]}{n} = x \tag{1-44}$$

将式（1-44）代入式（1-43）移项后得：

$$X = x + \delta \tag{1-45}$$

式中，δ 为 n 个观测值真误差的平均值，根据偶然误差的第四个性质，当 $n \to \infty$ 时，则：

$$\delta = \lim_{n \to \infty} \frac{[\Delta]}{n} = 0$$

这时，算术平均值就是某量的真值，即：

$$X = x$$

在实际工作中，观测次数总是有限的，也就是只能采用有限次数的观测值来求得算术平均值，即：

$$x = \frac{[L]}{n}$$

式中，x 是根据观测值所能求得的最可靠的结果，称为最或是值或算术平均值。

2）观测值中误差的计算

根据中误差定义公式（1-17），计算观测值中误差 m 需要知道观测值 L_i 的真误差 Δ_i，但是真误差往往是不知道的。因此，实际工作中多采用观测值的似真误差来计算观测值的中误差。观测值的似真误差用 $v_i (i = 1, 2, \cdots, n)$ 表示。由 Δ_i 及 v_i 的定义得：

$$\Delta_i = l_i - X$$
$$v_i = l_i - x$$

两式相减得：

$$\Delta_i - v = x - X$$

由式（1-45）可得：

$$\Delta_i - v = \delta$$

对以上 n 个等式分别自乘得：

$$\Delta_i \Delta_i = v_i v_i + 2 v_i \delta + \delta^2$$

对 n 个等式求和得：

$$[\Delta\Delta] = [vv] + 2\delta[v] + n\delta^2$$

由于：

$$[v] = [L] - nx = [L] - n\frac{[L]}{n} = 0$$

所以：

$$[\Delta\Delta] = [vv] + n\delta^2$$

等式两边同时除以 n 得：

$$\frac{[\Delta\Delta]}{n} = \frac{[vv]}{n} + \delta^2 \tag{1-46}$$

又因：

$$\delta^2 = (x - X)^2 = \left(\frac{[L]}{n} - X\right)^2 = \frac{1}{n^2}(\Delta_1 + \Delta_2 + \cdots + \Delta_n)^2 = \frac{1}{n^2}(\Delta_1^2 + \Delta_2^2 + \cdots$$
$$+ \Delta_n^2 + 2\Delta_1\Delta_2 + 2\Delta_1\Delta_3 + \cdots) = \frac{[\Delta\Delta]}{n^2} + \frac{2(\Delta_1\Delta_2 + \Delta_1\Delta_3 + \cdots)}{n^2} \tag{1-47}$$

因为 $\Delta_1, \Delta_2, \cdots, \Delta_n$ 为偶然误差，由偶然误差的特性可知，当 $n \to \infty$ 时，式（1-47）

等号右边第二项趋向于零，则有：

$$\frac{[\Delta\Delta]}{n} = \frac{[vv]}{n} + \frac{[\Delta\Delta]}{n^2}$$

即：

$$m^2 - \frac{1}{n}m^2 = \frac{[vv]}{n}$$

所以：

$$m = \pm\sqrt{\frac{[vv]}{n-1}} \qquad (1\text{-}48)$$

式（1-48）是用观测值似真误差计算观测值中误差的公式，也称白赛尔公式。

3）算术平均值中误差的计算

设对某角度进行了 n 次等精度观测，其观测值为 a_1、a_2、$\cdots$、a_n，则有：

$$\bar{a} = \frac{a_1 + a_2 + \cdots + a_n}{n} = \frac{1}{n}a_1 + \frac{1}{n}a_2 + \cdots + \frac{1}{n}a_n$$

$$m_{\bar{a}}^2 = \frac{1}{n^2}m_{a_1}^2 + \frac{1}{n^2}m_{a_2}^2 + \cdots + \frac{1}{n^2}m_{a_n}^2$$

由于各观测为等精度观测，设其中误差为 m_a，则有：

$$m_{\bar{a}} = \pm\sqrt{n \times \frac{1}{n^2}m_a^2} = \pm\frac{m_a}{\sqrt{n}} \qquad (1\text{-}49)$$

式（1-49）说明，算术平均值的中误差比观测值的中误差缩小了 $\sqrt{n}$ 倍，因此，多次观测取平均值能提高测量成果的精度。

（3）倍数函数的中误差

设有倍数函数 $z = kx$，则该函数的中误差为：

$$m_z = \pm k m_x \qquad (1\text{-}50)$$

（4）线性函数的中误差

设有线性函数 $z = k_1x_1 \pm k_2x_2 \pm \cdots \pm k_nx_n$，则该函数的中误差为：

$$m_z = \pm\sqrt{k_1^2 m_{x_1}^2 + k_2^2 m_{x_2}^2 + \cdots + k_n^2 m_{x_n}^2} \qquad (1\text{-}51)$$

第二章 水 准 测 量

第一节 概 述

在测量工作中，地面点的空间位置是用平面坐标和高程来表示的。为了确定地面点的平面坐标和高程，需要在已知控制点基础上测量三个基本要素（高差、角度、距离），再通过计算得到。高程是确定地面点位置的基本要素之一，所以高程测量是测量的基本工作之一。高程测量的目的是要获得点的高程，但一般只能直接测得两点间的高差，然后根据其中一点的已知高程推算出另一点的高程。

高程测量的主要方法有：水准测量、三角高程测量和 GNSS 高程测量。本章主要介绍水准测量的技术、方法和要求。

由于水准测量的精度较高，所以是高程测量中最主要的方法之一。我国水准测量分为四个等级，一等水准网是国家高程控制网的骨干；二等水准网布设于一等环内，是高程控制网的基础；三、四等为对国家高程控制网的进一步加密。国家高程控制等级以下的水准测量为图根水准（也叫等外水准）。

(1) 一等水准测量作为国家的高程控制，用于建立统一的高程基准，进行科学研究（地壳形变、地面沉降、精密测量）等；

(2) 二等水准测量作为大城市的高程控制，一般用于地面沉降、精密工程测量等；

(3) 三、四等水准测量作为小地区的高程控制，一般用于普通工程测量；

(4) 图根水准测量直接为地形测量和工程施工测量服务。

第二节 水 准 测 量 原 理

水准测量是利用水准仪提供的水平视线来获得两点之间的高差。如图 2-1 所示，为了

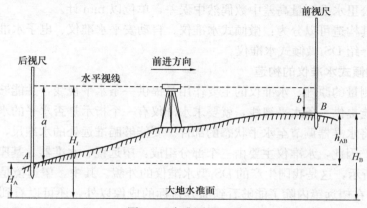

图 2-1 水准测量原理

求出 A、B 两点的高差 h_{AB}，在 A、B 两个点上竖立带有分划的水准尺，在 A、B 两点之间安置水准仪。当视线水平时，在 A、B 两个点的标尺上分别读得读数 a 和 b，则 A、B 两点的高差等于两个水准尺读数之差。即：

$$h_{AB} = a - b \tag{2-1}$$

如果水准测量是由 A 点到 B 点，则 A 点叫作后视点，其水准尺上的读数 a 称为后视读数；B 点叫作前视点，其水准尺上的读数 b 称为前视读数。故高差等于后视读数减前视读数。

如果 A 为已知高程的点，B 为待求高程的点，则 B 点的高程为：

$$H_B = H_A + h_{AB} \tag{2-2}$$

高差 h_{AB} 的值可能是正，也可能是负，正值表示待求点 B 高于已知点 A，负值表示待求点 B 低于已知点 A。此外，高差的正负号又与测量进行的方向有关，如图 2-1 所示，测量由 A 向 B 进行，高差用 h_{AB} 表示，其值为正；反之由 B 向 A 进行，则高差用 h_{BA} 表示，其值为负。所以说明高差时必须标明高差的正负号，同时要说明测量进行的方向。

B 点高程也可以按水准仪的视线高程 H_i 来计算，这种方法叫仪器高法，即：

$$H_B = H_A + h_{AB} = H_A + a - b = H_i - b \tag{2-3}$$

仪器高法一般适用于安置一次仪器测定多点高程的情况，如线路高程测量、大面积场地平整高程测量等。

在实际工作中，当 A、B 两点间的高差较大、距离较远，或者 A、B 两点不能通视，安置一次仪器（或者说一个测站）不能测得两点间的高差时，就必须采用连续安置水准仪的方法来测量 A、B 两点间的高差。

第三节　水　准　仪　和　工　具

水准测量所使用的仪器和工具主要有：水准仪、水准尺和尺垫等。

水准仪按其精度可以分为：DS_{05}、DS_1、DS_3、DS_{10} 等四个等级。其中 DS_{05} 和 DS_1 型水准仪是精密水准仪，用于一、二等水准测量和精密工程测量；DS_3 和 DS_{10} 型水准仪是普通水准仪，用于三、四等水准测量和常规工程施工测量。字母"D"和"S"分别是"大地测量"和"水准仪"第一个汉字汉语拼音的第一个字母，角标"05""1""3"和"10"是指水准仪每公里水准测量高差中数偶然中误差，单位以 mm 计。

水准仪按其构造可以分为：微倾式水准仪、自动安平水准仪、电子水准仪、激光水准仪。本节主要介绍 DS_3 微倾式水准仪。

一、DS_3 微倾式水准仪的构造

根据水准测量的原理，水准仪的主要作用是提供一条水平视线，并能够瞄准水准尺读数。那么，要能提供一条水平视线，就要求水准仪有一个指示是否水平的水准器，并且还要有一个能够将水准器调节至水平状态的部件。要能够瞄准远处的水准尺，就要求水准仪有一个望远镜。因此，水准仪主要由三个部分组成：望远镜、水准器、基座。

如图 2-2 所示，这是我国生产的 DS_3 型水准仪的外貌。其中，望远镜是用来瞄准目标（水准尺）的；在望远镜内除了能够看到前方目标的成像以外，还可以看到一个十字丝分划板；水准器的作用是提供平行于当地水平面的视线；基座是用来固联望远镜以及水准仪

与三脚架的。

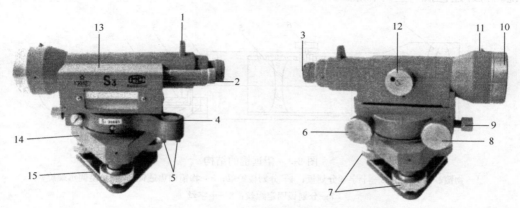

图 2-2　DS₃微倾式水准仪

1—瞄准器；2—水准气泡观测窗；3—目镜；4—圆水准器；5—圆水准器校正螺旋；6—微倾螺旋；7—脚螺旋；
8—水平微动螺旋；9—水平制动螺旋；10—物镜；11—准星；12—调焦螺旋；13—管水准盒；
14—基座；15—连接压板

DS₃型水准仪主要部件名称与作用如下。

（1）照门和准星：观测者的视线通过照门和准星的连线，转动望远镜可以粗略瞄准水准尺；由于望远镜内的视野较小，可以先通过照门和准星瞄准目标，然后再在望远镜中瞄准水准尺。

（2）物镜和目镜：物镜的作用是使瞄准的物体成缩小的倒立的实像；目镜的作用是将物体的成像放大，使其清晰可见。

（3）物镜调焦螺旋和目镜调焦螺旋：物镜调焦螺旋是用来调节物体的成像是否清晰，而目镜调焦螺旋是用来调节十字丝是否清晰的，通过反复调节物镜调焦螺旋和目镜调焦螺旋可以使物体在成像清晰的同时十字丝也保持清晰。

（4）脚螺旋：三个脚螺旋都可以顺时针或逆时针转动，通过调节三个脚螺旋可以使圆水准气泡居中，即表示水准仪大致水平。

（5）圆水准器：通过调节三个脚螺旋，可以使圆水准器气泡居中，表示水准仪处于基本（粗略）水平状态。

（6）水平制动螺旋：望远镜是可以在水平面内旋转的，如果制动螺旋处于制动（拧紧）状态下，望远镜将被制动而不能旋转；当在望远镜中找到目标时，可以先制动望远镜。

（7）微动螺旋：在制动螺旋处于制动状态下，旋转微动螺旋可以使望远镜在水平面内作轻微旋转，用于精确瞄准目标。

（8）水准管：也叫符合水准器，如果在符合水准器气泡观察窗中看到两个半边的影像重合在一起，即气泡处于符合状态，表明视线水平（水准管与望远镜是连接在一起的）。

（9）微倾螺旋：通过调节微倾螺旋可以使符合水准器居中（气泡处于符合状态），也就是使望远镜在垂直面内作微小移动。

1. 望远镜

如图 2-3 所示，望远镜主要由四大光学部件组成：物镜、调焦透镜、十字丝分划板、目镜。另外还包括一些调节螺旋。

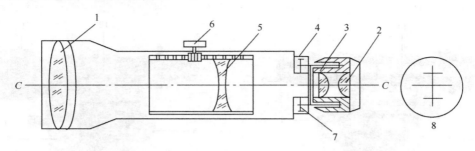

图 2-3　望远镜的结构

1—物镜；2—目镜；3—十字丝分划板；4—分划板护罩；5—物镜调焦透镜；6—物镜调焦螺旋；
7—分划板固定螺丝；8—十字丝

望远镜的目标成像原理如图 2-4 所示，远处目标 AB 发出的光线经过物镜和物镜调焦透镜的折射后，在十字丝平面上成一倒立的实像 ab；经过目镜放大，成虚像 $a'b'$；十字丝同样被放大；虚像 $a'b'$ 对观测者眼睛视角为 β，不通过望远镜的目标 AB 的视角为 α，β 角与 α 角的比值就是望远镜的放大率，DS$_3$ 型水准仪望远镜放大率一般在 28 倍左右。水准仪等级越高，其望远镜放大率也越大。

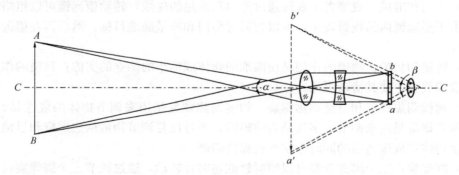

图 2-4　望远镜成像和放大原理

DS$_3$ 型水准仪望远镜中的十字丝分划为刻在玻璃板上的三根横丝和一根竖丝，如图 2-5 所示。中间的长横丝叫中丝，用于读取水准尺上的分划读数；上、下两根较短的横丝分别叫上视距丝和下视距丝，简称上丝和下丝，用于测量水准仪到水准尺的距离（详见第四章）。

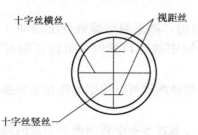

图 2-5　望远镜十字丝

十字丝的交点与物镜光心的连线，称为视准轴。水准测量是在视准轴水平的时候，用十字丝的横丝截取水准尺上的读数。

在进行水准测量时，一定要消除视差，所谓视差，就是发现目标像与十字丝之间有相对移动的现象。造成视差的原因是目标成像不在十字丝分划板上，消除视差的办法是：反复进行物镜、目镜对光，即先旋转目镜调焦螺旋，使十字丝十分清晰；然后旋转物镜调焦螺旋使目标像十分清晰。

2. 水准器

水准器用于置平仪器，有水准管和圆水准器两种。

（1）水准管

水准管由玻璃圆管制成，其内壁为磨成一定半径 R 的圆弧，如图 2-6 所示。将管内注满酒精和乙醚的混合液，加热封闭，冷却后，管内形成的空隙部分充满了液体的蒸汽，称为水准气泡。因为蒸汽的相对密度小于液体，所以，水准气泡总是位于内圆弧的最高点。

水准管内圆弧中点，称为管水准器的零点，过零点作内圆弧的切线 LL 称为水准管轴。当水准管气泡居中时，管水准器轴 LL 处于水平位置。

为了提高水准气泡的居中精度，在水准管的上方装有一组符合棱镜，如图 2-7 所示，通过这组棱镜，将气泡两端的影像反射到望远镜旁的水准管气泡观察窗内，旋转微倾螺旋，当窗内气泡两端的影像吻合后，表示气泡居中。

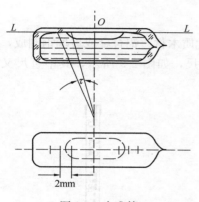

图 2-6　水准管

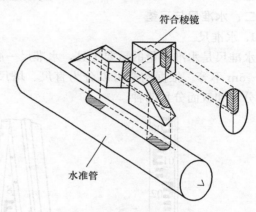

图 2-7　水准管和符合棱镜

制造水准仪时，要使水准管轴平行于望远镜的视准轴。旋转微倾螺旋使管水准气泡居中时，水准管轴处于水平位置，从而使望远镜的视准轴也处于水平位置。

（2）圆水准器

圆水准器是由玻璃圆柱管制成，其顶面内壁是磨成一定半径的球面，中央刻有小圆圈，其圆心 O 是圆水准器的零点，过点 O 的球面法线 $L'L'$ 是圆水准器轴（图 2-8）。圆水准器的分划值一般为 $8'/2mm$，其灵敏度较低，用于初步整平仪器（粗平）。当圆水准器居中时，水准器轴大致处于竖直位置。

3. 基座

基座通过连接螺旋与三脚架连接，用于置平仪器，它支撑仪器的上部使其在水平方向上转动，基座主要由轴座、脚螺旋、三角压板和底板构成。调节三个脚螺旋可使圆水准器的气泡居中，使仪器粗略整平。

在用微倾式水准仪进行水准测量时，每次读数都要用微倾螺旋将水准管气泡调至居中位置，这不仅使观测十分麻烦、影响观测速度，而且由于延长了测站观测时间，将

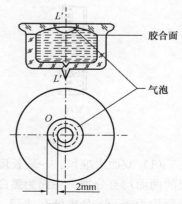

图 2-8　圆水准器

增加外界因素的影响，使观测成果的质量降低。为此，在20世纪40年代研制出了一种自动安平水准仪。经过不断的发展和完善，自动安平水准仪已得到了广泛的应用并成为水准仪的发展方向。

自动安平水准仪没有水准管和微倾螺旋，而是在望远镜的镜筒内安装了一个"自动补偿器"。观测时只要将圆水准器的气泡居中，视线存在的微小倾斜可由补偿器自动"补偿"，使得视准轴水平，十字丝的中丝读数仍为水平视线在尺上截取的读数。

必须注意的是，补偿器只有在视线的倾斜角不超过一定数值（如$10'$）时才起作用。因此，观测时应使圆水准气泡严格居中。此外，补偿器也可能因存在故障而不起作用，故使用前应对其检查。检查时，可先瞄准一水准尺，粗平后读数，然后再少许转动脚螺旋，若此时的尺读数不变，则说明补偿器在起作用，否则，说明补偿器存在故障，不能使用，需要维修。

二、水准尺与尺垫

1. 水准尺

水准尺是水准测量的重要工具，水准尺一般用优质木材、铝合金或玻璃钢制成，长度在2～5m不等。根据构造可以分为直尺、塔尺和折尺，如图2-9所示，其中直尺又分为单面分划和双面分划两种。

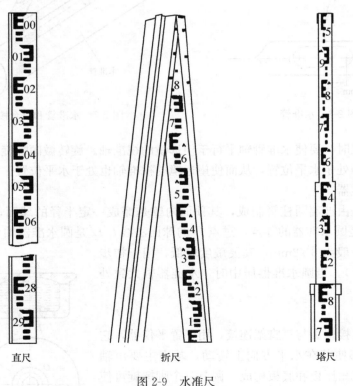

直尺　　　　　　　　折尺　　　　　　　　塔尺

图2-9　水准尺

（1）双面水准尺：一般长度为3m，多用于三、四等水准测量，以两把尺为一对使用。尺的两面均有分划，一面为黑白相间称黑面尺；另一面为红白相间称红面尺，两面的最小分划均为1cm，分米处有注记。"E"的最长分划线为分米的起始。读数时直接读取米、分米、厘米，估读毫米，单位为米或毫米。两把尺的黑面均由零开始分划和注记。红面的分划和注记，一把尺由 4.687m 开始分划和注记，另一把尺由 4.787m 开始分划和注记，两把尺红面注记的零点差为 0.1m。

（2）塔尺：有 3m、4m、5m 多种，常用于碎部测量。

（3）因瓦尺：通常是单面尺，一般长 3m 或 2m；常与精密水准仪配套使用，用于国家一、二等水准测量。

2. 尺垫

尺垫是在转点处放置水准尺用的。在两个水准点之间的距离较远或高差较大，而直接测定其高差有困难时，应在中间设立若干个中间点（称为转点）以传递高差。尺垫是用生铁铸成的三角形板座，中央有一凸起的半球体，便于放置水准尺，下有三个尖足便于将其踩入土中，以固稳防动，如图 2-10 所示。当进行水准测量时，为了防止立水准尺的地面下沉，影响测量精度，在需要设立转点的地面上，放好尺垫，并将它的三个脚尖踩入土中，然后水准尺就可以立放在尺垫中央的小圆锥上。

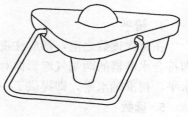

图 2-10　尺垫

三、水准仪的使用

水准仪的使用：包括仪器的安置、粗略整平、瞄准、精平和读数等操作步骤。

1. 安置水准仪

打开三脚架（图 2-11）并使高度适中，目估使架头大致水平，检查脚架腿是否安置稳固，脚架伸缩螺旋是否拧紧，然后打开仪器箱取出水准仪，用连接螺旋将仪器固连在三脚架头上。

2. 粗平

粗平是利用圆水准器使气泡居中，使仪器竖轴大致铅垂，从而使视准轴粗略水平，如图 2-12 所示，气泡没有居中而位于 a 处。先按图上箭头所指方向相对转动脚螺旋①和②，使气泡移到 b 的位置，再转动脚螺旋③，气泡便居中。注意：整平时气泡移动的方向与左手大拇指转动的方向一致。

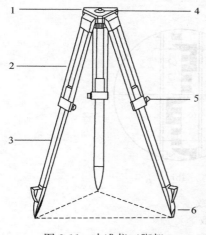

图 2-11　水准仪三脚架

1—架头；2—架腿；3—伸缩腿；4—连接

螺旋；5—伸缩制动螺旋；6—脚尖

3. 瞄准

瞄准前，先将望远镜对向明亮的背景，转动目镜对光螺旋，使十字丝清晰。再用望远镜筒上的照门和准星瞄准水准尺，拧紧制动螺旋。然后从望远镜中观察，若物像不清楚，则转动物镜对光螺旋进行对光，使目标影像清晰。当眼睛在目镜端上下微微移动时，若发现十字丝与目标影像有相对运动，说明存在视差现象。产生视差的原因是目标成像的平面与十字丝平面不重合。由于视差的存在会影响正确读数，故应加以消除。消除的方法是交替调节目镜和物镜的对光螺旋仔细对光，直到眼睛上下移动，读数不变为止。

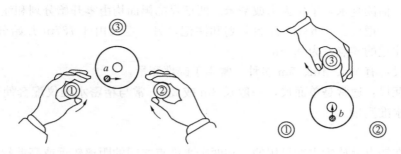

图 2-12　圆水准气泡

4. 精平

在每次读数之前，都应注视符合水准气泡观测窗，转动微倾螺旋使水准管气泡居中，即符合水准器的两端气泡影像对齐，只有当气泡已经稳定不动而又居中的时候，水准管轴水平，视准轴水平，即提供了一条水平视线。

5. 读数

仪器精确整平后，即可用十字丝横丝（即中丝）在水准尺上读数。读数按由小到大的方向，读出米、分米、厘米，并仔细估读毫米数。读数记录不加小数点，读记 4 位数，以 mm 为单位，如图 2-13 所示，黑面读数为 1608mm，红面读数是 6295mm。读数记录若加小数点，也是读记 4 位数，以 m 为单位（图 2-13），黑面读数则为 1.608m，红面读数是 6.295m。

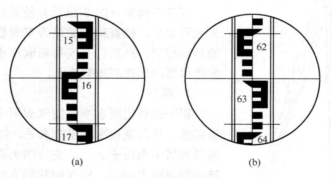

图 2-13　瞄准水准尺与读数
（a）黑面读数；（b）红面读数

水准测量时，读记数单位要统一，不要 mm 和 m 单位混合。

精平和读数虽是两项不同的操作步骤，但在水准测量的实施过程中，却把两项操作视为一个整体，即精平后再读数，读数后还要检查管水准气泡是否完全居中。

如使用自动安平水准仪进行水准测量，则省去了上述步骤中的"精平"这项操作。即将水准仪安置好后，再用脚螺旋将水准仪圆气泡调至居中位置，此时即可利用十字丝交点读取读数。

第四节　水准测量的施测与记录

测绘工作通常分外业工作和内业工作，水准测量也是如此。水准测量外业工作就是施测与记录，主要内容是：水准线路的选择与水准点布设；测量高差与记录。

一、普通水准测量

1. 水准点

水准测量通常是从水准点开始，引测其他点的高程。水准点是国家测绘部门为了统一全国的高程系统和满足各种需要，在全国各地埋设且测定了其高程的固定点，即这些已知高程的固定点称为水准点（Bench Mark），简记为 BM。水准点有永久性和临时性两种。如图 2-14 所示，国家等级水准点一般用整块的坚硬石料或混凝土制成，深埋到地面冻土层以下，在标石顶面设有用不锈钢或其他不易锈蚀的材料制成的半球状标志，如图 2-14（a）所示。有些水准点也可设置在稳定的墙脚上，称为墙上水准点，如图 2-14（b）所示。

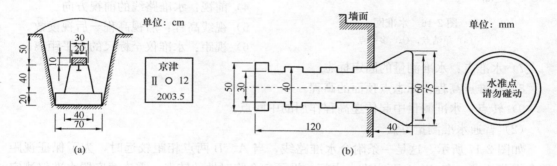

图 2-14　永久水准点
（a）混凝土普通水准标石；（b）墙角水准标志埋设

建筑工地上的永久性水准点一般用混凝土或钢筋混凝土制成，临时性的水准点可用地面上突出的坚硬岩石或用木桩打入地下，桩顶钉入半球形铁钉。

2. 水准路线

在水准测量中，通常沿某一水准路线进行施测。进行水准测量的路线称为水准路线。根据测区实际情况和需要，可布置成单一水准路线和水准网。单一水准路线又分为附合水准路线、闭合水准路线和支水准路线。

（1）闭合水准路线是由已知高程的水准点 BM1 出发，沿环线进行水准测量，以测定出 1、2、3 等各待定点的高程，最后回到原水准点 BM1 上，如图 2-15（a）所示。

（2）附合水准路线是从已知高程的水准点 BM1 出发，测定 1、2、3 点等各待定点的高程，最后附合到另一已知水准点 BM2 上，如图 2-15（b）所示。

（3）支水准路线是从一已知高程的水准点 BM1 出发，既不附合到其他水准点上，也不自行闭合，如图 2-16（c）所示。

若干条单一水准路线相互连接构成图 2-16 所示的形状，称为水准网。水准网中单一水准路线相互连接的点称为结点。水准网分为单结点水准网和多结点水准网。

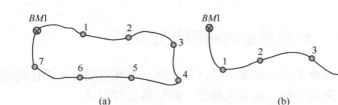

图 2-15   单一水准路线

（a）闭合水准路线；（b）附合水准路线；（c）支水准路线

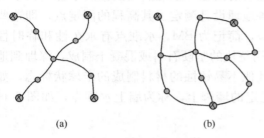

图 2-16   水准网

（a）单结点；（b）多结点

3. 普通水准测量方法

（1）概念

1）测站：测量仪器所安置的地点。

2）水准路线：进行水准测量时所行走的路线。

3）后视：水准路线的后视方向。

4）前视：水准路线的前视方向。

5）视线高程：后视高程＋后视读数。

6）视距：水准仪至标尺的水平距离。

7）水准点：水准测量的固定标志。

8）水准点高程：标志点顶面的高程。

9）转点：水准测量中起传递高程作用的中间点。

（2）普通水准测量方法

如图 2-17 所示，这是一条附合水准路线，当 A、B 两点相距较远时，为了保证视距符合规范要求，在 A、B 两水准点之间，设了 5 个临时性的转点。需连续安置水准仪测定相邻各点间的高差，最后取各个高差的代数和，可得到 A 到 B 的高差。

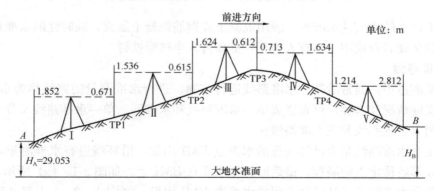

图 2-17   水准测量路线

普通水准测量采用 DS₃ 水准仪，其测站Ⅰ的施测程序如下：将水准尺立于已知高程点 A 上作为后视，水准仪置于施测路线附近合适的位置，在施测路线的前进方向上取仪器至后视大致相等的距离 TP1 转点上放置尺垫，在尺垫上竖立水准尺作为前视；观测员将水准仪用圆水准器粗平之后瞄准后视水准尺，用微倾螺旋将水准管气泡居中，用中丝对后视读数读至毫米；掉转望远镜瞄准前视水准尺，此时水准气泡一般将会偏离少许，再将气泡居中，用中丝读前视读数；记录员根据观测员的读数在手簿中记下相应的数字，并立即计算高差；为了进行检核，该站还要变换仪器高或双面尺再测量一次高差，以上为测站 I 的全部工作。然后将 A 点的水准尺移到 TP2，TP1 点水准尺不动，进行测站 II 观测，方法与测站 I 类似。以此类推，直到观察完测站 V。

须注意：为保证高程传递的准确性，在相邻测站的观测过程中，必须使转点保持稳定（高程不变）；为了保证每站数据合格，要进行测站检核工作；每站测量时及时做好记录、计算和计算检核；水准线路测量完整后，还要进行水准线路的成果检核工作。

（3）测站检核

测站检核的目的是保证前后视读数的正确。其方法有两次仪器高法、双面尺法。

1）两次仪器高法。在同一测站上变动仪器高（10cm 左右），两次测出高差。普通水准测量两次测出高差的差值 $\Delta h \leqslant 5\mathrm{mm}$ 时，取其平均值作为最后结果。记录格式见表 2-1。

水准测量记录（两次仪器高法）(m)　　　　　　　　　　　表 2-1

测站	点号	后视读数	前视读数	高差				高程
				后视减前视		平均高差		
				+	−	+	−	
I	A	1.890 1.992		0.745 0.741		0.743		29.053
	1		1.145 1.251					
II	1	2.515 2.401		1.102 1.100		1.101		
	2		1.413 1.301					
III	2	2.001 2.114		0.850 0.854		0.852		
	3		1.151 1.260					
IV	3	1.512 1.642			0.601 0.603		0.602	
	4		2.113 2.245					
V	4	1.318 1.421			0.906 0.904		0.905	
	B		2.224 2.325					30.242
计算检核		18.806	16.428			2.696	1.507	29.053+1.189
		$h=(18.806-16.428)/2=+1.189$				+1.189		=30.242

2）双面尺法。即在一个测站上，不改变仪器高度，先后用水准尺的黑红面两次测量高差，进行校核。原始记录格式见表 2-2。表中数据是用双面尺法进行一条支水准路线的往、返水准测量的原始记录。从已知水准点 *BM. A* 测到待定水准点 *BM. B*，所用双面尺的零点差是 4787mm。

水准测量记录（双面尺法）（m）　　　　　　　　表 2-2

测站	点号	后视读数	前视读数	高差	平均高差	高程
1	*BM. A*	1.125		0.249	0.250	3.688
		5.911	(4.785)	0.250		
	*TP*1	(4.786)	0.876			
			5.661			
2	*TP*1	1.318		0.312	0.312	
		6.103	(4.786)	0.311		
	BM. B	(4.785)	1.006			4.253
			5.792			
3	*BM. B*	0.938		−0.472	−0.472	
		5.724	(4.786)	−0.472		
	*TP*2	(4.786)	1.410			
			6.196			
4	*TP*2	1.234		−0.095	−0.096	
		6.023	(4.790)	−0.096		
	BM. A	(4.789)	1.329			3.688
			6.119			
计算检核		28.376	28.389	−0.013	−0.006	
		28.376−28.389＝−0.013				
		(28.376−28.389)/2＝−0.006				

注：BM. B 点高程计算过程为 $[(3.688＋0.250＋0.312)＋(3.688＋0.096＋0.472)]/2 = 4.253$m

二、三、四等水准测量

三、四等水准测量的精度要求较普通水准测量的精度高，其技术指标见表 2-3。三、四等水准测量的水准尺，通常采用双面有分划的红黑面标尺，表 2-3 中的黑红面读数差，即指一根标尺的两面读数去掉常数之后所容许的差数。

三、四等水准测量的主要技术要求　　　　　　　　表 2-3

等级	水准仪的型号	视线长度（m）	前后视距差（m）	前后视距累积差（m）	视线高度（m）	基本分划、辅助分划或黑面红面读数较差（mm）	基本分划、辅助分划或黑面红面所测高差较差（mm）
三等	DS₁	≤100	≤3.0	≤6.0	0.3	≤1.0	≤1.5
	DS₃	≤75				≤2.0	≤3.0
四等	DS₃	≤100	≤5.0	≤10.0	0.2	≤3.0	≤5.0

三、四等水准测量在一测站上水准仪照准双面水准尺的顺序为（表2-4）：①后视黑面尺，读取下丝读数（1）、上丝读数（2）和中丝读数（3）；②前视黑面尺，读取下丝读数（4）、上丝读数（5）和中丝读数（6）；③前视红面尺，读取中丝读数（7）；④后视红面尺，读取中丝读数（8）。

须注意：视距丝是望远镜十字丝分划板除中丝以外的上、下两根短丝，一般下丝读数减去上丝读数再乘以视距常数（通常为100）就是仪器至标尺的水平距离，称为视距；到后视标尺的距离为后视距，到前视标尺的距离为前视距；以上观测顺序简称为"后前前后"（黑、黑、红、红），四等水准测量每站观测顺序也可以为"后后前前"（黑、红、黑、红）；无论何种观测顺序，视距丝和中丝读数均应在水准管气泡居中时读取。

表2-4中带括号的数字为观测读数和计算的顺序，（1）～（8）表示读尺和记录的顺序。

三、四等水准测量观测手簿　　　　　表 2-4

测站编号	视准点	后尺 下丝 上丝 / 后距 / 视距差 d	前尺 下丝 上丝 / 前距 / Σd	方向及尺号	标尺读数 基本分划	标尺读数 辅助分划	基+K 减辅	备注
	A↓TP1	(1)	(4)	后	(3)	(8)	(14)	
		(2)	(5)	前	(6)	(7)	(13)	
		(9)	(10)	后一前	(15)	(16)	(17)	
		(11)	(12)	h			(18)	
1	TP1↓TP2	1571	0739	后1	1384	6171	0	1号尺 K1=4787；2号尺 K2=4687
		1197	0363	前2	0551	5 239	−1	
		374	376	后一前	+0833	+0932	+1	
		−0.2	−0.2	h			+0832.5	
2	TP2↓TP3	2121	2196	后	1934	6621	0	
		1747	1821	前	2008	6796	−1	
		374	375	后一前	−0074	−0175	+1	
		−0.1	−0.3	h			−0074.5	
3	TP3↓B	1914	2055	后	1726	6513	0	
		1539	1678	前	1 866	6554	−1	
		375	377	后一前	−0 140	−0041	+1	
		−0.2	−0.5	h			−0140.5	

测站上以及观测结束后的计算与校核如下。

1. 视距计算

后视距：（9）＝[（1）−（2）]×100

前视距：（10）＝[（4）−（5）]×100

前、后视距差：（11）＝（9）−（10）

前、后视距差累积数：（12）＝前一站（12）+本站（11）

2. 高差计算

同一水准尺红、黑面中丝读数的检核：同一水准尺红、黑面中丝读数之差应等于该尺红、黑面常数差 K（4687mm 或 4787mm），其差数按下式计算：

$$(13) = K - [(7) - (6)]$$
$$(14) = K - [(8) - (3)]$$

式中，（13）、（14）应等于零，不符值应满足要求。

黑面高差和红面高差及红、黑面高差之差为：

$$(15) = (3) - (6)$$
$$(16) = (8) - (7)$$
$$(17) = (15) - (16)$$

式中，（17）的值应符合技术要求。

计算平均值：平均高差为 $(18) = [(15) + (16)]/2$，平均高差计算到 0.5mm。

3. 每页计算检核

三、四等水准测量中，为了检验计算的正确性，需要进行每页的计算检核。

（1）高差部分

按页分别计算后视红、黑面读数总和与前视读数总和之差，其值应等于红、黑面高差之和。即：

$$\Sigma[(3) + (8)] - \Sigma[(6) + (7)] = \Sigma[(15) + (16)] = \Sigma(18)$$

（2）视距部分

后视距总和与前视距总和之差，应等于末站视距差累积数，即：

$$\Sigma(9) - \Sigma(10) = 末站(12)$$

检核无误后应算出总视距，即：

$$总视距 = \Sigma(9) + \Sigma(10)$$

第五节   水准测量的内业数据处理

水准测量外业结束之后即可进行内业计算，计算之前应首先重新复查外业手簿中各项观测数据是否符合要求，高差计算是否正确。水准测量内业数据处理的目的是调整整条水准路线的高差闭合差及计算各待定点的高程。

一、水准测量内业计算

当外业观测手簿检查无误后，便可进行内业计算，最后求出各待定点的高程。内业计算步骤是：先计算水准路线的高差闭合差，再分配水准路线闭合差和计算改正后高差，最后计算待定水准点高程。

1. 计算水准路线的高差闭合差

（1）附合路线高差闭合差

如图 2-15（b）所示，在 $BM1$、$BM2$ 两水准点间敷设一条水准路线，已知 $BM1$、$BM2$ 两点的高程为 H_1、H_2，各测段的观测高差分别为 h_1'，h_2'，h_3'，h_4'，由此可知 $BM2$ 点的观测高程 H_2' 为：

$$H_2' = H_1 + (h_1' + h_2' + h_3' + h_4') = H_1 + \Sigma h'$$

理论上，H_2'应与点 $BM2$ 的已知高程 H_2 相等，但由于观测中不可避免地带有误差，因此两者有一个差值 f_h，称这个观测值与理论值的差值 f_h 为高差闭合差，其计算公式为：

$$f_h = H_2' - H_2 = \sum h' - (H_2 - H_1) \tag{2-4}$$

（2）闭合路线高差闭合差

闭合路线的高差总和理论上应该等于零，若不为零，其值即为高差闭合差 f_h。从式（2-4）可以看出，若 $BM1$、$BM2$ 为同一点，则 H_2 与 H_1 相等，所以有：

$$f_h = \sum h' \tag{2-5}$$

（3）支水准路线高差闭合差

对于水准支线，应进行往返观测。当采用往返观测时，往返观测高差和的绝对值应相等而符号相反，否则其代数和就是高差闭合差：

$$f_h = \sum h'_{往} + \sum h'_{返} \tag{2-6}$$

《工程测量标准》GB 50026—2020 中规定，普通水准测量（图根水准测量）的高差闭合差对一般地区不得超过 $\pm 40\sqrt{L}$mm，其中 L 为往返测段、附合或环线的水准路线长度，单位为 km；对山地不得超过 $\pm 12\sqrt{n}$mm，其中 n 为测站数。

2. 分配水准路线闭合差和计算改正后高差

若闭合差为 f，不超过允许闭合差，就可以进行分配。很显然，测量不可避免地存在误差，从而产生了闭合差。观测的站数越多或测量的线路越长，测量误差的积累也就越大，闭合差也就越大。在整条水准路线上由于各测站的观测条件基本相同，可认为各站产生误差的机会也是相等的，故闭合差的调整按与测站数（或距离）成正比例、反符号分配的原则进行。

（1）按测站数进行分配

按测站数进行分配的公式为：

$$v_i = -\frac{f_h}{\sum n} n_i \tag{2-7}$$

式中，$\sum n$ 为水准路线的总站数，为各测段站数之和；n_i 为第 i 测段的测站数；v_i 为第 i 测段的高差改正数。

（2）按水准路线长度进行分配

按水准路线长度进行分配的公式为：

$$v_i = -\frac{f_h}{\sum L} L_i \tag{2-8}$$

式中，$\sum L$ 为水准路线的总长度，为各测段长度之和；L_i 为第 i 测段水准路线的长度；v_i 为第 i 测段的高差改正数。又因为 $\sum v_i = -f_h$，故式（2-8）可以作为高差改正数计算的检核。

各测段高差改正后的数值为：

$$h_i = h_i' + v_i \tag{2-9}$$

（3）待定水准点高程的计算

根据已知高程点的高程值和各测段改正后的高差，便可依次推算出各待定点的高程。各点的高程为其前一点的高程加上该测段改正后的高差。如图 2-15（a）所示，各待定点的高程为：

$$H_1 = H_{BM1} + h_1$$

$$H_2 = H_1 + h_2$$

$$\cdots$$

$$H_4 = H_3 + h_4$$

$$H_{BM1} = H_4 + h_5$$

推算出的终点 H_{BM1} 的高程应与其已知高程相等，否则说明推算有误。

通常在计算完水准路线各段高差之后，应再次计算路线闭合差，闭合差应为零，否则应检查各项计算是否有误。通常水准测量内业计算是在表格中按照上述方法步骤进行的。

二、水准测量内业计算举例

【例 2-1】图 2-18 为一闭合水准线路示意图，水准路线等级为等外水准，BM1 是四等水准点，其高程 $H_{BM1}=67.648m$。根据图中各测段观测高差和测站数，试计算 A、B、C、D 的高程。

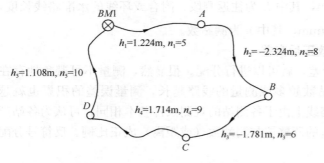

图 2-18　闭合水准路线

水准路线内业数据处理通常在表 2-5 中计算，具体计算步骤和注意事项如下：

（1）对水准测量原始记录进行再次检查，并绘制水准路线示意图；

（2）对照水准测量原始记录，在表 2-5 中对应位置填写"点名""观测高差""测站数"和"起算点高程"；

（3）计算水准路线高差闭合差、允许闭合差和测站总数，本例中 $f_h = \sum h' = -59$mm，$\sum n = 38$，$f_{h允} = \pm 12\sqrt{n} = \pm 74$mm，高差闭合差小于允许闭合差，说明水准路线成果合格；

（4）计算各测段高差改正数和改正后高差；

（5）计算 A、B、C、D 的高程（表 2-5）。

水准测量高程计算（闭合路线）　　　　　　　　　　　　　表 2-5

点名	观测高差 h_i' (m)	测站数 n_i	高差改正数 v_i (mm)	改正后高差 h_i (m)	高程 (m)
BM1					67.648
A	1.224	5	8	1.232	68.880
B	−2.324	8	12	−2.312	66.568
C	−1.781	6	9	−1.772	64.796
D	1.714	9	14	1.728	66.524
BM1	1.108	10	16	1.124	67.648
3	−0.059	38	59	0.000	
辅助计算	$f_h = \sum h' = -59$mm　　$f_{h允} = \pm 12\sqrt{n} = \pm 74$mm　　$v_i = \dfrac{f_h}{\sum n} n_i$　　$h_i = h_i' + v_i$				

【例 2-2】图 2-19 为一附合水准线路示意图，水准路线等级为等外水准，*BM.A* 和 *BM.B* 是起算水准点，其高程 $H_{BM.A}=45.286$m、$H_{BM.B}=49.579$m。根据图中各测段观测高差和距离，试计算 *BM1*、*BM2*、*BM3* 三点的高程。

水准路线内业数据处理通常在表 2-6 中计算，计算原理如本节"一、水准测量内业计算"中所述，具体计算步骤和注意事项如下：

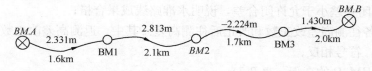

图 2-19 附合水准路线

（1）对水准测量原始记录进行再次检查，并绘制水准路线示意图；

（2）对照水准测量原始记录，在表 2-6 中对应位置填写"点名""观测高差""测段距离"和"起算点高程"；

（3）计算水准路线高差闭合差、允许闭合差和测线距离，本例中 $f_h=37$mm，$\sum L=7.4$km，$f_{h允}=\pm40\sqrt{L}=\pm109$mm，高差闭合差小于允许闭合差，说明水准路线成果合格；

（4）计算各测段高差改正数和改正后高差；

（5）计算 *BM1*、*BM2*、*BM3* 三点的高程（表 2-6）。

水准测量高程计算（附合路线） 表 2-6

点名	观测高差 h_i' （m）	测段距离 L_i （km）	高差改正数 v_i （mm）	改正后高差 h_i （m）	高程 （m）
BM.A					45.286
	2.331	1.6	−8	2.323	
BM1					47.609
	2.813	2.1	−11	2.802	
BM2					50.411
	−2.244	1.7	−8	−2.252	
BM3					48.159
	1.430	2.0	−10	1.420	
BM.B					49.579
$\sum$	4.330	7.4	−37	4.293	
辅助计算	\multicolumn{5}{c}{ }				

辅助计算：

$$\sum h_{理}=H_{BM.B}-H_{BM.A}=4.293\text{m}$$
$$f_h=\sum h'-(H_{BM.B}-H_{BM.A})=37\text{mm}$$
$$f_{h允}=\pm40\sqrt{L}=\pm109\text{mm}$$
$$v_i=-\frac{f_h}{\sum L}L_i \qquad h_i=h_i'+v_i$$

通过上面两例可以看出，闭合路线和附合路线在进行内业数据处理时，不管是按距离分配闭合差还是按测站分配闭合差，计算原理、方法、步骤是一样的，所不同的只是闭合路线和附合路线闭合差的计算。

【例 2-3】图 2-20 是支水准路线，观测数据如表 2-2 所示。*BM.A* 是起算点，高程 $H_{BM.A}=3.688$m，试计算 *BM.B* 点高程。

支水准路线内业数据处理可在表 2-7 中计

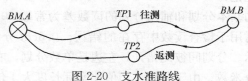

图 2-20 支水准路线

算，具体计算步骤和注意事项如下；

（1）对水准测量原始记录进行再次检查，并绘制水准路线示意图；

（2）对照水准测量原始记录，在表 2-7 中对应位置填写"点名""往测高差""返测高差"和"起算点高程"；

（3）计算水准路线高差闭合差和允许闭合差，本例中 $f_h = -6mm$，$f_{h允} = \pm 12\sqrt{n} = \pm 17mm$，高差闭合差小于允许闭合差，说明水准路线成果合格；

（4）计算各往测高差改正数和改正后往测高差。其中，返测高差改正数与往测高差改正数大小相等，符号相反；

（5）计算 $BM.B$ 的高程（表 2-7）。

应注意，如果把支水准路线往测、返测都看成是一个测段，那么支水准路线往测、返测就组成了闭合路线，所以计算方法与前两例相同。

水准测量高程计算（支水准路线）   表 2-7

点名	往测高差 （m）	返测高差 （m）	往测高差改正数 （mm）	改正后往测高差 （m）	高程 （m）
$BM.A$					3.688
	0.562	−0.568	3	0.565	
$BM.B$					4.253
辅助计算	$f_h = \sum h'_{往} + \sum h'_{返} = -6\text{mm}$ $f_{h允} = \pm 12\sqrt{n} = \pm 17\text{mm}$ $v_i = -\dfrac{f_h}{\sum n} n_{往} = -3\text{mm} \qquad h_{往} = h'_{往} + v_{往}$				

第六节 精密水准仪和精密水准测量

一、精密水准仪简介

精密水准仪的种类很多，微倾式的如国产的 DS_{05} 和 DS_1 型，进口的德国蔡司 Ni004 和瑞士威特 N3 等；自动安平式的如德国蔡司 Ni002 和 Ni007 等。精密水准仪主要用于国家一、二等水准测量和高精度的工程测量中，如建筑物的沉降观测及大型设备的安装等测量工作。

1. 精密水准尺

精密水准仪必须配有精密水准尺。这种尺一般是在木质尺身的槽内，以一定拉力引张一根因瓦合金带。带上标有刻划，数字注在木尺上，如图 2-21 所示。精密水准尺的分划值有 1cm 和 0.5cm 两种。1cm 分划的水准尺有两排分划，如图 2-21（a）所示。右边一排注记为 0～300cm，叫基本分划；左边一排注记为 300～600cm，叫辅助分划。同一高度线的基本分划和辅助分划的读数差为常数 301.55cm，叫基辅差，也叫尺常数，在水准测量时用于检查读数中存在的错误。0.5cm 分划的水准尺只有一排分划，如图 2-21（b）所示。分划间彼此错开，左边是单数分划，右边是双数分划；右边注记是米数，左边注记是分米数。由于分划注记值比实际长度大 1 倍，因此用这种水准尺读数除以 2 才是实际的视线高度。

2. 精密水准仪

精密水准仪的构造与普通水准仪基本相同，也是由望远镜、水准器和基座三部分组成。其不同之处是水准管分划值较小，一般为 $10''/2mm$；望远镜的放大率较大，一般在 40 倍以上，望远镜的孔径大、亮度高；仪器结构稳定，具有受温度的变化影响小等特点。

为了提高读数精度，如图 2-22 所示，采用光学测微器读数装置，测微装置主要由平行玻璃板、测微分划尺、传导杆、测微螺旋和测微读数系统组成。平行玻璃板装在物镜前面，它通过有齿条的传导杆与测微分划尺及测微螺旋连接。测微分划尺上刻有 100 个分划，在另设的固定棱镜上刻有指标线，可通过目镜旁的测微读数显微镜读数。当转动测微螺旋时，传导杆推动平行玻璃板前后倾斜，此时视线通过平行玻璃板产生平行移动，移动的数值可由测微分划尺读数反映出来。当视线上下移动为 5mm（或 1cm）时，测微分划尺恰好移动 100 格，即测微分划尺最小格值为 0.05mm（或 0.1mm）。

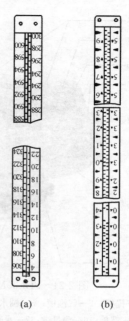

图 2-21　精密水准尺
(a) 1cm 分划；(b) 0.5cm 分划

精密水准仪的操作方法与一般水准仪基本相同，不同之处是可用光学测微器测出不足一个分格的数值。在仪器精平后，十字丝横丝往往不恰好对准

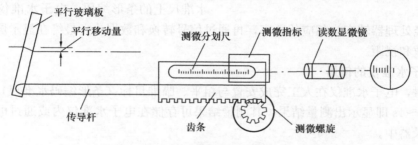

图 2-22　测微器读数装置

水准尺上某一整分划线，这时就要转动测微轮使视线上、下平行移动，使十字丝的楔形丝

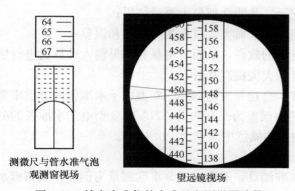

图 2-23　精密水准仪的水准尺和测微器读数

正好夹住一个整分划线，如图 2-23 所示，被夹住的分划线读数为 148cm。此时，测微器读数窗中的读数为 0.655cm，水准尺的全读数为 $(148+0.655)/10^2 = 1.48655m$。由于该尺注记扩大了 1 倍，故实际读数是全读数除以 2，即 0.743275m。

二、电子水准仪简介

随着科学技术的不断进步及电子技术的迅猛发展，水准仪正从光学时代跨

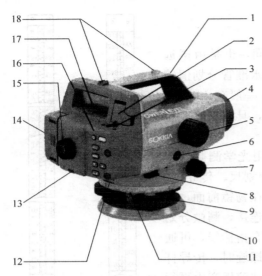

图 2-24　SDL30M 电子水准仪

1—提柄；2—气泡镜；3—圆水准器；4—物镜；5—物镜调焦螺旋；6—测量键；7—水平微动螺旋；8—数据输出插口；9—脚螺旋；10—底盘；11—水平读盘设置环；12—水平读盘；13—十字丝校正螺丝及护盖；14—电池盖；15—目镜及调焦螺旋；16—键盘；17—显示屏；18—粗瞄准器

入电子时代。1990 年，瑞士威特厂研制出世界上第一台电子数字式水准仪 NA2000，从而拉开了电子水准仪发展的序幕。1991 年底，瑞士威特厂又推出了可用作精密水准测量的 NA3000 电子水准仪；1994 年，德国的蔡司厂和日本的拓普康厂也分别将研制出的该类产品 DiNi10、DiNi20、DL-101、DL-102 投入市场。

电子水准仪的组成部分有望远镜、水准器、自动补偿系统、计算存储系统和显示系统，如图 2-24 所示。SDL30M 采用电荷耦合器件（Charge Coupled Device，CCD）读取独特的码型并交由中央处理器（Central Processing Unit，CPU）进行处理。观测值以数字显示，减少了观测员的判读错误。

1. 电子水准仪测量原理简述

与电子水准仪配套使用的水准尺为条形编码尺，通常由玻璃纤维或因瓦合金制成。在电子水准仪中装有行阵传感器，它可识别水准尺上的条形编码。电子水准仪读取条形编码后，经处理器转变为相应的数字，再通过信号转换和数据化，最终在显示屏上直接显示中丝读数和视距。

2. 电子水准仪的使用

观测时，电子水准仪在人工完成安置与粗平、瞄准目标（条形编码水准尺）后，按下测量键，3～4s 即显示出测量结果。其测量结果可存储在电子水准仪内或通过电缆连接存入机内记录器中。

另外，若在观测中水准尺条形编码的局部遮挡小于 30%，电子水准仪仍可进行观测。

3. 电子水准仪的特点

电子水准仪的主要优点如下：

（1）操作简捷，可进行自动观测和记录，并能立即显示测量结果；

（2）整个观测过程在几秒钟内即可完成，从而大大减少观测错误和误差；

（3）仪器还附有数据处理器及与之配套的软件，从而可将观测结果输入计算机进行后处理，实现测量工作自动化和流水线作业，大大提高功效。

电子水准仪的观测精度高，如瑞士徕卡公司开发的 NA2000 型电子水准仪的分辨率为 0.1mm，每千米往返测得高差中数的偶然中误差为 ±2.0mm；NA3003 型电子水准仪的分辨率为 0.01mm，每千米往返测得高差中数的偶然中误差为 ±0.4mm。

三、精密水准测量

精密水准测量一般指国家一、二等水准测量，下面以二等水准测量为例，介绍精密水准测量的实施过程。

1. 精密水准测量作业的一般规定

（1）观测前 30min，应将仪器置于露天阴影处，使仪器与外界气温趋于一致，观测时应用测伞遮蔽阳光，迁站时应罩仪器罩。

（2）仪器距前、后视水准尺的距离应尽量相等，其差应小于规定的限值。

（3）对气泡式水准仪，观测前应测出倾斜螺旋的置平零点，并做标记。随气温变化，应随时调整置平零点的位置。对于自动安平水准仪的圆水准器，须严格置平。

（4）同一测站上观测时，不得两次调焦。转动仪器的倾斜螺旋和测微螺旋，其最后旋转方向均应为旋进，以避免倾斜螺旋和测微器隙动差对观测成果的影响。

（5）在两相邻测站上，应按奇、偶数测站的观测程序进行观测，对于往测，奇数测站按"后前前后"、偶数测站按"前后后前"的观测程序在相邻测站上交替进行。返测时，奇数测站与偶数测站的观测程序与往测时相反，即奇数测站由前视开始，偶数测站由后视开始。这样的观测程序可以消除或减弱与时间成比例均匀变化的误差对观测高差的影响，如 i 角的变化和仪器垂直位移等。

（6）连续在各测站上安置水准仪时，应使其中两脚螺旋与水准路线方向平行，而第三脚螺旋轮换置于路线方向的左侧与右侧。

（7）每一测段的往测与返测，其测站数均应为偶数，由往测转向返测时，两水准尺应互换位置，并应重新整置仪器。在水准路线每一测段上，仪器、测站安排成偶数，可以削减两水准尺零点不等差等误差对观测高差的影响。

（8）每一测段的水准测量路线应进行往测和返测，这样可以消除或减弱性质相同、正负号也相同的误差影响，如水准尺垂直位移的误差影响。

（9）一个测段的水准测量路线的往测和返测应在不同的气象条件下进行，如分别在上午和下午观测。

（10）使用补偿式自动安平水准仪观测的操作程序与水准器水准仪相同。观测前对圆水准器应进行严格检验与校正，观测时应严格使圆水准器气泡居中。

（11）水准测量的观测工作间歇时，最好能结束在固定的水准点上，否则应选择两个坚稳可靠、光滑突出、便于放置水准尺的固定点，作为间歇点加以标记。间歇后，应对两个间歇点的高差进行检测，检测结果如符合限差要求，就可以从间歇点起测，对于二等水准测量，规定检测间歇点高差之差应不超过 1.0mm。若仅能选定一个固定点作为间歇点，则在间歇后应仔细检视，确认没有发生任何位移，方可由间歇点起测。

2. 精密水准测量观测

测站观测程序如下：

往测时，奇数测站照准水准尺分划的顺序为后视标尺的基本分划、前视标尺的基本分划、前视标尺的辅助分划、后视标尺的辅助分划；

往测时，偶数测站照准水准尺分划的顺序为前视标尺的基本分划、后视标尺的基本分划、后视标尺的辅助分划、前视标尺的辅助分划；

返测时，奇、偶数测站照准标尺的顺序分别与往测偶、奇数测站相同。

记录方法及记录计算与四等水准测量相同，电子水准测量记录表格参考表 2-8，限差要求可参考表 2-9。

二等水准测量观测手簿（电子水准仪）　　　表 2-8

测自_____至_____　　　　　　　　　　年　　月　　日

时间：　始　　时　　分　　　　　　　末　　时　　分　　成像：_____

湿度_____　　　云量_____　　　风向风速_____

天气_____　　　土质_____　　　太阳方向_____

测站编号	视准点	后距	前距	方向及尺号	标尺读数		两次读数之差	备注
		视距差 d	$\sum d$		第一次读数	第二次读数		
0	A ↓ $TP1$	31.5	31.6	后	153969	153958	+11	
				前	139269	139260	+9	
				后－前	+14700	+14698	+2	
		−0.1	−0.1	h	+0.14699			
1	$TP1$ ↑ $TP2$	36.9	37.2	后	137400	137411	−11	
				前	114414	114400	+14	
				后－前	+22986	+23011	−25	
		−0.3	−0.4	h	+0.22998			
3	$TP3$ ↑ B	46.9	46.5	后	139411	139400	+11	
				前	144150	144140	+10	
				后－前	−4739	−4740	+1	
		+0.4	0	h	−0.04740			

水准观测主要技术要求　　　表 2-9

等级	视线长度		前后视距差（m）	前后视距累计差（m）	视线高度（下丝读数）（m）	基辅分划读数之差（mm）	基辅分划所得高差之差（mm）	上下丝读数平均值与中丝读数之差		检测间歇点高差之差（mm）
	仪器类型	视线长度（m）						0.5cm分划标尺（mm）	1cm分划标尺（mm）	
一	S_{05}	≤30	≤0.5	≤1.5	≥0.5	≤0.3	≤0.4	≤1.5	≤3.0	≤0.7
二	S_1	≤50	≤1.0	≤3.0	≥0.3	≤0.4	≤0.6	≤1.5	≤3.0	≤1.0
	S_{05}	≤50								

3. 精密水准测量精度

精密水准测量的精度可根据往返测量的高差不符值来评定，因为往返测量的高差不符值反映了水准测量各种误差的共同影响，这些误差对水准测量精度的影响是极其复杂的，其中有偶然误差的影响，也有系统误差的影响。其计算公式如下，供参考。

每千米单程高差的偶然中误差计算公式为：

$$\mu = \pm\sqrt{\frac{\frac{1}{2}\left[\dfrac{\Delta\Delta}{R}\right]}{n}} \qquad (2\text{-}10)$$

每千米往返测高差中数的偶然中误差计算公式：

$$M_\Delta = \frac{1}{\sqrt{2}}\mu = \pm\sqrt{\frac{\left[\dfrac{\Delta\Delta}{R}\right]}{4n}} \qquad (2\text{-}11)$$

式中，Δ 为各测段往返测高差不符值，mm；R 为各测段的距离，km；n 为测段数。

规范规定，对于一、二等水准测量须按式（2-11）计算每千米往返测高差中数的偶然中误差 M_Δ，当水准路线构成水准网的水准环超过 20 个时，还需要按照水准环闭合差 W 计算每千米往返测高差中数的全中误差 M_W，即：

$$M_W = \pm \sqrt{\frac{\left[\dfrac{WW}{F}\right]}{N}} \qquad (2\text{-}12)$$

式中，W 为水准环线经过正常水准面平行性改正后的水准环闭合差，F 为第 i 个水准环的周长，N 为水准环的个数。

第三章 角度测量

第一节 角度测量原理

一、水平角测量原理

地面上一点到两个目标点的方向线垂直投影到水平面上所形成的角称为水平角。如图 3-1 所示，A、O、B 为地面上的任意点，过直线 OA 和 OB 各作一垂直面，把 OA 和 OB 分别投影到水平投影面上，其投影线 $O'A'$ 和 $O'B'$ 的夹角 $\angle B'O'A'$，就是 $\angle AOB$ 的水平角 β。

如果在角顶 O 上安置一个带有水平刻度盘的测角仪器，其度盘中心 O' 在通过测站 O 点的铅垂线上。设 OA 和 OB 两条方向线在水平刻度盘上的投影读数为 A 和 B，则水平角 β 为：

$$\beta = b - a \qquad (3\text{-}1)$$

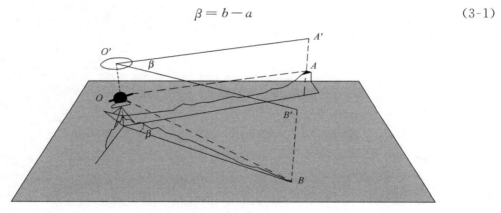

图 3-1 水平角测量原理

二、竖直角测量原理

如图 3-2 所示，在同一竖直面内仪器照准目标的方向线与水平线的夹角称为竖直角。夹角在水平线以上的称为仰角，符号为正；在水平线以下的称为俯角，符号为负。竖直角的取值范围为 $-90°\sim+90°$，$0°$ 表示视线水平。如图 3-3 所示，从测站点铅垂线向上方向到观测目标的方向线的夹角称之为天顶距。天顶距 Z 和竖直角 α 的关系为：

$$\alpha = 90° - Z \qquad (3\text{-}2)$$

根据竖直角的基本概念，仪器在水平线的竖盘读数为固定值，正常情况下为 90° 或者 270°，因此在测量竖直角时只需要照准目标直接读取度盘读数，将读数和 90° 或者 270° 进行比较，即可计算出竖直角。

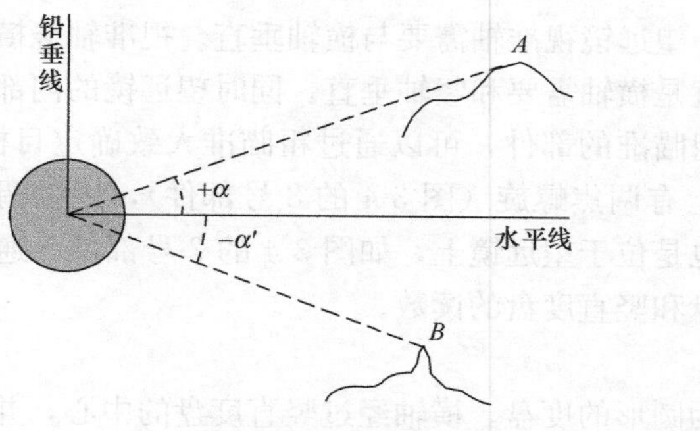

图 3-2　竖直角测量原理

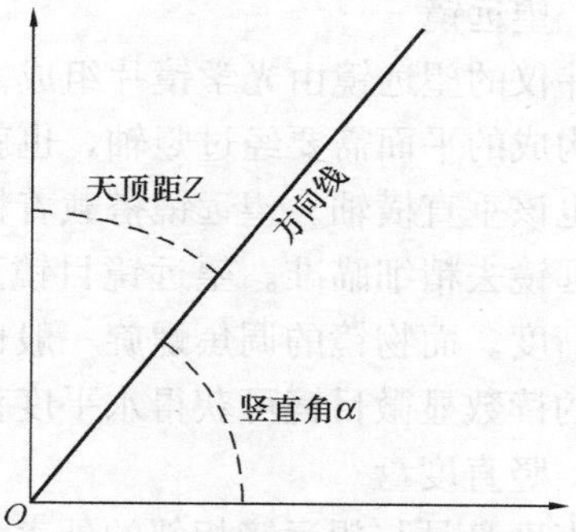

图 3-3　天顶距和竖直角关系

第二节　角度测量仪器

一、经纬仪

1. 经纬仪的基本结构

经纬仪可分为电子经纬仪和光学经纬仪，按照其测角精度划分可分为 DJ_1、DJ_2、DJ_6 等级别，其下标 1、2、6 代表的是仪器的精度，是仪器的一测回水平方向中误差，单位为秒。DJ_6 光学经纬仪常见结构如图 3-4 所示。

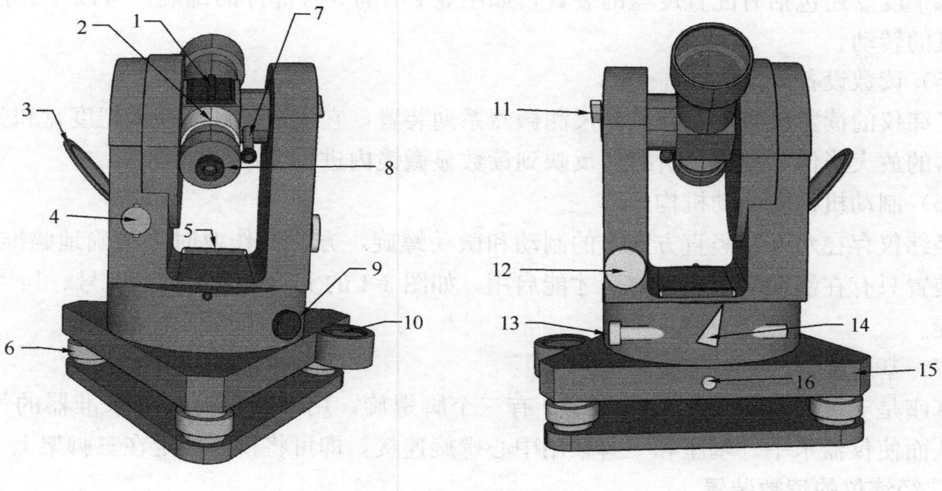

图 3-4　DJ_6 经纬仪

1—粗瞄准；2—望远镜物镜调焦环；3—照明反光镜；4—护盖；5—照准部水准器；6—基座脚螺旋；7—读数显微目镜；8—望远镜目镜；9—配置度盘；10—圆水准器；11—望远镜制动手柄；12—望远镜微动螺旋；13—水平微动螺旋；14—水平制动手柄；15—底座；16—底座制紧螺丝

经纬仪主要由照准部、水平度盘、基座三部分组成，其中照准部又包括望远镜、竖直度盘、水准器和读数设备等构件。尽管不同厂家的生产工艺不同，但经纬仪的组成部分都是相同的。

（1）望远镜

经纬仪的望远镜由光学镜片组成。望远镜视准轴需要与横轴垂直。视准轴绕横轴旋转一周所构成的平面需要经过竖轴，也就是横轴需要和竖轴垂直。同时望远镜的内部的十字丝竖丝也该垂直横轴。望远镜搭载着粗瞄准的部件，可以通过粗瞄准大致确定目标方向，再用望远镜去精细瞄准。望远镜目镜上有调焦螺旋（图 3-4 的 8 号部件），用以调整十字丝的清晰度。而物镜的调焦螺旋一般也是位于望远镜上，如图 3-4 的 2 号部件。通过望远镜相邻的读数显微目镜可获得水平度盘和竖直度盘的读数。

（2）竖直度盘

竖直度盘是与望远镜相邻的外表为圆形的度盘。横轴经过竖直度盘的中心，并带有一个和望远镜协同运转的指针。望远镜旋转作业，带动指针运动，度盘固定不动，从而得到旋转的角度变化，再通过计算得到竖直角。

（3）水准器

经纬仪中的水准器有照准部水准器和圆水准器。圆水准器是在仪器架设时粗平的判断依据，而照准部水准器是在精确整平时的一个判断依据。照准部水准器的水准管轴需要垂直于竖轴。

（4）水平度盘

水平度盘位于仪器基座的上方，照准部的下方，是经纬仪的关键组成部分。水平度盘工作原理和竖直度盘相同，竖轴经过水平度盘的中心。水平度盘是用光学玻璃制成的圆盘，在圆盘上按顺时针方向从 $0°\sim360°$ 刻有等角度的分划线。

水平度盘还包括有配置度盘的装置，如图 3-4 中的 9 号部件的螺旋，可以单独控制水平度盘的转动。

（5）读数设备

经纬仪的读数设备主要是分划尺测微器系列装置，它通过一系列透镜把度盘和分划尺测微器的放大影像和棱镜的折射，反映到读数显微镜内进行读数。

（6）制动机构和微动机构

经纬仪存在水平和竖直方向上的制动和微动螺旋，方便在作业时更精确地瞄准目标。微动装置只有在制动装置启动之后才能启用，如图 3-4 的 11 号、12 号、13 号、14 号部件的螺旋。

（7）基座部分

基座是支撑仪器的底座。在基座上有三个脚螺旋，用来调整照准部水准器的气泡居中，从而使仪器水平。基座和三脚架用中心螺旋连接，即可将仪器固定在三脚架上。

2. 经纬仪的读数装置

在经纬仪读数的整个过程中，度盘是读数的基础，分划尺测微器是精度的保证。经纬仪的读数装置主要有分划尺测微器和平板玻璃测微器两种形式。

（1）分划尺测微器

通过读数显微镜能看到水平度盘和竖直度盘的影像，在每间隔 $1°$ 之间有分划线，小于 $1°$ 的读数可以通过分划线进行读取。分划尺测微器从"0"开始，把 $1°$ 划分成 6 个大格，每个大格又分化成了 10 个小格，即每个小格相当于 $1'$，所以在读数时可以直接读取到分，估读到秒。

如图 3-5 所示，水平度盘的读数为 73°，而分划尺测微器上的读数是 4.5′，两个读数加起来就得到确切的水平角，为 73°04′30″。同时看下方的竖直度盘，读数为 95°，再看分划尺测微器上的读数是 6.2′，加起来得到竖直角为 95°06′12″。

（2）平板玻璃测微器

平板玻璃测微器的水平度盘的刻度为全圆 360° 注记，顺时针方向递增，每度分划线均注明读数，并且将 1° 划分为两格，每格分化值为 30′。测微轮转动一周的移动量对应测微尺的

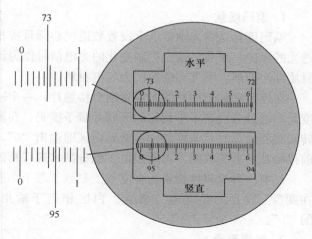

图 3-5　分划尺测微器读数窗

全长，数值为 30′。测微尺每间隔 5′ 注记读数，每 1′ 有分成 3 格的也有分成 5 格的。

如图 3-6 中的水平度盘的平板玻璃测微器，水平度盘的读数窗口往往位于下方，可以看到其度盘中的 15 分划线正好位于双指标线的中央。因此其读数为 15°，之后再看最上方的测微器读数窗口，这里的测微器读数窗口为 1′ 划分成了 3 个小格，也就是一个小格 20″。这里的读数是 12′30″，把这两个读数加起来则为水平角的读数 15°12′30″。

二、全站仪

全站仪是一种集光、机、电为一体的高技术测量仪器，是集水平角、垂直角、距离、高差测量功能于一体的测绘仪器系统。相比于经纬仪，全站仪在工程运用上更加全面，工作效率也更高，但相对应的工程成本也会有所提升，如图 3-7 所示。

全站仪和经纬仪的区别不仅在于功能的全能性，还在于人机交互和结构组成等多方面。全站仪的度盘采用和电子经纬仪一样的光电度盘，实现了度盘读数记录、处理、计算的自动化。光电度盘又分为绝对编码度盘和光栅度盘。

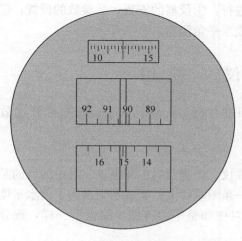

图 3-6　平板玻璃测微器读数窗

图 3-7　全站仪图

1. 编码度盘

编码度盘是在光学玻璃上设置数道同心圆且按相等间隔将其区分成为透光的白区、不透光的黑区，来获得按二进制变化的光电信号作为计量角度的度盘。度盘上透光的白区的材质即为玻璃，不透光的黑区为导电材料。

在度盘和数道同心圆上设置两个接触片，一个输入电源，一个输出信号。编码度盘把度盘顺时针分成若干个均匀的区间并赋予编码。在测角时，接触片固定，度盘随照准部旋转至观测目标时，若接触片接触到白区即输出"0"，接触到黑区即输出"1"，从而得到当前接触片所处的区间。再通过电子细分技术进行精测，得到精确的角度值。

还有一种编码度盘也是在度盘上刻划了若干个透光的白区和不透光的黑区，不同的是在度盘上设置的是光电二极管。白区相当于输出的二进制的"1"，黑区相当于输出的"0"。

2. 光栅度盘

光栅度盘是在光学玻璃圆盘上刻划若干道光栅，用相邻光栅产生莫尔条纹的变化周期数作为角度计量的度盘。将密度相同的两块光栅重叠，并使它们的刻线相互倾斜一个很小的角度，这时就会产生明暗相间的条纹（莫尔条纹）。夹角越小，条纹越粗。条纹的亮度按正弦周期性变化。若发光管、指示光栅、光电管的位置固定，当度盘随照准部转动时，发光管发出的光信号，通过莫尔条纹落到光电管上。

度盘每转动一条光栅，莫尔条纹移动一周期。莫尔条纹的光信号强度变化一周期，光电管输出的电流也变化一周期。在照准目标的过程中，仪器的接收元件可累计出条纹的移动量，从而测出光栅的移动量，经转换得到角度值。

全站仪的望远镜实现了视准轴、测距光波的发射、接收光轴同轴化，使得望远镜具有一次瞄准即可实现同时测定水平角、垂直角和斜距等全部基本测量要素的测定功能。

全站仪在仪器两面都设置了电子操作面板，方便在仪器操作过程中对参数进行修改和输入操作指令。内置的操作系统附带有许多软件，可以满足日常工程作业的需求。通过软件测得或处理得到的数据会存储在全站仪的存储器中，免去人工记录的流程。存储器内的数据可以通过通信接口传输至电脑或者移动存储器中。

使用全站仪进行角度测量大致按以下步骤进行：①仪器的安置；②参数的设置；③盘左、盘右的切换；④目标照准；⑤进行竖直角或水平角测量。

第三节 经纬仪的使用

经纬仪的使用，主要包括安置经纬仪、照准目标、调焦、水平度盘配置和读数等工作。

一、安置经纬仪

进行角度测量时，首先要在测站上安置经纬仪，即进行对中和整平。对中的目的是使仪器中心（或水平度盘中心）与测站点位于同一条铅垂线上；而整平则是为了使水平度盘处于水平位置。由于经纬仪的对中设备不同，对中和整平的方法步骤也不一样，现分述如下。

1. 用垂球对中的安置方法

（1）对中

1）在测站点上张开三脚架，使其高度适中，架头大致水平，并目估使架顶中心大致对准测站点标志中心。

2）将仪器放在架头上，并随手拧紧连接仪器和三脚架的中心连接螺旋，挂上垂球，调整垂球线长度。当垂球尖端离测站点较远时，可平移三脚架使垂球尖端对准测站点；如果垂球尖端与测站点相距较近，可适当放松中心连接螺旋，在三脚架头上缓缓移动仪器，使垂球尖端精确对准测站点。对中完成后，应随手拧紧中心连接螺旋。操作时，由于垂球难以稳定，可根据垂球摆动中心度量，直到摆动中心偏离量小于规定的限差为止（一般规定应小于 3mm）。如果偏离量过大，而且仪器在架头上平移仍无法达到限差要求时，应按上述方法重新整置三脚架，直到符合要求为止。

（2）整平

1）先旋转脚螺旋使圆水准器气泡居中，然后，松开水平制动螺旋，转动照准部使管水准器平行于任意两个脚螺旋的连线，如图 3-8（a）所示。

2）根据气泡的偏离方向，两手同时向内或向外旋转脚螺旋，使气泡居中。气泡移动方向与左手大拇指的转动方向一致。

3）使照准部转动 90°，如图 3-8（b）所示，旋转第三个脚螺旋使气泡居中。如此反复进行，直至照准部转到任何位置时气泡都居中为止。

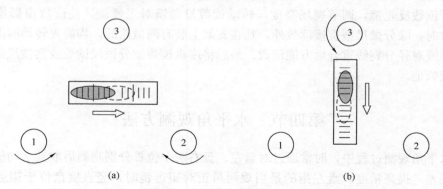

图 3-8　经纬仪精确整平

(a) 调节任意两个脚螺旋；(b) 调节第三个脚螺旋

2. 用光学对中器对中的安置方法

目前生产的经纬仪大多数都装置有光学对中器。对中前，应先观测光学对中器中地面成像和对中器分划板中心成像是否清晰，由于仪器安置的高度不同，故光学对中器也需要调焦。调焦时应反复交替调节光学对中器的目镜调焦螺旋和物镜调焦螺旋，使地面与对中器分划板中心均成像清晰。使用光学对中器对中，不但精度高，而且受外界条件影响小，这种方法在工作中被广泛采用。该项操作需使对中和整平反复交替进行，其操作步骤如下。

（1）将仪器三脚架安置在测站点上，目估使架头水平，并使架头中心大致对准测站点标志中心。

（2）装上仪器，先将经纬仪的三个脚螺旋转到大致同高的位置上，再调节（旋转或抽动）光学对中器的目镜，使对中器内分划板上的圆圈（简称照准圈）和地面测站点标志同时清晰，然后，固定一条架腿，移动其余两条架腿，使照准圈大致对准测站点标志，并踩踏三脚架腿，使其稳固地插入地面。

（3）对中：旋转脚螺旋，使照准圈精确对准测站点标志。

（4）粗平：根据气泡偏离情况，分别伸长或缩短三脚架腿，使圆水准器气泡居中。

（5）精平：用前面垂球对中所述整平方法，使照准部管水准器气泡精确居中。

（6）检查仪器对中情况，若测站点标志不在照准圈中心且偏移量较小，可松开仪器中心连接螺旋，在架顶上平移（不要扭转）仪器使其精确对中，再重复步骤（5）进行整平；如偏移量过大，则重复操作（3）、（4）、（5）的步骤，直至对中和整平均达到要求为止。

二、照准目标与读数

1. 照准目标

经纬仪安置好后，用望远镜瞄准目标。首先将望远镜照准远处，调节对光螺旋使十字丝清晰，然后旋松望远镜和照准部制动螺旋，用望远镜的光学瞄准器照准目标。转动物镜对光螺旋使目标影像清晰，而后旋紧望远镜和照准部的制动螺旋。通过旋转望远镜和照准部的微动螺旋，使十字丝交点对准目标，并观察有无视差，如有视差，应重新对光，将视差予以消除。

2. 读数

打开读数反光镜，调节视场亮度，转动读数显微镜对光螺旋，使读数窗影像清晰可见。读数时，除分微尺型直接读数外，凡在支架上装有测微轮的，均需先转动测微轮，使双指标线或对径分划线重合后方能读数。最后将度盘读数加分微尺读数或测微尺读数，才是最终读数值。

第四节   水平角观测方法

在水平角观测过程中，时常通过对盘左、盘右两个位置分别观测后取其平均值的方式来消除误差，提高精度。盘左指的是当观测员正对望远镜时，竖直度盘位于望远镜的左侧，或称为正镜。同理，当竖直度盘位于望远镜右侧即为盘右，或称为倒镜。

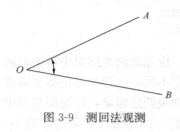

图 3-9   测回法观测

水平角测量常用方法为测回法和方向观测法。当测站的观测目标只有两个时常采用测回法；当测站观测目标有三个及以上时常采用方向观测法。

一、测回法

测回法适合运用在目标方向只有两个的场景。如图 3-9 所示，设 O 为测站点，A、B 为观测目标，$\angle AOB$ 为所得观测角。将仪器对中整平后，按下列步骤进行操作。

（1）先将仪器处于盘左位置，瞄准起始观测目标 A，配置水平度盘为 0 刻度，读取水平度盘读数 $A_左$，记录到测回法测角记录表中，然后照准下一目标 B，读取水平度盘读数 $B_左$，记录到表中。至此，完成上半测回作业，得到观测角 $\beta_左$ 为：

$$\beta_左 = B_左 - A_左 \tag{3-3}$$

测回法测角记录表　　　　　　　　　　　　　　表 3-1

测站	盘位	目标	水平度盘读数	半测回角	测回角	平均角值
O	左	A	0°00′36″	68°42′12″	68°42′09″	68°42′15″
		B	68°42′48″			
	右	A	180°00′24″	68°42′06″		
		B	248°42′30″			
O	左	A	90°10′12″	68°42′18″	68°42′21″	
		B	158°52′30″			
	右	A	270°10′18″	68°42′24″		
		B	338°52′42″			

（2）随后将仪器置于盘右位置，瞄准观测目标 B，读取水平度盘读数 $B_右$，记录到测回法测角记录表中，然后照准下一目标 A，读取水平度盘读数 $A_右$，记录到表中。至此，完成下半测回作业，得到观测角 $\beta_右$ 为：

$$\beta_右 = B_右 - A_右 \tag{3-4}$$

（3）在经过（1）、（2）步骤之后，便完成了一测回的观测。满足精度要求的情况下，取上、下测回角值的平均值作为一测回的角值 β。

$$\beta = (\beta_左 + \beta_右) / 2 \tag{3-5}$$

当一个水平角需要观测两个以上的测回时，为了消减度盘刻化不均引起的误差，需要使每个测回的起始读数随着测回数 n 而变化。也就是在步骤（1）配置度盘时，每个测回需要增加 $180°/n$。例如，对图 3-9 中的角度需要观测 2 个测回，测回数 n 为 2，根据公式 $180°/n$，每个测回的起始读数需要增加 $90°$，相当于第一测回的步骤（1）需要配置度盘为 $0°$，第二测回的步骤（1）需要配置度盘为 $90°$，其观测记录如表 3-1 所示。

测回法有两个限差，第一个是上、下半测回角值之差，第二个是各测回之间的互差，根据不同测量等级和测角精度要求，规定的限差也相应变化。

二、方向观测法

测回法是两个方向的角度观测，若要观测三个以上的方向，则采用方向观测法。如图 3-10 所示，将经纬仪安置在 O 测站，对中整平后按以下步骤观测：

（1）选取一个方向为零方向，如图 3-10 所示，设 A 方向为零方向。将仪器置于盘左状态，照准零方向，配置水平度盘为 $0°00′$，松开制动，重新照准零方向，将水平度盘读数记录到方向观测法记录表（表 3-2）中。

（2）按顺时针方向观测下一个目标 B，读取水平度盘角度值并记录在表上。之后继续按顺时针方向进行作业，直至完成最后一个方向。

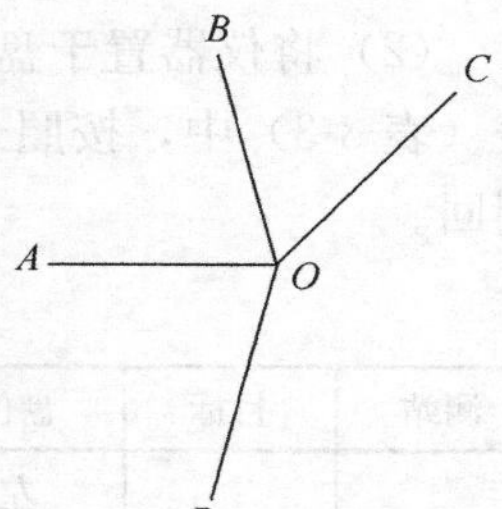

图 3-10　方向观测法

（3）观测完最后一个方向后继续顺时针旋转照准部，再次照准零方向观测，将水平度盘读数记录到表中，这一步骤也被称为"归零"。若方向数不大于三个，也可不归零。此时记录的读数与初始零方向的读数之间的差称为"归零差"，目的是检查水平度盘在观测中是否发生变动。"归零差"也存在着限制值。至此，完成以上（1）、（2）、（3）步骤便完成上半测回工作。

（4）将仪器置为盘右状态，从零方向按逆时针方向进行照准目标，按 A、D、C、B、A 顺序进行观测，分别将水平度盘读数记录到记录表中并计算出"归零差"。至此完成下半测回工作。上、下测回合称为一测回。

方向观测法记录表　　　　表 3-2

| 测站 | 目标 | 水平度盘读数 | | 2c | 方向平均读数 | 一测回归零方向值 | 各测回平均方向值 | 水平角值 |
		盘左	盘右					
O					0°00′34″			
	A	0°00′54″	180°00′24″	+30″	0°00′39″	0°00′00″	0°00′00″	
	B	79°27′48″	259°27′30″	+18″	79°27′39″	79°27′05″	79°26′59″	79°26′59″
	C	142°31′18″	322°31′00″	+18″	142°31′09″	142°30′35″	142°30′29″	63°03′30″
	D	288°46′30″	108°46′06″	+24″	288°46′18″	288°45′44″	288°45′47″	146°15′18″
	A	0°00′42″	180°00′18″	+24″	0°00′30″			71°14′13″
	Δ	+12	+6					
O					90°00′52″			
	A	90°01′06″	270°00′48″	+18″	90°00′57″	0°00′00″		
	B	169°27′54″	349°27′36″	+18″	169°27′45″	79°26′53″		
	C	232°31′30″	52°31′00″	+30″	232°31′15″	142°30′23″		
	D	18°46′48″	198°46′36″	+12″	18°46′42″	288°45′50″		
	A	90°01′00″	270°00′36″	+24″	90°00′48″			
	Δ	+6	+12					

第五节　竖直角观测方法

在测站上安置好仪器，按下述方法进行竖直角观测：

（1）仪器先置于盘左位置，照准目标，读取竖直度盘读数，并记录在竖直角观测记录表（表 3-3）中，按照式（3-6）计算出竖直角，完成上半测回工作。

（2）将仪器置于盘右状态，照准目标，读取竖直度盘读数，并记录在竖直角观测记录表（表 3-3）中，按照式（3-7）计算出竖直角，完成下半测回工作。上、下半测回合称一测回。

竖直角观测记录表　　　　表 3-3

测站	目标	盘位	竖盘读数	半测回竖直角值	指标差	一测回竖直角值
O	M	左	52°29′36″	+37°30′24″	+12″	+37°30′36″
		右	307°30′48″	+37°30′48″		
	N	左	103°18′24″	−13°18′24″	+9″	−13°18′15″
		右	256°41′54″	−13°18′06″		

当仪器位于盘左位置时的竖直角计算公式：

$$\alpha = 90° - L + i \tag{3-6}$$

当仪器位于盘右位置时的竖直角计算公式：

$$\alpha = R - 270° - i \tag{3-7}$$

式中的 L、R 是照准目标分别位于盘左、盘右的竖直度盘读数。望远镜在水平状态且圆水准气泡居中时，竖直度盘正常为一常数，一般是 270° 或 90°，而望远镜位于水平状态和圆水准气泡居中时的竖直度盘读数和该常数之差被称为竖盘指标差，常用 i 来表示，其计算公式为：

$$i = (L + R - 360°)/2 \tag{3-8}$$

竖盘指标差是体现经纬仪测量准确度的一个极其重要的技术指标，它直接影响到经纬仪垂直角的测量进而影响到其能否正常使用。竖盘指标差产生的理论原因是望远镜视准轴不水平或竖轴不铅垂。若指标差小于 15″，则无需调整；若大于 15″，则需进行调整。

第四章 距 离 测 量

距离测量和水准测量、角度测量一样，也是最基本的测量工作。为了确定地面点的平面位置，除了角度测量以外，还必须测量已知点到所求点的水平距离，所以通常距离指的是两点间的水平长度，它是确定地面点位的三要素之一。测量距离的方法有钢尺量距、视距测量、电磁波测距和GNSS测量等。本章主要介绍前三种距离测量方法，GNSS测量将在第六章介绍。

第一节 钢 尺 量 距

钢尺量距是利用钢尺以及辅助工具直接量测地面上两点间的距离，通常在短距离测量中使用。

一、钢尺量距的工具

直线丈量的主要工具是钢尺。钢尺通常卷放在圆形盒内或金属架上，如图4-1所示，常用的钢尺长度有20m、30m和50m等，其基本分划有厘米和毫米两种。

图4-1　钢尺

根据零点位置的不同，钢尺有刻线尺和端点尺两种。端点尺是以尺前端的一刻线作为尺的零点，如图4-2（a）所示；刻线尺是以尺的最外端作为尺的零点，如图4-2（b）所示。

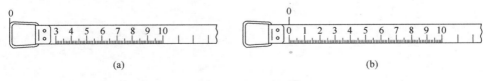

(a)　　　　　　　　　　　　　　(b)

图4-2　钢尺刻划与零点
(a) 端点尺；(b) 刻线尺

钢尺量距的辅助工具有测钎（由长约30cm、直径3～5mm的铁丝制成）、垂球、花杆、如图4-3（a）～图4-3（c）所示。精密量距时，还需要弹簧秤［图4-3（d）］、温度计等。温度计通常用水银温度计，使用时应邻近钢尺测定温度。

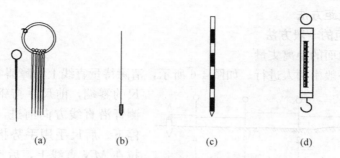

图 4-3　钢尺量距的辅助工具

（a）测钎；（b）垂球；（c）花杆；（d）弹簧秤

二、钢尺量距的准备工作

1. 地面点的标定

测量工作主要是确定点的位置，重要的点需要用标志固定下来。点的标志种类很多，根据用途不同，可用不同的材料制成，通常有木桩、石桩、混凝土标石等。标志的选择，应根据对点位稳定程度的要求、使用年限、土壤性质等因素，并考虑节约的原则，尽可能做到就地取材。

2. 直线定线

当地面两点之间的距离较远或高差较大时，往往用一尺段不能直接量出两点间距离，就需要在直线方向上标定若干分段点，以便用钢尺分段丈量，这项工作称为直线定线。以下介绍两种直线定线的方法。

（1）目估定线法

目估定线适用于钢尺量距的一般方法。如图 4-4 所示，设 M、N 为地面上互相通视的两点。为了在 MN 直线上定出中间点，可先在 M、N 两点上竖立花杆，甲（观测者）站在 M 点花杆后 1～2m 处，用眼睛自 M 点花杆后面瞄准 N 点花杆，使 M、N 点花杆与观测者呈

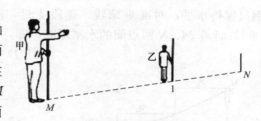

图 4-4　目估定线

一条直线。另一人乙持花杆沿 MN 方向，走到距离 M 点大约一尺段的地方，按照观测者的指挥，左右移动花杆，直到花杆位于 MN 直线上为止，插上花杆（或测钎），得点 1。同样的方法在 MN 直线上定出其余分段点。

（2）经纬仪定线

经纬仪定线适用于钢尺精密量距方法。如图 4-5 所示，设 M、N 两点互相通视，将经纬仪安置于 M 点，瞄准 N 点，按下照准部水平制动，望远镜上下转动，然后在 MN 的视线上依次定出比钢尺一整尺略短的尺段端点 1、2……指挥尺段端点上的助手，左右移动标杆，直至十字丝纵丝瞄准标杆中心。在各尺段端点打入木桩，桩顶高出地面 5～10cm，在每个桩顶刻画十字线，以其交点作为钢尺读数的依据。

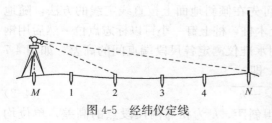

图 4-5　经纬仪定线

三、钢尺量距方法

1. 钢尺量距的一般方法

（1）平坦地面的距离丈量

丈量工作一般由两人进行。如图 4-6 所示，清除待量直线上的障碍物后，后尺手持钢尺的零端，前尺手持钢尺的末端和一组测钎沿直线方向前进，行至一个尺段处停下。后尺手用手势指挥前尺手将钢尺拉在 MN 直线上，后尺手将钢尺的零点对准 M 点，当两人同时把钢尺拉紧后，前尺手在钢尺末端的整尺段长分划处竖直插下一根测钎，得到 1 点，即量完第一尺段。前、后尺手抬尺前进，当后尺手到达插测钎或画记号处时停住，再重复上述操作，量完第二尺段。后尺手拔起地上的测钎，依次前进，直到量完直线的最后一段为止。

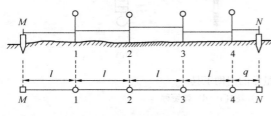

图 4-6　平坦地面距离丈量

最后一段距离一般不会刚好是整尺段长度 l，因此称为余长 q。丈量余长时，前尺手在钢尺上读取余长值，则 M、N 两点间的水平距离为：

$$D = nl + q$$

式中，n 为整尺段段数。

（2）倾斜地面的距离丈量

当地面高低起伏不平时，根据地面的倾斜情况，丈量方法有平量法和斜量法两种。

1）平量法。当两点间的高差不大时，可将钢尺的零点对准地面点，另一端抬高，使钢尺保持水平，对准垂球线，逐段丈量，测得最后结果，如图 4-7（a）所示，再按式（4-1）计算 M、N 两点间的水平距离，即：

$$D = \sum d \qquad\qquad (4\text{-}1)$$

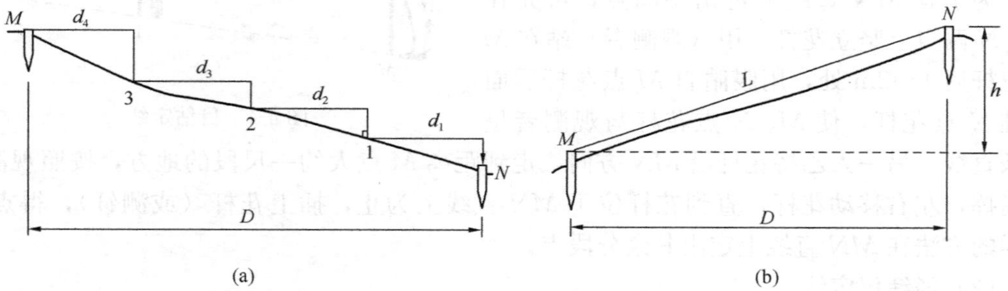

图 4-7　倾斜地面距离丈量

（a）平量法；（b）斜量法

2）斜量法。当丈量精度要求比较高时，可先在倾斜地面上按直线定线的方法，随地面坡度变化情况，将直线分成若干段，并打上木桩，桩上钉一小钉以标志点位。然后用钢尺沿木桩顶丈量出各尺段的倾斜距离，同时用水准仪测定各尺段端点间的高差，如图 4-7（b）所示，再按式（4-2）计算各尺段的平距，即：

$$D = \sqrt{L^2 - h^2} \qquad\qquad (4\text{-}2)$$

式中，D 为尺段水平距离，L 为尺段丈量所得斜距，h 为相邻两尺段点的高差，单位均为 m。

2. 钢尺量距的精密方法

钢尺量距的一般方法，精度最多只能达到 1/5000。当量距精度要求较高时，例如，要求量距精度达到 1/10000 以上，则应采用精密量距方法，并对有关误差进行改正。

（1）尺长方程式

钢尺由于材料质量、制造误差、长期使用的变形以及丈量时温度和拉力不同的影响，其实际长度一般不等于名义长度。因此，量距前应对钢尺进行检定，利用一根检定过的钢尺或固定长度作为标准尺，将被检定钢尺与它进行比较，求得钢尺在标准温度（20℃）和标准拉力（30m 钢尺的标准拉力为 100N，50m 钢尺为 150N）下的实际长度，以及尺长随温度变化的膨胀系数，以便对所量距离进行改正。钢尺检定后可得到尺长方程式，其一般形式为：

$$L_t = L + \Delta L + \alpha L(t - t_0) \tag{4-3}$$

式中，L_t 为钢尺在温度 t 时的实际长度；L 为钢尺名义长度；ΔL 为尺长改正数；α 为钢尺膨胀系数，其值一般为 $1.2 \times 10^{-5} \text{m/(m} \cdot \text{℃)}$；$t$ 为钢尺量距时温度；t_0 为钢尺检定时温度，一般为 20℃。

在量距过程中所量得的距离还必须加上相应的各项改正数，才能算得最后的实际长度。

（2）精密量距的外业

用钢尺进行精密量距，必须采用经纬仪进行定线，如图 4-8 所示。在分段点打下木桩。桩顶上沿经纬仪所定的 MN 方向刻一直线，并作该直线的垂线，其交点即为分段点点位标志。

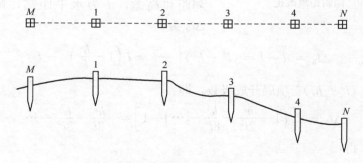

图 4-8　钢尺精密量距

量距组由五人组成。用检定过的钢尺分段丈量相邻桩点之间的斜距。其中两人拉尺，两人读数，一人记录和读温度。

丈量时，拉伸钢尺置于相邻两木桩顶上，并使钢尺有刻划线的一侧贴靠点位标志。后尺手将弹簧秤挂在钢尺的零端，以便施加标准拉力。钢尺拉紧后，前尺手将钢尺某一整分划对准十字线交点，发出读数口令"预备"，后尺手回答"好"时，两端读尺员同时在十字丝交点处读取读数，估读到 0.5 mm。往前或往后移动钢尺 2～3cm 后再次丈量，每尺段应丈量三次，三次丈量结果的较差视不同要求而定，一般不得超过 3mm。符合精度要求后，取其平均值作为此尺段观测成果。每尺段读一次温度，估读到 0.5℃。

用相同方法量取其余各尺段。从起点丈量到终点，作为往测；从终点原路丈量至起点，作为返测，一般至少应往返测各一次。

另外，在丈量各尺段长度前后，用水准测量的方法，测定相邻桩顶间的高差。同一高差的往返观测值的较差一般不超过 10mm，取平均值作为结果。

四、钢尺量距的成果整理

精密量距应先按尺段进行尺长改正、温度改正和倾斜改正，求出各段改正后的水平距离，然后计算直线全长。

1. 尺长改正数的计算

尺长改正为：

$$\Delta l_{\mathrm{d}} = \frac{\Delta l}{l_0} l \tag{4-4}$$

式中，Δl_{d} 为尺段尺长改正数；Δl 为钢尺尺长改正数；l_0 为钢尺名义长度；l 为尺段的斜距。

2. 温度改正数的计算

温度改正为：

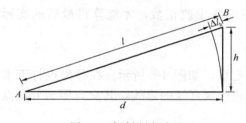

图 4-9　倾斜距离改正

$$\Delta l_{\mathrm{t}} = \alpha(t - t_0) l \tag{4-5}$$

式中，α 为钢尺线膨胀系数，其值一般为 $1.2 \times 10^{-5}\,\mathrm{m/(m \cdot ℃)}$；$t$ 为量距时的温度；t_0 为检定时的温度，一般为 20℃。

3. 倾斜改正数的计算

如图 4-9 所示，l、h 分别为 A、B 两点间的斜距和高差，d 为水平距离，则倾斜改正数 Δl_{h} 为：

$$\Delta l_{\mathrm{h}} = d - l = (l^2 - h^2)^{\frac{1}{2}} - l = l\left(1 - \frac{h^2}{l^2}\right)^{\frac{1}{2}} - l \tag{4-6}$$

将式 (4-6) $(l^2 - h^2)^{\frac{1}{2}}$ 项展开成级数，即：

$$\Delta l_{\mathrm{h}} = l\left[\left(1 - \frac{h^2}{2l^2} - \frac{h^4}{8l^4} - \cdots\right) - 1\right] = -\frac{h^2}{2l} - \frac{h^4}{8l^3} - \cdots$$

取第一项，得：

$$\Delta l_{\mathrm{h}} = -\frac{h^2}{2l} \tag{4-7}$$

4. 实际水平距离的计算

对于沿倾斜地表量得的倾斜距离，在加入温度和尺长改正后，还应换算成水平距离，可根据式 (4-2) 进行：

$$d = l + \Delta l_{\mathrm{d}} + \Delta l_{\mathrm{t}} + \Delta l_{\mathrm{h}} \tag{4-8}$$

5. 计算直线全长

计算各段改正后的水平距离后，将它们累加起来便可得到直线的全长。设往测总长为 $D_{往}$，返测总长为 $D_{返}$，则平均值 D 为：

$$D = \frac{1}{2}(D_{往} + D_{返})$$

其相对精度为：

$$K = \frac{|D_{往} - D_{返}|}{D}$$

(4-9)

相对精度符合要求时，取其平均值作为最后成果；超过限差要求时，则重新测量。

第二节 视 距 测 量

经纬仪或水准仪的十字丝分划板上除中丝以外的上、下两根短丝，叫作视距丝，上面的叫上丝，下面的叫下丝。利用这两根视距丝，并配合水准尺可以测定两点之间的水平距离和高差，通常这项工作被称为视距测量。视距测量的操作较为简单，速度快，不受地形起伏的限制，精度虽然不高，但能够满足地形测图中的碎部测量要求，所以被广泛地应用于地形测图中。

一、视准轴水平时的视距计算公式

如图 4-10 所示，OQ 为待测距离，在 O 点安置经纬仪，Q 点竖立视距尺，置望远镜视线水平，瞄准 Q 点的视距尺，此时视线与视距尺垂直。尺上 M、N 点成像在视距丝上的 m、n 处，MN 的长度可由上、下视距丝读数之差求得。上、下视距丝读数之差称为尺间隔或视距间隔。

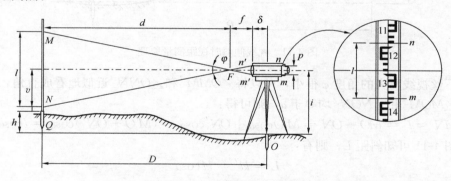

图 4-10　视线水平时视距测量原理

如图 4-10 所示，l 为尺间隔；p 为视距丝间距；f 为物镜焦距；d 为物镜至仪器中心的距离。由相似三角形 MNF 与 $m'n'F$ 可得：

$$\frac{d}{l} = \frac{f}{p}$$

则：

$$d = \frac{f}{p}l$$

由图 4-10 可以看出：

$$D = d + f + \delta$$

则：

$$D = \frac{f}{p}l + f + \delta$$

令 $\frac{f}{p} = k$，$f + \delta = c$，则有：

$$d = kl + c$$

式中，k 为视距乘常数；c 为视距加常数。目前在设计时已使用内对光望远镜的视距常数 $k=100$，视距加常数 c 接近于 0，故水平距离公式可写成：

$$d = kl$$

二、视线倾斜时的水平距离和高差公式

当地面起伏较大或通视条件较差时，必须使视线倾斜才能读取尺间隔。这时视距尺仍是竖直的，但视线与尺面不垂直，如图 4-11 所示，因而不能直接应用上述视距公式。须根据竖直角 α 和三角函数进行换算。

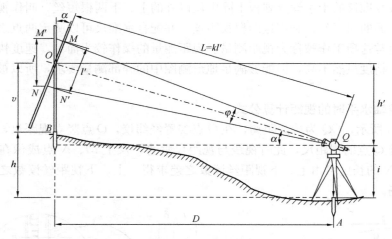

图 4-11　视线倾斜时视距测量原理

上下丝视线所夹的角度 φ 很小，可以将 $\angle OMM'$ 和 $\angle ONN'$ 近似地看成直角，并且通过证明 $\angle MOM'$ 和 $\angle NON'$ 均等于 α，则可得：

$$MN = l' = MO + ON = M'O\cos\alpha + ON'\cos\alpha = (M'O + ON')\cos\alpha = l\cos\alpha$$

由图 4-11 可知斜距 L，则有：

$$L = kl' = kl\cos\alpha$$

将斜距换算为水平距离的公式：

$$D = kl\cos^2\alpha \tag{4-10}$$

由图 4-11 中可以看出两点间的高差 h 为：

$$h = h' + i - v = D\tan\alpha + i - v = \frac{1}{2}kl\sin2\alpha + i - v \tag{4-11}$$

式中，D 为水平距离；k 为常数（$k=100$）；l 为视距间隔；α 为竖直角；h 为 A、B 两点间的高差；i 为仪器高；v 为中丝在水准尺上的读数。

第三节　电 磁 波 测 距

一、概述

电磁波测距是利用电磁波作载波，在其上调制测距信号，测量两点间距离的一种方法。电磁波测距仪具有测量速度快、使用方便、受地形影响小、测程长、测量精度高等特点，已成为距离测量的主要手段。

测距仪种类很多，按其光源不同可分为：普通光源、红外光源和激光光源测距仪三种；按其测程可分为短程（测距在 3km 以下）、中程（测距在 3～15km）和远程（测距在 15km 以上）三种；按其光波在测段内传播的时间测定方法，又可分为脉冲法和相位法两种；按测量精度划分为 Ⅰ 级（$m_D \leqslant 5mm$）、Ⅱ 级（$5mm \leqslant m_D \leqslant 10mm$）和 Ⅲ 级（$m_D \geqslant 10mm$），其中 m_D 为 1km 测距的中误差。

目前的测距仪已经和电子经纬仪及计算机软硬件制造在一起，形成了全站仪，正向着自动化、智能化和利用蓝牙、5G 技术等实现测量数据的无线传输方向飞速发展。

二、光电测距仪的基本原理

如图 4-12 所示，欲测定 O、P 两点间的距离 D，在 O 点安置能发射和接收光波的测距仪，P 点安置反射棱镜，光电测距的基本原理是：测定光波在待测距离两端点间往返传播一次的时间 t_{2D}，根据光波在大气中的传播速度 c，按式（4-12）计算距离 D，即：

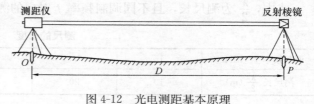

图 4-12　光电测距基本原理

$$D = \frac{1}{2} c t_{2D} \qquad (4-12)$$

光电测距根据测定时间 t_{2D} 的方式，分为直接测定时间的脉冲测距法和间接测定时间的相位测距法。

1. 脉冲法测距

脉冲式光电测距仪是将发射光波的光强调制成一定频率的尖脉冲，通过测量发射的尖脉冲个数 q，计算在待测距离上往返传播的时间 t_{2D}，并计算距离，即：

$$t_{2D} = q T_0 = \frac{q}{f_0}$$

式中，T_0 为相邻脉冲间时间间隔，f_0 为脉冲的振荡频率，q 为计数器计得的时钟脉冲个数。脉冲法测距的测距精度为 0.5～1m。

2. 相位法测距

相位式光电测距仪是将发射光波的光强调制成正弦波的形式，通过测量正弦光波在待测距离上往返传播的相位移来计算距离。图 4-13 是将返程的正弦波以棱镜站 P 点为中心对称展开后的图形。正弦光波振荡一个周期的相位移是 2π，设发射的正弦光波经过 $2D$ 距离后的相位移为 φ，而 φ 可以分解为 N 个 2π 整数周期和不足一个整数周期的相位移 $\Delta\varphi$，即：

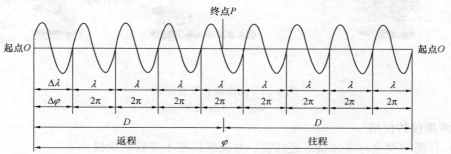

图 4-13　相位法测距原理

$$\varphi = 2\pi N + \Delta\varphi = 2\pi(N + \Delta N)$$

另外，设正弦波的振荡频率为 f，由于频率的定义是每秒振荡的次数，振荡一次的相位移为 2π，故正弦波经过 t_{2D} 后振荡的相位移为：

$$\varphi = 2\pi f t_{2D}$$

因此：

$$t_{2D} = \frac{2\pi N + \Delta\varphi}{2\pi f}$$

$$D = c\, t_{2D} = \frac{c}{2f}\left(N + \frac{\Delta\varphi}{2\pi}\right) = \frac{\lambda}{2}(N + \Delta N)$$

式中，$\dfrac{\lambda}{2}$ 为测尺长，且不同调制频率 f 对应的测尺长见表 4-1。

		测尺的长度			表 4-1
调制频率 f（MHz）	15	7.5	1.5	0.15	0.075
测尺长 $\frac{\lambda}{2}$（m）	10	20	100	1000	2000

三、测距仪的一般组成与使用

1. 测距仪的一般组成

测距仪通常是安置在经纬仪上方，与经纬仪配合使用。一套光电测距仪器主要由测距仪（测距头）和反射棱镜两部分组成，如图 4-14 所示。测距仪上有望远镜、控制面板、显示窗和电池等部件。反射棱镜一般有单棱镜和三棱镜两种，它的主要作用是反射来自测距仪发射的红外光。

测距仪在接通电源后，可发射一束光波，如果瞄准反射棱镜，将会把该光波再反射回测距仪，测距仪接收到反射回的光波信号后，就自动计算从发射点到反射点的距离。

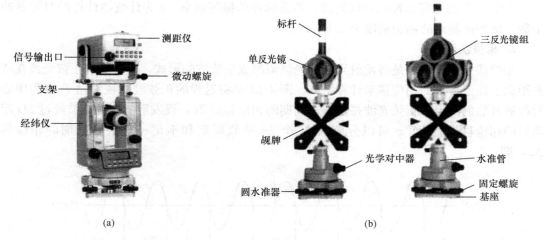

图 4-14　测距仪和反射棱镜

（a）测距仪；（b）反射棱镜

2. 测距仪的使用

（1）在测站点上对准、整平经纬仪，并在经纬仪上安置测距仪；

（2）在目标点上安置反射棱镜（包括对准、整平棱镜），并使棱镜反射面大致朝向测站点方向；

（3）在测站点用经纬仪上的望远镜瞄准反射棱镜下方的觇牌，测量水平角或垂直角，用测距仪上的望远镜瞄准反射棱镜中心；

（4）打开测距仪的电源开关，接通电源，依次输入各项参数（一般包括温度、气压、棱镜常数等），用于自动进行各项误差改正，输入完成后，按控制面板上的测距按钮，即自动进行测距；

（5）所测距离的数值显示在显示窗内，将数据记录在手簿中。

由于仪器的制造厂家不同以及仪器制造技术的不断发展，不同类型的仪器使用方法也有所不同，需要参考有关仪器的使用手册。

第五章 坐 标 测 量

坐标测量是现代工程测量的基本内容，包括一维坐标（H）、二维坐标（x，y）和三维坐标（x，y，H）。本章首先讲述坐标方位角与坐标正反算，然后以此为基础讲述传统地面定位技术的坐标测量原理和实现步骤。

第一节 坐标方位角与坐标正反算

要想准确表述地面两点间的相对位置，仅仅测量两点间的距离还不够，还要知道其方位角。两点间的距离和方位角同时确定之后，才能准确描述两点间的相对位置——计算两点间的坐标增量，进而可以推算出点的坐标。

一、方位角

方位角是指从过地面点的标准方向之北端开始，按顺时针方向旋转至目标方向的水平角。其取值范围为 $0° \sim 360°$。

1. 方位角分类

如图 5-1 所示，根据标准方向的不同，方位角分为真方位角、磁方位角和坐标方位角三种。

（1）真方位角。由真子午线北向开始，按顺时针方向旋转至目标方向的水平角，称为真方位角，用 $\alpha_{真}$ 表示。真子午线是包含地极的平面与地面的交线，投影到参考椭球面上便是子午线。实际工程中，真方位角可用陀螺经纬仪（陀螺全站仪）测定。

（2）磁方位角。由磁子午线北向开始，按顺时针方向旋转至目标方向的水平角，称为磁方位角，用 $\alpha_{磁}$ 表示。磁子午线是磁针在地球磁场作用下自由静止时所指方向面与地球面所交的大圆。磁方位角可用罗盘仪测定。由于地磁两极不对称和地球磁场的不规律演变，相同两点不同时期测量的磁方位角可能会有较大差异。

（3）坐标方位角。由坐标纵轴北向开始，按顺时针方向旋转至目标方向的水平角，称为坐标方位角，习惯用 α 表示。此处，坐标纵轴是指高斯平面坐标系或独立平面直角坐标系的中央子午线投影。在同一个坐标系内，过不同点的坐标方位角标准方向均与坐标纵轴平行。

坐标方位角是测绘工程中最常用的方位角，一般可用两点已知坐标反算得到，也可通过测量水平角推算得到，还可由真方位角换算得到。

2. 三北关系

如图 5-1 所示，三北方向图反映三种标准方向或三种方位角之间的关系。磁北与真子午线北向间的夹角，称为磁偏角 δ。以真北方向为准，磁北偏东为正、偏西为负。坐标纵轴北向与真北方向间的夹角，称为子午线收敛角 γ。以真北方向为准，坐标纵轴北向偏东为正、偏西为负。由此，可以推出三种方位角与磁偏角、子午线收敛角之间的关系。

实际上，磁方位角 $\alpha_{磁}$ 和磁偏角 δ 在现代工程测量中已少有应用。下面主要对真方位角 $\alpha_{真}$、坐标方位角 α 和子午线收敛角 γ 之间的关系加以说明。

由图 5-1 可以看出，$P \to Q$ 的真方位角 $\alpha_{真PQ}$ 与坐标方位角 α_{PQ}、子午线收敛角 γ_P 的关系如下：

$$\alpha_{PQ} = \alpha_{真PQ} - \gamma_P \qquad (5\text{-}1)$$

子午线收敛角的实际意义是指过地面一点的真子午线方向与中央子午线方向之间的夹角。在图 5-1 中，P_0 是 P 在中央子午线上的底点。过 P 与 P_0 分别作所在子午线的切线与地北极相交，两切线的夹角即为 P 点子午线收敛角 γ_P。如果 P 点纬度 B_P 已知，则有以下表达式：

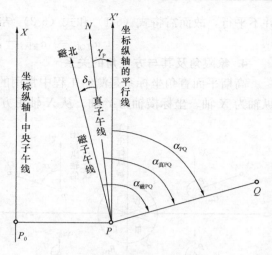

图 5-1　三北方向与方位角

$$\gamma_P = \Delta L \cdot \sin B_P \qquad (5\text{-}2)$$

式中，γ_P 为 P 点子午线收敛角；B_P 为 P 点纬度，$B_P < 90°$，$\sin B_P$ 恒为正；ΔL 为 P、P_0 两点经差，即 $\Delta L = L_P - L_0$。γ_P 的符号取决于经差 ΔL，即 P 在中央子午线以东，γ_P 为正；P 在中央子午线以西，γ_P 为负。

3. 正、反方位角及其换算

地面两点 $P \to Q$ 的方位角可以用 $Q \to P$ 的方位角表达。这里强调方向、强调正反，故称 $P \to Q$ 与 $Q \to P$ 互有反方位角。完整表述为，$P \to Q$ 的正方位角是 $Q \to P$ 的反方位角，$Q \to P$ 的正方位角是 $P \to Q$ 的反方位角。

如图 5-2 （a）所示，因为过任意点的坐标纵轴都是相互平行的，故有：

$$\alpha_{QP} = \alpha_{PQ} \pm 180° \qquad (5\text{-}3)$$

式（5-3）是两点间正、反坐标方位角的换算关系，此式说明正、反坐标方位角相差 $180°$。

如图 5-2 （b）所示，在同一直角坐标系中，对于真方位角，由于过两点的真子午线

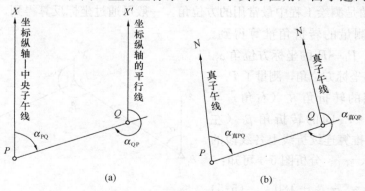

(a)　　　　　　　　　　　　(b)

图 5-2　正、反方位角

（a）坐标方位角；（b）真方位角

并不平行，故而需将式（5-1）和式（5-3）结合起来进行换算，即：

$$\alpha_{真QP} = (\alpha_{真PQ} - \gamma_P) + \gamma_Q \pm 180° \tag{5-4}$$

4. 象限角及其与方位角的关系

高斯平面直角坐标系是测绘工程中常用的平面直角坐标系，如图 5-3 所示。常称坐标纵轴为 X 轴、坐标横轴为 Y 轴。从 X 轴正方向开始，顺时针划分Ⅰ、Ⅱ、Ⅲ、Ⅳ四个象限，与方位角顺时针度量的定义一致。正因如此，在平面直角坐标系中进行运算、与极坐标互换时，能够完整使用笛卡儿直角坐标系下的数学公式。极坐标的极径 ρ、极角 θ 分别对应直角坐标系中的距离 D、方位角 α。

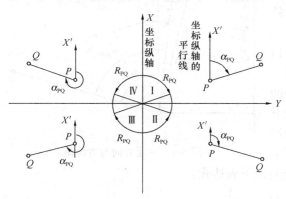

图 5-3　象限角与坐标方位角

象限角是指标准方向北端（或南端）与两点间方向所夹的锐角。象限角的取值范围为 $0° \sim 90°$，习惯用 R 表示。象限角也可以用来表示两点间的方向。象限角表示两点间方向时，不仅要注明其角度大小，而且要注明其所在象限。在图 5-3 中，不同位置的两点（均用 P、Q 表示）位于Ⅰ、Ⅱ、Ⅲ、Ⅳ不同象限时，分别对应不同的象限角 R_{PQ}。象限名称分别为北东（NE）、南东（SE）、南西（SW）和北西（NW）。象限角 R_{PQ} 与坐标方位角 α_{PQ} 可以利用表 5-1 中的公式相互换算。但应特别注意有特殊情形。

坐标方位角与象限角的关系　　　　　　　　　　　　　　　　　　　表 5-1

象限编号	象限名称	由 R_{PQ} 转换 α_{PQ}	由 α_{PQ} 转换 R_{PQ}	Δx_{PQ} 符号	Δy_{PQ} 符号
Ⅰ	北东（NE）	$\alpha_{PQ} = R_{PQ}$	$R_{PQ} = \alpha_{PQ}$	+	+
Ⅱ	南东（SE）	$\alpha_{PQ} = 180° - R_{PQ}$	$R_{PQ} = 180° - \alpha_{PQ}$	—	+
Ⅲ	南西（SW）	$\alpha_{PQ} = 180° + R_{PQ}$	$R_{PQ} = \alpha_{PQ} - 180°$	—	—
Ⅳ	北西（NW）	$\alpha_{PQ} = 360° - R_{PQ}$	$R_{PQ} = 360° - \alpha_{PQ}$	+	—

二、坐标方位角推算

坐标方位角是测绘工程中最常用的方位角，一般可通过坐标反算得到，也可通过起始坐标方位角和测量的转折角推算得到。

如图 5-4 所示，$P_1 \to P_2$ 的坐标方位角 α_{12} 已知，称为起始坐标方位角，测量了 $P_1 \to P_2$ 和 $P_2 \to P_3$ 间的转折角 β_2（右角）与 $P_2 \to P_3$ 和 $P_3 \to P_4$ 间的转折角 β_3（左角）。据此可以推算连续折线上各线段的坐标方位角 α_{23}、α_{34}。分析图 5-4 可知：

$$\alpha_{23} = \alpha_{12} - \beta_2 + 180° \tag{5-5}$$

$$\alpha_{34} = \alpha_{23} + \beta_3 - 180° \tag{5-6}$$

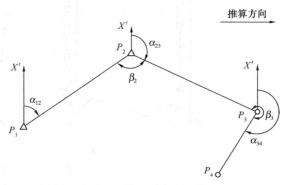

图 5-4　坐标方位角推算

将点 P_1、P_2、P_3……编号为 $i-1$、i、$i+1$……则有坐标方位角推算通用公式：

$$a_{i,i+1} = \alpha_{i-1,i} \pm \beta_i \pm 180°(i = 2,3,\cdots)$$ (5-7)

式中，当 β_i 为左角时，取"$+\beta_i$"；当 β_i 为右角时，取"$-\beta_i$"，即所谓"左十右一"。当 $(\alpha_{i-1,i} \pm \beta_i) < 180°$ 时，取"$+180°$"；当 $(\alpha_{i-1,i} \pm \beta_i) \geqslant 180°$ 时，取"$-180°$"。当计算结果超出值域时，则需将其换算至 $0°\sim360°$。

三、坐标正反算

1. 坐标正算

已知两点间的距离和坐标方位角，由已知点计算待定点的坐标，称为坐标正算。如图 5-5 所示，A 点坐标 $(x_A，y_A)$ 已知，已知点 A 到待定点 B 的水平距离为 D_{AB}，坐标方位角为 α_{AB}。则 B 点坐标 $(x_B，y_B)$ 为：

$$x_B = x_A + \Delta x_{AB} = x_A + D_{AB} \cdot \cos\alpha_{AB}$$ (5-8)
$$y_B = y_A + \Delta y_{AB} = y_A + D_{AB} \cdot \sin\alpha_{AB}$$ (5-9)

式中，Δx_{AB} 为 $A \rightarrow B$ 的纵 (x) 坐标增量；Δy_{AB} 为 $A \rightarrow B$ 的横 (y) 坐标增量。

坐标正算实际是以 A 为极坐标的极点，已知极径 D_{AB} 和极角 α_{AB}，求 B 点的直角坐标 $(x_B，y_B)$。即将极坐标转换为平面直角坐标。

2. 坐标反算

已知 A、B 两点坐标 $(x_A，y_A)$ 和 $(x_B，y_B)$，求解 $A \rightarrow B$ 距离 D_{AB} 和坐标方位角 α_{AB}，称为坐标反算。

$A \rightarrow B$ 距离 D_{AB} 由两点间欧氏距离公式计算：

$$D_{AB} = \sqrt{\Delta x_{AB}^2 + \Delta y_{AB}^2}$$ (5-10)

式中，Δx_{AB} 为 $A \rightarrow B$ 的纵 (x) 坐标增量，$\Delta x_{AB} = x_B - x_A$；$\Delta y_{AB}$ 为 $A \rightarrow B$ 的横 (y) 坐标增量，$\Delta y_{AB} = y_B - y_A$。

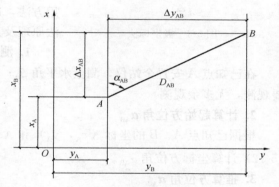

图 5-5　坐标正反算

$A \rightarrow B$ 坐标方位角 α_{AB} 由下式计算：

$$\alpha_{AB} = \arctan\frac{y_B - y_A}{x_B - x_A} = \arctan\frac{\Delta y_{AB}}{\Delta x_{AB}}$$ (5-11)

实际计算时，先计算象限角 R_{AB}：

$$R_{AB} = \arctan\left|\frac{y_B - y_A}{x_B - x_A}\right| = \arctan\left|\frac{\Delta y_{AB}}{\Delta x_{AB}}\right|$$ (5-12)

象限角 R_{AB} 是锐角，由 Δx_{AB} 和 Δy_{AB} 的符号判断 A、B 所在象限，根据表 5-1 可以将象限角 R 转换成坐标方位角 α_{AB}。特殊情形：当 $\Delta y_{AB}=0$、Δx_{AB} 为"$+$"时，$R_{AB}=0°$，$\alpha_{AB}=360°=0°$；当 $\Delta x_{AB}=0$、Δy_{AB} 为"$+$"时，$R_{AB}=90°$，$\alpha_{AB}=90°$；当 $\Delta y_{AB}=0$、Δx_{AB} 为"$-$"时，$R_{AB}=0°$，$\alpha_{AB}=180°$；当 $\Delta x_{AB}=0$、Δy_{AB} 为"$-$"时，$R_{AB}=90°$，$\alpha_{AB}=270°$。

第二节　传统地面定位技术

在全球卫星定位技术出现以前，在具有高等级平面控制点或高程控制点的条件之下，基于几何学原理，测量地面点间水平距离、水平角或竖直角，从而解算未知点的平面坐标或高程的技术，称为传统地面定位技术。传统地面定位技术是相对于全球卫星定位技术和其他空间定位技术而言的。

传统地面定位技术，可根据不同的起算数据、工程技术要求、仪器装备及现场地形条件，选择不同的测量参数，确定不同的定位技术方法。测定平面坐标的技术方法有极坐标法、测角前方交会法（包括侧方交会法和单三角形法）、距离交会法和自由设站法（包括测角后方交会法），测定高程有水准测量技术和全站仪三角高程测量技术，测定三维坐标有全站仪三维坐标测量技术和激光扫描仪三维坐标测量技术。

一、极坐标法

如图 5-6 所示，A、B 为两个高级平面控制点，其平面坐标（x_A，y_A）和（x_B，y_B）

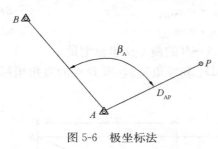

图 5-6 极坐标法

已知，测量水平角 β_A 和水平距离 D_{AP}，依此计算待定点 P 平面坐标（x_P，y_P）的方法，称为极坐标法。极坐标法也称为单点支导线。以极坐标法为基础扩展多个未知点，称为多点支导线，进而扩展成单一附合（闭合）导线和导线网，是确定平面坐标的常用方法，这部分内容将在第八章详细讲述。极坐标法原理及其实现步骤如下。

1. 测量 β_A 和 D_{AP}

在已知点 A 安置全站仪，测量水平角 β_A；测量 $A \to P$ 的水平距离 D_{AP}。β_A、D_{AP} 是必要观测，无多余观测。

2. 计算起始方位角 α_{AB}

根据已知点 A、B 的坐标（x_A，y_A）和（x_B，y_B），利用坐标反算公式（5-11）和式（5-12）计算坐标方位角 α_{AB}。

3. 推算方位角 α_{AP}

根据起始方位角 α_{AB} 和水平角 β_A，参照坐标方位角推算通用公式（5-7），从而推算 $A \to P$ 的坐标方位角 α_{AP}：

$$\alpha_{AP} = \alpha_{AB} \pm \beta_A \tag{5-13}$$

当水平角 β_A 为右角时，上式中 β_A 前取"－"号；当水平角 β_A 为左角时，上式中 β_A 前取"＋"号。若上式结果为负值，则再加上 $360°$；若结果大于或等于 $360°$，则再减去 $360°$。

4. 计算待定点 P 的坐标（x_P，y_P）

参照式（5-8）和式（5-9），计算待定点 P 的坐标（x_P，y_P）：

$$x_P = x_A + D_{AP} \cdot \cos\alpha_{AP} \tag{5-14}$$
$$y_P = y_A + D_{AP} \cdot \sin\alpha_{AP} \tag{5-15}$$

极坐标法无多余观测，因此常用另一已知点（固定点）进行检核。通常两套点位坐标分量之差不应大于 50mm。极坐标定位法常用于图根控制点加密、碎部点坐标测量、定线条件点坐标测量、点位放样和点位平面位移监测等。当进行碎部点坐标测量、定线条件点坐标测量和点位放样时，水平角 β_A 和水平距离 D_{AP} 均用全站仪盘左状态测量半测回。

二、测角前方交会法

如图 5-7 所示，在已知点 A、B 分别观测水平角 β_A 和 β_B，利用 A、B 两点坐标 $(x_A,\ y_A)$ 和 $(x_B,\ y_B)$，计算待定点 P 坐标 $(x_P,\ y_P)$ 的方法，称为测角前方交会法。在当前技术条件下，测角前方交会多用于变形监测，通常是对特定目标的周期性观测。测角前方交会法原理及其实现步骤如下。

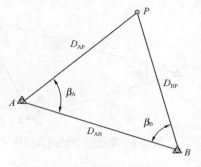

图 5-7　测角前方交会法

1. 观测 β_A 和 β_B

在已知点 A 安置测角仪器，观测水平角 β_A；在已知点 B 安置仪器，观测水平角 β_B。β_A、β_B 是必要观测，无多余观测。

2. 计算

（1）根据已知点 A、B 的坐标 $(x_A,\ y_A)$ 和 $(x_B,\ y_B)$，利用坐标反算公式（5-10）和式（5-11）计算水平距离 D_{AB} 和坐标方位角 α_{AB}，并将其作为起算数据。

（2）据坐标方位角 α_{AB} 和水平角 β_A，参照方位角推算通用公式（5-7）推算 $A{\to}P$ 的坐标方位角 α_{AP}。

（3）在 $\triangle ABP$ 中，利用正弦定理计算 $A{\to}P$ 的水平距离 D_{AP}：

$$D_{AP}=\frac{D_{AB}\cdot\sin\beta_B}{\sin(\beta_A+\beta_B)} \tag{5-16}$$

（4）参照坐标正算公式（5-8）和式（5-9）计算待定点 P 的第一套坐标 $(x'_P,\ y'_P)$。按照以上思路还可以计算 α_{BP}、D_{BP}，从而得出待定点 P 的第二套坐标 $(x''_P,\ y''_P)$。通常，当两套坐标分量之差小于或等于 50mm 时，取两套坐标均值作为 P 点坐标的最后结果：

$$x_P=\frac{x'_P+x''_P}{2} \tag{5-17}$$

$$y_P=\frac{y'_P+y''_P}{2} \tag{5-18}$$

3. 余切公式

进一步整理推导上述思路结果，可以通过测角前方交会法确定 P 点坐标的余切公式：

$$x_P=\frac{x_B\cdot\cot\beta_A+x_A\cdot\cot\beta_B+(y_B-y_A)}{\cot\beta_A+\cot\beta_B} \tag{5-19}$$

$$y_P=\frac{y_B\cdot\cot\beta_A+y_A\cdot\cot\beta_B-(x_B-x_A)}{\cot\beta_A+\cot\beta_B} \tag{5-20}$$

需要注意的是，在利用以上两式时，A、B、P 三点应按逆时针方向进行编号。

4. 其他形式

以上所述测角前方交会法，观测参数是 $\triangle ABP$ 内角 β_A 和 β_B，没有多余观测。实际工作中，为了避免某些观测条件制约，需要选择合适的观测参数。

如图 5-8 所示，在 $\triangle ABP$ 中可选择观测内角 β_P 和 β_A（或 β_B），此观测方法称为侧方交会法。侧方交会法的计算与测角前方交会法相同，只是 β_B（或 β_A）需通过三角形内角和

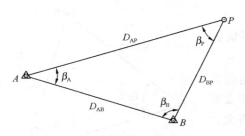

图 5-8   角度交会法的其他形式

公式计算得到，即 $\beta_B = 180° - \beta_P - \beta_A$（或 $\beta_A = 180° - \beta_P - \beta_B$）。

在 $\triangle ABP$ 中也可三个内角全观测，即观测 β_A、β_B 和 β_P，此观测方法称为单三角形法。采用单三角形法时，观测三个内角，有 1 个多余观测，形成了图形条件，利用三角形角度闭合差 $f_\beta = \beta_A + \beta_B + \beta_P - 180°$ 进行质量检核与控制，若 f_β 不超限，则对各观测角加入改正值 $-f_\beta/3$ 作为内角平差值，然后将 β_A 和 β_B 的平差值代入测角前方交会法余切公式（5-19）和式（5-20）计算 P 点坐标。

测角前方交会法、侧方交会法和单三角形法的观测参数都是水平角，因此统称为角度交会法。角度交会法在选择待定点 P 与已知点 A、B 的位置关系时，宜构成近似等边三角形，各内角不应小于 30°。当受到地形条件限制时，个别内角的角度限制可适当放宽，但不应小于 25°。否则，P 点坐标精度将降低。

三、距离交会法

如图 5-9 所示，测量待定点 P 至已知点 A、B 的水平距离 D_{AP} 和 D_{BP}，利用 A、B 两点坐标 (x_A, y_A) 和 (x_B, y_B)，计算待定点 P 坐标 (x_P, y_P) 的方法，称为距离交会法，也称边交会法。当前，距离交会法可用于缺少控制点时的补点，也可应用于变形监测。距离交会法原理及其实现步骤如下：

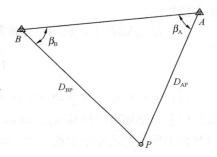

图 5-9   距离交会法

1. 测量距离 D_{AP} 和 D_{BP}

测量 $A \rightarrow P$ 的水平距离 D_{AP}，测量 $B \rightarrow P$ 的水平距离 D_{BP}（测边前方交会法）；在 P 点安置测距仪器，则可在一个测站上测得 D_{AP} 和 D_{BP}（测边后方交会法）。D_{AP} 和 D_{BP} 是必要观测，无多余观测。

2. 计算

（1）根据已知点 A、B 的坐标，利用坐标反算公式（5-10）和式（5-11）计算水平距离 D_{AB}。

（2）在 $\triangle ABP$ 中，利用余弦定理计算水平角 β_A 和 β_B：

$$\beta_A = \arccos \frac{D_{AP}^2 + D_{AB}^2 - D_{BP}^2}{2D_{AP}D_{AB}} \tag{5-21}$$

$$\beta_B = \arccos \frac{D_{BP}^2 + D_{AB}^2 - D_{AP}^2}{2D_{BP}D_{AB}} \tag{5-22}$$

（3）利用坐标正算公式（5-8）和式（5-9）计算待定点 P 坐标 (x_P, y_P)。

3. 借助极坐标法计算

距离交会法也可利用由 $A \rightarrow B \rightarrow P$、$B \rightarrow A \rightarrow P$ 分别构成的两套极坐标法进行测量，解算 P 点两套坐标取均值作为最终成果。

4. 图解法解算

距离交会法的计算也可利用图解法。图解法的几何意义是"距离—距离定位法"和"圆—圆定位法"，分别以已知点 A 和 B 为圆心，以 D_{AP} 和 D_{BP} 为半径画圆，利用 CAD 技术图解得到两圆交点即为待定点 P，其坐标（x_P，y_P）通过查询即可得到。但需注意，应在满足图解条件的双解中根据实际情况确认待定点 P。

四、自由设站法

在工程需要的任意位置标定待定点 P 并安置全站仪，对两个或两个以上已知点进行水平角、水平距离测量，进而计算待定点 P 坐标（x_P，y_P）的方法，称为自由设站法，也称为任意设站法、边角后方交会法。自由设站法的特点是在最需要之处灵活设站，充分利用周围可用已知点构成具有检核条件的测量方案，以方便观测。自由设站法还可推演出新的定位方法。例如全站仪的对边测量和悬高测量，就是利用自由设站法结合三角高程测量原理推演出的专项测量功能。

如图 5-10 所示，全站仪在 P 点只测量水平角 β_P 和水平距离 D_{AP}。可能是受到某种条件的制约，致使不能像距离交会法那样测量水平距离 D_{BP}。此种已知两点、测量一角一边的自由设站法原理及其实现步骤如下。

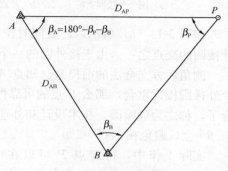

图 5-10 自由设站法

1. 测量 β_P 和 D_{AP}

在待定点 P 安置全站仪，测量水平角 β_P 和水平距离 D_{AP}。β_P 和 D_{AP} 是必要观测，无多余观测。

2. 计算

（1）根据已知点 A、B 的坐标（x_A，y_A）和（x_B，y_B），利用坐标反算公式（5-10）和式（5-11）计算水平距离 D_{AB} 和坐标方位角 α_{BA}。

（2）在 $\triangle ABP$ 中，根据正弦定理计算 β_B：

$$\beta_B = \arcsin \frac{D_{AP} \cdot \sin \beta_P}{D_{AB}} \tag{5-23}$$

（3）根据坐标正算公式（5-8）和式（5-9）计算 P 点坐标（x_P，y_P）：

$$x_P = x_A + D_{AP} \cdot \cos[\alpha_{BA} \pm (\beta_B + \beta_P)] \tag{5-24}$$

$$y_P = y_A + D_{AP} \cdot \sin[\alpha_{BA} \pm (\beta_B + \beta_P)] \tag{5-25}$$

式（5-24）和式（5-25）中（$\beta_B + \beta_P$）前的"$\pm$"号，取决于 D_{AP} 在 β_P 的左边还是右边，即取决于 A、B、P 编号顺序。在图 5-10 中，D_{AP} 在 β_P 右边，即 A、B、P 编号顺序是逆时针，取"$+$"号。若 D_{AP} 在 β_P 左边，即 A、B、P 编号顺序是顺时针，则取"$-$"号。

3. 测角后方交会法

在一个待定点上设测站，对三个已知控制点观测水平角，从而确定待定点坐标的方法，称为测角后方交会法。测角后方交会法是一种经典的自由设站法。其原理及其实现步骤如下。

如图 5-11 所示，A、B、C 是逆时针编号的已知控制点，P 点是待定点，观测水平角 α、β 和 γ。其中，α 是 $P{\to}C$ 与 $P{\to}B$ 间的夹角，β 是 $P{\to}A$ 与 $P{\to}C$ 间的夹角，γ 是 $P{\to}B$ 与 $P{\to}A$ 间的夹角。

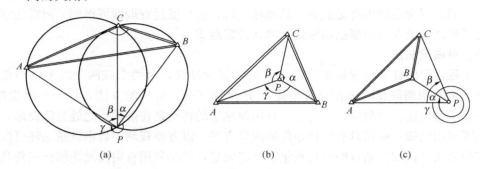

图 5-11   测角后方交会法

(a) 两个外接圆上的 P 点；(b) P 点位于已知三角形之内；(c) P 点位于已知三角形之外

如图 5-11（a）所示，P 点同时位于 $\triangle PAC$ 和 $\triangle PBC$ 的两个外接圆上，必定是两个外接圆的交点之一。由于接外圆的一个交点是 C，则 P 点便唯一确定。

测角后方交会法的前提是已知点 A、B、C 和待定点 P 四点不共圆。若前面提到的两个外接圆接近重合，那么 P 点的可靠性将很低。当 $\alpha+\beta+\angle C=180°$ 时，两个外接圆就重合了，称之为危险圆。技术设计和外业选点时应尽量避免待定点 P 落在危险圆附近，即 $\alpha+\beta+\angle C$ 避免在 $160°{\sim}200°$。

实际工作中，待定点 P 可以在由已知点组成的 $\triangle ABC$ 之外，如图 5-11（a）和图 5-11（c）所示；也可以在其内，如图 5-11（b）所示。在这里，$\angle A$、$\angle B$、$\angle C$ 是 $\triangle ABC$ 的同名内角。可根据已知点坐标，反算坐标方位角，继而求差得到已知 $\triangle ABC$ 的同名内角：$\angle A=\alpha_{AB}-\alpha_{AC}$，$\angle B=\alpha_{BC}-\alpha_{BA}$，$\angle C=\alpha_{CA}-\alpha_{CB}$。

用测角后方交会法在 P 点观测 α、β 和 γ，有 1 个多余观测。对此，可构成圆周角条件进行质量检核与控制。如图 5-11（a）和图 5-11（b）所示，圆周角条件是 $\alpha+\beta+\gamma=360°$，由此计算圆周角闭合之差 $f=\alpha+\beta+\gamma-360°$；如图 5-11（c）所示，圆周角条件是 $\alpha+\beta+\gamma=720°$，计算圆周角闭合差 $f=\alpha+\beta+\gamma-720°$。若 f 不超限，则对各观测角加入改正值 $-f/3$ 作为平差值参与坐标计算。

关于测角后方交会法的坐标计算，有多种思路推证。下面直接给出一种与加权平均值相仿的公式，称为仿权公式：

$$x_{P}=\frac{P_{A}x_{A}+P_{B}x_{B}+P_{C}x_{C}}{P_{A}+P_{B}+P_{C}} \tag{5-26}$$

$$y_{P}=\frac{P_{A}y_{A}+P_{B}y_{B}+P_{C}y_{C}}{P_{A}+P_{B}+P_{C}} \tag{5-27}$$

式中，$P_{A}=1/(\cot\angle A-\cot\alpha)$，$P_{B}=1/(\cot\angle B-\cot\beta)$，$P_{C}=1/(\cot\angle C-\cot\gamma)$。

五、全站仪三角高程测量

作为一维坐标，高程经常独立或与二维坐标（x，y）联合起来表示地面点位。水准测量是建筑工程中应用最广、最重要的高程测量技术方法，在第二章已经作了充分讲述。

但在山区或一些特殊场合，若采用水准测量，则耗时费工、效率低下甚至难以进行。若采用全站仪三角高程测量技术则便捷易行。现在，全站仪三角高程测量精度可达到三、四等水准测量的要求，因此应用越来越广泛。

1. 全站仪三角高程测量原理

如图 5-12 所示，控制点 A 的高程 H_A 已知，在 A 点安置全站仪并量取仪器高 i_A，在待定点 B 安置照准觇牌和棱镜并量取棱镜高（目标高）S_B，对 B 点观测竖直角 α_{AB} 和水平距离 D_{AB}，进而确定待定点高程 H_B 的方法称为全站仪三角高程测量。

在图 5-12 中，全站仪测量竖直角 α_{AB} 时的视线被认为是直线。实际上，视线在大气折光的影响下会产生凸形向下的弯曲，照准目标的是弯曲的视线而不是直线。因此，便产生了图 5-13 所示的大气垂直折光差，也称为气差 γ。另外，由于存在地球曲率，水平线与水准面之间产生了图 5-13 所示的地球曲率影响，也称为球差 c。若以图 5-12 中的竖直角 α_{AB} 计算高差 h_{AB}，便少了球差 c 而多了气差 γ。所以，需要顾及球差 c 和气差 γ 对高差 h_{AB} 的综合影响，其被称为地球曲率与折光差改正，简称球气差改正 f。综上所述，高差 h_{AB} 的计算公式为：

$$h_{AB} = D_{AB} \cdot \tan\alpha_{AB} + i_A - S_B + f_{AB} \tag{5-28}$$

当 A 点高程 H_A 已知时，将 $A{\rightarrow}B$ 的高差 h_{AB} 传递至 B 点，即得 B 点高程 H_B：

$$H_B = H_A + D_{AB} \cdot \tan\alpha_{AB} + i_A - S_B + f_{AB} \tag{5-29}$$

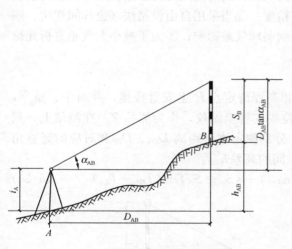

图 5-12　全站仪三角高程测量原理

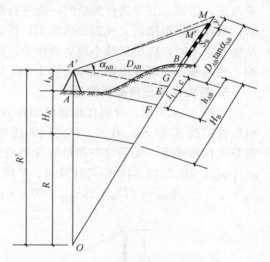

图 5-13　球气差改正

2. 地球曲率与折光差改正

地球曲率影响即为用水平面代替水准面对高差的影响，即球差 c。球差计算公式为：

$$C = \frac{D_{AB}^2}{2R} \tag{5-30}$$

式中，R 为地球曲率半径，取 6371km。

大气垂直折光使得视线凸形向下微量弯曲，其影响即为气差 γ。气差估算公式为：

$$\gamma = \frac{K \cdot D_{AB}^2}{2R} \tag{5-31}$$

式中，K 为大气垂直折光系数，与大气温度、湿度等因素密切相关。据不同研究报告，K 值在 $0.11 \sim 0.20$ 内变化，一般取 0.14。

地球曲率和大气折光的综合影响即为球气差改正，计算公式为：

$$f = c - \gamma = \frac{(1-K) \cdot D_{AB}^2}{2R} \tag{5-32}$$

3. 对向观测

如图 5-12 所示，以 A 为主站、B 为辅站观测竖直角 α_{AB} 及水平距离 D_{AB}，称为直觇。反之，以 B 为主站、A 为辅站进行观测，则称为返觇。直觇属于单向观测，加上返觇便构成了对向观测。单向观测高差中须加入球气差改正。对向观测中，取直觇、返觇高差均值之后，球气差改正的影响将大大削弱，从而提高成果精度。对向观测直觇、返觇之高差均值为：

$$h_{AB均} = \frac{D_{AB} \cdot \tan\alpha_{AB} - D_{BA} \cdot \tan\alpha_{BA} + i_A - i_B - S_B + S_A + f_{AB} - f_{BA}}{2} \tag{5-33}$$

当 A 点高程 H_A 已知时，对 A 点高程 H_A 与直觇、返觇之高差均值 $h_{AB均}$ 求和，即得 B 点高程 H_B。

4. 保证精度的措施

为保证全站仪三角高程测量精度，可以采取以下措施：①单向观测结果中须加入球气差改正；②四、五等高程测量时，应进行对向观测，同时采用对向全站仪三角高程测量技术，可以很好地削弱大气折光的影响，提高精度；③当采用自由设站法（也称间视法、隔站法）观测时，应尽量减小前后视距差，以削弱球气差影响；④为了减小大气垂直折光影响，观测视线应离开地面或障碍物 1m 以上。

5. 自由设站三角高程测量

如图 5-14 所示，分别在高程已知点 A 和高程待定点 P 上安置棱镜，并对中、整平，量取棱镜高 S_A 和 S_P。在 A、P 之间的适当位置安置全站仪，作为测站 Z。在测站上，只需整平仪器即可，无须对中和量取仪器高。分别测定水平距离 D_{ZA}、D_{ZP} 和对应的竖直角 α_{ZA}、α_{ZP}。按式（5-34）即可计算 A、P 两点间的高差 h_{AP}：

$$h_{AP} = (D_{ZP} \cdot \tan\alpha_{ZP} - D_{ZA} \cdot \tan\alpha_{ZA}) - (S_P - S_A) + (f_{ZP} - f_{ZA}) \tag{5-34}$$

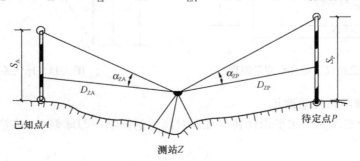

图 5-14   自由设站三角高程测量

由此可以看出，只要选择合适的测站位置，使得 $D_{ZA} \approx D_{ZP}$，就可以使得球气差改正 $f_{ZP} \approx f_{ZA}$。在小区域选择良好的观测条件和观测时段可以极大地减小大气折光对高差的影响，甚至可将其忽略不计。因此，该方法对测站位置的选择有较高要求。使 $D_{ZA} \approx D_{ZP}$，实质上与水准测量限制视距差是一致的，都是为了削弱球气差的影响。

第三节 全站仪三维坐标测量

如图 5-15 所示，A、B 为两个高级控制点，其三维坐标 $(x_A，y_A，H_A)$ 和 $(x_B，y_B，H_B)$ 已知；在测站点 A 安置全站仪并量取仪器高 i_A，在待定点 P 上竖立棱镜杆并量取棱镜高 S_P；在后视定向点 B 上竖立棱镜杆，照准棱镜进行定向并检核；然后观测水平角 β_A、水平距离 D_{AP} 和竖直角 α_{AP}。依此计算待定点 P 的三维坐标 $(x_P，y_P，H_P)$ 的方法称为全站仪三维坐标测量。

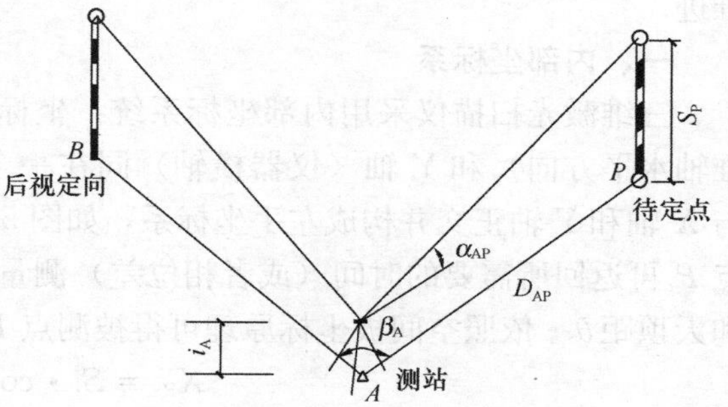

图 5-15 全站仪三维坐标测量

一、测量原理

全站仪三维坐标测量依据极坐标法和三角高程测量原理实现：

$$x_P = x_A + D_{AP} \cdot \cos\alpha_{AP} \tag{5-35}$$
$$y_P = y_A + D_{AP} \cdot \sin\alpha_{AP} \tag{5-36}$$
$$H_P = H_A + D_{AP} \cdot \tan\alpha + i_A - S_P + f_{AP} \tag{5-37}$$

二、基本步骤

全站仪三维坐标测量是逐点进行的，其基本步骤如下所述：

（1）全站仪设置。在全站仪既对中又整平之后，开机。检查设置是否正确。如果不正确，需进行修改。度盘注记方向设置为顺时针，即 L 方向；角度单位设置为度分秒制；距离单位设置为 m；加常数和乘常数依据仪器检定证书进行设置，若无检定，可设置为 0；棱镜常数通常设置为 -30mm；气象（气压 P、温度 t）传感器设置为"ON"；双轴（三轴）补偿设置为"ON"。

（2）测站设置。在测站点 A 上安置全站仪（利用激光对中器对中，要求既对中又整平，量取仪器高 i_A），建立文件，输入测站点 A 坐标 $(x_A，y_A，H_A)$ 和仪器高 i_A。

（3）后视定向、检核。设置后视点：输入后视点 B 坐标 $(x_B，y_B，H_B)$ 和棱镜高 S_B。定向、检核：照准后视点 B 上竖立的棱镜杆，选择"置零"或"定向"，"测量"后视点坐标 $(X_B，Y_B，H_B)$，并与后视点已知坐标 $(x_B，y_B，H_B)$ 进行比较，坐标分量较差小于或等于 0.05m 即为完成。

（4）坐标测量。在待定点 P 上竖立棱镜杆（棱镜杆高度 S_P 通常与后视定向时的 S_B 一致，若不一致可随时修正输入），照准棱镜进行测量。测量数据记录、坐标计算和结果记录均由全站仪自动完成。可以实时查看数据或将数据传输至电脑后使用。

第四节 激光扫描仪三维坐标测量

三维激光扫描仪是由免棱镜激光测距与电子测角组合而成的三维坐标测量系统。激光扫描仪测量距离可达数千米，扫描频率可达每秒数十万至数百万点。水平扫描可绕仪器竖轴360°转动。竖向扫描接近±90°。激光扫描仪对目标进行扫描，可直接获得激光接触点的水平角 α_i、天顶距 θ_i 和斜距 S_i，自动计算三维坐标并存储色彩信息、反射强度。激光扫描仪三维坐标测量，不是逐点进行的，而是对扫描区域同时采集数据，面域广、密度大，因此称为点云数据。激光扫描仪实现点云数据采集，是对地面定位技术的一次革命性推进。

一、内部坐标系

三维激光扫描仪采用内部坐标系统：坐标原点是仪器竖轴与横轴的交点，X 轴（视准轴水平方向）和 Y 轴（仪器横轴）同在一个水平面内并相互正交，Z 轴（仪器竖轴）与 X 轴和 Y 轴正交并构成左手坐标系，如图 5-16 所示。利用激光脉冲从激光发出到被测点 P_i 再返回所需要的时间（或者相位差）测量倾斜距离 S_i，同步测量激光脉冲水平角 α_i 和天顶距 θ_i。依照空间极坐标原理可得被测点 P_i 的三维坐标：

$$X_P = S_i \cdot \cos\theta_i \cdot \cos\alpha_i \tag{5-38}$$
$$Y_P = S_i \cdot \cos\theta_i \cdot \sin\alpha_i \tag{5-39}$$
$$Z_P = S_i \cdot \sin\theta_i \tag{5-40}$$

式（5-38）～式（5-40）所得 P_i 的三维坐标 (X_P, Y_P, Z_P) 是仪器内部坐标系坐标。然而，不同于扫描测站间的拼接，仪器内部坐标系的最终扫描数据均需转换至用户坐标系中。为此，就需要联测一定数量的公共点，用于计算坐标转换参数。

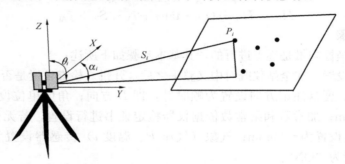

图 5-16   激光扫描仪三维坐标测量

二、基本步骤

激光扫描仪三维坐标测量的基本步骤为免棱镜激光测距、扫描和测角、定向。

1. 免棱镜激光测距

作为三维激光扫描仪的核心组成部分，免棱镜激光测距对于激光扫描点的定位、获取点的空间三维信息具有十分重要的作用。目前，免棱镜激光测距方法主要有脉冲法测距和相位法测距。

脉冲法测距是通过测量发射和接收激光脉冲信号的时间差来间接获得被测目标的距离。激光器向目标发射一束激光脉冲信号，经目标反射后到达接收系统。设测量距离为 S，测得激光信号往返传播的时间间隔为 Δt，则有 $S = c \cdot \Delta t$。可以看出，影响距离测量精度的因素主要有光速 c 和时间间隔 Δt。脉冲法测量距离长，但精度随距离的增加而降低。

相位法测距是利用电磁波波段频率，对激光束进行幅度调制，通过测定调制光信号在被测距离上往返传播所产生的相位差，间接测定往返时间，进而计算被测距离的方法。相位法适合于中程测距，具有较高的测量精度。

2. 扫描和测角

三维激光扫描仪通过内置伺服驱动电机系统精密控制多面扫描棱镜的转动，决定脉冲激光束射出方向，从而使脉冲激光束沿水平方向和竖直方向分别进行快速扫描。目前，扫描控制装置主要有摆动平面扫描镜和旋转正多面体扫描镜。

三维激光扫描仪的测角原理有别于电子经纬仪的度盘测角方式。三维激光扫描仪通过改变激光光路获得扫描角度。把两个步进电机和扫描棱镜安装在一起，分别实现水平方向和竖直方向扫描。步进电机是一种将电脉冲信号转换成角位移的控制微电机，依此可以实现相对精确定位。

3. 定向

三维激光扫描仪扫描的点云数据都储存在其自定义的内部坐标系中。但是，数据后处理要求使用大地坐标系（用户坐标系）下的数据，这就需要将内部坐标系下的数据转换到大地坐标系（用户坐标系）下，这个过程被称为三维激光扫描的定向。联测多个已知大地坐标系（用户坐标系）下坐标的控制点，用于计算坐标转换参数，便可实现定向。

三、激光扫描技术的特点

（1）非接触测量。三维激光扫描技术采用免棱镜非接触扫描目标的方式进行测量，对扫描目标无须进行任何表面处理，可直接采集目标点的三维坐标和影像、色彩、反射强度信息，数据真实、可靠，具有传统测量方式难以达到的技术优势。

（2）数据采样率高。目前，脉冲激光扫描仪采样速率可达数十万点每秒，相位激光扫描仪甚至可以达到数百万点每秒。采样速率是传统测量方式难以达到的。

（3）高分辨率，高精度。三维激光扫描技术可以快速、高精度地获取海量点云数据，可以对扫描目标进行高密度的三维数据采集，因而分辨率高。

（4）数字化采集，兼容性好。三维激光扫描技术所采集的数据是直接获取的数字信号，具有全数字化特征，易于后期处理、传输及应用。

第六章　全球卫星导航定位技术

坐标测量是现代工程测量的基本内容，测量的坐标种类有一维坐标（H）、二维坐标（x, y）和三维坐标（x, y, H）。全球卫星导航定位技术是三维坐标测量技术之一。

第一节　概　　述

全球卫星导航定位技术是利用导航卫星系统测定近地空间点位坐标的技术。全球导航卫星系统（Global Navigation Satellite System，GNSS），泛指所有的导航卫星系统，包括中国 BDS、美国 GPS、俄罗斯 GLONASS、欧洲 GALILEO 以及相关增强系统，涵盖在建和将建的其他导航卫星系统。自 20 世纪 90 年代至今的实际应用表明，GNSS 在准确性、可靠性、连续性、有效性等基本性能指标方面得到了极大的提升。

一、GNSS 的组成

GNSS 由空间星座部分、地面控制部分和用户应用部分组成。

1. 空间星座部分

GNSS 空间星座部分由在轨运行的系列导航卫星构成，其功能为发射导航定位所必需的卫星信号。导航卫星一般采用中等高度轨道（MEO），轨道高度在 20000km 左右。特别地，我国 BDS 是具有 3 种轨道 3 类卫星的混合型星座，其中分布在 3 个中等高度轨道上的 MEO 卫星有 27 颗，分布在倾斜地球同步轨道上的 IGSO 卫星有 3 颗，分布在垂直于地球赤道上方的正圆形地球轨道上的 GEO 卫星有 5 颗。

GNSS 卫星的核心部件是时钟、导航电文存储器、双频发射接收机和微处理器。卫星内置的时钟为系统提供高精度的时间基准和高稳定度的信号频率基准，所选的时钟类型必须是原子钟（铷钟、铯钟甚至氢钟）。例如，BDS 卫星内置 2 台铷钟。

GNSS 卫星作用：用 L（$1\sim2$GHz，$150\sim300$mm 波段）载波向地面连续发送导航定位信号，包括测距信号和导航电文；当卫星飞越注入站上空时，接收注入站发来的导航电文和主控站调度命令，并适时将导航电文发送至地面；执行主控站调度命令，适时改正运行偏差或启用备用时钟等。

2. 地面控制部分

GNSS 地面控制部分的主要作用是监测卫星"健康"运行并控制卫星轨道和时间系统，使其"永远"处于正确状态。GNSS 地面控制部分由分布在全球的若干监测站、主控站和注入站组成。监测站跟踪卫星，接收机对所见卫星进行观测，采集原始观测数据和环境要素等信息，进行初步处理后传输给主控站。主控站控制和监督各监测站、注入站的工作状态并管理、调度卫星，必要时可以启用备用卫星；收集、解算和分析各个监测站的观测信息，监督所有卫星的运行轨道是否正确，计算生成每颗卫星的星历参数；计算卫星钟钟差、大气层传播延时等导航电文中包含的各项修正参数；按规定格式编制导航电文并将其传输给注入站。注入站负责地面与卫星的数据通信，使用 S 波段（10cm 波段）通信链路将主控站传来的导航电文注入对应卫星。当前，美国 GPS 地面监控部分包括 16 个监测站、2 个主控站和 12 个注入站，均由美国军方掌管。

3. 用户应用部分

GNSS 用户应用部分由 GNSS 接收机、数据处理软件和相应的终端设备构成。GNSS 接收机是用户应用部分的基础设备，用于接收卫星信号，获取必要的导航定位信息，并经数据处理以完成导航、定位或授时任务。GNSS 接收机分为导航型、测量型和授时型，用户可根据不同的需求进行选择或定制。GNSS 接收机的关键部件有 CEM 主板、芯片、天线等。

GNSS 在民用和军事方面应用广泛。民用方面的应用，如智能交通系统的车辆导航、车辆管理和救援，民用飞机和船艇导航及姿态测量，电力和通信系统的时间控制，地震和地球板块运动监测，大气参数测试，地球动力学研究，智能手机导航定位等，都是以 GNSS 为基础的。其军事方面的应用此处不展开介绍。

GNSS 也广泛应用于工程测量领域，且工程测量领域通常选择多系统、多通道、测量型 GNSS 接收机。

我国于 1986 年开始引进 GNSS 技术并进行研究，至今已在工程测绘领域得到了普及，如大地测量、城市和矿山控制测量、地形测绘、变形监测等。相对于传统地面定位技术，GNSS 技术具有速度快、全天候、不受天气影响、无须点间通视、控制点不建标、成本低等诸多优点。

二、GNSS 卫星信号

GNSS 卫星信号是指由在轨卫星发射至地面的电磁波信号，包括测距码、导航电文和载波。其中，测距码用于测量卫星至地面 GNSS 接收机之间的距离；导航电文用于提供定位所需的卫星星历、卫星时钟改正数、卫星工作状态、大气折射改正等信息；载波的作用是通过信号调制与解调将测距码和导航电文传输到地面，被多用户同时接收，同时也可用于高精度测距。目前，GNSS 卫星信号调制技术主要有码分多址（CDMA）技术和频分多址（FDMA）技术。BDS、GPS 和 GALILEO 采用 CDMA 技术，GLONASS 采用 FDMA 技术。

GNSS 卫星信号从结构上分为三个层次：载波、伪码和数据码（载波、测距码和导航电文）。伪码和数据码通过调制，依附在正弦波形式的载波之上，并经卫星发射出去。因此，载波属于 GNSS 卫星信号的最底层，伪码属于第二层次，数据码属于第三层次。

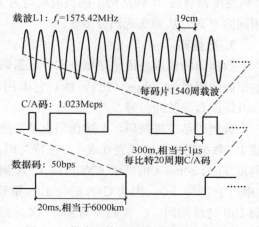

1. 载波

如图 6-1 所示，对于 GPS 系统而言，每颗卫星用两个 L 波段频率发射载波信号，其中 L1 载波频率 $f_1=1575.42\text{MHz}$，L2 载波频率 $f_2=1227.60\text{MHz}$，对应波长 λ_1 为 19.03cm，λ_2 为 24.42cm。而作为卫星核心设备的原子钟提供的

图 6-1　载波、伪码和数据码的长度关系

基准频率 f_0 为 10.23MHz，基准频率 f_0 与两个载波频率有以下关系：

$$f_1 = 154f_0, \quad f_2 = 120f_0 \tag{6-1}$$

卫星利用频率综合器在基准频率 f_0 的基础上产生所需的 f_1 和 f_2 两个载波频率。两个载波频率属于特高频段（300MHz～3GHz），远高于被调制的伪码和数据码频率，以直射波形式传播，能穿透电离层和建筑物，受噪声干扰影响小，便于测量或削弱电离层延迟误差，并且有利于匹配 GNSS 接收天线增益。

2. 伪码

BDS、GPS 和 GALILEO 卫星信号的调制和解调，是基于码分多址（CDMA）技术进行的。码分多址（CDMA）技术所用的是二进制伪随机噪声码（PRN），简称伪码。

伪码由多级反馈移位寄存器产生，调制到载波之上作为卫星信号发射给地面用户。GPS 接收机利用伪码良好的自相关特性，使接收的伪码与其内部产生的伪码同步对齐，进而捕获和识别来自不同卫星的伪码，测定卫星到接收机之间的距离，并解译导航电文。GPS 信号伪码包括 C/A 码和 P 码，均属于测距码。在 L1 载波上调制 C/A 码和 P 码，而在 L2 载波上只调制加密后的 P 码，又称 Y 码或 P（Y）码。

伪码——C/A 码。C/A 码是 GPS 信号中用于粗测距离和捕获 GPS 卫星信号的伪码。C/A 码在 L1 载波上调制，它由两个 10 级反馈移位寄存器构成的 G 码产生。从 G 码中选择 32 个码，分别命名为 PRN1、PRN2、…、PRN32，分配给 GPS 星座各卫星作为码址。C/A 码码率为 1.023Mcps（兆码片/秒），码长 $N = 2^{10} - 1 = 1023$ 码片，码元宽度与码率互为倒数，即码元宽度 $t = 0.98\mu s$（相当于 293.1m）。由于 C/A 码码长短，易于捕获，因此 C/A 码除了作粗测距离码外还作为卫星信号的捕获码，并由此过渡到捕获 P 码。C/A 码码元宽度为 293.1m，假设两个伪码的码元对齐误差为码元宽度的 1/100～1/10，则相应的测距分辨率为 2.93～29.3m。随着现代科技的进步，测距分辨率已大为提高。当前，测距分辨率可达 0.1m。

伪码——P 码。P 码是 GPS 信号中用于精测距离的伪码。加密后的 P 码称为 Y 码，因此也有文献将 P 码称为 P（Y）码。Y 码只有特许用户才能破译。P 码的码率为 10.23Mcps（兆码片/秒），周期为 7d，码宽约等于 $0.1\mu s$（相当于 29.3m）。GPS 信号由 P 码发生器获得 37 种结构不同但周期均为 7 天的 P 码 P_i，为星座中的各颗卫星产生互不相同的 P 码，从而实现码分多址。

3. 数据码

数据码的作用是传递导航电文。数据码是一列载有导航电文的二进制码，也称 D 码。数据码的码率为 50bps（比特/秒）它采用不归零的二进制编码方式，产生主峰频宽为 100Hz 的数据脉冲信号。

数据码是二进制码，上述伪码也是二进制码，但不包含数据信息。伪码用码片代表 0 或 1，数据码用比特代表 0 或 1。比特与码片之间的差异只是码宽不同。50bps 的数据码码宽 T_D 为 20ms（相当于 6000m），C/A 码码宽 T 为 1ms，C/A 码码元宽度 $t = 0.98\mu s$（相当于 293.1m）。因为 C/A 码每 1ms 重复 1 次，而数据码 1bit 持续 20ms，所以在数据码 1bit 持续期间，C/A 码要重复 20 次。当然，每个数据码发生沿时刻均与 C/A 码第一个码片发生沿重合。

4. 导航电文

GNSS 卫星的导航电文也称卫星电文，是用户定位和导航的数据基础。它主要包括卫星星历、卫星时钟改正、电离层时延改正、工作状态信息以及由 C/A 码转换为捕获 P 码的信息。其中，卫星星历用来描述卫星空间位置的轨道参数，包含历元、该历元对应的 6 个轨道参数和用于该历元之后修正轨道的 9 个系数。导航电文的基本结构如图 6-2 所示。

GNSS 接收机通过对接收到的卫星信号进行载波解调和伪码解扩，得到 50bps 的数据码，然后按照导航电文的格式将数据码编译成导航电文。

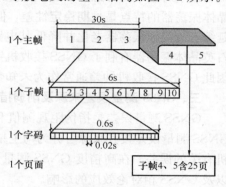

导航电文的信息按规定格式以二进制码的形式组成，按帧地面用户播送。导航电文的基本单位是长度为 1500bit 的主帧，传输速率是 50bps，每 30s 传送完成 1 个主帧。如图 6-2 所示，1 个主帧包含 5 个子帧。第 1、2、3 子帧各有 10 个字码，每个字码 30bit；第 4、5 子帧各有 25 页，每页 750bit，共 37500bit。第 1、2、3 子帧每 30s 重复 1 次，内容每小时更新 1 次。第 4、5 子帧的信息传送完毕需要 750s，然后进行重复传送，内容只在注入新的导航数据时更新。

图 6-2　导航电文的基本结构

5. 坐标基准和时间基准

GNSS 采用的坐标基准通常是地心地固直角坐标系和大地坐标系，来表述卫星三维坐标和地面接收机天线中心的三维坐标。BDS 采用 CGCS2000 国家大地坐标系，GPS 采用 WGS-84 坐标系。国际地球参考框架（ITRF）维持着 GNSS 的坐标基准，2002 年以来对准误差优于 ±1cm。

世界时（UT）是以地球自转为基础的时间系统，但不是严格均匀的系统。地球自转速度有着长期变慢的趋势，经过极移校正后的世界时 UT1 仍然以每年 1s 的速度变慢。尽管如此，GNSS 仍然需要以地球自转为基础的世界时。原子时（AT）是高精度、均匀、连续的时间基准。1972 年，由 50 多个国家约 200 座原子钟产生有所差异的原子时，对其加权平均后形成国际原子时（ATI），以国际原子时建立协调世界时（简称协调时，UTC）。协调时与经极移校正的世界时 UT1 通过闰秒（也称跳秒）的方法尽量保持一致。目前，各国将协调时作为标准时间。

GNSS 通常采用原子时（AT）作为时间基准。GNSS 卫星上一般装备多台原子钟。GNSS 地面控制部分选择其中一台作为该卫星的时间、频率基准信号源，与地面监测站原子钟的观测值综合计算获得 GNSS 秒长。GNSS 接收机可以通过接收卫星信号和定位、定时算法求解当前时刻的 GNSS 时间，并将其转换为协调时，从而实现精度为 100ns 甚至更高的定时功能。

GPS 时间（GPST）原点与协调时 1980 年 1 月 6 日（星期天）零时刻一致，从每星期六零时刻 0s 开始计数，经过一星期计数共计 604800s。星期数（WN）增加 1，继续从 0 开始计数，周而复始。GPS 时与协调时 19s（1980）、14s（2006）的差异，是由起始差异和闰秒引起的；秒内偏差小于 $1\mu s$，一般有几百纳秒，近几年通常可以控制在 40ns 以内。

BDS 时间（BDT）原点与协调时 2006 年 1 月 1 日（星期天）零时刻一致，与协调时有 33s 的起始差异，秒内偏差可以控制在 100ns 以内。由于两者起始历元相差 26 年，其间跳秒共 14s，因此理论上讲 GPST 与 BDT 有 14s 的差异。详细的即时时间信息在导航电文中给出。

出于对成本的考虑，GNSS 接收机一般采用石英晶体振荡器作为时间和频率源。石英晶体振荡器的特点是长期稳定性差，但短期稳定性却很高，甚至可与原子钟媲美。因此，延缓石英晶体振荡器老化并降低其电路噪声均有益于 GNSS 接收机的应用。使用稳定的石英晶体振荡器有利于 GNSS 接收机锁定卫星信号。由于石英晶体振荡器的准确性较差，因此 GNSS 接收机钟差通常作为未知数参与解算。

三、GNSS 测量误差来源及削弱措施

GNSS 测量误差是指伪距观测值和载波相位观测值包含的各种误差。如图 6-3 所示，GNSS 测量误差按其来源可分为与卫星有关的误差、与卫星信号传播有关的误差和与接收机有关的误差。在高精度 GNSS 测量中，还应关注与地球运动有关的地球潮汐、负荷潮以及 GNSS 相对论效应的影响。

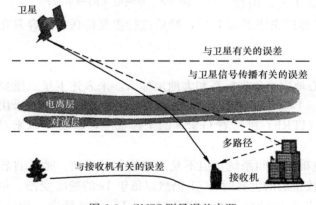

图 6-3 GNSS 测量误差来源

1. 与卫星有关的误差

与卫星有关的误差，主要是指卫星时钟误差和卫星星历误差。

（1）卫星时钟误差。相对于 GNSS 时间而言，卫星上作为时间和信号频率基准的原子钟存在时间偏差和频率漂移。为了确保各卫星的时钟值与 GNSS 时间同步，GNSS 地面控制部分通过对卫星信号监测，在导航电文的第一块数据中给出卫星钟差模型系数。但经钟差模型校正后的卫星时钟值与 GNSS 时间之间仍然残存着差异，这个残存的差异便称为卫星时钟误差。

（2）卫星星历误差。由卫星星历给出的卫星空间位置与实际位置之差称为卫星星历误差。在一个观测时间段内，卫星星历误差属于系统误差，是一种起算数据误差。卫星星历误差将严重影响单点定位精度，同时也是精密相对定位误差的重要来源。GPS 广播星历误差对单点定位的影响一般可达数米、数十米甚至上百米。对相对定位的影响，可以采取同步观测求差法进行削弱。同步观测求差法也会遗留残余误差。

2. 与卫星信号传播有关的误差

GNSS 信号在从卫星传播到接收机期间需要穿过大气层，而大气层对信号传播的影响表现为大气延时。大气延时通常分为电离层延时和对流层延时。

（1）电离层延时与电离层延时误差。离地面 70～1000km 的大气层称为电离层。当电磁波穿过充满电子的电离层时，传播速度和传播方向会发生改变，产生折射现象。折射率与电磁波频率、电离层的电子密度相关，相传播折射率小于 1，群传播折射率大于 1。对于 GNSS 信号穿过电离层来讲，载波以相速传播，伪码和数据码则以群速传播，两者都

会发生电离层延时现象。一般不能忽视电离层延时对 GNSS 测量的影响。

对于单频接收机，由于不能测定其电离层延时的大小，因此只能借助一些数学模型来估算、校正电离层延时。对于双频接收机，则可以直接利用双频观测值对电离层延时进行实时测定，并可对双频伪距观测值进行线性组合，从而在组合后的观测值中消除电离层延时。

无论是模型估算，还是直接进行实时测定，所得电离层延时值均与 GNSS 信号实际受到的电离层延时之间存在差异。这一差异称为电离层延时误差，也称为电离层延时校正误差。

（2）对流层延时与对流层延时误差。对流层位于大气层近地 40km 以下，各种主要的气象现象都发生在这一层。对流层集中了大气层 99% 的质量，其中氧气、氮气和水蒸气是造成 GNSS 卫星信号在对流层传播延时的原因。与电离层不同，对流层可以认为是一种非弥散性介质，即其折射率与电磁波频率无关，GNSS 卫星信号的相速和群速在其中是相等的。

由于 GPS 导航电文不包含对流层模型及其参数，因而现实中存在多种对流层延时模型。有一种简单可行且以米为单位的对流层延时模型如下：

$$T = \frac{2.47}{\sin\theta + 0.0121} \tag{6-2}$$

式中，T 为对流层延时，m；θ 为卫星高度角。

多种模型估算的对流层延时，在天顶方向上约为 2.6m，在低于 10° 的高度角方向上可达 20m。因此，在 GNSS 相关测量规范中要规定卫星截止高度角。

模型估算的对流层延时与卫星信号真正受到的对流层延时之间的差异，称为对流层延时误差。在无实测气象参数的情况下依据模型进行校正之后，天顶方向上的对流层延时误差一般在 0.1～1m 之间。

在测站相距小于 20km 时，可认为卫星信号穿过的对流层路径相似，所以对同一卫星的同步观测值求差，可以明显地削弱对流层延时误差。但是，随着同步测站的距离增大，求差法的有效性也随之降低。

3. 与接收机有关的误差

与接收机有关的误差，主要是指接收机时钟误差、多路径效应、接收机噪声等。

（1）接收机时钟误差。接收机时钟误差是接收机时钟不稳定引起的信号传播时间的测量误差。接收机一般采用高精度石英钟，其稳定度约为 10^{-10} s，比原子钟差几个数量级。石英钟钟差大、变化快，且变化规律性更差。除此之外，接收机时钟误差还与使用环境有一定关系。接收机时钟误差直接影响定位精度，比如卫星钟与接收机之间的时间同步误差为 1ns，由此引起的伪距观测误差为 300m。在进行 GNSS 定位时，为了削弱其影响，常将其作为未知数参与解算。

（2）多路径效应。在 GNSS 测量中，如果来自接收机测站周围的卫星信号反射波进入接收机天线，将与来自卫星的信号直接波产生干涉延时效应，即多路径效应。多路径效应使观测值偏离真值，于是便产生了多路径误差。多路径误差是 GNSS 测量中重要的误差来源，严重影响 GNSS 测量的精度，严重时还将引起卫星信号失锁。多路径效应对伪距测量的影响比载波相位测量的影响要严重很多。实践表明，GPS 测量时伪距的多路径误差一般为 1～5m，载波相位测量为 1～5cm。对多路径误差进行削弱的措施是选择合适的接收机观测站址。宜在植被较好和粗糙不平的地区选址，不宜在山坡、山谷和洼地选址，选址应远离大片平静水面、高大建筑、强电磁辐射场所。

（3）接收机噪声。接收机噪声具有相当广泛的含义，它包括天线、放大器和各部分电子器件的热噪声、信号量化误差、卫星信号间的相关性、测定码相位与载波相位的算法误差以及接收机软件中的各种计算误差等。接收机噪声具有随机性。一般来说，接收机噪声引起的伪距误差在 1m 之内，而其引起的载波相位误差约为几毫米。与多路径效应类似，接收机噪声引起的误差通常也包含在 GNSS 观测方程式中。

最后需要指出的是，我们所说的从卫星到用户接收机的距离，实际上指的是卫星天线零相位中心到接收机天线零相位中心的距离。如果接收机天线零相位中心与用户接收机位置不重合，那么这一差异必须加到接收机定位所给出的天线零相位中心位置上。如果忽略这一差异，或者测量得到的差异值与其真实值不吻合，那么这一偏差也将最终表现为 GNSS 定位误差。不同类型的用户接收机有着不同的天线零相位中心位置偏差，其值一般在 5mm 以内。

第二节　GNSS 静态绝对定位

GNSS 静态定位，是指 GNSS 定位时，接收机天线位置在整个观测（接收卫星信号）过程中保持不变，处于静止状态。在数据处理时，将接收机天线位置作为不随时间变化的量。

如图 6-4 所示，一台接收机在测站上静止不动，对多颗卫星进行同步观测，时间持续几分钟、几小时甚至更长。这种测量方法是静态绝对定位，也称单点定位。静态绝对定位是通过重复接收卫星信号，根据已知 GNSS 卫星瞬间位置 (x_i, y_i, z_i)，确定接收机的三维坐标 (x_p, y_p, z_p)。

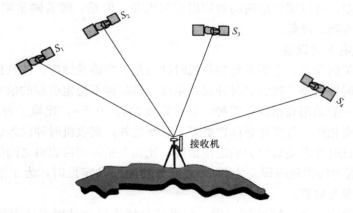

图 6-4　静态绝对定位

一、空间测距交会与单点定位原理

利用测量待定点到多个空间已知点的距离，计算确定待定点空间坐标的方法，称为空间测距交会定位。第 i 个空间点 $s^{(i)}$ 的三维坐标 $(x^{(i)}, y^{(i)}, z^{(i)})$ 已知，测量 $s^{(i)}$ 至待定点 P

的几何距离 $r^{(i)}$。待定点 P 的坐标 (x, y, z) 与已知点坐标 $(x^{(i)}, y^{(i)}, z^{(i)})$、测量距离 $r^{(i)}$ 有以下关系：

$$r^{(i)} = \sqrt{(x^{(i)} - x)^2 + (y^{(i)} - y)^2 + (z^{(i)} - z)^2} \quad (i = 1, 2, \cdots, N) \tag{6-3}$$

当空间已知点个数 $N = 3$ 时，可以利用式（6-3）联立 3 个方程的三元非线性方程组，解算此方程组便可得到待定点 P 的坐标 (x, y, z)。

将空间已知点以 GNSS 卫星代替，待定点处的接收机在某时刻同时接收多颗卫星信号，测量待定点（接收机天线相位中心）至各卫星的距离，并依据导航电文解算出各卫星的空间坐标，则可利用式（6-3）联立多个方程得到方程组，解算此方程组便可得到待定点的坐标。这就是 GNSS 单点定位原理。根据测量距离的方法不同，单点定位又分为伪距定位和载波相位定位。

1. GNSS 伪距单点定位原理

伪距是根据发射时间和接收伪码信号的时间计算的卫星至接收机之间的距离。伪距是对卫星信号 C/A 码和 P 码的一个最基本的距离测量值。同步测量多颗可见卫星的伪距是 GNSS 接收机实现单点绝对定位的必要条件。

图 6-5 表示某卫星 s 的卫星时钟在 $t^{(s)}$ 时刻发射信号，称 $t^{(s)}$ 为 GPS 信号发射时间，卫星时钟钟差为 $\delta t^{(s)}$。卫星信号在 t_u 时刻被用户 GPS 接收机接收到，称 t_u 为 GPS 信号接收时间，它是接收机时钟的时间，对应的 GPS 时间为 t_u (t)，接收机时钟钟差为 δt_u。卫星信号从卫星发射到接收机接收，遇到的电离层延时为 I，对流层延时为 T。卫星天线相位中心至接收机天线相位中心的几何距离为 r。则有伪距观测方程式：

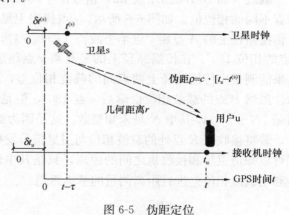

图 6-5　伪距定位

$$\rho = r + c[\delta t_u - \delta t^{(s)}] + cI + cT + \varepsilon_\rho \tag{6-4}$$

式中，ρ 是根据 $[t_u - t^{(s)}]$ 计算的距离，由于接收机时钟与卫星时钟的时间不同步，因此称 ρ 为伪距；c 为光速；ε_ρ 为伪距测量值噪声，代表所有未直接体现出来的误差。

在后续阅读中，经常会遇到代表时间和长度的物理参量被混合使用。一般来说，方便、实用的方法是将伪距观测方程式（6-4）中的所有参量统一转换成以米为单位的长度量。

电离层延时 I 和对流层延时 T 可以通过模型校正，均可视作已知量。卫星时钟钟差 $\delta t^{(s)}$ 也是已知量。经过误差校正后的伪距测量值 ρ_c 为：

$$\rho_c = \rho + c\delta t^{(s)} - cI - cT \tag{6-5}$$

这样，接收机对 1 颗卫星进行观测时，经过误差校正后的伪距观测方程式可改写成：

$$\rho_c = r + c\delta t_u + \varepsilon_\rho \tag{6-6}$$

当接收机对 N 颗卫星进行同步观测时，经过误差校正后的伪距观测方程式在省去噪声 $\varepsilon_\rho^{(i)}$ 之后的形式为：

$$\rho_c^{(i)} = r^{(i)} + c\delta t_u (i = 1, 2, \cdots, N) \tag{6-7}$$

式中，δt_u 是接收机时钟钟差；$r^{(i)}$ 是第 i 颗卫星天线相位中心至接收机天线相位中心的几何距离，即同式（6-3），其中包含的 (x, y, z) 和 δt_u 是要求的未知量。那么，GNSS 定位、定时算法的本质就是求解以下四元非线性方程：

$$\rho_c^{(i)} = \sqrt{(x^{(i)} - x)^2 + (y^{(i)} - y)^2 + (z^{(i)} - z)^2} + \delta t_u \quad (i = 1, 2, \cdots, N) \quad (6\text{-}8)$$

式中，各颗卫星的坐标值 $(x^{(i)}, y^{(i)}, z^{(i)})$ 可依据它们各自星历计算获得，误差校正后的伪距 $\rho_c^{(i)}$ 则由接收机测量得到。因而方程组中只有接收天线中心位置的坐标 (x, y, z) 和接收机时钟误差 δt_u 这 4 个未知量。如果接收机同步接收 4 颗或 4 颗以上可见卫星信号，得到伪距测量值，那么就可组成四元非线性方程组，接收机自带软件便能解算出接收天线中心位置的坐标 (x, y, z) 和接收机时钟钟差 δt_u 这 4 个未知量，从而实现 GNSS 单点定位的目的。这就是 GNSS 伪距单点定位的基本原理。

2. GNSS 载波相位单点定位原理

除了伪距之外，GNSS 接收机从卫星信号中获得的另一个基本测量值是载波相位，它在分米级、厘米级定位中起着关键性的作用。

载波（如 GPS 的 L1 或 L2）信号位于其传播途径上的不同位置，即使是相同时刻也有着不同的相位值。如图 6-6 所示，s 点代表卫星信号发射器的零相位中心，而在载波信号传播路径上的 A 点距 s 点半个波长（即 0.5λ），并且在任一时刻 A 点的载波相位都落后 s 点的相位 $180°$。在传播路径上的一点离 s 点越远，则该点的载波相位越落后。反过来，如果能测量出传播路径上两点间的载波相位差，那么这两点之间的距离就可以被推算出来。虽然 B 点的载波相位也落后 s 点 $180°$，但是 B 点与 s 点之间的距离不再只是 0.5λ，而是 $(N+0.5)\lambda$，其中 N 是未知整数。这是因为通常不能直接测量某处载波相位起点。同样，若将接收机 R 处的载波相位与卫星信号发射器的零相位中心 s 点处的相位相比较，就可以知道卫星和接收机之间的距离，只是其中包含一个未知的整周数波长 $N\lambda$。以上就是利用载波相位差进行距离测量的基本思想。

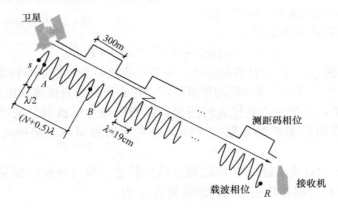

图 6-6 GPS 载波相位

为了获得从卫星到接收机的距离，接收机需要在同一时刻测量载波在接收机 R 点和在卫星 s 点处的相位，然后计算这两者之间的相位差。图 6-7 是一个假想的 GPS 接收机测量载波相位差的工作原理，其中接收机依靠其内部的晶体振荡器产生一个载波信号复制品。我们不妨暂时假设接收机和卫星之间保持相对静止，并且两者的时钟又完全同步、同相，那么当接收机以卫星载波信号中心频率（如 f_1 或 f_2）为频率值复制载波信号时，在任何时刻接收机的复制载波信号相位都等于实际的卫星载波信号在卫星端的相位。若在接收机采样时刻 t_u，接收机内部复制的载波相位为 φ_u，而接收机接收、测量到的卫星载波信号的相位为 $\varphi^{(s)}$，则载波相位测量值 ϕ 被定义为接收机复制载波信号的相位 φ_u 与接收机接收到的卫星载波信号的相位 $\varphi^{(s)}$ 之差，即：

$$\phi = \varphi_u - \varphi^{(s)} \tag{6-9}$$

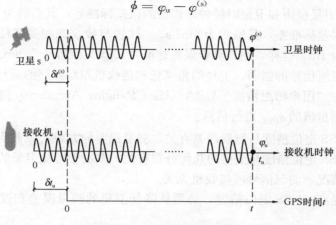

图 6-7　GPS 载波相位测量值

其中，各个载波相位和相位差均以周（或波长）为单位，而一周对应 $360°$（即 2π 弧度）的相位变化，在距离上对应一个载波波长，即以周为单位的载波相位测量值 ϕ 乘以波长 λ 后就转换成以距离为单位的载波相位测量值。因为复制载波信号的相位 φ_u 在这里刚好等于实际的卫星载波信号在卫星端的相位，所以载波相位测量值 ϕ 也就是卫星载波信号从卫星端到接收机端的相位变化量。再假设载波相位的测量不受钟差、大气延时等其他各种误差的干扰，那么根据信号传播路径上两点间的载波相位差与距离的关系，可得：

$$\phi = \frac{r}{\lambda} + N \tag{6-10}$$

其中，r 仍为卫星与接收机之间的几何距离，而 N 是未知整数。这个未知整数 N 常被称为整周模糊度，而求解整周模糊度 N 的方法称为整周模糊度确定。假如确定了载波相位测量值 ϕ 中的整周模糊度 N，那么就可根据式（6-10）由载波相位测量值 ϕ 反推出几何距离 r。

考虑接收机钟差、卫星钟差和大气延时等各种误差因素，得到如下的载波相位观测方程式：

$$\phi = \frac{r + c(\delta t_u - \delta t^{(s)} - I + T)}{\lambda} + N + \varepsilon_\phi \tag{6-11}$$

式中，ε_ϕ 为载波相位测量值噪声，包含所有未直接体现出来的误差。式（6-11）与式（6-4）同等重要，它是利用载波相位测量值进行定位的基本方程式。再次强调，载波相位测量值 ϕ 实际上指的是载波相位差，只有载波相位差或载波相位变化量才包含距离信息。

二、GNSS 定位精度

我们需要考虑式（6-4）和式（6-11）中的测量值噪声，也就是测量误差项 ε_ρ、ε_ϕ。众所周知，测量误差在现实测量中不可避免。因此，分析测量误差对 GNSS 定位精度的影响非常必要。

各个卫星间的误差互不相关，且测量误差 $\varepsilon_\rho^{(i)}$ 均呈相同的正态分布，均值为 0，方差为 σ_{URE}^2。σ_{URE}^2 通常被称为用户测量误差的方差。从卫星到接收机的各部分误差相互独立，那么 σ_{URE}^2 就等于各部分测量误差方差的总和，符合误差传播定律。即：

$$\sigma_{\mathrm{URE}}^2 = \delta_{\mathrm{CS}}^2 + \delta_{\mathrm{P}}^2 + \delta_{\mathrm{RNM}}^2 \tag{6-12}$$

其中 σ_{CS} 代表卫星星历和卫星时钟钟差模型的误差标准差，其值约为 3m；σ_{P} 代表信号的大气延时校正误差标准差，其值约为 5m；σ_{RNM} 代表与接收机和多路径有关的测量误差标准差，其值约为 1m。这样，用户测量误差标准差 σ_{URE} 大致等于 5.9m。在实际测量中，接收机必须根据卫星信号的强弱、卫星仰角高低和接收机跟踪环路的运行状态以及导航电文中第一块数据中"用户测距精度"URA（User Ranging Accuracy）值等指标，对不同时刻、不同卫星测量值的 σ_{URE} 进行估算。

所以说，GNSS 定位精度与测量误差有关，测量误差的方差 σ_{URE}^2 越大，定位误差的方差也就越大；GNSS 定位精度与卫星的几何分布有关，取决于可见卫星的个数及其相对于用户的几何分布情况，而与信号或接收机无关。

因此，为了提高 GNSS 定位精度，必须从降低卫星的测量误差和改善卫星的几何分布这两方面入手。

第三节　GNSS 差分定位

如图 6-8 所示，与静态绝对定位不同，多台接收机分别在各自测站上处于静态，对多颗卫星同步观测一个时段。这种方法是静态相对定位，当不致产生歧义时也可简称为静态定位。静态相对定位观测数据量大、可靠性强、定位精度高，是测绘工程中高精度定位的基本方法。

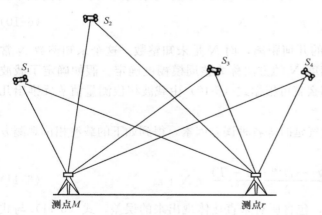

图 6-8　静态相对定位

GNSS 定位精度受到诸多误差影响，虽然可以通过模型改正加以消除或削弱，但其残存误差的影响仍然很严重。因此，减小 GNSS 测量误差影响、提高 GNSS 定位精度是降低和削弱测量误差的重要目标之一。以相对定位为基础的 GNSS 差分定位是行之有效且应用广泛的降低和削弱测量误差的方法，其结果精度明显高于静态绝对定位。

一、GNSS 差分定位的原理

GNSS 差分定位的主要依据是卫星时钟误差、卫星星历误差、电离层延时以及对流层延时具有空间相关性和时间相关性。对于处在同一地域内的不同接收机，GNSS 测量值中所包含的上述 4 种误差近似相等或者高度相关。通常将其中一个接收机作为参考，称其为基准站或基站。相对基准站而言，其他接收机称为流动站。基准站接收机的位置精确且已知，这样就可以计算从卫星到基准站接收机的真实几何距离。将卫星到基准站接收机的距离测量值与其真实几何距离相比较，两者间的差异就等于基准站接收机对这一卫星的综合测量误差。如图 6-9 所示，基准站将此综合测量误差通过发射电台传送给流动站（即用户）接收机，那么流动站就可以根据此综合测量误差来校正距离测量值，从而提高流动站接收机的测量和定位精度，这就是 GNSS 差分定位原理。通常综合测量误差被称为差分校正量，也称为差分改正值。

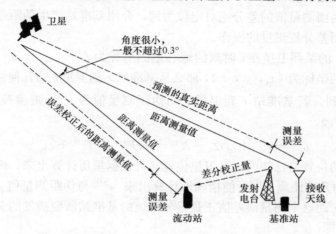

图 6-9　GNSS 差分定位原理

GNSS 差分定位实质是相对定位，流动站接收的差分校正量均是相对于基准站而言的。差分校正量分为坐标域改正、距离（观测值域）改正和空间状态域改正。坐标域改正现在很少使用，距离（观测值域）改正广泛用于单基站差分和局域差分，空间状态域改正则应用于广域差分。

二、GNSS 差分定位系统的分类

如图 6-9 所示，GNSS 差分定位系统包含一个或多个安装在已知坐标位置点上的 GNSS 接收机作为基准站接收机，通过基准站接收机对 GNSS 卫星信号的测量计算出差分校正量，然后将差分校正量播发给位于差分服务范围内的用户接收机，以提高用户接收机的定位精度。

尽管不同的差分系统均基于这一思路，但是它们仍可能具有各自不同的运行环境、操作方式和服务性能。GNSS 差分定位系统可从以下多个方面进行分类：①根据地理范围来分，通常分为局域差分、区域差分和广域差分；②根据目标参量来分，可以分为位置差分、伪距差分、载波相位平滑后的伪距差分、载波相位差分；③根据定位结果来分，可以分为绝对定位和相对定位；④根据差分级数来分，可以分为单差、双差和三差；⑤根据服务时效来分，可以分为实时处理和测后处理；⑥根据接收机状态来分，可以分为静态定位和动态定位。

在测绘工程的静态定位应用中，由于接收机静止不动，一般不存在时间紧迫性，甚至可以长时间持续接收卫星信号，然后针对载波相位测量值作测后多差差分处理，从而完成整周模糊度的确定和定位结果的求解。基于载波相位测量值的静态相对定位是一种精度最高的 GNSS 差分定位方式，其定位精度可达毫米级。

对于测绘工程的动态定位应用,由于接收机相对于基准站(包括连续运营参考站)运动,因而需要迅速地求解出整周模糊度,以完成实时定位。常用的实时动态(RTK)差分定位技术能获得厘米级的定位精度。单基站 RTK,由于受通信条件和 GNSS 误差的空间相关性限制,基线长度应小于 10km,很少超过 20km。GNSS 接收天线需要具有一定的抗多路径功能,而 VHF 或 UHF 频段的无线电传输可用于基准站与流动站之间的通信。

三、差分校正量的算法

本节以基于伪面测量值的差分绝对定位为例,介绍基准站产生伪距差分校正量的算法和用户接收机利用差分校正量的操作。

假设编号为 i 的某颗卫星在 t 时刻的地心地固坐标为 $(x^{(i)}, y^{(i)}, z^{(i)})$,而编号为 r 的基准站接收天线的坐标为 (x_r, y_r, z_r),那么从基准站 r 到卫星 i 的几何距离 $r_r^{(i)}$ 可由欧氏距离公式计算得到。若基准站 r 到卫星 i 的伪距测量值为 $\rho_r^{(i)}$,则参照伪距观测方程式(6-4),$\rho_r^{(i)}$ 可表达成:

$$\rho_r^{(i)} = r_r^{(i)} + c[\delta t_r - \delta t^{(s)}] + cI_r^{(i)} + cT_r^{(i)} + c\varepsilon_{\rho,r}^{(i)} \tag{6-13}$$

因为基准站的位置是已知的,且卫星位置又可根据星历计算出来,因此,任一时刻基准站 r 至卫星 i 的几何距离 $r_r^{(i)}$ 便能精确地计算出来。$r_r^{(i)}$ 与伪距测量值 $\rho_r^{(i)}$ 之间的差异就是伪距测量误差,而这个测量误差值正是差分系统的基准站所要播发的关于卫星 i 的伪距差分校正量 $\rho_{corr}^{(i)}$,即:

$$\rho_{corr}^{(i)} = r_r^{(i)} - \rho_r^{(i)} \tag{6-14}$$

可见,差分校正量 $\rho_{corr}^{(i)}$ 实际上是式(6-13)右边多个测量误差量和偏差量之和的反号。依据上式计算出伪距差分校正量 $\rho_{corr}^{(i)}$ 之后,基准站将其播发给位于其差分服务范围之内的所有用户接收机。

与此同时,假如某个编号为 u 的用户接收机对卫星 i 的伪距测量值为 $\rho_u^{(i)}$,为了消除或者降低 $\rho_u^{(i)}$ 中的测量误差,用户接收机可将接收到的差分校正量 $\rho_{corr}^{(i)}$ 加到自身的伪距测量值 $\rho_u^{(i)}$ 上,由此得到经过差分校正后的伪距测量值 $\rho_{u,c}^{(i)}$。然后可以根据多颗卫星差分校正后的伪距测量值实现绝对定位。

比较差分校正后的伪距测量值 $\rho_{u,c}^{(i)}$ 与校正前的伪距测量值 $\rho_u^{(i)}$,可以看出:

$$\rho_{u,c}^{(i)} = r_u^{(i)} + g_{ur}^{(i)} + c\delta t_{ur} + cI_{ur}^{(i)} + cT_{ur}^{(i)} + c\varepsilon_{\rho,ur}^{(i)} \tag{6-15}$$

式中,$r_u^{(i)}$ 为用户接收机 u 至卫星 i 的几何距离;$g_{ur}^{(i)}$ 为用户接收机 u 与基准站 r 接收的卫星星历误差之差;δt_{ur} 为用户接收机 u 与基准站 r 的卫星钟钟差之差;$I_{ur}^{(i)}$ 为用户接收机 u 与基准站 r 接收信号所受电离层延时之差;$T_{ur}^{(i)}$ 为用户接收机 u 与基准站 r 接收信号所受对流层延时之差;$\varepsilon_{\rho,ur}^{(i)}$ 为用户接收机 u 与基准站 r 接收信号所受噪声之差;c 为光速。在短基线情形下,$g_{ur}^{(i)}$、$I_{ur}^{(i)}$ 和 $T_{ur}^{(i)}$ 近乎为零,δt_{ur} 是与用户接收机 u 的钟差 δt_u 性质相同的未知量。所以,差分校正后的伪距测量值 $\rho_{u,c}^{(i)}$ 不再包含卫星钟钟差 $\delta t^{(s)}$、电离层延时 $I_r^{(i)}$ 和对流层延时 $T_r^{(i)}$,而隐含在 $r_r^{(i)}$ 中的卫星星历误差 $g_r^{(i)}$ 也得以消除。

由于差分技术能基本消除测量值中空间相关性较强的电离层延时、对流层延时、卫星时钟误差和卫星星历误差,因而利用经差分校正后的伪距 $\rho_{u,c}^{(i)}$ 来实现定位通常比单点定位具有更高的准确度。

第四节 GNSS 静态相对定位

在高精度相对定位系统中，基准站并不播发关于 GNSS 测量值的差分校正量，而是直接播发它的 GNSS 测量值，然后让用户接收机将这些测量值与其自身对卫星的测量值经过差分运算组合起来，利用组合后得到的测量值求解出基线向量而完成相对定位。

基于载波相位测量值的相对定位，是差分定位的一种形式。其方法是对来自用户接收机和基准站接收机的载波相位测量值进行线性组合（主要是指差分组合）来消除测量值中的公共误差。而单差、双差到三差这三种组合方式能依次消除更多的测量误差。图 6-10 所示是这三种差分组合方式所涉及的接收机数目、卫星数目以及测量历元数目情况。

一、单差

参见图 6-10 (a) 和图 6-11，每个单差测量值只涉及两个接收机在单个时刻对同一颗卫星的测量值，它是站间（即接收机之间）对同一颗卫星测量值的一次差分。单差不但可以消除测量值中的卫星时钟误差，而且在短基线情形下，还可基本消除大气延时。

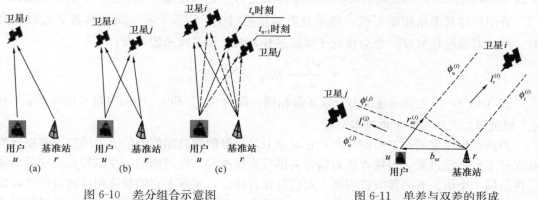

图 6-10 差分组合示意图
(a) 单差；(b) 双差；(c) 三差

图 6-11 单差与双差的形成

如图 6-11 所示，相距不远的用户接收机 u 和基准站接收机 r 同时跟踪一颗编号为 i 的卫星。参照载波相位观测方程式（6-11），以波长为单位的接收机 u 与 r 对卫星 i 的载波相位测量值 $\phi_u^{(i)}$ 与 $\phi_r^{(i)}$ 可分别表达成：

$$\phi_u^{(i)} = \frac{r_u^{(i)} - I_u^{(i)} + T_u^{(i)}}{\lambda} + f[\delta t_u - \delta t^{(i)}] + N_u^{(i)} + \varepsilon_{\phi,u}^{(i)} \tag{6-16}$$

$$\phi_r^{(i)} = \frac{r_r^{(i)} - I_r^{(i)} + T_r^{(i)}}{\lambda} + f[\delta t_r - \delta t^{(i)}] + N_r^{(i)} + \varepsilon_{\phi,r}^{(i)} \tag{6-17}$$

式中，载波频率 f 与波长 λ 互为倒数。在式（6-16）和式（6-17）中，等号右边除了包含接收机位置信息的几何距离是我们希望求解的参量之外，其余各项误差参量实际上并不是我们真正关心的。如果这些误差参量能通过某种手段被消除掉，那么它们的值就不必被求解出来，而差分组合技术正是基于这一思路。

将用户接收机 u 与基准站接收机 r 对卫星 i 的载波相位测量值之差定义为单差载波相位测量值 $\phi_{ur}^{(i)}$，即：

$$\phi_{ur}^{(i)} = \phi_u^{(i)} - \phi_r^{(i)} \tag{6-18}$$

将式（6-16）和式（6-17）代入式（6-18），可得单差载波相位测量值 $\phi_{ur}^{(i)}$ 的观测方程式为：

$$\phi_{ur}^{(i)} = \frac{r_{ur}^{(i)} - I_{ur}^{(i)} + T_{ur}^{(i)}}{\lambda} + f\delta t_{ur} + N_{ur}^{(i)} + \varepsilon_{\phi, ur}^{(i)} \tag{6-19}$$

其中，参照式（6-18）的定义，$r_{ur}^{(i)} = r_u^{(i)} - r_r^{(i)}$，$I_{ur}^{(i)} = I_u^{(i)} - I_r^{(i)}$，$T_{ur}^{(i)} = T_u^{(i)} - T_r^{(i)}$，$\delta t_{ur}^{(i)} = \delta t_u^{(i)} - \delta t_r^{(i)}$，$N_{ur}^{(i)} = N_u^{(i)} - N_r^{(i)}$，$\varepsilon_{\phi, ur}^{(i)} = \varepsilon_{\phi, u}^{(i)} - \varepsilon_{\phi, r}^{(i)}$。显然，由两个整数相减得到的单差整周模糊度 $N_{ur}^{(i)}$ 仍然是个整数，若 $N_{ur}^{(i)}$ 的值被正确地求解出来，那么单差载波相位测量值 $\phi_{ur}^{(i)}$ 就成为既没有模糊度又具有高精度的单差距离测量值。

式（6-19）表明，卫星时钟误差 $\delta_t^{(i)}$ 在单差后被彻底消除，然而单差测量噪声 $\varepsilon_{\phi, ur}^{(i)}$ 的均方差却增大到原载波相位测量噪声 $\varepsilon_{\phi, u}^{(i)}$ 或 $\varepsilon_{\phi, r}^{(i)}$ 的均方差的 $\sqrt{2}$ 倍。对不同卫星来说，接收机钟差差异 δt_{ur} 是相同的，它将通过双差被消除。同时，如果我们要求精度达到厘米级，那么单差载波相位测量值 $\phi_{ur}^{(i)}$ 所包含的误差也被控制在厘米级之内。如果单差的误差超过 0.5λ（即约 10cm），那么随后对单差整周模糊度 $N_{ur}^{(i)}$ 的求解很可能引入一个波长的错误。

若用户与基准站相距不远，则单差电离层延时 $I_{ur}^{(i)}$ 约等于零，而当两者又大致同高时，单差对流层延时 $T_{ur}^{(i)}$ 也会接近于零。这样，对于短基线来说，有：

$$\phi_{ur}^{(i)} = \frac{r_{ur}^{(i)}}{\lambda} + f\delta t_{ur} + N_{ur}^{(i)} + \varepsilon_{\phi, ur}^{(i)} \tag{6-20}$$

式（6-20）与之前所述的差分校正量相同，隐含在 $r_u^{(i)}$ 和 $r_r^{(i)}$ 中的卫星星历误差 $g_u^{(i)}$ 和 $g_u^{(i)}$ 经过单差之后实际上也基本消除。

当接收机锁定某一卫星信号时，它对该卫星信号的载波相位测量值中的整周模糊度值就保持不变；反过来，当接收机对信号失锁后再重捕时，整周模糊度在信号失锁前后通常不再是同一个值。有时接收机表面上对信号保持锁定，实际上它的载波相位测量值已经发生了失周现象，即整周模糊度在数值上会有某个整数周的跳变。这里假定所有卫星信号全被持续锁定，于是各个载波相位测量值的整周模糊度均相应地保持不变。

二、双差

参见图 6-10（b），每个双差测量值涉及两个接收机在同一时刻对两颗卫星的测量值，它对两颗不同卫星之间的单差再进行差分，即在站星之间各求一次差分。双差能进一步消除测量值中的接收机时钟误差。

如图 6-11 所示，假设用户接收机 u 和基准站接收机 r 同时跟踪卫星 i 和卫星 j，而式（6-20）已经给出了这两个接收机对卫星 i 的单差载波相位测量值 $\phi_{ur}^{(i)}$，那么它们对卫星 j 的单差载波相位测量值 $\phi_{ur}^{(j)}$ 为：

$$\phi_{ur}^{(j)} = \frac{r_{ur}^{(j)}}{\lambda} + f\delta t_{ur} + N_{ur}^{(j)} + \varepsilon_{\phi, ur}^{(j)} \tag{6-21}$$

给定在同一测量时刻的单差 $\phi_{ur}^{(i)}$ 和 $\phi_{ur}^{(j)}$，由它们组成的双差载波相位测量值 $\phi_{ur}^{(ij)}$ 定义如下：

$$\phi_{ur}^{(ij)} = \phi_{ur}^{(i)} - \phi_{ur}^{(j)} \tag{6-22}$$

将式（6-20）和式（6-21）代入式（6-22），得双差载波相位测量值 $\phi_{ur}^{(ij)}$ 的观测方程式为：

$$\phi_{\mathrm{ur}}^{(ij)} = \frac{r_{\mathrm{ur}}^{(ij)}}{\lambda} + N_{\mathrm{ur}}^{(ij)} + \varepsilon_{\phi,\mathrm{ur}}^{(ij)} \tag{6-23}$$

其中，$r_{\mathrm{ur}}^{(ij)} = r_{\mathrm{ur}}^{(i)} - r_{\mathrm{ur}}^{(j)}$，$N_{\mathrm{ur}}^{(ij)} = N_{\mathrm{ur}}^{(i)} - N_{\mathrm{ur}}^{(j)}$，$\varepsilon_{\phi,\mathrm{ur}}^{(ij)} = \varepsilon_{\phi,\mathrm{ur}}^{(i)} - \varepsilon_{\phi,\mathrm{ur}}^{(j)}$。

虽然式（6-22）所定义的双差是通过先求站间差异再求星间差异得到的，但是这与通过先求星间差异再求站间差异所得到的双差在数值上相等。式（6-23）表明双差消除了接收机时钟误差，然而它的代价是使双差测量值噪声 $\varepsilon_{\phi,\mathrm{ur}}^{(ij)}$ 的均方差增加到单差测量值噪声 $\varepsilon_{\phi,\mathrm{ur}}^{(i)}$ 或 $\varepsilon_{\phi,\mathrm{ur}}^{(j)}$ 的均方差的 $\sqrt{2}$ 倍，一般在 1cm 左右，约为 0.05λ。

双差载波相位测量值是确定基线向量的关键测量值。在解算基线向量时应注意，双差重新定义了整周模糊度，即双差测量值中的整周模糊度 $N_{\mathrm{ur}}^{(ij)}$ 不再等同于原先单差测量中的整周模糊度 $N_{\mathrm{ur}}^{(i)}$ 或 $N_{\mathrm{ur}}^{(j)}$。另外，需要在卫星 i 和卫星 j 之间选择一颗作为参考卫星。为了确保各个双差测量值的精确性，参考卫星的单差值应当尽可能地精确，而具有高仰角的卫星通常成为参考卫星的首选。

三、三差

双差消除了单差中的接收机时钟误差，然而双差载波相位测量值 $\phi_{\mathrm{ur}}^{(ij)}$ 仍存在一个并不是相对定位所最终关心的双差整周模糊度 $N_{\mathrm{ur}}^{(ij)}$。可以想象，当用户接收机与基准站接收机均持续锁定卫星信号时，这些未知的双差整周模糊度值会保持不变，故不同时刻的双差载波相位测量值之差可将其抵消掉。如图 6-10（c）所示，每个三差测量值涉及两个接收机在两个时刻对两颗卫星的载波相位测量值，因此对两个测量时刻的双差再进行差分，可以消除整周模糊度。

将 t_n 时刻的双差载波相位测量值 $\phi_{\mathrm{ur}}^{(ij)}$ 记为 $\phi_{\mathrm{ur},n}^{(ij)}$，那么该时刻的三差 $\phi_{\mathrm{ur},n}^{(ij)}$ 定义为 t_n 与 t_{n-1} 时刻的双差之差异，即：

$$\Delta\phi_{\mathrm{ur},n}^{(ij)} = \phi_{\mathrm{ur},n}^{(ij)} - \phi_{\mathrm{ur},n-1}^{(ij)} \tag{6-24}$$

根据双差观测方程式（6-23），可得 t_n 时刻的三差载波相位测量值 $\Delta\phi_{\mathrm{ur},n}^{(ij)}$ 的观测方程式为：

$$\Delta\phi_{\mathrm{ur},n}^{(ij)} = \frac{\Delta r_{\mathrm{ur},n}^{(ij)}}{\lambda} + \Delta\varepsilon_{\phi,\mathrm{ur},n}^{(ij)} \tag{6-25}$$

其中，$\Delta r_{\mathrm{ur},n}^{(ij)} = \Delta r_{\mathrm{ur},n}^{(ij)} - \Delta r_{\mathrm{ur},n-1}^{(ij)}$，$\Delta\varepsilon_{\phi,\mathrm{ur},n}^{(ij)} = \Delta\varepsilon_{\phi,\mathrm{ur},n}^{(ij)} - \Delta\varepsilon_{\phi,\mathrm{ur},n-1}^{(ij)}$。

虽然三差可以用来计算基线向量，从而实现相对定位。但是对应的精度因子（DOP）值一般较大，因而利用三差测量值获得的相对定位的精度不高。

至此，载波相位测量值中的所有误差和整周模糊度经过三次差分后被全部消除，然而它也付出了相应的代价，包括差分测量噪声变强、相互独立的差分测量值数目变少以及差分观测方程式中的 DOP 值变大等。若综合考虑测量误差、噪声和精度因子这三方面的因素，则由高阶差分定位方程得到的定位结果精度未必一定高于由低阶差分定位方程得到的定位结果精度。

四、静态相对定位的数据处理

静态相对定位的外业数据采集完成之后，需进行数据处理，以期得到最终成果。数据处理过程大体如下：①收集测区资料，如起始点的坐标等，从各接收机中下载卫星星历、观测值、气象记录等资料，如有必要，还需进行数据格式转换（如统一转换为 RINEX 格式），精度要求较高时，还需另行收集 IGS 精密星历、精密卫星时钟误差等资料；②探测修复周跳，剔除粗差观测值，以获得一组"干净的"观测值；③用单基线法或多基线法求解基线向量，求整数解时，还需设法将初始解中求得的实数模糊度参数固定为正确的整数模糊度，然后利用代回法求基线向量的整数解；④根据解得的基线向量及其协方差阵进行网平差，求得各待定点的坐标，当然也可将步骤③和④合并成一步直接求解。数据处理由 GNSS 静态数据处理软件完成，此内容将在第八章进一步讨论。

第五节　GNSS 动态相对定位

GNSS 动态定位技术有很多类，在工程测量中应用的主要有单基站 RTK 技术、多基站（网络）RTK 技术和连续运行参考站 CORS 技术。

一、单基站 RTK 技术

RTK（Real Time Kinematic）是一种基于 GNSS 载波相位观测值的实时动态相对定位技术。进行 RTK 测量时，位于基准站（具有良好 GPS 观测条件的已知站）上的 GNSS 接收机通过数据通信链，实时地把载波相位观测值以及基准站的已知坐标等信息播发给在附近工作的流动站。这些流动站就能根据基准站及自己采集的载波相位观测值，利用 RTK 数据处理软件进行实时相对定位，进而根据基准站的坐标求得自己的三维坐标，并估计其精度。如有必要，还可将求得的 WGS-84 坐标转换为用户坐标。

1. 单基站 RTK 的组成

如图 6-12 所示，单基站 RTK 系统通常由 GNSS 接收机、数据通信链和 RTK 解算软件组成。

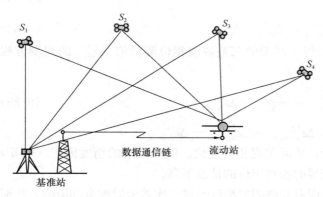

图 6-12　单基站 RTK 系统

（1）GNSS 接收机。进行 RTK 测量时，至少需配备两台 GNSS 接收机。一台 GNSS 接收机安置在基准站上，观测视场中所有可见卫星；另一台或多台 GNSS 接收机在基准站附近边移动、边观测、边定位，这些接收机通常被称为流动站。

（2）数据通信链。数据通信链的作用是把基准站上采集的载波相位观测值及基准站坐标等信息实时地传送给流动站。数据通信链由调制解调器、无线电台、发射天线等组成，通常可与 GNSS 接收机一起成套地购买。现在，已有将数据通信链集成于一体的 GNSS 接收机。使用时，只需切换基准站或流动站功能即可。

（3）RTK 解算软件。RTK 测量成果的精度和可靠性在很大程度上取决于 RTK 解算软件的质量和性能。RTK 解算软件一般应具有下列功能：快速而准确地确定整周模糊度；基线向量解算；解算结果的质量分析与精度评定；坐标转换（根据已知的坐标转换参数进行转换；联测 2 个公共点的两套坐标，将解算坐标转换为三参数或四参数；联测均匀分布于测区的不少于 4 个公共点的两套坐标，将解算坐标转换为七参数；将 GNSS 测量的WGS-84 坐标系下的坐标转换为用户坐标系下的坐标）。

2. 单基站 RTK 技术的特点和用途

利用 RTK 技术可以在很短的时间内获得厘米级精度的定位结果，并能对所获得的结果进行精度评定，减小了由于成果不合格而返工的概率，因而 RTK 技术被广泛地用于低等级控制测量、地形测绘、施工放样等工程测量应用领域。但 RTK 也有不足之处：①随着流动站与基准站之间距离的增加，各种误差的空间相关性将迅速下降，导致观测时间增加，甚至无法固定整周模糊度而只能获得浮点解，因此要求 RTK 基线长度一般在 10km 左右；②流动站的坐标只是根据一个基准站确定的，因此可靠性不高。

二、多基站（网络）RTK 技术

在单基站 RTK 测量中，需对流动站和基准站之间的距离加以限制（如小于或等于15km），以便使基准站和流动站之间能保持较好的误差相关性，从而把残余误差控制在允许范围内，以确保其定位精度。

采用网络 RTK 技术时，需要在一个较大的区域内大体均匀地布设若干个基准站，基准站间的距离可扩大至 50～100km。显然在这种情况下，流动站至最近的基准站间的距离有可能远远超过 15km，因而即使与最近的基准站组成双差观测方程，方程中的残余误差项也不能达到可以忽略不计的水平。这就意味着只依靠一个基准站是无法满足精度要求的。利用在流动站周围的几个（一般为 3 个）基准站的观测值及其已知坐标反求基准站间的残余误差项，然后用户就能根据粗略位置估计出自己与基准站间的残余误差项（或者在用户附近形成一组虚拟观测值），而不是像单基站 RTK 测量那样将残余误差视为零。这样，当基准站间的距离达 50～100km 时，用户仍有可能获得厘米级的定位精度。需要说明的是，目前 IGS 已能提供精度很高的预报星历，从而较好地解决了轨道误差的问题。因此，轨道残差就可视为零，无须另行考虑。至于测量噪声项，由于与距离无关，故须选择良好的观测环境和性能优良的接收机，将其影响限制在容许范围之内。

多基站（网络）RTK 系统通常由基准站网、数据处理及播发中心、数据通信链、用户流动站等组成。

（1）基准站网。基准站网由多个基准站构成，数量由覆盖范围、要求的定位精度以及所在区域的外部环境等（如电离层延迟的空间相关性等）来决定，但至少应有 3 个。基准站上应配备全波长的双频 GNSS 接收机、数据传输设备、气象仪器等。基准站的精确坐标应已知，且具有良好的 GNSS 观测环境。

（2）数据处理及播发中心。数据处理中心的主要任务是对来自各基准站的观测资料进行预处理和质量分析，并进行统一解算，实时估计出网内各种系统性的残余误差，建立相应的误差模型，然后通过数据播发中心将这些信息传输给用户。

（3）数据通信链。多基站（网络）RTK 系统中的数据通信分为两类：第一类是基准站、数据处理及播发中心等固定台站间的数据通信，这类通信可以通过光纤、光缆、数据通信线等有线方式来实现，当然也可以通过无线通信的方式来实现；第二类是数据播发中心与用户流动站之间的移动通信，可采用 GSM、GPRS、CDMA 等方式来实现。

（4）用户流动站。用户流动站除了需配备 GNSS 接机外，还应配备数据通信设备及相应的 RTK 数据处理软件。

三、连续运行参考站 CORS 技术

连续运行参考系统（Continuously Operating Reference System，CORS），也称连续运行参考站网（Continuously Operating Reference Stations，CORS），是一种以提供卫星导航定位服务为主的多功能服务系统，是建立数字地球（国家、城市、省区等）必不可少的基础设施。CORS 是由一些用数据通信网络连接起来的、配备了 GNSS 接收机等设备及数据处理软件的永久性台站（如参考站、数据处理中心、数据播发中心等）组成的。与网络 RTK 技术相比，CORS 技术更多地强调了所提供服务的多样性以及运行的长期性。

第六节   GNSS 高程测量

由 GNSS 相对定位得到三维基线向量网，如果网中有一点或多点具有精确的 WGS—84 大地坐标系的大地高高程，则在 GNSS 网平差后，可得到各点的大地高高程 H_{84}。但在实际工程应用中，需要的是正常高高程 H，它通常是利用水准测量技术或三角高程测量技术来确定的。

能否将 GNSS 技术测得的大地高高程 H_{84} 转换成正常高高程 H？如果实现了 $H_{84} \rightarrow H$ 的转换，利用 GNSS 技术即可同时得到所需的三维坐标 (x, y, H)，这样可以免去大量的水准测量或三角高程测量工作，从而提高工程测量效率。

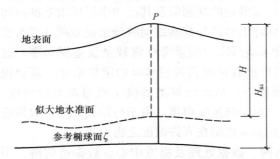

图 6-13   大地高高程与正常高高程的关系

如图 6-13 所示，ζ 表示似大地水准面至参考椭球面间的距离，称为高程异常。如果同时知道了地面点的大地高高程 H_{84} 和正常高高程 H，则可以求得该点的高程异常 ζ：

$$\zeta = H_{84} - H \qquad (6-26)$$

由此可以求定 GNSS 点的正常高高程，还可求似大地水准面。因此，通常又将利用 GNSS 和水准测量成果确定似大地水准面的工作称为 GNSS 水准高程测量。

实际上，利用 GNSS 技术得到测区内控制点的大地高高程，只需利用水准测量技术或三角高程测量技术测量均匀分布在测区周边和中央的若干同名控制点的正常高高程，这些同名控制点处的高程异常便可计算出来。进而，在这个测区内 GNSS 技术测量的其他点的大地高高程便可通过高程异常转换为正常高高程。只不过，这种转换不是简单地减去高程异常，而是要采用内插或拟合等方法。这种将 GNSS 大地高高程转换为正常高高程的方法，称为 GNSS 高程测量。根据获得同名控制点正常高高程的方法不同，GNSS 高程测量又分为 GNSS 水准高程测量、GNSS 三角高程测量、GNSS 重力高程测量等。在此仅介绍 GNSS 水准高程测量。

一、GNSS 水准高程测量方法

GNSS 水准高程是目前 GNSS 作业中最常用的方法，原因在于求解高程异常时的正常高高程是利用水准测量技术测量的。实质是 GNSS 技术和水准测量技术联合应用，解决

大地高高程向正常高高程转换的问题。根据式（6-26）计算分布在测区周边和中央的若干同名控制点的高程异常是基础，根据以下方法计算 GNSS 测量的其他点的正常高高程是关键和目的。

1. 绘等值线图法

早期 GNSS 水准高程的计算采用绘等值线图法。其原理是设在某一测区有 M 个 GNSS 点，用水准测量方法联测其中 n 个点的正常高高程（称为高程已知点），根据 GNSS 观测获得大地高高程，按照式（6-26）计算出 n 个已知点的高程异常。然后，选定适合的比例尺，按 n 个已知点的平面坐标展绘在图纸上，并标注出相应的高程异常，再用 $1\sim5$ cm 的等高距绘出测区的高程异常图。在图上内插求出其他未联测水准的（$M-n$）个 GNSS 点的高程异常，从而求得 GNSS 点的正常高高程。

2. 曲线内插法

曲线内插法包括多项式曲线拟合法、三次样条曲线拟合法、Akima 法等。当 GNSS 点布设成测线时，可应用曲线内插法求定待求点的正常高高程。其原理是根据测线上已知点平面坐标和高程异常，用数值拟合的方法拟合出测线方向的似大地水准面曲线，再内插求出待求点的高程异常，从而求出待定点的正常高高程。

3. 曲面拟合法

曲面拟合法包括多项式曲面拟合法、多面函数拟合法、曲面样条拟合法、移动曲面法等。当 GNSS 点覆盖测区是面域时，可以应用曲面拟合法求待定点的正常高高程。其原理是根据测区中已知点的平面坐标（x，y）［或大地坐标（B，L）］和高程异常 ζ 值，用数值拟合法拟合出测区似大地水准面，再内插求出待求点的高程异常 ζ 值，从而求出待求点的正常高高程。多项式曲面拟合法是常用方法。

设点的高程异常 ζ 与平面坐标（x，y）有以下关系：

$$\zeta = f(x, y) + \varepsilon \tag{6-27}$$

式中，$f(x, y)$ 为高程异常 ζ 的趋势值；ε 为误差。设：

$$f(x, y) = a_0 + a_1 x + a_2 y + a_3 x^2 + a_4 y^2 + a_5 xy + \cdots \tag{6-28}$$

对于每个同名已知点，都可列出以上方程，在 $\Sigma \varepsilon^2$ 为最小值的条件下，解出 a_i。再将待定点的（x，y）回代求出其高程异常 ζ，从而求出正常高高程 H。

二、GNSS 水准高程精度评定

为了能客观地评定 GNSS 水准高程计算的精度，在布设水准联测路线时，应适当多联测 K 个 GNSS 点（称为检核点），K 个检核点也应均匀分布在测区，以作外部检核之用。

（1）内符合精度。根据参与计算的已知点 ζ_i 值与其拟合值 ζ_i'，计算拟合残差 $v_i = \zeta_i' - \zeta_i$，按式（6-29）计算 GNSS 水准高程拟合计算的内符合精度 μ：

$$\mu = \pm\sqrt{\frac{\Sigma v_i^2}{n-1}} \tag{6-29}$$

式中，n 为已知点数。

（2）外符合精度。根据 K 个核检点 ζ_{Ki} 值与其拟合值 ζ_{Ki}' 之差，计算检核误差 $V_i = \zeta_{Ki} - \zeta_{Ki}$，按下式计算 GNSS 水准高程拟合的外符合精度 M：

$$M = \pm \sqrt{\frac{\Sigma V_i^2}{K-1}}$$ (6-30)

式中，K 为检核点数。

GNSS 水准高程的精度评定原则：①根据检核点至已知点的距离 L（km），计算检核点的检核误差容许值，与检核误差进行比较，评定 GNSS 水准高程所能达到的精度；②用 GNSS 水准高程求出 GNSS 点间的正常高高差，在已知点间组成附合或闭合高程路线，计算高差闭合差 f_h，与拟合残差的容许值进行比较，衡量 GNSS 水准达到的精度。检核误差或拟合残差的容许值为 $\pm 12\sqrt{L}$（相当于三等水准测量）、$\pm 20\sqrt{L}$（相当于四等水准测量）、$\pm 30\sqrt{L}$（相当于五等水准测量）。

三、已知点和检核点布设原则

联测水准的点数，视测区范围和似大地水准面变化情况而定。一般地区以每 $20\sim 30\text{km}^2$ 联测一个水准点为宜（或联测 GNSS 总点数的 1/5），山区应多一些；一个局部 GNSS 网中的联测点数，不能少于计算模型中未知参数的个数；联测水准的点位应均匀分布于测区周边和中部，拟合计算不宜外推，否则会发生振荡；若测区有几种明显的地形趋势，则应对地形突变部位的 GNSS 点联测水准。

第七章　无人机摄影测量

目前，采集地面时空信息主要有两种技术手段：一是地面测量方式，例如全站仪大比例尺数字测图等技术；二是空间对地观测手段，例如定位测量、卫星遥感观测、航空遥感等技术。高分辨率遥感影像和地理空间信息的需求量越来越大，对其现势性、实时性及准确性的要求也越来越高。航天航空摄影测量技术虽已得到广泛应用，但受天气影响较大，很难全天时、全天候获得高质量影像。无人机遥感技术以无人机作为平台，能够在任何复杂地形条件下及云下飞行，实时获取高分辨率影像，同时还具有自主产权、方便快捷、经济高效、机动灵活、起降方便、信息获取及时准确、不受重访周期的限制等优势，可根据需求完成低空、超低空飞行任务以获取不同分辨率的影像。

第一节　无人机摄影测量

一、无人机的组成

无人机系统主要由三部分组成，即飞机飞行平台、遥感数据采集系统和地面控制系统。

无人机飞行平台包括无人机机身、飞行动力装置以及飞行控制装置；目前应用比较常见的无人飞行器有固定翼无人机、无人飞艇、无人直升机、多旋翼无人机。飞行器飞行动力由机身中油/电动力装置提供，大型无人机一般采用燃油方式提供动力，小型无人机供电方式一般由锂电池提供；飞行控制装置主要用来控制无人机起降以及飞行轨迹。

数据采集系统是以遥感设备（相机）为主体组成，通过无人机自带相机或者外接相机进行拍照完成像片数据的采集。无人机根据任务的需求搭载不同的传感器，主要搭载的传感器有高分辨率电荷耦合器件（CCD）数码相机、多光谱成像仪、红外扫描仪、激光扫描仪等。

无人机操控平台又称为地面控制系统，主要包含显示屏幕、控制系统、数据传输系统三部分。无人机能够根据预编指令，在无需操作人员干预的前提下完成任务。预编指令的来源便是地面控制系统。操作人员可以通过显示屏幕查看无人机航飞的高度、航飞速度大小、飞行姿态平稳度、已经航飞时间和剩余航飞时间、电量情况、航飞路线图的规划等；控制系统遥控无人机的飞行模式；数据传输系统是无人机摄影测量系统的重要部分，负责飞行平台至地面控制系统之间以及地面控制系统和数据处理系统之间的数据流通，实现无人机飞行平台和地面控制系统的互通进而实时获得飞行数据和航拍成果数据。数据传输系统可分为视距内数据传输系统和超视距数据传输系统。视距内数据传输系统主要利用的是无线电。由于无线电的作用范围有限，故称为视距内数据传输系统。超出无线电作用范围需使用卫星通信来操控无人机，称为超视距数据传输系统。卫星通信的组织和质量较大，常运用在固定翼中大型无人机上，旋翼无人机主要以无线电通信为主。

二、无人机摄影测量系统

无人机摄影测量系统即使用无人飞机携带高清相机在空中对所测物体连续拍照，获取高重合度的影像照片的一套设备，主要分为两类，一是通过单镜头相机拍摄以正射影像为主要数据的系统即无人机航空摄影测量系统，二是通过多个镜头以提供三维建模数据为主要数据的系统即无人机倾斜摄影测量系统。

随着激光扫描技术的迅猛发展，无人机激光雷达结合了无人机技术和机载激光雷达的双重优势，使用了高精度激光扫描仪、全球定位系统（GPS）以及惯性导航系统（INS），可到人员无法进入的危险区域完成作业，无需进行实地勘察，实现精确 3D 绘图，获得地表及地物真三维信息。

无人机航空摄影测量以无人驾驶飞机作为平台，配备高分辨率数码相机或者遥感设备作为传感器可以快速获取一定区域内的真彩色、高分辨率和现势性强的地表航空遥感数字影像数据，再经过计算机对图像信息进行处理，按照一定精度要求制成数字正射影像图、数字线划地形图、数字高程模型、数字栅格地形图等测绘成果。无人机航空摄影测量具有机动性、灵活性和安全性更高；低空作业，获取影像分辨率更高，受气候影响小；成果精度较高，成本相对较低、操作简单；周期短、效率高等特点。无人机受空中管制和气候的影响较小，能够在恶劣环境下直接获取遥感影像，并且不会出现人员伤亡。无人机可以在云下超低空飞行，弥补了卫星光学遥感和传统航空摄影的技术不足，同时，低空多角度摄影可以获取建筑物多面高分辨率的纹理影像，弥补了卫星遥感和传统航空摄影获取城市建筑物时遇到的高层建筑遮挡问题，有利于建筑物三维模型的建立。无人机飞行作业高度在 50～1000m，航空摄影影像数据地面分辨率可达 5cm 以上。

无人机倾斜摄影测量技术突破了正射影像只能从垂直角度拍摄的局限，通过搭载多台传感器从一个垂直、多个倾斜等不同角度采集影像，快速、高效，并以较大视场角获取客观丰富的地面数据信息。倾斜影像能让用户从多个角度观察地物，更加真实地反映地物的外观、位置、高度等信息，弥补了正射影像的不足，增强了三维数据所带来的真实感。倾斜摄影测量数据是带有空间位置信息的可量测的影像数据，能进行高度、长度、面积、角度、坡度等的量测。应用于三维数字城市，利用航空摄影大规模成图的特点，加上从倾斜影像批量提取及粘贴纹理的方式，能够有效地降低城市三维建模成本。倾斜摄影测量技术借助无人机等飞行载体可以快速采集影像数据，实现全自动化的三维建模。

三、无人机摄影测量关键技术

1. 空中三角测量

（1）航带法空中三角测量

利用航带法进行空中三角测量时的研究对象一般是整条航带的模型。原理就是先将多个相互独立的像对形成一个个独立的模型，然后将这些单个模型联合起来组成一个新的航带模型，再将新模型作为一整体单元来进行空中三角加密测量。模型的建立不可避免地会产生偶然误差和系统误差，在进行个体模型联合时产生的这些误差也会传递到新生成的航带模型中，为了减少误差的传递，在数据处理时需要进行非线性改正，这样得到的航带模型精确度会比较高。误差传递正是航带法空中三角测量的不足之处。使用航带法进行空中三角测量的具体工作流程如图 7-1 所示。

（2）光束法空中三角测量

光束法区域网空中三角加密测量的关键在于平差方程的确立：光束法空中三角测量平差是以一幅影像像片的一束光线作为平差的基础单元，以中心投影得到的共线方程［式（7-1）和式（7-2）］作为进行光束法空中三角测量平差的基础方程：

$$x = -f \frac{a_1(X_A - X_S) + b_1(Y_A - Y_S) + c_1(Z_A - Z_S)}{a_3(X_A - X_S) + b_3(Y_A - Y_S) + c_3(Z_A - Z_S)} \tag{7-1}$$

$$y = -f \frac{a_2(X_A - X_S) + b_2(Y_A - Y_S) + c_2(Z_A - Z_S)}{a_3(X_A - X_S) + b_3(Y_A - Y_S) + c_3(Z_A - Z_S)} \tag{7-2}$$

为了找到整个影像模型的最佳地，并将其展现在已知的控制点坐标系中，我们需要将不同的光束线进行空间的平移和旋转，寻找使得不同模型公共点的光线交汇最密的地方，即为最佳交汇地。

相比较航带法空中三角测量，光束法解析空中三角测量理论非常严密，精度很高，但要求计算机容量大，计算时间也比较长，对原始数据可能出现的误差十分敏感，只有先完成像点坐标的系统误差消除，才能得到很好的加密效果。

2. GPS 辅助空中三角测量

全球定位系统（GPS）于 20 世纪 70 年代被美国军方研制出来，逐渐应用于各行各业。GPS

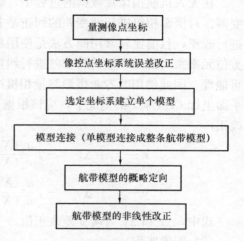

图 7-1　航带法空中三角测量流程

辅助空中三角测量是指通过使用相对定位技术的数据后处理方法处理由无人机飞行器载装的 GPS 接收机（移动站）和地面基准点架设的 GPS 接收机（基准站）同时且连续记录的相同卫星信号，获得摄像机在曝光拍照时刻的拍照位置的高精度三维坐标，将获得的三维坐标作为区域网平差中的附加观测值，然后使用统一的数据模型和算法，整体上确定点的位置并进行质量评价的技术和方法（图 7-2）。通过增加附加非摄影测量观测值进行区域网平差主要是为了利用空中控制的方法来减少或者直接替代地面控制。

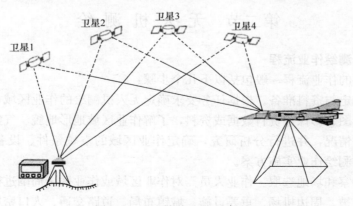

图 7-2　GPS 辅助空中三角测量

3. 无人机影像预处理和影像匹配

（1）畸变差纠正

随着数码摄影技术的发展，传统的胶片航摄被取代已经成为行业进步的必然，市面上常见的数码电子相机很多，虽然并不是摄影测量中专业性的航拍相机，但也可以用于摄影测量中；然而因难以直接测定相机内方位元素，导致航拍像片会存在较大的光畸变误差。光学的畸变会造成航拍像片中的像点的实际位置与计算的理论值有一定的偏差，从而直接影响投影中心、地物点以及相对应的像点之间形成的线性关系，影响空中三角测量的精度问题，也会导致后期影像匹配的准确度和后期建立模型的准确度和质量。

在无人机航拍像片数据的过程中，影响像片质量的主要因素在于航拍时物镜产生的畸变差。对摄影相机进行畸变差的纠正是非常有必要的，重点是对摄影相机物镜光学畸变差进行改正，目前比较常用的方法是使用相机的光学畸变参数、面阵变形参数以及相机的内方位元素来对镜头产生的畸变差进行纠正。进行航片数据处理时必须考虑光学畸变出现的可能性，因此使用非专业摄影测量相机进行航拍，并且在不知道相机的主距 f 以及像主点平面坐标（x_0，y_0）的情况下，应该根据共线方程式［式（7-3）和式（7-4）］进行畸变差改正：

$$x - x_0 + \Delta x = -f\frac{a_1(X-X_\mathrm{S})+b_1(Y-Y_\mathrm{S})+c_1(Z-Z_\mathrm{S})}{a_3(X-X_\mathrm{S})+b_3(Y-Y_\mathrm{S})+c_3(Z-Z_\mathrm{S})} \tag{7-3}$$

$$y - y_0 + \Delta y = -f\frac{a_2(X-X_\mathrm{S})+b_2(Y-Y_\mathrm{S})+c_2(Z-Z_\mathrm{S})}{a_3(X-X_\mathrm{S})+b_3(Y-Y_\mathrm{S})+c_3(Z-Z_\mathrm{S})} \tag{7-4}$$

式中，Δx 和 Δy 为畸变差改正值。

（2）影像匹配

影像像片的匹配是数字摄影测量工作的基础，即通过合适的算法，寻找不同像片之间的同名像点，完成影像的匹配。基于特征的影像匹配方法指的是从影像像片数据中提取一些具有明显实体特征的点元素或者线元素，根据显著特征完成影像数据匹配，方法主要分为基于点特征的影像匹配和基于线特征的影像匹配两种；目前摄影测量影像数据匹配使用比较多的方法是基于点元素的特征影像匹配法，该方法比较简单且实用性高、精准度比较高、适应能力强而且具有可移植性。

第二节　无人机测绘

一、无人机测绘作业流程

无人机测绘的作业流程一般包括以下几个步骤：

（1）区域确定与资料准备。根据任务要求确定无人机测绘的作业区域，充分收集作业区域相关的地形图、影像等资料数据或资料，了解作业区域地形地貌、气象条件以及起降场、重要设施等情况，并进行分析研究，确定作业区域的空域条件、设备对任务的适应性，制定详细的测绘作业实施方案。

（2）实地勘察和场地选取。作业人员需对作业区域或作业区域周围进行实地勘察，采集地形地貌、植被、周边机场、重要设施、城镇布局、道路交通、人口密度等信息，为起降场地的选取、航线规划以及应急预案制定等工作提供资料。

飞行起降场地的选取应根据无人机的起降方式，考虑飞行场地宽度、起降场地风向、净空范围、通视情况等场地条件因素和起飞场地能见度、云高、风速，监测区能见度、监测区云高等气候条件因素以及电磁兼容环境。

（3）航线规划。航线规划是针对任务性质和任务范围，综合考虑天气和地形等因素，规划如何实现任务要求的技术指标，实现基于安全飞行条件下的任务范围的最大覆盖及重点目标的密集覆盖，航线规划宜依据 1∶5 万或更大比例尺地形图、影像图进行。

（4）飞行检查与作业实施。起飞之前，须仔细检查无人机系统设备的工作状态是否正常。作业实施过程主要包括起飞阶段操控、飞行模式切换、视距内飞行监控、视距外飞行监控、任务设备指令控制和降落阶段操控。

（5）数据获取。无人机数据获取分实时回传和回收后获取两种方式。人机获取的图像数据实时传回给地面接收站时，无人机机载数据无线传输设备发送的数据包有的是压缩格式，地面接收站在接收到这个数据包后，需要对其中的图像数据进行解压缩处理。解压缩包括解码、反量化、逆离散余弦变换等几个步骤。

（6）数据质量检查与预处理。为更好地进行无人机影像数据的处理，需要对获取的影像进行质量检验，剔除不符合作业规范的影像，并对影像数据进行格式转换、角度旋转、畸变差改正和图像增强等预处理。

（7）数据处理与产品制作。运用目标定位、运动目标检测与跟踪、数字摄影测量、序列图像快速拼接、影像三维重建等技术对无人机获取图像数据进行处理，并按照相应的规范制作二维或三维的无人机测绘产品。

二、无人机测绘数据处理软件

市面上针对无人机影像处理的软件，国内外都有很多，本章主要介绍以下几种国内外比较有代表性的影像处理软件。

（1）Pix4D mapper。瑞士 Pix4D 公司的 Pix4D mapper 是结合丰富的遥感图像处理、摄影测量及企业级空间信息等技术开发的全自动快速无人机数据处理软件。它支持多种类型的相机，除支持可见光光学相机影像外，还支持近红外、热红外及其他多光谱影像，这些影像都可以进行空三加密。此外，还可以将不同架次、不同相机和不同高度的数据同时处理，对于不同参数相机拍摄的测区，如同时搭载近红外传感器和可见光相机，可将它们在同一个工程中进行处理。如果所使用的无人机不能同时携带多个相机，可分别携带不同的相机，飞行多次，然后将其合并到一个工程中处理。

（2）Smart3D Capture。Smart3D Capture 基于高性能摄影测量、计算机视觉与计算几何算法，在实用性、稳定性、计算性能和互操作方面能够满足严苛的工业质量要求。Smart3D Capture 可以通过简单的照片生成具有高分辨率的真实三维模型，对照片拍摄几乎没有任何限制，并且数据处理的过程也具有高伸缩性和高效率，整个处理过程不须人工干预，通常可以在数分钟至数小时的时间内完成数据处理。

（3）PixelFactory NEO。法国欧洲空客防务与空间公司在多年技术积累的基础上研制开发的海量地理影像数据处理系统，PixelFactory 是集自动化、并行处理、多种影像兼容性和远程管理等特点于一身的海量遥感影像自动化处理系统，具有若干个强大计算能力的计算结点，输入数码影像、卫星影像或者传统光学扫描影像，在少量人工干预的条件下，经过一系列的自动化处理，输出包括 DSM、DEM、正射影像和真正射影像等产品，并能生成一系列其他中间产品，代表了当前遥感影像数据处理技术的发展方向。

（4）PixelGrid。由中国测绘科学研究院自主研发，北京四维空间数码科技有限公司进行成果转化和产品化。PixelGrid以其先进的摄影测量算法、集群分布式并行处理技术、强大的自动化业务化处理能力、高效可靠的作业调度管理方法和友好灵活的用户界面和操作方式，实现了对卫星影像数据、航空影像数据以及低空无人机影像数据的快速自动处理，可以完成将遥感影像从空中三角测量转化成各种比例尺的测绘产品的生产任务。

（5）DPGrid。DPGrid数字摄影测量网格系统由中国工程院院士、武汉大学教授张祖勋提出。该系统打破了传统的摄影测量流程，集生产、质量检测和管理为一体，合理地安排人、机的工作，充分应用当前先进的数字影像匹配、高性能并行计算和海量存储与网络通信等技术，实现航空航天遥感数据的自动快速处理和空间信息的快速获取，能够满足三维空间信息快速采集与更新的需要，实现为国民经济各部门与社会各方面提供具有很强现势性的三维空间信息。

各软件的基本原理、处理方法等大致相同，在使用细节上各有特点。无人机测绘技术与传统人工测量相比提高了效率，然而面对日益增长的测绘市场需求，如何进一步改善效率并提高无人机测绘数字产品成果精度仍然是行业研究的重要方向。

第三节 无人机测量技术应用及发展

初期，无人飞行器大多应用在军事领域，从开始用作靶机到逐渐应用于侦查和作战任务，20世纪80年代以来，由于电子计算机技术和通信技术的快速发展，各种新型智能传感器相继出现，无人机技术也逐渐发展起来，性能不断提高，应用领域越来越广泛。目前，无人机已广泛应用于影视拍摄、电子商务、农业植保、电力巡检、测绘遥感等各个领域。无人机在测绘方面主要应用于基础地理信息测绘、工程建设、城市建设与管理、矿业、能源与环境、应急测绘保障等。

一、无人机测量技术在工程建设中的应用

无人机测量技术在工程建设前期，可利用航片进行各种专题内容判释及航测数字化测图，结合航片进行地形勘测，满足工程设计初测用图的需要以及动迁阶段取证与沟通。无人机测量在工程建设中期，可进行施工监测、安全巡查、土方计量、竣工测量。无人机测量技术在工程建设后期，可用于工程项目的运维养护，包括病害检测和日常巡检。对于大坝、核电站、历史建筑、桥梁、石化等大型工程建设，尤其是那些难以精确测量和获得准确数据的大型复杂曲面工程，基于无人机的相关技术应用为工程的施工检验带来极大便利，为进一步保障工程质量提供了强有力的技术支撑。

无人机的强大视觉和空间无约束优势使之在工程施工中有着更广阔的应用前景。通过无人机搭载三维扫描设备从各个角度快速获取在建项目形态的关键点云数据，可以建立起逆向三维重构模型，通过与前期设计模型进行对比分析，施工单位可以尽早发现问题，避免犯下代价高昂的错误。通过迅速捕捉该建筑的三维数据，可以生成高密度的彩色点云数据库，结合计算机图形学原理，建立建筑现状的三维实体图和无人机搭载数字化三维扫描模型，对该模型进行测量，即可实现建筑物尺寸、面积等属性的校验，进而对建设成果进行精确控制。

在桥梁检测中，由于桥梁多跨越江河，对其进行日常检查与定期检查时，传统观察手段危险性高、准确率低、效率低并且经济投入大。而基于无人机的跨河桥梁检测可达到事半功倍的效果。无人机通过搭载不同的传感器获得所需的数据并用于分析。根据桥梁检测的特殊性，通过在无人机侧方、顶部和底部多方位搭载高清摄像头、红外线摄像头，可方便地观察桥梁梁体底部、支座结构、盖梁和墩台结构等病害情况，视频及图片信息可实时回传，斜拉桥与悬索桥的主塔病害情况检测也不需要人员登高作业，桥梁检测工作更为安全。

在施工规划阶段，无人机搭载高清摄像镜头与测绘工具，回传施工用地的图像、高程、三维坐标以及 GPS 定位，后台分析软件对数据识别拼接、3D 建模及估测土方量等，对施工场地的布置和道路选线等提供强有力的信息支持。通过无人机采集影像资料，可直观地获取工地施工进展情况，获得开阔的视野，协助发现施工现场的安全隐患情况。

二、无人机测量技术在城市建设与管理中的应用

当前，随着我国城市的发展、科技的进步，无人机航测已成为城市发展中非常重要的部分，无人机测量能够随着城市发展的不断变化来合理处理变化区域的测绘信息，从而使测绘信息更加准确、更新及时，为城市建设和管理提供依据。

1. 城市三维建模

通过无人机携带高效的数据采集设备及专业的数据处理软件，生成的三维模型直观反映了建筑物的外观、材质、位置、高度、宽度、形状等属性，以大范围、高精度、高清晰的方式全面感知城市复杂场景，为真实效果和测绘精度提供保证。

2. 城市规划

在城市建设中，规划先行，无人机航测高新技术的应用势在必行。规划前期，现场踏勘和调研是规划设计的前导性工作，规划设计人员通过无人机航测影像图，可以更为直观地了解周围环境、地形地物、地貌特征、周边建设条件等现状情况，有助于总体规划、总图布局和竖向设计方案的构思与成型。同时，经过三维场景下多源数据的加载还可以进一步完善设计基础资料的收集，加深设计人员对地形图、规划图纸的理解，降低因资料不全、理解偏差等造成的城市规划中的缺陷，对总体规划、总体方案水平和保证后期设计质量起着重要的作用。

在进行现场踏勘和调研工作时，通过高效三维可视化的航测资料，提高规划设计工作的效率，避免因数据缺乏而在规划方案设计中缺少关键信息，造成返工，延误工期还增加工程成本，同时，也为后续勘测定界、不动产测绘、地形测绘、BIM 建模等工作的开展提供真实有效的依据。智慧城市建设的基础是资料齐全、直观、真实，无人机航测可以快速采集影像数据，实现全自动化的三维建模。

3. 城市路网规划及施工图设计

城市路网规划是一个城市综合交通规划的重要组成部分，它是在城市总体规划确定道路网的基础上，分析、评价、调整、完善城市道路系统的结构和布局，以及确定主要道路的断面构成等，其目的是建成以快速路、主干路为主骨架，次干路、支路为补充，功能完善、快捷、方便，等级合理，具有相当容量的城市道路系统，以满足城市的交通需求。

无人机航测不但提供规划部门所需的正射影像图，同时还提供设计部门需要的坐标、高程，满足城市路网竖向规划、道路施工图设计的需求。

4. 城市不动产登记

无人机航测用于不动产登记，通过获取正射影像图，建立三维模型，辅助外业指界签字调查。在图上进行坐标量测，形成矢量图形，很大程度上提高了不动产登记的效率，更能直观反映建筑小区、公建的真实情况。

三、无人机测量技术在矿业领域中的应用

随着我国国民经济的迅速发展，矿产资源的需求越来越大，找矿的难度越来越大，无人机遥感是地质找矿的重要新技术手段，在基础地质调查与研究、矿产资源与矿山开采等方面都发挥了重要作用。在矿业领域，无人机遥感技术被用于矿业中矿石开采、爆破以及矿井的生态重建等一些重要环节中。

矿石开采中，利用无人机遥感技术获取矿区数据资料，实现矿区的有效监测，从而为矿区的开采工作提供保障。在实际的采矿工作中无人机可以发挥很大的作用，当前无人机最常见的一种应用是测量矿物体积。传统的矿物储量测量方式是由地面的调查员配备GPS在矿井中进行测量，而无人机同样可以完成这一任务，与人工测量相比更为安全。无人机可以给墙体与斜坡建模，估算矿井的稳定性。无人机还可以飞到离矿井墙体很近的地方观察细节。用无人机进行3D建模的成本也比较低廉，因此无人机还可以重复调查以验证所收集的数据的准确性。

在矿井的生态重建阶段，了解矿井开采前后的模样十分重要。无人机通过获取数据生成准确的三维图像，能帮助矿区尽可能地恢复到开采之前的模样，利用无人机定期调查可以了解矿井生态恢复的进程。

四、无人机测量技术在环境领域中的应用

高效快速获取高分辨率航空影像能够及时地对环境污染进行监测，尤其是排污污染方面。此外，海洋遥感、溢油监测、水质监测、湿地监测、固体污染监测、海岸带监测、植被生态等方面都可以借助遥感无人机拍摄的航空影像或视频数据实施。

由于无人机遥感系统具有低成本、高安全性、高机动性和高分辨率等技术特点，其在环境保护领域中的应用有着得天独厚的优势，在建设项目环境保护管理、环境监测、环境监察和环境应急等方面，无人机遥感系统均能够提供强有力的技术支持。

（1）环境监测。传统的环境监测通常采用点监测的方式来估算整个区域的环境质量情况，具有一定的局限性和片面性。无人机遥感系统具有视域广、及时连续的特点，可迅速查明环境现状。借助系统搭载的多光谱成像仪生成多光谱图像，直观全面地监测地表水环境质量状况，提供水质富营养化、水华、水体透明度、悬浮物和排污口污染状况等信息的专题图，从而达到对水质特征污染物监视性监测的目的。无人机还可搭载移动大气自动监测平台对目标区域的大气进行监测，自动监测平台不能够监测的污染因子，可采用搭载采样器的方式，将大气样品在空中采集后送回实验室监测分析。

（2）环境应急。无人机遥感系统在环境应急突发事件中，可克服交通不便、情况危险等不利因素，快速赶到污染事故所在空域，立体地查看事故现场、污染物排放情况和周围环境敏感点分布情况。系统搭载的影像平台可实时传递影像信息，监控事故进展，为环境保护决策提供准确信息。无人机遥感系统使环保部门对环境应急突发事件的情况了解得更加全面、对事件的反应更加迅速、相关人员之间的协调更加充分、决策更加有依据。无人机遥感系统的使用，还可以大大降低环境应急工作人员的工作难度，同时工作人员的人身安全也可以得到有效的保障。

五、无人机测量技术在应急救灾中的应用

在地震、泥石流、山体滑坡等自然灾害发生时，测绘无人机都在第一时间到达了现场，并充分发挥机动灵活的特点，获取灾区的影像数据，对救灾部署和灾后重建工作的开展，都起到了重要作用。

在自然灾害、突发事件中，若用常规方法进行测绘地形图制作，往往达不到理想效果，且周期较长，无法实时进行监控。比如，在 2008 年汶川地震救灾中，由于灾区是在山区，环境较为恶劣，天气多变，多以阴雨天为主，利用卫星遥感系统或载人航空遥感系统，无法及时获取灾区的实时地面影像，不便于进行及时救灾。而无人机可迅速进入灾区，对震后的灾情、地质滑坡及泥石流等进行动态监测，并对汶川的道路损害及房屋坍塌情况进行有效的评估，为后续灾区的重建工作等方面提供了有力支持。无人机在自然灾害、突发事件应急处理中进行应用时主要采用摄影测量技术，多使用快速产生的数字正射影像 DOM 和数字高程模型 DEM。

对于突发的路况等交通事件，无人机遥感技术能够从微观上进行实况监视、交通流调控，构建水陆空立体交管，实现区域管控，确保交通畅通，应对突发交通事件，实施紧急救援。

无人机遥感在公共安全领域的应用主要是提供了一种轻便、灵活、高分辨率、高出勤、隐蔽的工具，并能保证工作人员人身安全。小型无人机的机动性高、续航时长，可以配备红外热成像视频采集装置，对区域内热源进行视频采集，及时准确地分析热源，从而提前发现安全隐患，降低风险和损耗。小型无人机可以应用于反恐处突、群体性突发事件、边防领域、消防领域、海事领域和活动安全保障等方面。比如一旦发生"恐怖袭击"事件，无人机可以代替警力及时赶往现场，利用可见光视频及热成像设备等，把实时情况回传给地面设备，为指挥人员决策提供依据。在某高层建筑突发火灾时，地面人员无法看到高层建筑物中的真实情况，通过无人机机载视频系统可对起火楼层人员的状况进行实时观察，从而引导相关人员进行施救；如果发生海难，利用海面船只进行搜寻的效率较低，利用无人机搭载视频采集传输装置，在海难出事地点附近进行搜寻，并以此为中心点，按照气象、水文条件等，对飞行路线进行导航设置，可以及时搜寻生还者，引导附近救援船只营救。此外，在一些重点航道、关键水域，海事部门也可以通过无人机对非法排污船只进行监测，以此取证。

第八章 工程控制测量

第一节 概　述

众所周知，测量工作应遵守以下基本原则：①测绘工程规划和方案设计应做到"从整体到局部"；②工作程序和工作步骤应遵循"先控制后碎（细）部、步步有检核"；③数据采集设备和数据精度应遵循"先高级后低级"。所以，土木工程测量也应当从控制测量开始。工程控制测量是以国家大地测量参考框架为基础，在工程建设区域内建立大比例尺地形测绘或各种工程测量控制网的工作，即测量高精度控制点坐标和高程的工作。传统意义上将工程控制测量分为工程平面控制测量和工程高程控制测量，并且两者独立进行。现在，低等级工程控制测量，可以利用 GNSS RTK 技术将平面控制测量和高程控制测量一并完成。工程测量控制网按用途不同，可分为测图控制网、施工控制网、变形监测控制网和安装测量控制网。本章结合测图控制网讲述工程控制测量的常用技术方法，其他控制网将在后续专业测量中进一步介绍。测图控制网的作用是控制测量误差累积，保证测图精度均匀，相邻图幅正确拼接。测图控制网的特点是控制范围较大，控制点分布均匀，控制网等级和观测精度与测图比例尺大小相关。

一、国家大地坐标系参考框架

国家大地坐标系参考框架是在全国范围内分级布设、以大地测量技术施测的平面控制网，又称为国家大地控制网，是工程平面控制测量的基础。我国在 20 世纪 90 年代以前，国家平面控制网主要以三角网形式布设，并分为四个等级，其中一等三角网观测精度最高，二等、三等、四等三角网观测精度逐级降低。一等三角网沿经纬线方向呈锁状布设，在一些交叉处测定起算边长和起算坐标方位角，平均边长为 20~25km。一等三角网是国家天文大地网，不仅是二等网的基础，还为研究地球形状和大小提供重要的科学依据。二等三角网在一等三角网范围内布设，构成全面网，平均边长为 13km。二等三角网是扩展加密低级网的基础。作为一等、二等三角网的进一步加密，三等四等三角网常以插网和插点的方式布设，三等三角网平均边长为 8km，四等三角网平均边长为 2~6km。在通视困难和交通困难地区，比如城市建成区和林区，国家大地控制网可以布设为相应等级的导线网，进行国家一至四等精密导线测量。

20 世纪 80 年代末，我国开始应用全球卫星定位（GNSS）技术建立平面控制网，称为 GNSS 大地控制网，按照精度分为 A、B、C、D、E 五个等级。在 20 世纪 90 年代，我国在全国范围内建立了由 29 个控制点组成的国家 GNSS A 级网和由 700 多个控制点组成的国家 GNSS B 级网。GNSS A 级控制点属于国家卫星定位连续运行参考站系统（GNSS CORS），是 2000 国家大地坐标系（CGCS2000）参考框架的第一级，也是我国 BDS 的参考框架，并与国际地球参考框架（ITRF）对准。

20 世纪 90 年代末，我国将当时完成的全国 GPS 一级网、GPS 二级网、GPS A 级网、

GPS B 级网、地壳运动观测网共 2500 多个点联合平差，得到了以三维地心坐标为特征的高精度大地控制网，称作 2000 国家 GPS 大地控制网，是 CGCS2000 参考框架的第二级。与 2000 国家 GPS 大地控制网联合平差后的国家天文大地网，约 50000 余点，是 CGCS2000 参考框架的第三级，并与 2000 国家重力基本网合称为 2000 国家大地控制网。

当前，CGCS2000 参考框架和国家、省、市级 GNSS 连续运行参考站系统为工程平面控制提供起算依据。

二、工程平面控制测量

工程平面控制测量是在工程建设区域为满足大比例尺地形图测绘和其他工程测量的需要而布设平面控制网的工作。工程平面控制测量，传统时期采用三角形网测量和导线测量技术，而现代首选 GNSS 技术。三角形网测量是将控制点按三角形的形状连接起来构成网络（称为三角形网），测量三角形的内角（水平角）、边长（水平距离），利用起算数据通过平差计算确定控制点平面坐标的技术。根据测量元素的不同，三角形网分为三角网、三边网、边角网。导线测量是将控制点连成折线，构成多边形网络（称为导线网），测量边长和相邻边转折角（水平角），通过起算数据确定控制点平面坐标的技术。

工程平面控制网的布设，应遵循下列原则：首级控制网的布设，应因地制宜，且适当考虑长远发展；当与国家坐标系统联测时，应同时考虑联测方案；首级控制网的等级，应根据工程规模、控制网的用途和精度要求合理确定；加密控制网，可越级布设或同等级扩展。单纯以大比例尺地形图测绘为目的时，图根控制可以作为首级控制。

工程平面控制网的坐标系统，应满足测区内投影长度变形小于或等于 2.5cm/km 的要求。通常有以下几种选择：在满足长度变形小于或等于 2.5cm/km 的地区，采用统一的高斯投影 3°带平面直角坐标系统；在长度变形大于 2.5cm/km 的地区，采用高斯投影 3°带，投影面为测区抵偿高程面或测区平均高程面的平面直角坐标系统；小测区或有特殊精度要求的控制网，可采用独立平面直角坐标系统；在已有工程平面控制网的地区，可沿用原有坐标系统；厂区内可采用建筑坐标系统。

当前，GNSS 技术是工程平面控制测量的首选方法；在 GNSS 技术使用不便的区域，可选用导线测量技术；三角形网测量技术使用较少。对于一些建立了测绘标准（规范）体系的工程建设领域，进行控制测量时，执行相应的专业测绘标准。

三、国家高程基准参考框架

国家高程基准参考框架是在全国范围内分级布设、采用水准测量方法建立的高程控制网，又称为国家水准网。国家水准网分为四个等级，实行逐级控制、逐级加密。

各等级水准路线，要求自身构成闭合环线或附（闭）合于高级水准点。一、二等水准网是国家高程控制的基础，通常沿铁路、公路或河流布设成闭合环线或附合路线，用一、二等水准测量的方法施测，其成果还是研究地球形状和大小的重要依据。另外，根据重复测量的成果可以研究地壳的垂直形变，而这是地震预报研究的重要依据。1999 年共建成国家一等水准网复测水准路线 85450km，一等水准点 16485 座。国家三、四等水准网是在一、二等水准网基础上加密，且直接为地形图测绘和工程建设提供高程控制点。国家高程基准参考框架（国家等级水准点）是工程高程控制的起算依据。

四、工程高程控制测量

工程高程控制测量是通过一定的测量技术精确测定控制点高程的工作，是为满足大比例尺地形图测绘和其他工程测量需要而布设高程控制网的工作，主要工作内容是确定工程平面控制点的高程。工程高程控制网依据《工程测绘基本技术要求》GB/T 35641—2017 和《工程测量标准》GB 50026—2020，分为二等、三等、四等、五等和图根 5 个等级，宜在已有的等级高程控制点之下加密布设。工程高程控制测量常用水准测量技术施测。山区或丘陵地区进行低等级高程控制测量可以采用全站仪三角高程测量方法。现在 GNSS 高程测量技术应用广泛，可用作图根高程控制。首级高程控制的等级需根据工程建设范围、精度要求来确定。

工程高程控制测量应采用 1985 国家高程基准；在已有高程控制网的测区，可沿用原有高程基准；当小测区与 1985 国家高程基准联测有困难时，可采用假定高程基准。

第二节　工程控制测量的工作步骤

一、技术设计

工程控制测量是非常重要的工作环节，在实施之前应进行技术设计。技术设计是指根据用户要求结合专业规范（标准）、承担机构的专业技术水平和技术装备条件，制定切实可行的技术方案，目的是保证成果符合技术要求并令用户满意，且获得最佳的社会效益和经济效益。技术设计包括项目设计和专业技术设计。在工程控制测量中关注更多的是专业技术设计，即针对工程控制测量专业工作的技术要求进行设计。工程控制测量技术设计是在收集测区已有地形图、起算控制点成果以及地理条件等资料的基础上，依据《工程测绘基本技术要求》GB/T 35641—2017 和《工程测量标准》GB 50026—2020 等相关规范、标准，进行控制网设计和技术方案设计。技术设计要充分考虑用户提出的技术要求、承担测量任务的机构自身的专业技术水平和技术装备条件，体现测绘科技进步，努力实现测绘科技创新。

工程控制测量技术设计成果以《技术设计书》的形式表现，是指导控制测量实施的主要技术依据。《技术设计书》应该包括概述、测区自然地理概况、已有资料利用情况、引用文件、成果的主要技术指标和规格、技术设计方案等内容。技术设计方案是技术设计的主体内容，包括坐标系统选择、起算数据分析、与国家大地测量参考框架的联测方法、首级控制等级和加密方法、控制网形和精度分析、技术条件分析、实施方案和备选方案等，相关的设计图、表也是设计方案的重要内容。

二、选点与埋石

根据《技术设计书》进行实地选点，确定控制点的适宜位置。选取的控制点要求稳固，能长期保存，便于观测和扩展加密。实地选定的控制点，要通过埋设标石将点位在地面上固定下来，这个过程称为埋石。控制点测量成果是以标石的中心标志为基准的。因此，埋石及其保存非常重要。由于控制网种类、等级和地形、地质条件不同，因而有不同的标石类型。图 8-1 是一些平面控制点的埋石规格示意图。有些低等级控制点的标定可用道钉（铁桩）或在固定石上凿刻标记。为了便于日后使用和管理，三、四等导线点在埋石的同时还需绘制点之记，绘制控制点位置和标石结构略图、标注与周围固定地物的相关尺寸等。必要时需对埋设的控制点标石进行委托管理。

当平面控制测量采用导线测量或三角形网测量时，因地形条件限制，高等级控制点需

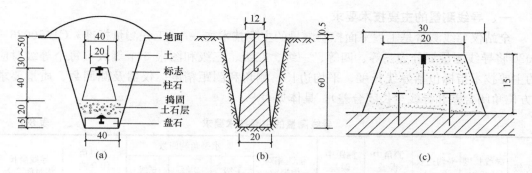

图 8-1　平面控制点的埋石规格示意图（单位：cm）

（a）三、四等控制点；（b）一、二级控制点；（c）楼顶等级控制点

要在控制点上方建造觇标。低等级控制点则要在控制点标志上竖立花杆等，作为测量角度时的照准目标。当以 GNSS 技术进行控制测量时，由于 GNSS 技术无须相邻点之间光学通视，因此不需要建造觇标，也不需要竖立花杆。

三、数据采集

控制测量数据采集，即通过外业观测获得需要的测量数据和信息，其内容因控制测量类型和技术方法不同而不同，有水平角、边长（距离）、高差、基线向量等。导线网、三角形网是利用全站仪观测水平角和边长；GNSS 网则是利用 GNSS 接收机接收卫星信号获得载波相位观测值，并以此解算基线向量；水准网是利用水准测量技术观测高差；三角高程网是利用全站仪观测竖直角和边长（距离）。数据采集的基本方法已在相关章节介绍过，在此强调的是数据采集应遵守相关技术规范和《技术设计书》对测站观测的技术要求。

四、数据处理

工程控制测量的最终目的是得到控制点的平面坐标或高程。控制点平面坐标或高程是利用起算数据和观测数据经平差计算得到的。数据采集工作完成后，应对数据进行检核，对观测边长进行归算和改化，对 GNSS 基线进行解算和质量评估等预处理，保证观测成果合格，然后进行平差计算。平差计算是根据测量平差理论，采用相应的数学模型处理观测值之间、观测值与起算数据之间的误差，从而求得观测值及其参数的最佳估值，并进行精度估算的过程。

控制网平差计算需有起算数据。当只有一套起算数据时，例如导线网中已知一点坐标和一条边的坐标方位角，水准网中已知一点高程，称这套起算数据为必要起算数据，所属控制网称为独立网。独立网中存在着观测数据之间的误差。多于必要起算数据的控制网，则称为非独立网。非独立网中还存在着观测数据与起算数据之间的误差，甚至存在起算数据与起算数据之间的误差。对于高等级控制网须进行严密平差，严密平差一般利用专业的计算机平差软件进行，称为计算机平差。对于二级及其以下的控制网可以进行近似平差。

第三节　全站仪导线测量

在卫星信号接收较差的地区、城市建筑区和森林隐蔽地区，工程平面控制测量主要采用全站仪导线测量技术。

一、导线测量的主要技术要求

全站仪导线测量是工程平面控制测量的主要技术之一。《工程测量标准》GB 50026—2020 将导线测量划分为三等、四等、一级、二级、三级和图根 6 个等级，每个等级对应的主要技术指标包括导线长度、平均边长、测角和测距精度、仪器及测回数、质量要求（方位角闭合差和导线全长闭合差），具体见表 8-1。

表 8-1

导线测量的主要技术要求

等级	导线长度（km）	平均边长（km）	测角中误差（"）	测距中误差（mm）	测距相对中误差	水平角测回数 1"级仪器	水平角测回数 2"级仪器	水平角测回数 6"级仪器	方位角闭合差（"）	导线全长相对闭合差
三等	14	3	1.8	20	1/150000	6	10	—	$3.6\sqrt{n}$	≤1/55000
四等	9	1.5	2.5	18	1/80000	4	6	—	$5\sqrt{n}$	≤1/35000
一级	4	0.5	5	15	1/30000	—	2	4	$10\sqrt{n}$	≤1/15000
二级	2.4	0.25	8	15	1/14000	—	1	3	$16\sqrt{n}$	≤1/10000
三级	1.2	0.1	12	15	1/7000	—	1	2	$24\sqrt{n}$	≤1/5000
图根	≤αM	—	首级控制 20 加密控制 30	—	首级控制 1/4000 加密控制 1/3000		1	1	首级控制 $40\sqrt{n}$ 加密控制 $60\sqrt{n}$	1/α

注：1. 表中 n 是计算闭合差时用到的转折角个数；2. 测图最大比例尺为 1:1000 时，一、二、三级导线长度和平均边长可以适当放长，但不能超过表中数值的 2 倍；3. M 为测图比例尺的分母，图根导线比例系数 α，一般取 1，当测图比例尺为 1:500、1:1000 时，α 可在 1~2 之间选取。

二、导线的布设形式

技术设计时应考虑导线的布设形式。导线是由若干条直线连成的折线，每条直线称作导线边，相邻导线边所夹的水平角称作转折角。先通过全站仪测量转折角和边长，然后以已知坐标方位角和已知坐标为起算数据，计算出各导线点的坐标。根据具体测区的地形条件和起算点分布情况，通常将导线设计成支导线、附合导线、闭合导线、单结点导线网、多结点导线网几种形式。

1. 支导线

如图 8-2 所示，支导线是从一个已知控制点出发，既不附合到另一个已知控制点，也不回到原来的已知控制点。支导线必须观测连接角。连接角是已知方向与待定方向（导线边）之间的水平角。支导线不具备检核条件，通常用于地形测绘的图根控制，支出的未知点一般不多于 3 个。

2. 附合导线

如图 8-3 所示，附合导线起始于一个已知控制点，而终止于另一个已知控制点。附合导线可以有连接角，也可以没有连接角。一端有连接角，称为单定向附合导线；两端有连接角，称为双定向附合导线；没有连接角，称为无定向附合导线。

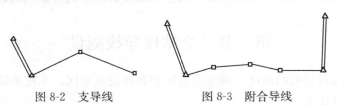

图 8-2　支导线　　　　　图 8-3　附合导线

3. 闭合导线

如图 8-4 所示，闭合导线是从一个已知控制点出发，最后仍回到这个点，形成一个闭合多边形。在闭合导线中需要观测连接角。

4. 单结点导线网

如图 8-5 所示，单结点导线网是从三个或多个已知控制点开始，几条导线边交会于一个结点，构成简单的网结构。

5. 多结点导线网

如图 8-6 所示，多结点导线网有两个及以上的结点，可以构成复杂的网结构。

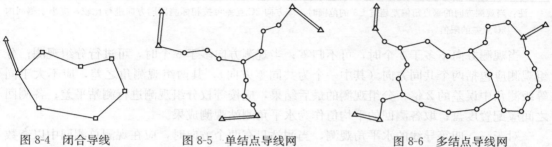

图 8-4　闭合导线　　　　　图 8-5　单结点导线网　　　　　图 8-6　多结点导线网

导线网用作测区首级控制时，应布设成闭合导线，且宜联测 2 个已知方向。加密网可采用附合导线或结点导线网。结点间或结点与已知点间的导线段宜布设成直伸形状，相邻边长不宜相差过大。导线的布设网形确定之后即可绘出观测示意图，用以指导选点、埋设和测站观测。

导线选点应充分利用旧有控制点，选在土质坚实、稳固可靠、便于保存的地方，视野应相对开阔，便于加密和扩展。相邻点之间应通视良好，视线两侧距障碍物要求：三、四等不宜小于 1.5m；四等以下宜保证便于观测，以不受旁折光的影响为原则；电磁波测距时，视线应避开烟囱、散热塔、散热池等发热体及强电磁场；视线倾角不宜过大。

三、导线测量外业观测

1. 仪器检验、校正或检定

导线测量外业观测使用全站仪（电子经纬仪），在使用前应进行检验、校正或检定，使其符合所需主要指标。

2. 导线转折角观测

导线转折角（包括连接角）是水平角。水平角观测使用全站仪（电子经纬仪）。水平角观测一般采用方向观测法，观测限差符合表 8-2 的要求，同时还应符合下列要求：仪器或觇牌（棱镜）的对中误差应不大于 2mm；水平角观测过程中，气泡中心位置偏离整置中心不宜超过 1 格；如受外界因素（如振动）的影响，仪器的补偿器无法正常工作或超出补偿器的补偿范围时，应停止观测；当测站或照准目标偏心时，应在水平角观测前或观测后测定归心元素。

水平角观测误差超限时，应在原来的度盘位置上重测：一测回内 2C 互差或同一方向值各测回较差超限时，应重测超限方向，并联测零方向；下半测回归零差或零方向的 2C 互差超限时，应重测该测回；一测回中重测方向数超过总方向数的 1/3 时，应重测该测回；当重测的测回数超过总测回数的 1/3 时，应重测该站。

水平角方向观测法的技术要求　　　　　　　表 8-2

测角等级	仪器等级	半测回归零差 (″)	测回内 2C 互差 (″)	同方向各测回较差 (″)
四等及以上	1″级	±6	±9	±6
	2″级	±8	±13	±9
一级及以下	2″级	±12	±18	±12
	6″级	±18	—	±24

注：当观测方向的垂直角偏差超过 ±3° 的范围时，该方向 2C 互差可按相邻测回同方向进行比较，应小于测回内 2C 互差的限值。

当观测方向不多于 3 个时，可不归零；当观测方向多于 6 个时，可进行分组观测；分组观测应包括两个共同方向（其中一个为共同零方向），其两组观测角之差，应不大于同等级测角中误差的 2 倍；分组观测的最后结果，应按等权分组观测进行测站平差；各测回之间应配置度盘；取各测回的平均值作为水平角测站观测成果。

对于三、四等导线的水平角观测，当测站只有两个方向时，应在观测总测回中以奇数测回的度盘位置观测导线前进方向的左角，以偶数测回的度盘位置观测导线前进方向的右角。左、右角的测回数为总测回数的 1/2。但在观测右角时，应以左角起始方向为准变换度盘位置，也可用起始方向的度盘位置加上左角的概值在前进方向上配置度盘。左角平均值与右角平均值之和与 360° 之差，应不大于相应等级测角中误差的 2 倍。

每日观测结束后，应对外业记录表（簿）进行检查，当使用电子记录时，应保存原始观测数据，打印输出相关数据和预先设置的各项限差。

3. 导线边长测量

导线边长采用全站仪测量。各等级导线边长测量的主要技术要求，见表 8-3。

导线边长测量的技术要求　　　　　　　表 8-3

导线等级	仪器等级	测回数		测回读数较差 (mm)	单程各测回较差 (mm)	往返测距较差 (mm)
		往	返			
三等	5mm 级	3	3	≤5	≤7	$\leqslant 2(a + b \cdot D)$
	10mm 级	4	4	≤10	≤15	
四等	5mm 级	2	2	≤5	≤7	
	10mm 级	3	3	≤10	≤15	
一级	10mm 级	2	—	≤10	≤15	
二级及以下	10mm 级	1	—	≤10	≤15	

注：1. a 为测距仪标称精度的固定误差，单位为 mm，b 为比例误差系数，单位为 mm/km，D 为边长，以 km 为单位；2. 一测回是指照准目标一次，读数 2～4 次的过程；3. 困难情况下，可采取不同时间段测量代替往返观测。

导线边长测量还应符合下列要求：测站对中误差和棱镜对中误差应不大于 2mm；当观测数据超限时，应重测整个测回，如观测数据出现分群，应分析原因，采取相应措施重新观测；导线边长倾斜改正应采用水准测量高差，当采用电磁波测量三角高差时，竖直角测量和对向观测高差的要求可按五等全站仪三角高程测量的规定放宽至 2 倍，并进行球气差改正；每日观测结束后，应对外业记录进行检查。

4. 三联脚架法

全站仪导线的转折角（连接角）观测和边长测量，可采用三联脚架法同步完成。使用三个既能安置全站仪又能安置觇牌（含棱镜）的通用基座、三个脚架，基座具有通用的激光或光学对中器。施测时，将全站仪安置在测站 i 的基座上，觇牌（含棱镜）安置在后视点 $i-1$ 和前视点 $i+1$ 的基座上。完成水平角测量后，接着测量距离。当测完本站向下一站搬迁时，导线点 i 和导线点 $i+1$ 的脚架和基座不动，只是从基座上取下全站仪和觇牌（含棱镜），在 $i+1$ 点的基座上安置全站仪，在 i 点的基座上安置觇牌（含棱镜），并在 $i+2$ 点安置脚架、基座和觇牌（含棱镜）。这样，直至整条导线测量完毕。这种方法称为三联脚架法，如图 8-7 所示。

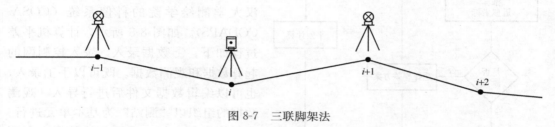

图 8-7　三联脚架法

三联脚架法是一种提高导线测角和测距精度的技术措施，尤其适用于短边导线测量。由于全站仪和觇牌（含棱镜）均能在通用基座上共轴，因此能够保证全站仪和觇牌（含棱镜）的对中，从而提高测角和测距的可靠性和精度，同时也节省了安置仪器的时间，提高了工效。

四、导线测量的严密平差

导线测量数据处理的核心是平差计算。一级及其以上等级的导线，通常使用计算机平差软件进行严密平差。二级及其以下等级的导线，也可近似平差。当采用近似平差时，成果表中应提供坐标反算的方位角和边长。

在准备平差数据之前需要作数据预处理。预处理包括偏心改正（当观测数据中含有偏心测量成果时，应首先进行偏心归心改正计算）、水平距离计算（对测量的斜距进行仪器加常数、乘常数改正，气象改正和倾斜改正）、测角中误差计算、测距中误差计算和"技术设计书"规定的距离归算改正和投影距离改化等。

导线网水平角观测的测角中误差 m_β，可按式（8-1）计算：

$$m_\beta = \sqrt{\frac{\sum \dfrac{f_\beta^2}{n}}{N}} \tag{8-1}$$

式中，f_β 为导线网中闭合导线或附合导线的方位角闭合差，"；n 为计算 f_β 时相应的测站数；N 为导线网中闭合导线及附合导线的总数。

测距边的精度评定，当网中的边长相差不大时，可按式（8-2）计算导线网的平均测距中误差：

$$m_D = \sqrt{\frac{\sum d^2}{2n}} \tag{8-2}$$

式中，d 为各边往返测的距离较差，mm；n 为测距边数。

导线网严密平差时，角度和距离的先验中误差，可分别按式（8-1）和式（8-2）计算，也可用经验公式估算先验中误差的值，用以计算角度及边长的权；对计算略图和计算机输入数据应仔细进行校对，对计算结果应进行检查；输出成果应包含起算数据、观测数据以及观测值改正数等必要的中间数据；平差后的精度评定，包括单位权中误差、点位中误差、边长相对中误差、点位误差椭圆参数或相对点位误差椭圆参数；近似平差的精度评定，可作相应简化。

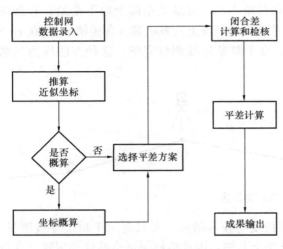

图 8-8   计算机平差过程

计算机平差软件有很多，南方测绘的平差易（Power Adjust 2005）软件应用较广，适用于导线网、三角形网、水准网等控制网的平差计算。也可使用武汉大学测绘学院的科傻系统（COSA-CODAPS）。如图 8-8 所示，计算机平差过程如下。①数据录入。录入控制网的起算数据和观测数据。既可以手工录入，也可以编辑数据文件后进行导入。观测数据的组织以"测站"为基本单元进行。②推算近似坐标。根据起算数据和观测数据，计算软件自动推算控制点近似坐标、生成控制网图，并显示在计算机屏幕上。③概算。等级控制网和精密工程网需要概算，对观测值进行必要的归化计算和投影改化计算。一般工程测量，可略去概算过程。④平差方案选择。对于具体工程，依据控制测量等级和使用设备的标称精度，设定"验前单位权中误差""固定误差""比例误差"和"控制网等级"等。⑤闭合差计算与检核。平差软件自动计算控制网中的条件闭合差和闭合差限差，并进行比较，判断是否超限。如果超限，则需查找原因，甚至返工重测，以获得新的观测数据。⑥平差计算。在闭合差检核合格之后，执行"平差计算"，计算机平差软件自动完成平差计算工作。⑦成果输出。输出成果由 3 部分组成：平差报告、控制网图、精度统计和网形分析。平差报告包括控制网属性、控制网概况、闭合差统计表、方向观测成果表、距离观测成果表、高差观测成果表、平面点位误差表、点间误差表、控制点成果表等。控制网图与输入数据同步动态显示，以".dwg"格式输出。精度统计和网形分析包括最弱精度信息、边长大小信息、角度大小信息、误差统计的直方图等。

五、导线测量的近似平差

二级及其以下的单一导线（支导线、附合导线和闭合导线），可以使用近似平差方法进行手工计算。

1. 支导线计算

图 8-9 所示是一条支导线。起算数据：$M(P_0) \rightarrow A(P_1)$ 的坐标方位角

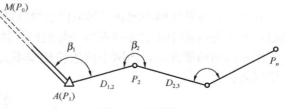

图 8-9   支导线

$\alpha_{0,1}$，$A(P_1)$ 的坐标 $(X_1，Y_1)$。观测数据：转折角 β_i（β_1，为连接角），边长 $D_{i,i+1}$（$i=1$，2，$\cdots$，$n-1$），n 为导线点 的最大编号。对于支导线，一般 $n \leqslant 3$。

支导线计算步骤包括坐标方位角推算、坐标增量计算和坐标推算。

（1）坐标方位角推算。利用起算坐标方位角 $\alpha_{0,1}$ 和转折角 β_i，计算各边的坐标方位角：

$$\alpha_{i,i+1} = \alpha_{i-1,i} \pm \beta_i \pm 180° \quad (i=1，2，\cdots，n-1) \tag{8-3}$$

式中，"β_i"前的符号，以 $i-1 \rightarrow i \rightarrow i+1$ 为前进方向，当 β_i 在左侧时取"$+$"，在右侧时取"$-$"，即所谓的"左$+$右$-$"。"$180°$"前的符号，等式右边前两项结果小于 $180°$ 时，取"$+$"；前两项结果大于或等于 $180°$ 时，取"$-$"。

（2）坐标增量计算。利用式（8-3）计算的坐标方位角 $\alpha_{i,i+1}$ 和观测的对应边长 $D_{i,i+1}$ 计算相邻导线点间的坐标增量：

$$\Delta x_{i,i+1} = D_{i,i+1} \cos\alpha_{i,i+1} \quad (i=1，2，\cdots，n-1) \tag{8-4}$$

$$\Delta y_{i,i+1} = D_{i,i+1} \sin\alpha_{i,i+1} \quad (i=1，2，\cdots，n-1) \tag{8-5}$$

（3）坐标推算。利用起算坐标 $(X_1，Y_1)$、式（8-4）和式（8-5）的计算结果，依次推算各导线点的坐标：

$$X_{i+1} = X_i + \Delta x_{i,i+1} \quad (i=1，2，\cdots，n-1) \tag{8-6}$$

$$Y_{i+1} = Y_i + \Delta y_{i,i+1} \quad (i=1，2，\cdots，n-1) \tag{8-7}$$

支导线计算不含平差问题，原因是只有一套必要的起算数据，没有多余观测。但坐标方位角推算、坐标增量计算、坐标推算的思路和式（8-3）～式（8-7）是附合导线、闭合导线近似平差的基础。

2. 附合导线的近似平差

附合导线根据起算点分布可以分为双定向附合导线、单定向附合导线和无定向附合导线。在此，重点讲述双定向附合导线近似平差，然后介绍无定向附合导线近似平差。

（1）双定向附合导线近似平差

图 8-10 所示的是一条双定向附合导线。导线两端有已知点和已知坐标方位角。起算数据：$M(P_0) \rightarrow A(P_1)$ 的坐标方位角 $\alpha_{0,1}$，$B(P_n) \rightarrow N(P_{n+1})$ 的坐标方位角 $\alpha_{B,N}$，$A(P_1)$ 的坐标为 $(X_1，Y_1)$，$B(P_n)$ 的坐标为 $(X_B，Y_B)$。观测数据：转折角 β_i（β_1 和 β_n 为连接角），边长 $D_{i,i+1}$（$i=1$，2，$\cdots$，$n-1$）。

双定向附合导线近似平差步骤包括坐标方位角闭合差 f_β 计算，转折角改正和坐标方位角推算，坐标增量计算，坐标闭合差 f_x、f_y 计算和导线全长相对闭合差 T 计算，坐标增量改正和坐标推算。

1）坐标方位角闭合差 f_β 计算。双定向附合导线在 $A(P_1)$ 观测了连接角 β_1，在 $B(P_n)$ 观测了连接角 β_n。由于测角误差的存在，故利用式（8-3）从起始坐标方位角 $\alpha_{0,1}$ 开始推算各导线边的坐标方

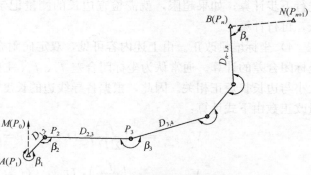

图 8-10　双定向附合导线

位角 $\alpha_{i,\,i+1}$，推得的坐标方位角 $\alpha'_{n,\,n+1}$ 与已知坐标方位角 $\alpha_{B,\,N}$ 不等，从而产生坐标方位角闭合差 f_{β}：

$$f_{\beta} = \alpha'_{n,\,n+1} - \alpha_{B,\,N} \tag{8-8}$$

计算出来的坐标方位角闭合差 f_{β} 是导线测量的主要技术指标之一，若其小于限差（容许误差）$f_{\beta容}$，说明转折角观测质量可靠，在此情况下才可进行下步计算。如果超限，就需检查转折角的观测记录和计算过程，甚至外业返工重测转折角，再进行计算。限差要求依导线等级而不同，参见表 8-1。

2）转折角改正和坐标方位角推算。通常认为转折角观测值等精度，因此方位角闭合差 f_{β} 须反号，平均分配给各转折角观测值，以消除转折角观测误差的影响，从而达到平差目的。即每个转折角观测值的改正数 V_{β} 为：

$$V_{\beta} = -\frac{f_{\beta}}{n} \tag{8-9}$$

式中，n 为计算 f_{β} 时所用到的转折角 β_i 的个数。

所有转折角观测值的改正数之和应等于方位角闭合差反号，即 $\Sigma V_{\beta} = -f_{\beta}$ 这是计算结果正确与否的第一个检核条件。转折角观测值 β_i 加上改正数 V_{β} 得到转折角改正后角值，即为转折角观测值的平差值。根据转折角改正后角值，仿照式（8-3）再次推算各边的坐标方位 $\alpha_{i,\,i+1}$，最终推得的 $\alpha_{n,\,n+1}$ 与已知坐标方位角 $\alpha_{B,\,N}$ 相等。

3）坐标增量计算，坐标闭合差 f_x、f_y 的计算和导线全长相对闭合差 T 的计算。坐标增量计算参见式（8-4）和式（8-5），与支导线计算完全相同。相对于支导线，附合导线的终点是已知点。由于观测数据存在误差，按照式（8-6）和式（8-7）推算得到的坐标 (X_n, Y_n) 与已知坐标 (X_B, Y_B) 不相等，将产生如式（8-10）和式（8-11）所示的坐标闭合差 f_x、f_y。

$$f_x = X_1 + \Sigma \Delta x_{i,\,i+1} - X_B \quad (i = 1, 2, \cdots, n-1) \tag{8-10}$$

$$f_y = Y_1 + \Sigma \Delta y_{i,\,i+1} - Y_B \quad (i = 1, 2, \cdots, n-1) \tag{8-11}$$

利用坐标闭合差 f_x、f_y 计算导线全长闭合差 f，进而计算导线全长相对闭合差 T：

$$f = \sqrt{f_x^2 + f_y^2} \tag{8-12}$$

$$T = \frac{f}{\Sigma D} = \frac{1}{K} \tag{8-13}$$

导线全长相对闭合差 T 是导线测量的另一个主要技术指标，当其小于限差时，才可进行下步计算；如果超限，就需检查边长的测量记录和计算过程，甚至外业返工重测边长，再行计算。

4）坐标增量改正。由上述内容可见，双定向附合导线与支导线相比增加了一项处理坐标闭合差的计算。通常认为坐标闭合差 f_x、f_y 主要由边长的测量误差引起，并且误差大小与边长长短正相关。因此，根据各导线边的长度依比例改正相应的坐标增量。坐标增量改正数由下式计算：

$$V_{\Delta x_{i,\,i+1}} = -\left(\frac{f_x}{\Sigma D}\right) \cdot D_{i,\,i+1} \quad (i = 1, 2, \cdots, n-1) \tag{8-14}$$

$$V_{\Delta y_{i,\,i+1}} = -\left(\frac{f_y}{\Sigma D}\right) \cdot D_{i,\,i+1} \quad (i = 1, 2, \cdots, n-1) \tag{8-15}$$

所有坐标增量改正数之和应等于坐标闭合差反号，即 $\Sigma V_{\Delta x} = -f_x$，$\Sigma V_{\Delta y} = -f_y$ 这是计算结果正确与否的第二个检核条件。坐标增量加上改正数得到坐标增量改正值，即坐标增量的平差值。坐标增量改正值为：

$$\Delta X_{i,i+1} = \Delta x_{i,i+1} + V_{\Delta x_{i,i+1}} \quad (i = 1, 2, \cdots, n-1) \tag{8-16}$$

$$\Delta Y_{i,i+1} = \Delta y_{i,i+1} + V_{\Delta y_{i,i+1}} \quad (i = 1, 2, \cdots, n-1) \tag{8-17}$$

5）坐标推算。仿照式（8-16）和式（8-17），推算出各待定点的坐标：

$$X_{i+1} = X_i + \Delta X_{i,i+1} \quad (i = 1, 2, \cdots, n-1) \tag{8-18}$$

$$Y_{i+1} = Y_i + \Delta Y_{i,i+1} \quad (i = 1, 2, \cdots, n-1) \tag{8-19}$$

最后计算出的 X_n、Y_n，必然与已知坐标 X_B、Y_B 相等。这是计算结果正确与否的第三个检核条件。三个检核条件如不满足，说明计算过程存在错误，应及时检查、更正。

在工程实践中，双定向附合导线是常见形式。导线测量的外部检核条件少，为了增强测量成果的可靠性，任何能够利用的已知条件都应充分利用。所以，在特殊地形条件下会遇到单定向附合导线，甚至会遇到无定向附合导线的情况。

在图 8-10 中，某种原因造成没有 $N(P_{n+1})$ 点，也就是没有连接角 β_n，因此不能产生方位角闭合差 f_β，这样的导线称为单定向附合导线。单定向附合导线近似平差的思路是，按照支导线的方法直接利用起算坐标方位角 $\alpha_{0,1}$ 和转折角 β_i，推算各边的坐标方位角，接着进行坐标增量计算，坐标闭合差 f_x、f_y 计算和导线全长相对闭合差 T 计算，坐标增量改正和坐标推算。

（2）无定向附合导线近似平差

如图 8-11 所示，由于这种导线的两端均未测连接角，只观测了转折角 $\beta_i(i = 2, 3, \cdots, n-1)$ 和边长 $D_{i,i+1}(i = 1, 2, \cdots, n-1)$，起算数据只有 $A(P_1)$ 的坐标 (X_1, Y_1) 和 $B(P_n)$ 的坐标 $(X_{n(B)}, Y_{n(B)})$，因此无法直接推算出各导线边的坐标方位角。为了得到各导线点的坐标，可按以下思路进行。

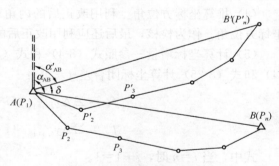

图 8-11 无定向附合导线计算

1）假定导线第一条边的方位角为 $\alpha'_{1,2}$，仿照式（8-3）利用 $\beta_i(i = 2, 3, \cdots, n-1)$ 依次推算出导线各边的假定坐标方位角。

2）根据式（8-4）和式（8-5）计算各点间的假定坐标增量 $\Delta x'_{i,i+1}$，$\Delta y'_{i,i+1}(i = 1, 2, \cdots, n-1)$；依据坐标反算原理，求出 $A(P_1) \rightarrow B(P_n)$ 的已知坐标方位角 $\alpha_{1,n}$ 和假定坐标方位角 $\alpha'_{1,n}$。

3）计算方位角改正数 δ。根据几何原理可知，这时整个导线实质是旋转了一个角度 δ：

$$\delta = \alpha_{1,n} - \alpha'_{1,n} \tag{8-20}$$

4）将各假定坐标方位角加以改正，得到导线各边的坐标方位角：

$$\alpha_{i,i+1} = \alpha'_{i,i+1} + \delta (i = 1, 2, \cdots, n-1) \tag{8-21}$$

5）按照双定向附合导线近似平差的方法计算各点间的坐标增量、坐标增量改正值，推算各点坐标。

3. 闭合导线近似平差

如图 8-12 所示为一条闭合导线，是由相邻导线边构成的多边环状导线，只有一套起算数据。只需将 β_1' 和 $(\beta_1'+\beta_1)$ 当作 2 个连接角，近似平差的过程就和双定向附合导线完全相同。

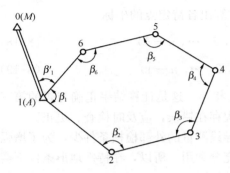

图 8-12 闭合导线

然而，闭合导线的多边环状网形决定了坐标方位角闭合差 f_β 和坐标闭合差 f_x、f_y 具有较简单的计算公式。因此，一般参照以下步骤进行近似平差。

（1）将起算坐标方位角推算至多边形。根据式（8-3）将已知标方位角 $\alpha_{0,1}$ 利用连接角 $(\beta_1'+\beta_1)$ 传递到 $1 \rightarrow 2$，即计算出 $1 \rightarrow 2$ 的坐标方位角 $\alpha_{1,2}$。

（2）计算坐标方位角闭合差 f_β。在多边形内计算，公式如下：

$$f_\beta = \Sigma \beta_i - (n-2) \times 180° \quad (i=1,2,\cdots,n) \tag{8-22}$$

式中，β_i 为闭合导线的多边形内角观测值；n 为多边形内角个数，也是多边形的边数。

（3）对内角观测值进行改正。参照式（8-9），β_1' 是连接角，不是多边形内角，没参与闭合差 f_β 的计算。所以近似平差时可不对其进行改正。

（4）推算坐标方位角。利用改正后的内角观测值，参照式（8-3）推算多边形各边的坐标方位角。作为检核，最后还应利用改正后的 β_1 推算 $\alpha_{1,2}$，且应与起算时相等。

（5）计算坐标增量。参照式（8-4）和式（8-5）计算各点间的坐标增量，并用式（8-24）和式（8-25）计算坐标闭合差 f_x、f_y：

$$f_x = \Sigma \Delta x_{i,\,i+1} \quad (i=1,2,\cdots,n) \tag{8-23}$$

$$f_y = \Sigma \Delta y_{i,\,i+1} \quad (i=1,2,\cdots,n) \tag{8-24}$$

式中，当 $i=n$ 时，$i+1=1$。

（6）计算坐标增量改正数，推算坐标。参照式（8-14）和式（8-15）计算坐标增量改正数，参照式（8-16）和式（8-17）计算坐标增量改正值，参照式（8-18）和式（8-19）计算各点坐标。

第四节　GNSS 静态相对测量

全球卫星静态相对定位技术，即 GNSS 静态相对测量，是工程平面控制测量的首选技术，可用于各种等级的工程平面控制测量。

一、GNSS 静态网的主要技术要求

《工程测量标准》GB 50026—2020 将 GNSS 静态平面控制网划分为二等、三等、四等、一级、二级 5 个等级，每个等级对应的主要技术指标包括平均边长、接收机固定误差、比例误差系数、约束点间边长相对中误差和约束平差后最弱边相对中误差，具体见表 8-4。

工程平面控制——GNSS 静态网的主要技术要求　　　　　表 8-4

等级	平均边长 （km）	接收机固定误差 A （mm）	比例误差系数 B （mm/km）	约束点间边长 相对中误差	约束平差后 最弱边相对中误差
二等	9	≤10	≤2	≤1/250000	≤1/120000
三等	4.5	≤10	≤5	≤1/150000	≤1/70000
四等	2	≤10	≤10	≤1/100000	≤1/40000
一级	1	≤10	≤20	≤1/40000	≤1/20000
二级	0.5	≤10	≤40	≤1/20000	≤1/10000

GNSS 静态相对定位技术，是将 2 台或多台 GNSS 接收机分别安置在不同控制点上，同步接收 GNSS 卫星信号，将载波相位观测值线性组合后形成差分观测值（单差观测值、双差观测值或三差观测值），以消除卫星时钟误差，削弱电离层和对流层延时影响，消除整周模糊度，从而解算出 WGS-84 坐标系下的高精度基线，进行基线向量网平差、地面用户网联合平差，最终得到控制点在用户坐标系下的坐标。

现在，GNSS 控制测量所使用的接收机性能已远远优于过去。一般是双频甚至多频接收机，可接收 L1、L2 和 L5 载波信号，同时接收多系统（BDS/GPS/GLONASS 和 GAL-ILEO）卫星信号，接收机标称精度可达 2.5mm＋1mm/km，接收机内存可以记录采样间隔 1s 的数据容量。近 10 年来，卫星星座的相关技术日新月异，特别是我国 BDS 组网成功，使得 GNSS 静态测量的可靠性和定位精度有了根本保证。

二、GNSS 静态网网形

GNSS 静态网网形构成比较灵活，这是因为控制点精度与控制网网形关系不大，它主要取决于卫星与测站点间构成的几何网形、观测的载波相位信号质量和数据处理模型。因此，GNSS 静态网主要考虑具体工程对控制点位置的要求。在网形构成时要考虑几个基本概念。

（1）观测时段。观测时段是指接收机从开始接收到终止接收卫星信号的连续观测时间段。

（2）同步环。同步环是指 3 台或 3 台以上接收机同步观测所获得的基线向量构成的闭合环，又称同步观测环。

（3）独立基线。独立基线是由 N 台接收机同步观测所确定的函数独立的基线。同步基线总数 $J = N(N-1)/2$，独立基线 $DJ = N-1$，是同步观测构成的最大独立基线组。

（4）异步环。异步环是指网中同步环之外的所有闭合环，也称异步观测环。

（5）重复基线。重复基线是指不同时段重复观测的基线。

（6）独立环。独立环是由不同时段独立基线构成的闭合环。

N 台接收机同步观测构成的同步图形如图 8-13 所示。在同步图形中可以选择 $N-1$ 条独立基线（边）参与构网。GNSS 静态网网形构成就是把独立基线连在一起构成网络。为了有效地发现粗差，保证测量成果的可靠性和精度，独立基线必须构成一些几何图形（三角形、多边环形或附合路线），形成几何检核条件。同步观测基线间的连接方式有点连

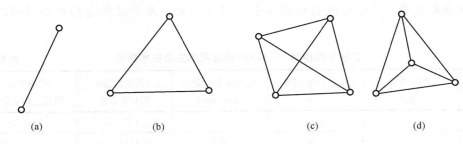

图 8-13　N 台接收机构成的同步图形

(a) N=2；(b) N=3；(c) N=4

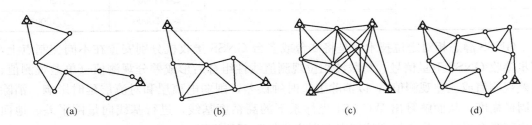

图 8-14　GNSS 静态相对测量的布网形式

(a) 点连式；(b) 边连式；(c) 网连式；(d) 混连式

式、边连式、网连式和混连式，基线不多于 6 条，如图 8-14 所示。二等、三等 GNSS 网不应以点连式构网。

三、GNSS 静态相对测量外业实施

GNSS 静态相对测量外业实施包括选点、埋石和外业观测。

依据《技术设计书》的要求进行选点、埋石。选点、埋石的基本要求：点位视野范围内障碍物高度角小于或等于 15°，地面基础稳固，便于安置接收机；距离大功率无线电发射源（电视台、电台、微波站等）大于或等于 200m；距离高压输电线路和微波传送通道大于或等于 50m；远离强反射物体；交通方便并利于其他测量技术（比如全站仪技术）的扩展和联测；充分利用已有点位。选定点位之后，埋设标石并根据需要绘制点之记。标石过了稳定期后，方可组织外业观测。

GNSS 控制测量在实施观测时，应根据投入设备数量和已知起算点、待定控制点分布，依据《技术设计书》中的设计网形示意图，编制作业调度计划，独立基线观测总数应不少于必要独立基线的 1.5 倍。按照调度计划展开测站工作。GNSS 静态相对测量外业观测包括安置 GNSS 接收机、接收观测数据和外业检核等工作。观测前，应对接收机进行预热和静置，同时检查电池电量、接收机内存空间是否充足。

（1）安置 GNSS 接收机。安置仪器是保证观测数据质量的前提，要做到接收机既对中又整平，对中误差小于或等于 2mm，基座管水准器整平误差小于或等于 1 格。在观测时段开始前后各量一次天线高，三方向量取，精确到 1mm，取均值。观测员将测站名称和接收机编号、天线高等信息记录在记录表中。

（2）接收观测数据。开机，输入测站名称或编号，设置采样间隔和截止高度角，开始自动记录数据，直至观测时段结束，关机。现在的接收机自动化程度很高，开机便自动进

入接收和记录数据状态。观测员要在记录表中记录时段开始时间、结束时间、整个时段的接收机状态等信息。整个观测时段，避免在接收机近旁使用无线电通信工具。

（3）外业检核。外业检核是保证外业观测质量和提高观测精度的重要环节。观测员将当天的观测数据下载至计算机，利用随机软件进行基线解算，检核同步环、异步环闭合差。对不合格的数据进行分析，及时补测或重测。

四、GNSS 控制网数据预处理

外业实施采集数据之后，便可进行 GNSS 控制网数据处理。数据处理是指从外业原始数据传输到最终获得控制点坐标成果的整个过程，包括数据预处理、基线向量网无约束平差（三维自由网平差）和约束平差（地面网联合平差）几个步骤。通常用随机软件进行，也可使用专用软件。

GNSS 控制网数据预处理主要是基线解算和基线质量评估。在基线解算过程中，由多台 GNSS 接收机在野外通过同步观测采集到的观测数据，被用来确定接收机间的基线向量及其方差-协方差矩阵，除了被用于后续的网平差外，还被用于检验和评估外业观测成果的质量。对于一般工程，基线解算通常在外业观测期间进行。

基线向量是利用 2 台或 2 台以上 GNSS 接收机采集的同步观测数据形成的差分观测值，通过参数估计的方法计算出的两台接收机间的三维坐标差。与常规地面测量的基线边长不同，基线向量是既具有长度特性又具有方向特性的矢量，而基线边长则是仅具有长度特性的标量，如图 8-15 所示为基线边长与基线向量。

对于一组具有一个共同端点的同步观测基线来说，由于在进行基线解算时用到了一部分相同的观测数据，数据中的误差将同时影响这些基线向量，因此，这些同步观测基线之间应存在固有的统计相关性。在进行基线解算时，应考虑这种相关性，但由于不同模式的基线解算方法在数学模型上存在一定差异，因而基线解算结果及其质量也不完全

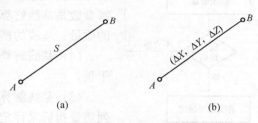

图 8-15　基线边长与基线向量
(a) 基线边长；(b) 基线向量

相同。工程应用中常用的基线解算模式主要有单基线解（或基线）模式和多基线解（或时段）模式。

单基线解模式是最简单也是最常用的一种。在该模式中，对基线逐条进行解算，也就是说，在进行基线解算时，一次仅同时提取 2 台 GNSS 接收机的同步观测数据来求解它们之间的基线向量。当在该时段中有多台接收机进行了同步观测而需要求解多条基线时，这些基线是逐条在独立的解算过程中求解出来的。

单基线解模式是目前工程应用中最为普遍的基线解算模式，大多数商业软件采用这一模式。其优点是模型简单，一次求解的参数较少，计算工作量小；缺点是解算结果无法反映同步观测基线间的统计相关性，无法充分利用观测数据之间的关联性。不过，在大多数情况下解算结果仍能满足一般工程应用要求。

在多基线解模式中，基线逐时段进行结算，也就是说，在基线解算时，一次提取一个观测时段中所有同步观测的 N 台 GNSS 接收机所采集的观测数据，在逐点解算过程中可解算出 $N-1$ 条相互独立的基线。在一个完整的多基线解中，包含了独立基线向量的结果。

与单基线解模式相比，多基线解模式的优点是数学模型严密，并能在结果中反映同步观测基线之间的统计相关性。但是，其数学模型和解算过程都比较复杂，并且计算量也较大。该模式通常用于对质量要求较高的场合。目前，绝大多数科学研究采用软件进行基线解算时一般都会选用多基线解模式。

GNSS 接收机厂商通常都会配备相应的数据处理软件，基本操作步骤是大体一致的。GNSS 基线解算过程如图 8-16。

图 8-16　基线解算过程

（1）导入观测数据。在进行基线解算时，首先需要导入原始的 GNSS 观测数据。一般来说，GNSS 接收机厂商提供的数据处理软件都可以直接处理从接收机中传输出来的 GNSS 原始观测数据。由第三方开发的数据处理软件通常需要进行观测数据的格式转换。目前，最常用的格式是 RINEX 格式，对于按此种格式存储的数据几乎所有数据处理软件都能直接处理。

（2）检查与修改外业输入数据。在导入了 GNSS 观测数据后，就需要对观测数据进行检查，以发现并改正外业观测时的误操作所引起的问题。检查的项目包括测站名/点号、天线高、天线类型、天线高量高方式等。

（3）设定基线解算的控制参数。基线解算的控制参数用以确定数据处理软件采用何种处理方式来进行基线解算。设定控制参数是基线解算时的一个重要环节，直接影响基线解算结果的质量。基线的精化处理也是通过参数的设定来实现的。

（4）基线解算。基线解算的过程一般自动进行，无须人工干预。

（5）基线解算的质量控制。基线解算结果的质量通过一系列质量指标来评定，而基线解算结果质量的改善则通过基线的精化处理来实现。

评定基线解算结果质量的指标有两类：一类是基于测量相关规范的控制指标，另一类是基于统计学原理的参考指标。在工程应用中，控制指标必须满足，而参考指标则不作为判断质量是否合格的依据。

质量的控制指标：数据剔除率，同步环闭合差，独立环闭合差，复测基线长度较差，无约束平差基线向量残差，基线长度中误差（相对中误差）。

质量的参考指标：单位权方差，整周模糊度解的均方根差比 RATIO，空间几何因子 RDOP，观测值残差的均方根误差 RMS。

利用外业观测数据解算基线应满足下列要求：①起算点的单点定位观测时间不少于 30min；②解算模式可采用单基线解模式，也可采用多基线解模式；③解算成果采用双差固定解。

解算的基线结果应通过同步环、异步环和重复基线检核。同步环、异步环和重复基线检核条件如下。

同步环 x 坐标分量闭合差 w_x，y 坐标分量闭合差 w_y，z 坐标分量闭合差 w_z，应满足：

$$w_x \leqslant \sigma\sqrt{\frac{n}{5}}, \; w_y \leqslant \sigma\sqrt{\frac{n}{5}}, \; w_z \leqslant \sigma\sqrt{\frac{n}{5}} \tag{8-25}$$

式中，n 为同步环中基线个数；σ 为基线长度中误差，用下式计算：

$$\sigma = \sqrt{A^2 + B^2 d^2} \tag{8-26}$$

式中，A 为 GNSS 接收机固定误差，mm；B 为接收机比例误差系数，mm/km；d 为基线长度，km。

同步环全长闭合差 w，应满足：

$$w = \sqrt{w_x^2 + w_y^2 + w_z^2} \leqslant \sigma\sqrt{\frac{3n}{5}} \tag{8-27}$$

异步环 x 坐标分量闭合差 w_x，y 坐标分量闭合差 w_y，z 坐标分量闭合差 w_z，应满足：

$$w_x \leqslant 2\sigma\sqrt{n}, \; w_y \leqslant 2\sigma\sqrt{n}, \; w_z \leqslant 2\sigma\sqrt{n} \tag{8-28}$$

异步环全长闭合差 w，应满足：

$$w = \sqrt{w_x^2 + w_y^2 + w_z^2} \leqslant 2\sigma\sqrt{3n} \tag{8-29}$$

重复基线的长度较差 Δd，应满足：

$$\Delta d \leqslant 2\sqrt{2}\sigma \tag{8-30}$$

外业观测数据检验合格后，应按式（8-31）对 GNSS 控制网的观测精度进行评定：

$$m = \sqrt{\frac{\sum(w^2/n)}{3N}} \leqslant \sigma \tag{8-31}$$

式中，m 为 GNSS 控制网的测量中误差，N 为网中异步环个数；n 为网中异步环边数；w 为异步环全长闭合差。

当基线检核不能满足检核条件时，应进行全面分析，或经过数据精化处理后再次解算基线，或舍弃不合格基线，但应顾及舍弃基线后，数据剔除率不超过 10%，所构成异环的边数不超过 6 条；否则，应重测该基线或相关同步环。重测时应合理调度，将所有重测（补测）基线尽量安排在一起进行同步环观测。

数据精化处理通常采用的方法是删除观测时间太短的卫星观测数据、删除多路径效应严重的时段或卫星、改变截止高度角、剔除受对流层或电离层影响的观测数据，也可尝试对双频观测值使用无电离层观测值解算基线。

（6）最终的基线解算结果。输出质量检核合格的基线向量。数据预处理结束。

将基线结果输入网平差软件进行网平差处理。一般情况下，基线解算结果包括如下内容：①数据记录情况（起止时刻、历元间隔、观测卫星、历元数）；②测站信息，包括位置（经度、纬度、高度）、接收机序列号、接收天线序列号、测站编号、天线高；③每一测站在观测时段的卫星跟踪状况；④气象数据（气压、温度、湿度）；⑤基线解算控制参数设置（星历类型、截止高度角、解的类型、对流层折射的处理方法、电离层折射的处理方法、周跳处理方法等）；⑥基线向量估值及其统计信息（基线分量、基线长度、基线分量的方差-协方差矩阵/协因数阵、观测值残差的均方根误差 RMS、整周模糊度解的均方根差比 RATIO、单位权方差 μ）；⑦观测值残差序列。还有同步环闭合差、异步环闭合差和重复基线较差等。

五、GNSS 控制网平差

同其他测量数据处理一样，网平差仍然是 GNSS 测量数据处理的主要任务之一。采用 GNSS 技术建立地面控制网，通常采用相对定位技术测定基线向量。由基线向量互相联结构成的网，称为 GNSS 基线向量网，简称 GNSS 网。由于存在观测误差和模型误差，GNSS 基线向量网中由不同时段观测的基线向量组成的闭合环存在不符值（闭合差）。因 GNSS 基线向量是三维地心坐标系下的成果，所以首先应对其在三维地心坐标系下进行平差，即以 GNSS 基线向量及其相应的方差阵作为观测信息，进行 GNSS 网平差以消除不符值，最终获得网中各点平差后的三维坐标、基线向量的平差值、基线向量的改正数，并对观测值和点位坐标的精度进行评定。另外，为了能和已有的常规测量数据联合使用或处理，还需考虑 GNSS 测量数据的二维平差。下面着重讨论 GNSS 网平差的目的、类型和整体流程。

1. GNSS 网平差目的

进行 GNSS 网平差的目的主要有三个：①消除由观测量和已知条件中的误差引起的 GNSS 网在几何上的不一致；②改善 GNSS 网的质量，评定 GNSS 网精度；③确定 GNSS 网中点在指定参考系下的坐标以及其他所需参数的估值。

2. GNSS 网平差类型

通常，无法通过某个单一类型的网平差过程来达到上述三个目的，而必须分阶段采用不同类型的网平差方法。根据进行网平差时所采用的观测量和已知条件的类型及数量，可将网平差分为无约束平差、约束平差和联合平差三种类型。这三种类型的网平差除了都能消除由观测值和已知条件引起的网在几何上的不一致外，还具有各自不同的功能。无约束平差能够评定网的内符合精度和探测处理粗差，而约束平差和联合平差则能够确定 GNSS 网点在指定参照系下的坐标。GNSS 网平差的分类还可以根据平差时所采用坐标系的类型不同，分为三维平差和二维平差。下面简要介绍无约束平差、约束平差和联合平差。

（1）无约束平差。GNSS 网的无约束平差所采用的观测量完全是 GNSS 基线向量，平差通常在与基线向量相同的地心地固坐标系下进行。无约束平差还可分为最小约束平差和自由网平差两类。在平差进行过程中，最小约束平差除了引入一个提供位置基准信息的起算点坐标外，不再引入其他的外部起算数据；而自由网平差则不引入任何外部起算数据。它们之间的一个共性就是都不引入会使 GNSS 网的尺度和方位发生变化的外部起算数据，而这些外部起算数据往往决定了 GNSS 网的几何形状，因而有时又将这两种类型的平差统称为无约束平差。由于在 GNSS 网的无约束平差中，GNSS 网的几何形状完全取决于 GNSS 基线向量，而与外部起算数据无关，因此 GNSS 网的无约束平差结果实际上也完全取决于 GNSS 基线向量。所以，GNSS 网的无约束平差结果的质量，以及在平差过程中所反映出的观测值间的几何不一致性，都是观测值本身质量的真实反映。由于 GNSS 网具有无约束平差的特点，一方面，通过 GNSS 网无约束平差得到的 GNSS 网的精度指标被用作衡量 GNSS 网内符合精度的指标；另一方面，通过 GNSS 网无约束平差反映出的观测质量，又被用作判断粗差观测值及进行相应处理的依据。

（2）约束平差。GNSS 网的约束平差所采用的观测量也完全是 GNSS 基线向量，但有所不同的是，在平差过程中引入了会使 GNSS 网的尺度和方位发生变化的外部起算数据。根据前面所说，只要在网平差中引入边长、方向或两个及其以上的起算点坐标，就可能会使 GNSS 网的尺度和方位发生变化。约束平差常被用于实现 GNSS 网成果由基线解算时采用的卫星星历坐标系到用户特定坐标系的转换。

（3）联合平差。在进行 GNSS 网平差时，所采用的观测值不仅包括 GNSS 基线向量，还可能包含边长、角度、方向和高差等地面常规观测量，这种平差称为联合平差。联合平差的作用大体上与约束平差相同，也是用于实现 GNSS 网成果由基线解算时采用的卫星星历坐标系到用户特定坐标系的转换，通常在大地测量中采用约束平差，在工程测量中采用联合平差。

3. GNSS 网平差的整体流程

在使用 GNSS 数据处理软件进行网平差时，通常需要按图 8-17 所示的流程进行。

（1）基线向量提取。要进行 GNSS 网平差，首先必须提取基线向量，构建 GNSS 基线向量网。提取基线向量时需要遵循以下原则：选取相互独立的基线，否则平差结果会不符合真实的情况；所选取的基线应构成闭合的几何图形；选取质量好的基线向量，基线质量可以依据 RMS、RDOP、RATIO、同步环闭合差、异步环闭合差及重复基线较差来判定；选取能构成边数较少的异步环的基线向量。

（2）三维无约束平差。在完成 GNSS 基线向量网的构网后，需要进行 GNSS 网的三维无约束平差。通过无约束平差，主要达到以下目的：根据无约束平差的结果，判断在所构成的 GNSS 网中有无含有粗差的基线向量。如发现含有粗差的基线向量，需要进行相应处理，必须使得最后用于构网的所有 GNSS

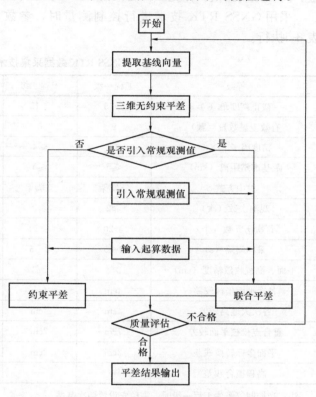

图 8-17　GNSS 网平差的整体流程

基线向量均满足相应等级质量要求；调整各基线向量观测值的权，使得它们相互匹配。

（3）约束平差/联合平差。在进行三维无约束平差后，需要进行约束平差或联合平差。平差可根据需要在三维空间或二维空间中进行。约束平差的具体步骤：指定进行平差的基准和坐标系统，指定起算数据，检验约束条件的质量，最后进行平差解算。

（4）质量分析与控制。在进行 GNSS 网质量的评定时，可以采用下面的指标：基线向量的改正数、相邻点的中误差和相对中误差。

GNSS 测量控制网的约束平差，应符合下列规定：应在国家坐标系或地方坐标系中进行二维或三维约束平差；对于已知坐标、距离或方位，可以强制约束，也可加权约束；约束点间的边长相对中误差，应满足相应等级的规定要求；平差结果，应输出观测点在相应坐标系中的二维或三维坐标、基线向量的改正数、基线长度、基线方位角以及相关的精度信息等；需要时，还应输出坐标转换参数及其精度信息；控制网约束平差的最弱边边长相对中误差，应满足相应等级的规定。

第五节 GNSS RTK 测量

GNSS RTK 定位技术（包括单基站 RTK、网络 RTK 和连续运营参考站 CORS RTK），只能用于一级及其以下等级的平面控制测量。但用于图根控制时可将平面控制测量、高程控制测量一体完成。

采用 GNSS RTK 技术进行控制测量时，参数设置、测站观测、质量限差可参照表 8-5执行。

<table>
<tr><td colspan="6" align="center">**GNSS RTK 数据采集技术要求**</td><td align="right">表 8-5</td></tr>
<tr><td>等级</td><td>工程一级</td><td>工程二级</td><td>工程三级</td><td>图根点</td><td>碎（细）部点</td></tr>
<tr><td>截止高度角（°）</td><td>≥15</td><td>≥15</td><td>≥15</td><td>≥15</td><td>≥15</td></tr>
<tr><td>有效卫星数量（颗）</td><td>9</td><td>6</td><td>≥6</td><td>≥6</td><td>≥6</td></tr>
<tr><td>精度因子 PDOP</td><td>≤4</td><td>≤4</td><td>≤4</td><td>≤4</td><td>≤4</td></tr>
<tr><td>距基准站距离（km）</td><td>≤5</td><td>≤5</td><td>≤5</td><td>≤7</td><td>≤10</td></tr>
<tr><td>对中方式</td><td>三脚架</td><td>三脚架</td><td>三脚架</td><td>对中杆</td><td>对中杆</td></tr>
<tr><td>观测次数（次）</td><td>≥2</td><td>≥3</td><td>≥2</td><td>≥2</td><td>8</td></tr>
<tr><td>每次历元数（个）</td><td>≥20</td><td>≥20</td><td>≥20</td><td>≥20</td><td>≥5</td></tr>
<tr><td>采样间隔（s）</td><td>2～5</td><td>2～5</td><td>2～5</td><td>2～5</td><td>2～5</td></tr>
<tr><td>平面、高程收敛精度（cm）</td><td>2/3</td><td>2/3</td><td>2/3</td><td>2/3</td><td>2/3</td></tr>
<tr><td>各次平面坐标较差</td><td>4cm</td><td>4cm</td><td>4cm</td><td>图上 0.1mm</td><td>图上 0.1mm</td></tr>
<tr><td>各次大地高较差</td><td>4cm</td><td>4cm</td><td>4cm</td><td>1/10 等高距</td><td>2/10 等高距</td></tr>
<tr><td>重合点检核平面较差</td><td>7cm</td><td>7cm</td><td>7cm</td><td>7cm</td><td>图上 0.2mm</td></tr>
<tr><td>平面坐标转换残差</td><td>2cm</td><td>2cm</td><td>2cm</td><td>图上 0.07mm</td><td>图上 0.1mm</td></tr>
<tr><td>高程拟合残差</td><td>—</td><td>—</td><td>—</td><td>1/12 等高距</td><td>1/10 等高距</td></tr>
</table>

注：当控制等级为工程一级时，需独立设置两次基站。

第六节 工程高程控制测量

高程控制测量精度等级的划分，依次为二等、三等、四等、五等。各等级高程控制宜采用水准测量，四等及以下等级可采用全站仪三角高程测量，五等也可采用 GNSS 拟合高程测量。

首级高程控制网的等级，应根据工程规模、控制网的用途和精度要求合理选择。首级网应布设成环形网，加密网宜布设成附合路线或结点网。

测区的高程基准宜采用 1985 国家高程基准。在已有高程控制网的地区测量时，可沿用原有的高程基准；当小测区联测有困难时，也可采用假定高程基准。

高程控制点间的距离；一般地区应为 1～3km，工业厂区、城镇建筑区宜小于 1km，但一个测区及周围至少应有 3 个高程控制点。

高程控制测量的目的是高精度测量控制点的高程，主要技术方法包括水准测量，全站仪三角高程量和 GNSS 高程测（GNSS 水准高程测量、GNSS RTK 高程测量），可以根据具体工程的建设规模、技术要求和地形条件，灵活选用具体的技术方法。

图根高程控制可采用图根水准、全站仪三角高程等测量方法，起算点的精度不应低于四等水准高程点。

一、工程水准测量

工程水准测量的主要技术要求应符合表 8-6 的规定。

工程水准点的布设与埋石应符合下列规定：应将点位选在土质坚实、稳固可靠的地方或稳定的建筑物上，且便于寻找、保存和引测；当采用数字水准仪作业时，水准路线应避开电磁场的干扰，可采用水准标石，也可采用墙水准点。标志及标石的埋设应符合相关规范要求。二等、三等点应绘制点之记，其他控制点可视需要而定。必要时还应设置指示桩。

水准观测应在标石埋设稳定后进行。各等级水准观测的主要技术要求应符合相关规定。

当两次观测高差较差超限时应重测。重测后，对于二等水准应选取两次异向观测的合格结果，其他等级则应对重测结果与原测结果分别进行比较，较差均不超过限值时，取三次结果的平均值。

工程水准测量的主要技术要求   表 8-6

等级	高差全中误差 (mm/km)	路线长度 (km)	水准仪	水准尺	观测次数		往返较差、闭合差 (mm)	
					联测已知点	闭合/附合	平地	山地
二等	±2	—	1mm 级	因瓦	往返 1 次	往返 1 次	$\pm 4\sqrt{L}$	—
三等	±6	50	1mm 级	因瓦	往返 1 次	往 1 次	$\pm 12\sqrt{L}$	$\pm 4\sqrt{n}$
			3mm 级	双面	往返 1 次	往返 1 次		
四等	±10	16	3mm 级	双面	往返 1 次	往 1 次	$\pm 20\sqrt{L}$	$\pm 6\sqrt{n}$
五等	±15		3mm 级	单面	往返 1 次	往 1 次	$\pm 30\sqrt{L}$	
图根	±20	5	10mm 级	单面	往返 1 次	往 1 次	$\pm 40\sqrt{L}$	$\pm 12\sqrt{n}$

注：1. 表中 L 是往返测段、附合或闭合水准路线长度，以 km 计，n 是测站数；2. 结点之间或结点与高级点之间路线长度，应不大于表中规定的 70%；3. 数字水准仪测量的技术要求和同等级的光学水准仪相同。

工程水准测量的数据处理，应符合下列规定，当每条水准路线分测段施测时，应按下式计算每千米水准测量的高差偶然中误差，其绝对值应不超过相应等级每千米高差全中误差的 1/2。

$$M_\Delta = \sqrt{\frac{\sum \dfrac{\Delta^2}{L}}{4n}} \tag{8-32}$$

式中，M_Δ 为高差偶然中误差，mm；Δ 为测段往返高差不符值，mm；L 为测段长度，km；n 为测段数。

工程水准测量结束后，应按下式计算每千米水准测量高差全中误差，其绝对值应不超过相应等级的规定。

$$M_w = \sqrt{\dfrac{\sum \dfrac{W^2}{L}}{N}} \tag{8-33}$$

式中，M_w 为高差全中误差，mm；W 为附合或环线闭合差，mm；L 为计算 W 时，相应的路线长度，km；N 为附合路线和闭合环的总个数。

当二等、三等工程水准测量与国家水准点附合时，高山地区除应进行正常位水准面不平行修正外，还应进行其重力异常的归算修正。

各等级工程水准网应按最小二乘法进行平差并计算每千米高差全中误差。高程成果的取值，二等水准精确至 0.1mm，三等、四等、五等水准精确至 1mm。

二、全站仪三角高程测量

全站仪三角高程测量，常在工程平面控制点的基础上布设成三角高程网或高程导线。表 8-7 是全站仪三角高程测量的主要质量技术要求。

全站仪三角高程测量的主要质量技术要求　　　　　　　表 8-7

等级	每千米高差全中误差 （mm）	路线长度 （km）	边长 （km）	观测方式	对向观测高差较差 （mm）	闭合差 （mm）
四等	10	≤16	≤1	对向	$\pm 40\sqrt{D}$	$\pm 20\sqrt{\sum D}$
五等	15	—	≤1	对向	$\pm 60\sqrt{D}$	$\pm 30\sqrt{\sum D}$
图根	20	≤5	—	对向	$\pm 80\sqrt{D}$	$\pm 40\sqrt{\sum D}$

注：D 为测距边的长度，单位为 km。

全站仪三角高程测站观测的技术要求应符合相关规定。垂直角的对向观测，直觇完成后应即刻迁站进行返觇测量。仪器高、目标高，应在观测前后各测量一次并精确至 1mm，取其平均值作为最终结果。

全站仪三角高程测量的数据处理，应符合下列规定：对于直返觇的高差，应进行地球曲率和折光差的改正；各等级高程网，应按最小二乘法进行平差并计算每千米高差全中误差；高程成果的取值应精确至 1mm。

三、GNSS 高程测量

GNSS 高程测量，仅适用于平原或丘陵地区的五等及其以下等级高程控制，应与 GNSS 工程平面控制测量一起进行。但 GNSS 高程测量不能用于首级高程控制。

GNSS 高程测量的主要技术要求：以四等以上高程点作为起算数据，采用四等水准测量技术联测 GNSS 控制点。联测的 GNSS 点，宜分布在测区的四周和中央。若测区为带状地形，则联测的 GNSS 点应分布于测区两端及中部。联测点数，应大于拟合计算模型中未知参数个数的 1.5 倍，间距宜小于 10km。地形高差变化较大的地区，应适当增加联测的点数。地形趋势变化明显的大面积测区，宜采取分区拟合方法。

GNSS 测站观测的技术要求，与平面控制一致；天线高应在观测前后各量测一次，取其平均值作为最终高度。

GNSS 拟合高程计算时，充分利用当地的重力大地水准面模型或资料。对联测的已知高程点的可靠性进行检验，并剔除不合格点。对于地形平坦的小测区，可采用平面拟合模型；对于地形起伏较大的大面积测区，宜采用曲面拟合模型。对拟合高程模型应进行优化。GNSS 点的高程计算，不宜超出拟合高程模型所覆盖的范围。对 GNSS 点的拟合高程成果，应进行检验。检测点数不少于全部高程点的 10% 且不少于 3 个点；高差检验，可采用相应等级的水准测量方法或全站仪三角高程测量方法，其高差较差不应超过 $\pm 30 \sqrt{D}$mm（D 为检查路线长度，单位为 km）。

第九章　大比例尺地形图的测绘

第一节　地形图基本知识

地球表面高低起伏，形态各异，为满足科学研究和各项工程建设的需要，将地面上的点位和各种物体沿铅垂线方向投影到水平面上，然后相似地将这水平面上的图形按一定的比例缩绘在图纸上，这样制成的图称为平面图。在图上不仅要表示地面上各种物体的位置，而且还用特定的符号把地面高低起伏的形态表示出来，这种图称为地形图。地形图是将地表的地物和地貌经综合取舍，按比例缩小后用规定的符号和一定的表示方法描绘在图纸上的正射投影图。由于它能比较详细地表示地表信息，所以其应用甚广。

一、地形图的比例尺

地形图上某一线段的长度与地面上相应线段的实际水平距离之比，称为该地形图的比例尺。地形图的比例尺又分为数字比例尺和图示比例尺。

1. 数字比例尺

数字比例尺是用分子为 1 的分数形式表示。设某线段图上的长度为 d，实际距离为 D，则：

$$\frac{d}{D} = \frac{\frac{1}{D}}{d} = \frac{1}{m}$$

式中，m 为比例尺的分母，分母越小，比例尺越大。

数字比例尺常用 1：1000、1：2000 或 1：1 千、1：2 千等形式表示。

2. 图示比例尺

为了用图方便，以及减小由于图纸伸缩而引起的误差，在绘制地形图的同时，常在图纸上绘制图示比例尺，最常见的图示比例尺为直线比例尺。

图示比例尺位于图廓线的下方，它一般由长为 12cm、相距约 2mm 的两条平行线组成，2cm 为一个基本单位，最左端的一个基本单位又分十等份。左端第一个基本单位分划处注"0"，其他基本单位分划处根据比例尺的大小，注记相应的数字，其所注记的数字为以米为单位的实地水平距离。图示直线比例尺能直接读到基本单位的 1/10。图 9-1 为1：2000的图示比例尺示意图。

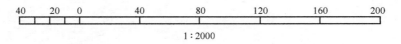

1：2000

图 9-1　图示比例尺

在测量工作中，通常称 1：500、1：1000、1：2000、1：5000 比例尺的地形图为大比例尺地形图。称 1：1 万、1：2.5 万、1：5 万、1：10 万比例尺的地形图为中比例尺地形图。称 1：25 万、1：50 万、1：100 万比例尺的地形图为小比例尺地形图。工程上主要使用的地形图为大比例尺地形图。

一般人的肉眼能分辨图上最小的距离为 0.1mm，因此把图上 0.1mm 所代表的实地水平距离，称为地形图精度。设地形图的精度为 ε，比例尺的分母为 M，则

$$\varepsilon = 0.1M(\text{mm})$$

显然，比例尺越大地形图的精度越高。几种大比例尺地形图的精度见表 9-1。

几种大比例尺地形图的精度 表 9-1

比例尺	1：500	1：1000	1：2000	1：5000
地形图的精度（m）	0.05	0.1	0.2	0.5

在测量工作中，当已知测图比例尺时，可以确定实地量距所需的精度。例如，已知测图比例尺为 1：2000 时，实地量距只需精确到 0.2m。另外，当已知工程要求距离达到一定的精度时，可以确定应选择的测图比例尺。例如某工程要求在图上能反映出实地上 0.1m 距离的精度，则应选用 1：1000 的测图比例尺。

二、地形图的分幅与编号

为了便于测绘、拼接、使用和保管地形图，需要将各种比例尺的地形图进行统一分幅和编号。地形图的分幅方法分为两类：一类是按经纬线分幅的梯形分幅法，主要用于国家基本地形图的分幅；另一类是按坐标格网划分的矩形分幅法，主要用于工程建设的大比例尺地形图的分幅。

1. 地形图的梯形分幅与编号

我国的基本比例尺地形图的分幅与编号采用国际统一的规定，它们都是以 1：100 万比例尺地形图为基础，按规定的经差和纬差划分图幅。

（1）1：100 万比例尺地形图的分幅与编号

按国际规定，1：100 万的世界地图实行统一的分幅和编号。即由赤道向北或向南分别按纬差 4° 分成横列，各列依次用 A、E、…、V 表示。自经度 180° 开始起算，由西向东按经差 6° 分成纵行，各行依次用 1、2、3、…、60 表示。在我国 1：100 万比例尺地形图的分幅与编号上，每一幅图的编号由其所在的"横列-纵行"的代号组成。例如某地的经度为东经 112°24′20″，纬度为 42°56′30″，则所在 1：100 万比例尺图的图幅编号为 K-49。

（2）1：50 万、1：25 万比例尺地形图的分幅与编号

1：50 万、1：25 万地形图的分幅与编号，都是以 1：100 万地形图的分幅和编号为基础的。将一幅 1：100 万地形图图幅按纬差 2°、经差 3′ 划分为 4 个 1：50 万地形图图幅，并分别以字母 A、B、C、D 表示。如图 9-2 所示，画有斜线的 1：50 万地形图图幅编号为 K-49-D。

将一幅 1：100 万地形图图幅按纬差 1°、经差 1°30′ 划分为 16 个 1：25 万地形图图幅，并分别以带有方括号的阿拉伯数字 [1]、[2]、[3]、…、[16] 表示，加在 1：100 万地形图编号后面，组成 1：25 万地形图图幅编号。如图 9-3 所示，画有斜线的 1：25 万地形图的图幅编号为 K-49-[15]。

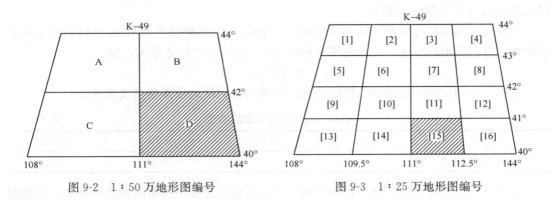

图 9-2　1∶50 万地形图编号　　　　　图 9-3　1∶25 万地形图编号

（3）1∶10 万、1∶5 万、1∶2.5 万比例尺地形图的分幅与编号

1∶10 万、1∶5 万、1∶2.5 万比例尺地形图的分幅与编号都是以 1∶100 万为基础按照固定的经差和纬差划分，并根据划分的行和列，从上到下，从左到右按顺序分别用阿拉伯数字表示。

每一幅 1∶100 万比例尺地形图分为 144 幅（即划分为 12 行 12 列）1∶10 万比例尺地形图，则图幅的经差为 30′，纬差为 20′。每一幅 1∶100 万比例尺地形图分为 576 幅（即划分为 24 行 24 列）1∶5 万比例尺地形图，则图幅的经差为 15′，纬差为 10′。每一幅 1∶100 万比例尺地形图分为 2304 幅（即划分为 48 行 48 列）1∶2.5 万比例尺地形图，则图幅的经差为 7.5′，纬差为 5′。

图 9-4 为位于北纬 39°54′30″，东经 122°28′25″的某地，分别按 1∶10 万、1∶5 万、1∶2.5 万比例尺划分的地形图的分幅示意图。

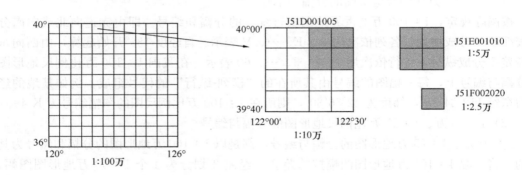

图 9-4　地形图的分幅

（4）1∶1 万比例尺地形图的分幅与编号

一幅 1∶100 万比例尺地形图内有 144 幅 1∶10 万比例尺地形图，以 1、2、…、144 表示，每幅 1∶10 万比例尺地形图划分为 64 幅（即 8 行 8 列）1∶1 万比例尺地形图，以 (1)，(2)，…，(64) 表示，每幅 1∶1 万比例尺地形图的经差为 3′45″，纬差为 2′30″。其编号为 1∶100 万比例尺地形图编号-1∶10 万比例尺地形图的代号-1∶1 万比例尺地形图的代号。如甲地的编号为 J-50-5-(24)，如图 9-5 所示。

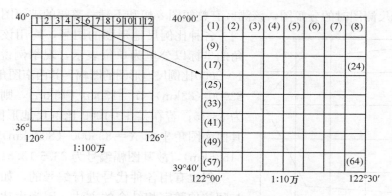

图 9-5　中比例尺地形图编号

（5）大比例尺地形图的分幅与编号

1∶5000 和 1∶2000 比例尺地形图是在 1∶1 万比例尺地形图的基础上进行分幅编号的，每幅 1∶1 万比例尺地形图分成 4 幅 1∶5000 的比例尺地形图，其纬差为 1′15″，经差为 1′52.5″，其编号是在 1∶1 万比例尺地形图后加上小写英文字母 a、b、c、d，则甲地所在的图幅为 J-50-5-(24)-b，如图 9-6 所示。

每幅 1∶5000 比例尺地形图又分成 9 幅 1∶2 000 比例尺地形图，其经差为 37.5″，纬差为 25″，其编号是在 1∶5000 比例尺地形图的后面加上 1、2、3、…、9 等数字，如某地所在 1∶2000 比例尺地形图的图幅编号为 J-50-5-（24）-b-4，如图 9-7 所示。

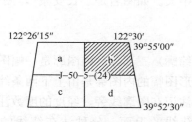

图 9-6　大比例尺地形图分幅

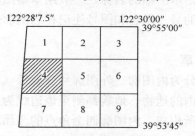

图 9-7　大比例尺地形图编号

2. 地形图的矩形分幅

大比例尺地形图通常采用矩形分幅，图幅的图廓线是平行于纵、横坐标轴的直角坐标格网线，以整公里或整百米进行分幅，图幅的大小如表 9-2 所示。

大比例尺地形图的图幅大小　　表 9-2

比例尺	图幅大小（cm²）	实际面积（km²）	分解数
1∶5000	40×40	4	1
1∶2000	50×50	1	4
1∶1000	50×50	0.25	16
1∶500	50×50	0.0625	64

如果测区为狭长带状，为了减少图版和接图，也可以采取任意分幅。如果测区范围较大，整个测区需要测绘几幅甚至几十幅图，这时应画一张分幅总图。图 9-8 为某一测区按

1∶1000 比例尺测图时的分幅图，该测区有整幅图 8 幅和不满一整幅的破幅图 16 幅。

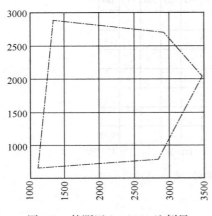

图 9-8   某测区 1∶1000 比例尺
测图分幅

各种比例尺地形图的图号，均用该图图廓西南角的坐标以公里为单位表示，现举例说明。若有一 1∶2000 比例尺地形图的图幅，其西南图角坐标为 $X=83000$（83km），$Y=15000$（15km），则其图幅编号为 83-15；若在某 1∶1000 比例尺地形图的图幅上，其西南图角坐标 $X=835000$（83.5km），$Y=15500$（15.5km），故其图幅编号为 83.5-15.5。

但也有用各种代号进行编号的，如用工程代号与阿拉伯数字相结合的方法，因为大比例尺地形图不少是小面积地区的工程设计施工用图，在分幅编号问题上，要本着从实际出发，根据用图单位的要求和意见，结合作业的方便灵活处理，以测图、用图、管图方便为目的。

三、地形图的图名、图号和图廓

地形图的内容十分丰富。为了能正确地测绘和使用地形图，下面简要介绍地形图的基本内容。

1. 图名和图号

图名是本图幅的名称，一般用本幅图内最著名的地名来命名。图号是按统一分幅后给每幅图编的号。图名和图号注记在北图廓外的正中央。如图名是"长安集"，图号是 L-51-144-D-4。

2. 图廓

图廓分为内图廓、外图廓和分度带（又叫经纬廓）三部分。内图廓是一幅图的测图边界线，图内的地物、地貌都测至该边线为止。梯形图幅的内图廓是由上下两条纬线和左右两条经线所构成。内图廓四个角点的经纬度分别注记在图廓线旁。经度的度数注在经线的左侧，分秒注在经线的右侧；纬度的度数注在纬线的上面，分秒注在纬线的下面。如图 9-9 所示。经度为 $102°00'18''$，纬度为 $29°40'00''$。

外图廓为图幅的最外边界线，以粗黑线描绘，它是作为装饰美观用的。外图廓线平行于内图廓线。分度带绘于内、外图廓之间。它画成若干段黑白相间的线条。在 1∶1 万至 1∶10 万比例尺地形图上，每段黑线或白线的长度就是经度或纬度 $1'$ 的长度。利用图廓两对边的分度带，即可建立起地理坐标格网，用来求图内任意点的地理坐标值与任一直线的真方向。

3. 公里格网

内图廓中的方格网就是平面直角坐标格网。由于它们之间的间隔是整公里数，因而叫公里格网。在分度带与内图廓间的数字注记，即是相应的平面直角坐标值。如图 9-9 所示，利用直角坐标格网，可以求图内任意点的直角坐标与任一直线的坐标方位角。

图 9-9   基本图的图廓与接图表

4. 接图表

地形图图廓外左上角的九个小方格称为接图表，其中间一格绘有晕线的代表本幅图，相邻分别注明了相邻图幅的图名（图9-9），按接图表可以很方便地拼接邻图。

5. 三北关系

南图廓下方绘出了真子午线、磁子午线及坐标纵线的三北关系示意图（图9-10）。利用三北关系图，可以对图上任一直线的真方位角、磁方位角和坐标方位角进行相互换算。

6. 磁北标志

在地形图的南北内图廓线上，各绘有一个小圆圈，分别注有磁北（P'）和磁南（P）。这两点的连线为该图幅的磁子午线方向，它是被用来作磁针定向的。

7. 其他

（1）测图日期。测图日期表明从这个时间以后的地面变化图上没有反映。

（2）坐标系和高程系。以前国家基本图采用1954北京坐标系和1956年黄海高程系。目前已改用2000国家大地坐标系和1985国家高程基准。

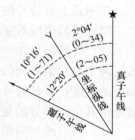

图9-10 三北方向
线关系

（3）等高距。在图廓外左下方注记图的等高距。

（4）图式版本。图中注明图式版本是为了使用图人在阅读地形图时参阅相应的地形图图式。此外，还应注有保密等级和测图机关。

第二节 地物与地貌的表示方法

一、地物及地物符号表示

地面上人工修建和自然形成的各种固定性形体称为地物、如房屋、道路、河流等。这些地物在图上是采用《国家基本比例尺地图图式 第1部分：1∶500 1∶1000 1∶2000地形图图式》GB/T 20257.1—2017中的地物符号来表示的。地物符号分为依比例尺符号、半依比例尺符号和不依比例尺符号。

（1）依比例尺符号为地物依比例尺缩小后，其长度和宽度能依比例尺表示的地物符号。如房屋、湖泊、稻田、森林等。

（2）半依比例尺符号为地物依比例尺缩小后，其长度能依比例尺而宽度不能依比例尺表示的地物符号。如一些线性地物如铁路、公路、管线、围墙等，其长度按比例缩绘，其宽度不能按比例表示。

（3）不依比例尺符号为地物依比例尺缩小后，其长度和宽度不能依比例尺表示的地物符号。如控制点、井盖、电杆等地物轮廓较小，按比例尺缩小后不能在图上绘出，只能用特定的符号表示它的中心位置。通常在符号旁标注符号长、宽尺寸值。

（4）注记符号。当应用上述三种符号还不能清楚表达地物时，如河流的流速、农作物、森林种类等，需要采用文字、数字加以说明，所采用的文字、数字被称为注记符号。单个的注记符号既不表示位置，也不表示大小，仅起注解说明的作用。

不依比例尺符号的中心位置与实际地物的位置关系如下：①规则几何图形符号，如导线点、钻孔等，其图形的几何中心即代表地物的中心位置；②宽底符号，如岗亭、水塔等，其符号底线的中心为地物的中心位置；③底部为直角的符号，如独立树等，其符号底部的直角顶点为地物的中心位置。

依比例尺符号和不依比例尺符号不是一成不变的，主要依据于测图比例尺和实物轮廓的大小而定。某些地物在大比例尺的地形图上用比例符号来表示，在较小的比例尺地形图上可能只用非比例符号来表示。

在图式上对符号的尺寸有一定的规定：

（1）符号旁以数字标注的尺寸值，均以毫米为单位。

（2）符号旁只注一个尺寸值的，表示圆或外接圆的直径、等边三角形或正方形的边长；两个尺寸值并列的，第一个数字表示符号主要部分的高度，第二个数字表示符号主要部分的宽度；线状符号一端的数字，单线是指其粗度，两平行线是指含线划粗的宽度（街道是指其空白部分的宽度）。符号上需要特别标注的尺寸值，则用点线引示。

（3）符号线划的粗细、线段的长短和交叉线段的夹角等，没有标明的均以本图式的符号为准。一般情况下，线划宽为 0.15mm，点的直径为 0.3mm，符号非主要部分的线划长为 0.5mm，非垂直交叉线段的夹角为 45°或 60°。

二、地貌及地貌符号表示

地球表面上高低起伏的各种形态称为地貌。根据地表起伏变化的大小，地貌分为平地、丘陵、山地、高山地等。地貌在地形图上用等高线表示。

1. 等高线的概念

地面上高程相等的相邻各点连接而成的闭合曲线称为等高线。自然界中水库内静止的水边线就是一条等高线。如图 9-11 所示，设想水库中有座小岛，开始时水面高程为 75m，则水面与小岛的交线即为高程 75m 的等高线；当水库水位升高 5m，则得高程为 80m 的等高线，依此类推，直至到山的顶部得高程为 100m 的等高线。将这些等高线沿铅垂线方向投影到水平面上，再按测图比例尺将这些等高线缩绘到图纸上，便得到用等高线表示小岛地貌的地形图。

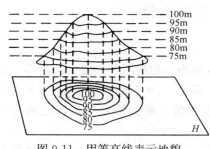

图 9-11　用等高线表示地貌

2. 等距

相邻两条等高线之间的高差称为等高距，用 h 表示。在同一幅地形图上等高距应该是相等的。地形图上相邻两条等高线间的水平距离称为等高线的平距，用 d 表示。地形图上等高线的疏密程度表明了地面坡度的大小，等高线愈密，地面坡度愈陡；等高线愈稀，地面坡度愈缓；地面坡度相等，等高线平距相等。h 与 d 的比值即为地面坡度 i，即 $i=h/d$。

用等高线表示地貌，等高距愈小，地貌表示得愈详细，但测图工作量愈大，图面也会不清晰；等高距大，测图工作量虽小，但地貌表示不够详细。因此，测图时选择等高距应根据测图比例尺的大小和测区地形情况及工程要求综合考虑而定。既要满足测图的精度要求，又要经济合理，这样选择的等高距称为基本等高距。根据基本等高距勾绘的等高线称为基本等高线。表 9-3 是几种比例尺地形图通常采用的基本等高距。

常用几种比例尺地形图的基本等高距   表 9-3

地形类别	测图比例尺				
	1∶500	1∶1000	1∶2000	1∶5000	1∶10000
	基本等高距（m）				
平地	0.5	0.5	0.5 或 1.0	0.5 或 1.0	0.5 或 1.0
丘陵地	0.5	0.5 或 1.0	1.0	1.0 或 2.0	1.0 或 2.0
山地	0.5 或 1.0	1.0	1.0 或 2.0	2.0 或 5.0	5.5
高山地	1.0	1.0	2.0	5.0	5.0 或 10.0

3. 几种典型地貌的等高线

地貌虽然变化复杂，但都是由山地、盆地、山脊、山谷、鞍部等几种类型所组成，这几种基本地貌的综合地貌图形及其等高线如图 9-12 所示。

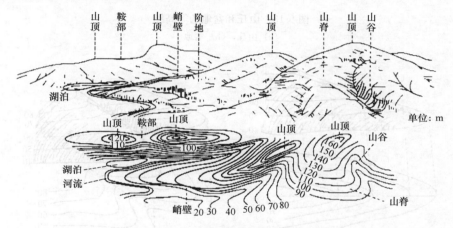

图 9-12 综合地貌图形及其等高线

（1）山丘和洼地

四周低下而中间隆起的地貌称为山。高而大的称为山峰，矮而小的称为山丘，山的最高部称为山顶或山头。山的侧面称为山坡，山坡与平地相连之处称为山脚。四周高而中间低的地貌称为盆地，面积较小的称为洼地。图 9-12 所示的为山丘和盆地的等高线。它们都是一组闭合的曲线。

区分山丘和洼地有两种方法。一是依据等高线上所注记的高程数字，若内圈的高程数字大于外圈的高程数字，则这组等高线表示的地貌为山丘，反之为洼地。若无高程数字注记，一般在等高线上用示坡线表示，如图 9-13 所示。

（2）山脊和山谷

山脊是向某一方向延伸的高地。山脊上最高点的连线称为山脊线。落在山脊线的雨水被山脊分成两部分沿山脊两侧流下，故山脊线又称为分水线。山脊的等高线为一组凸向低处的曲线。如图 9-14（a）所示。

山谷是向某一方向延伸的两个山脊之间的凹地。山谷内最低点的连线称为山谷线。山谷两侧谷壁上的雨水流向谷底，集中在谷底又沿着山谷线向下流，因此山谷线又称集水线。山谷上的等高线为一组凸向高处的曲线，如图9-14（b）所示。

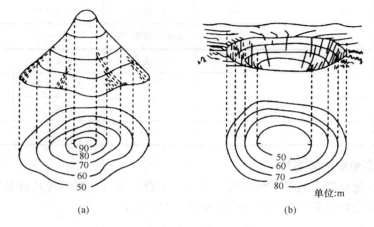

图 9-13   山丘和盆地的等高线

（a）山丘；（b）盆地

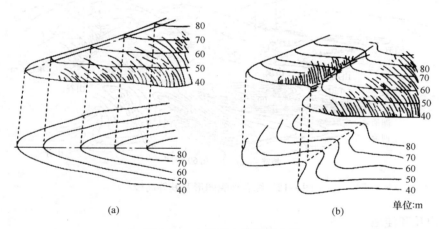

图 9-14   山脊和山谷的等高线

（a）山脊；（b）山谷

（3）鞍部

鞍部是位于相邻两个山顶之间形似马鞍状的低地。鞍部是两个山脊与两个山谷交会的地方，山区道路往往通过鞍部。鞍部的等高线其形状如图9-15所示。

（4）陡坎和陡崖

坡度在70°以上的各种天然形成和人工修筑的坡、坎称为陡坎，陡坎的等高线非常密集甚至重叠，因此无法描绘。在地形图上采用陡坎符号表示。陡坎的等高线形状如图9-16（a）所示。

形状壁立难以攀登的陡峭岩壁称为陡崖。陡崖的等高线基本上重合在一起，土质的陡崖用陡坎的符号表示，岩石质的陡崖用一种特定的符号表示。陡崖的等高线形状如图9-16（b）所示。

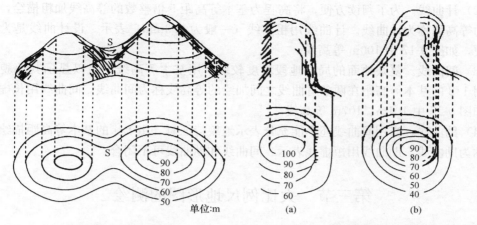

图 9-15　鞍部的等高线　　　　　图 9-16　陡坎和陡崖的等高线

单位:m　　　　　　　　　（a）　　　　　　　　（b）

（a）陡坎；（b）陡崖

4. 等高线的特性

根据以上几种典型地貌的等高线，可总结出等高线的特性如下：

（1）位于同一条等高线上的各点具有相等的高程；

（2）等高线是一条闭合的曲线，不在图幅内闭合就在图幅外闭合；凡不在图幅内闭合的等高线，应绘至图边线为止，不得在图幅内中断；

（3）除陡坎、陡崖外，等高线在图上不能重合或相交；

（4）山脊线、山谷线均与等高线呈正交；

（5）地形图上等高线的疏密表示地面坡度的缓陡，等高线的平距相等，表示地面坡度相同，斜平面上的等高线是一组等距的平行直线。

5. 等高线的分类

（1）首曲线。按基本等高距勾绘的等高线称为首曲线，也称基本等高线。首曲线用宽度为 0.15mm 细实线表示。如图 9-17 中的 102m、104m、106m 和 108m 的等高线。

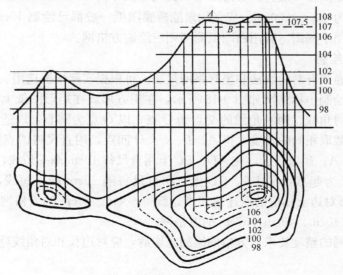

图 9-17　首曲线、计曲线和间曲线

（2）计曲线。为了判读方便，将高程为基本等高距5倍整数的等高线加粗描绘，加粗描绘的等高线称为计曲线。计曲线用粗实线（一般为0.3mm）表示。设计曲线是为了读图方便，如图9-17中100m等高线。

（3）间曲线。复杂地面的局部地段坡度较缓，用基本等高线不足以显示其地貌特征时，用1/2的基本等高距在两条首曲线之间加绘的等高线称为间曲线。间曲线用长虚线表示。如图9-17中101m、107m等高线。

（4）助曲线。当用间曲线还不能充分表示地貌特征时，用1/4的基本等高距描绘的等高线称为助曲线。助曲线用短虚线表示。间曲线和助曲线可不闭合。

第三节 大比例尺地形图的测绘

地形图测绘应遵循"由整体到局部，由控制到碎部"的原则，在测区内建立平面及高程控制，然后根据平面和高程控制点测定地物、地貌特征点的平面位置和高程，并按规定的比例尺和符号绘制成地形图，这项工作称为碎部测量或地形测量。在大比例尺地形图传统测图法测图前，除做好测绘仪器、工具、资料和根据实际情况拟定测图计划等的准备工作外，还应着重做好测图前的准备工作，包括图纸的准备、绘制坐标格网及展绘控制点等工作。

一、测图前的准备工作

1. 图纸的准备

测绘地形图一般选用聚酯薄膜半透明图纸，其厚度约为0.07~0.1mm，经过热定型处理后，其伸缩率小于0.02%。聚酯薄膜图纸坚韧耐湿，玷污后可洗，便于野外作业，也便于图的整饰，可在图纸上着墨后，直接复晒蓝图。但是聚酯薄膜图纸有易燃、易折和老化等缺点，在测图，使用、保管时要注意。对一些临时性的测图，也可选择优质的白图纸，为了减少图纸伸缩，可将图纸裱糊在铝板上或测图板上。

测图用的标准图幅一般为正方形图幅，其尺寸大小为50cm×50cm。有时也用矩形图幅，其尺寸大小为40cm×50cm。成张的聚酯薄膜图纸一般都已绘制10cm×10cm见方的方格网，可直接用于测图。若用白图纸测图则应绘制方格网。

2. 方格网的绘制

绘制方格网通常有对角线法和坐标格网尺法，可根据实际情况选用。本节只讲述对角线法。对角线法绘制坐标格网如图9-18所示，在正方形或在矩形图纸上，用直尺在图纸上首先绘出两条对角线，两对角线的交点为 O 点，以 O 点为圆心，以适当长为半径，用杠规在对角线上截取相同的长度，得 A、B、C、D 四点，用直尺将四点连接成矩形 $ABCD$。然后分别以 A、B 为起点，在 AD、BC 上用直尺每10cm画一短线，得1、2、3、4、5点。再以 B、C 为起点，在 BA、CD 上，用直尺每隔10cm画一短线，得 $1'$、$2'$、$3'$、$4'$、$5'$ 点。将矩形对边上相应的点连接起来，就得50cm×50cm的方格网。应用此法，还可以绘制40cm×40cm、40cm×50cm的方格网。

为确保方格网的精度要求，方格网绘制完毕后，应对边长和对角线进行矩形检查。其要求如下：

（1）方格网边长与理论长度（10cm）之差不能超过0.2mm；

（2）图廓边长及对角线长度误差不得超过 0.3mm；

（3）纵横坐标线应严格正交，对角线上各点应在同一直线上，其误差应小于 0.3mm；

（4）方格网线粗不得超过 0.1mm。

3. 展绘控制点

方格网绘制好以后，根据划分的图幅，把方格网各格网线的坐标标注上，如图 9-19 所示，然后根据控制点的坐标展绘控制点的位置。

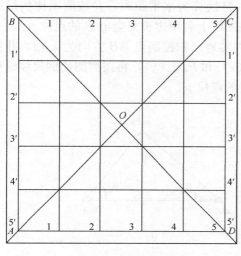

图 9-18　方格网的绘制

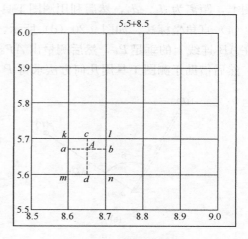

图 9-19　展绘控制点

如 A 点的坐标 $X_A = 5674.16$m，$Y_A = 8662.72$m。据此起点 A 点的位置在 $kmnl$ 方格内，用比例尺自 m 和 n 点向上量 74.16m，得 a、b 两点；自 k 和 m 点向右量 62.72m，得 c、d 两点，连接 ab 和 cd 两线交点即为 A 点。

用同法把所有的控制点展绘完毕后，应对各点进行严格的检查，其方法是：用比例尺量取各相邻控制点之间的距离，与相应的实际距离比较，其差值不得大于图上的 0.3mm，否则应重新展点。

二、碎部测量

为了在测站上测绘地物和地貌，首先必须确定这些地物、地貌的特征点也称为碎部点，也就是实地上地物外轮廓线的转折点，如房角、道路交叉口、山顶、鞍部、山谷等在图上的位置和高程。在图纸上确定地物点的位置，地物的位置也就确定了。虽然地貌形态各异，但概括地分析，都可以把实际地面看成是由许多不同坡度的棱线所组成的多面体。这些棱线称为地貌特征线或地性线。地性线的转折点称为地面特征点，简称地貌点。地貌点在图纸上的位置确定了，地性线的位置也就确定了，因而由地性线所组成的多面体的位置也就确定了。总之，测图就是测定地物、地貌点的位置。地物和地貌总称为地形。地物点和地貌点总称碎部点。地形测图就是测定这些碎部点的平面位置和高程，测定碎部点空间位置的工作就统称碎部测量。

碎部测量是观测碎部点与地面上已建立的控制点之间的相对位置关系的一些数据，然后以此观测数据，根据展绘图纸上的控制点，把碎部点在图纸上标定出来，这样展绘在图纸上的地形和地物，就是实际地形和地物的缩绘，且保持着相似的关系。

1. 测定碎部点的基本方法

（1）极坐标法。如图 9-20（a）所示，根据已知控制点 A、B 测出角度 β 和距离 d，据此确定碎部点 P 点的位置。

（2）方向交会法。如图 9-20（b）所示，根据控制点 A、B 测得角度 β_A 和 β_B，由 β_A、β_B 的另一条边交会出碎部点 P 的位置。

（3）距离（边长）交会法。如图 9-20（c）所示，根据已知控制点 A、B，分别在 A、B 点设站。测得 AP 和 BP 的边长 D_1、D_2，并且换算为水平距离，并按测图比例尺缩绘到图上，距离为 d_1、d_2，然后利用测图工具在图纸上利用边长交会出 P 的点位 p。

（4）直角坐标法。如图 9-20（d）所示，以实地已知控制点 AB 方向为 x 轴，并找出 P 在 AB 连线上的垂足 P_0，然后测量出 AP_0（x）和 PP_0（y），再按测图比例尺缩绘到图上，然后借助于测图工具用几何方法求得 P 点的点位 p。

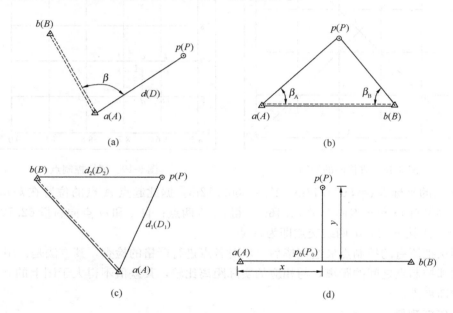

图 9-20　测定碎部点的基本方法

（a）极坐标法；（b）方向交会法；（c）距离（边长）交会法；（d）直角坐标法

以上四种方法是测图确定碎部点点位的主要方法，其中极坐标法的应用更为广泛。在使用极坐标法时，有时也将观测值换算成坐标，再根据坐标确定点位。碎部点的高程绝大部分用视距三角高程法确定，有时也可用全站仪直接测定。

2. 地形图的精度要求

碎部点的测量精度直接影响地形图的精度，地形图的精度是以地物点相对于邻近图根点的位置中误差和等高线相对于邻近图根点的高程中误差来衡量的，这两种误差应不大于表 9-4 中的规定。

3. 碎部测量的综合取舍

地形图是实际地形的缩绘，因此在测图时就应根据测图比例尺及用图要求，对错综复杂的地形进行综合取舍，合理选择，恰如其分地反映在图纸上，以达到图面清晰易读，符号位置正确，地形主次分明。测图比例尺不同，其取舍要求也不一样，大比例尺测图就要多些，舍去的少些，小比例尺测图相对来说就要测的少些，舍的多些。成图质量的优劣与合理取舍有很大的关系，取舍不当不是使图面不清晰，就是使图面失真。地物地貌的取舍没有严格的统一标准规定，一般的地形测图可参照下列要求取舍。

地形图的精度要求　　　　　　　　　　　　　表 9-4

测区类别	图上地物点的位置中误差		等高线的高程中误差（等高距）		
	轮廓明显地物（mm）	轮廓不明显地物（mm）	6°以下	6°～15°	15°以上
一般地区	±0.6	±0.8	1/3	1/2	1
城市建筑区	±0.4	±0.6			

（1）主要建筑物轮廓线的凸凹在图上大于 0.4mm 时要表示出来，简易建筑物凹凸小于 0.6mm 时可以用直线连接起来。

（2）在图上宽度小于 1mm 的带状地物，可以用单线表示或用规定的符号描绘。

（3）山头最高点、鞍部、洼地的最低点，山脊线、山谷线的坡度变化点和方向变化点，地面坡脚线的转折点等地面特征点都要测定。

（4）无明显坡度变化的地面，图上地形点间隔约为 3cm 左右，表 9-5 列出了几种大比例尺测图在一般情况下地形点间隔的实地距离。

4. 测图最大视距长度的规定

无论用极坐标法还是用距离交会法确定碎部点点位，其距离 d 值传统方法是用视距法测定的，视距的精度一般为 $1/300$～$1/200$，为了保证碎部点的精度，视距长度要有一个限制，表 9-5 列出了几种大比例尺测图的最大视距长度值。

地形点间距和最大视距　　　　　　　　　　　表 9-5

比例尺	地形点间距（m）	最大视距		备注
		主要地物点之间（m）	次要地物点及地貌点之间（m）	
1∶500	15	60	100	
1∶1000	30	100	150	
1∶2000	50	180	250	
1∶5000	100	300	350	

三、地物和地貌的测绘

1. 地物的测绘

地物一般分为两大类：一类是自然地物，如河流、湖泊、森林、草地、独立岩石等；另一类是经过人类物质生产活动改造了的人工地物，如房屋、高压输电线、铁路、公路、水渠、桥梁等，所有这些地物都要在地形图上表示出来。地物测绘主要是测绘地物特征点的位置和高程，并在图纸上用地物符号把地物形象地表示出来。但是地物是多种多样的，各类地物都有其组成的特殊规律和特点，因此在测绘不同类型的地物时，又要根据其特点，采用灵活多样的方法加以处理。

地物在地形图上的表示原则：凡是能依比例尺表示的地物，则将它们水平投影位置的几何形状相似地描绘在地形图上，如房屋、双线河流、运动场等；或是将它们的边界位置表示在图上，边界内再绘上相应的地物符号，如森林、草地、沙漠等；对于不能依比例尺表示的地物，在地形图上是以相应的地物符号表示在地物的中心位置上，如水塔、烟囱、纪念碑、单线道路、单线河流等。

（1）居民地的测绘

居民地中各类建筑物、构筑物及主要附属设施应按实地轮廓准确测绘。房屋以墙基角为准，房屋、围墙凸凹部分在图上小于 0.4mm 时，可连接成直线。居民地内的独立房屋和排列杂乱的房屋，一般需测三个房角点才能准确绘出其位置；对于外廓凸凹转折角多的房屋，测绘其主要的凸凹点，其他角点用皮尺量取尺寸，并绘制房屋草图，然后用三角板和比例尺按草图的尺寸将其绘制在图纸上。对于规划的居民地其房屋排列整齐，可实地量取最前排和最后一排房屋上的角点，再用皮尺量取各排房屋的宽度和排与排之间的间距，在图上用推平行线的方法绘出；若各排房屋的地面高程不同，还应测出其高程。

对于底部立尺不通视或底部不能达到的圆形地物如水塔、烟、储油罐等，可采用方向交会法首先测出其中心位置，然后用皮尺量取该圆形地物的周长，计算出该地物的半径，在图上用圆规绘出圆形地物的轮廓线。也可以按三点定圆的方法测定其圆周上的三点定位。

（2）道路的测绘

道路包括铁路、公路、简易公路、大车路、乡村路、小路等。对于铁路，测绘时如果测图比例尺能把路宽表示出来，则立尺时把尺子立在一侧铁轨上，另一侧铁轨按实量宽度绘出；若不能在图上表示路宽，则把尺子立在铁路的中心线上，按铁路符号描绘并在图上每隔 10～15cm 注记轨面高程。

公路应测其实际位置，立尺时把尺子立在公路的中心或公路的一侧，根据量取的路宽绘出公路的形状，图上每隔 10～15cm 注记路面高程和加注路面铺设材料，路面材料变化处应加点线分隔。

乡村大路一般宽度不均匀，测绘时把尺子立在路的中心，按平均宽度绘出路的形状，公路与乡村路平交时，公路符号不中断，乡村路中断。

测绘田间小路时，把尺子立在小路的交叉点、拐点、直线段的端点等位置，以规定符号绘于图上，小路弯曲较多时，应根据实际情况适当取舍，原则上取舍后的小路位置与实地位置的距离差值不应大于图上的 0.4mm。

（3）水系测绘

水系包括河流、湖泊、溪流、水库、池塘、沟渠、海岸等，测绘时要准确反映水系类型、形态分布状况和水系之间、水系与其他要素之间的关系。

河流应测出河岸线和水涯线，水库、湖泊、溪流、池塘等均应绘出水涯线。水涯线按测图时的水位测定，并标注测图时间，如需测出洪水水位，应先作调查，然后测准高程。小河、溪沟、渠道以及涵、闸、渡槽等水工建筑物，要测绘底部高程。河流、沟渠宽度在图上小于 0.5mm 时，用单线绘出，大于 0.5mm 时依比例尺用双线绘出，并注明水流方向。对堤坝等挡水建筑物要测出其顶部高程，必要时应测出比高。

（4）植被测绘

植被包括各种树林、苗圃、灌木丛、散树、独立树、行树、竹林、经济林、草原、芦苇地以及人工种植的稻田、旱地、菜地、经济作物等。测绘时要正确反映出各植被的分布情况，先测外轮廓点，然后用地类界符号绘出其范围，界内描绘植被符号和注记植被种类，若地类界与道路、河流、田坎、垣栅等线状物重合时，则省略不绘。对于道路和城镇主要道路两旁的行树，按行列测绘，耕地周围和山坡上以及河堤上的树木以散树符号表示出其概略位置。

（5）输电及通信线路测绘

输电、通信线路测绘时，一般要测出各线路上的电杆、电线塔的位置，同一线路上的电杆之间要连线，并根据高、低压线路和通信线路的种类，在绘图时按图式规定符号绘出，使线路类型分明。当同一电杆上架有多种线路时，表示其主要线路；沿铁路、公路并行的输电、通信线路和城市建设区内的输电、通信线路，在图上可不连线，但应在杆架处绘出连线方向，线路与河流、道路相交时不应中断。

2. 地貌测绘

地貌是地表的起伏形态，几种比较典型的地貌比较容易测绘。在山区和丘陵地区的实际地表，绝大部分为各种典型地貌组合而成的综合性地貌，测绘综合性地貌时，就要认真仔细分析各地性线间的相互位置关系，综合取舍，选择和测定合理的地貌特征点，然后连接地性线，再按等高线的特性，对照实地情况描绘等高线。勾绘等高线分以下几步。

（1）测定地貌特征点

地貌特征点是指山顶的最高点，鞍部的最低点，山谷的起始点、谷会点、谷口点，山脊线的分岔点与转折点，陡坎和陡崖的上下边缘的转折点，山脚的转折点，洼地的最低点等。这些地貌特征点可以采用极坐标法和方向交会法测定，在图上用小点表示其位置，在点的右侧注记该点高程，或以此点作为小数点注记该点的高程。

（2）连接地性线

测定地貌特征点后，绘图员应根据实地情况先连接地性线，再勾绘等高线。一般以实线连接山脊线，以虚线连接山谷线。地性线要随测随连，避免连接错误，以确保等高线能真实反映出实际地貌形态。

（3）勾绘等高线

在图上测得一定数量的地貌特征点，并连接地性线后，就可勾绘等高线。由于地面点的高程不一定等于等高线的高程，因此，需要在地貌特征点之间确定等高线通过的位置。地貌特征点是地表坡度变化的点，也就是说，相邻两地貌点之间的坡度是一致的，这样就可以用内插法确定同一坡度上的两地貌点间等高线通过的位置。如图 9-21（a）所示，A、B 两点，其高程分别为 62.6m 和 66.2m，等高距为 1m，在 AB 直线上必有高程为 63m、64m、65m、66m 四条等高线通过，根据直线内插法原理可求得各条等高线的位置。如图 9-21（a）所示，AB 为倾斜线，AB' 为 AB 的平距，BB' 为 A、B 两点的高差。

由图 9-21（a）可知，1m 高差对应的平距应为：

$$d_1 = \frac{AB'}{66.2 - 62.6} = \frac{AB'}{3.6}$$

63m 等高线比 A 点高 0.4m，66m 等高线比 B 点低 0.2m，则它们对应的平距分别为：

$$A1' = 0.4\,d_1 = 0.087AB'$$
$$4'B = 0.2\,d_1 = 0.056AB'$$

其他各条等高线之间的平距为：

$$\overline{1'2'} = \overline{2'3'} = \overline{3'4'} = d_1 = 0.28AB'$$

在图上量 AB' 长度，代入上式即可算出每个线段在图上的长度。同法求出其他相邻两地面点之间等高线通过的位置，将高程相同的内插点参照实际地形用光滑的曲线连接起来，如图 9-21（b）所示，即得所要勾绘的等高线。

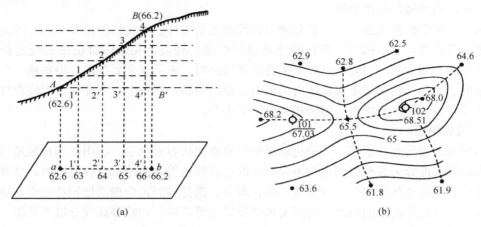

(a)　　　　　　　　　　　　(b)

图 9-21　内插法勾绘等高线

（a）内插；（b）勾绘

第四节　成果的检查与图幅整饰

地形图图式中规定了地物、地貌的各种绘制符号和注记方法，在外业工作中，当碎部点展绘在图上后，现场对照实地随时描绘地物和等高线。如果测区较大，由多幅图拼接而成，还应及时对各图幅衔接处进行拼接检查，经过检查与整饰，才能获得合乎要求的地形图。

一、地形图的拼接

当测区面积较大时，整个测区必须分成若干图幅测绘，这样在相邻图幅的连接处，由于测量误差和绘图误差，无论是地物轮廓线还是等高线一般都不会吻合，图 9-22 表示左右图幅在边界处的衔接情况。对于接合在一起的相邻两个图边要注意检查相应地物和等高线的错位大小，注记名称是否相同，地物有无遗漏，取舍是否相同，地形总貌是否吻合。地物地貌的接边误差，应不大于表 9-6 中规定的中误差的 $2\sqrt{2}$ 倍。如一般地区轮廓明显地物点的位置中误差为图上 0.6mm，则其接边误差就不能大于 1.7mm；地貌坡度小于 6°的地区，等高线的高程中误差为 1/3 基本等高距，若基本等高距为 1m，则其等高线的接边中误差就不能大于 0.94m。如果拼接误差在允许范围内，则可进行取中修改。

为保证相邻图幅的拼接，每幅图各接边应测出图廓外一定宽度，规范规定，1：500 ～ 1：2000 比例尺测图应测出图廓外 5mm；1：5000 和 1：10000 比例尺测图应测出图廓外 4mm。拼接时，用 3 ～

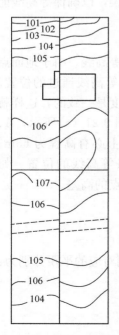

图 9-22　图幅拼接

4cm 的透明纸条，蒙在左图幅的衔接边上，把格网线、地物、等高线等都描绘在透明纸上；然后把透明纸条按格网线位置蒙在右图幅的衔接边上。这样即可检查出相应的地物和等高线的偏差情况，如果偏差不超过上述要求，则可取平均位置改正原图。改正时地物不得改变其真实形状，地貌不得产生变形。如果拼接偏差超过规范规定，应到野外复测纠正。

测图时，若采用聚酯薄膜，可直接将相邻图幅的拼接边上下重叠拼接，检查是否满足上述要求，则更为方便。测图时也可将相邻聚酯薄膜图幅拼接边上下拼接好进行施测，这样就直接解决了图幅的拼接问题。

二、地形图的检查

为了确保地形图质量，除施测过程中加强检查外，在地形图测完后，必须对成图质量作全面检查。地形图的检查包括图面检查，野外巡视和设站检查。

(1) 图面检查。检查图面上各种符号，注记是否正确，包括地物轮廓线有无矛盾、等高线是否清楚，等高线与地形点的高程是否相符，有无矛盾可疑的地方，图边拼接有无问题，名称注记有否弄错或遗漏。如发现错误或疑点，应到野外进行实地检查修改。

(2) 外业检查。野外巡视检查：根据室内图面检查的情况，有计划地确定巡视路线，进行实地对照查看。野外巡视中发现的问题，应当场在图上进行修正或补充。

设站检查是根据室内检查和巡视检查发现的问题，到野外设站检查，除对发现问题进行修正和补测外，还要对本测站所测地形进行检查，看所测地形图是否符合要求，如果发现点位的误差超限，应按正确的观测结果修正。

图的接边误差限制

表 9-6

地区类别	点位中误差 （图上）(mm)	相邻地物间距中误差（图上）(mm)	等高线高程中误差（等高距）			
			平地	丘陵	山地	高山地
山地、高山地和实测困难的旧街坊内部	0.75	0.6	1/3	1/2	2/3	1
城市建筑区和平地、丘陵地	0.5	0.4				

三、地形图的整饰与验收

地形图经过拼接、检查和修正后，还应进行清绘和整饰，使图面更为清晰、美观。地形图整饰的次序是先图框内后图框外，先注记后符号，先地物后地貌。图上的注记、地物符号及高程等均应按规定的地形图图式进行描绘和书写。最后，在图框外应按图式要求写出图名、图号、接图表、比例尺、坐标系统及高程系统、施测单位，测绘者及测绘日期等各项内容。

经过以上步骤所得到的地形图，要上报当地测绘成果主管部门。在当地测绘成果主管部门组织的成果验收通过之后，对图纸进行备案，该地形图方可在工程中使用。

第十章　数字化测图方法

随着电子技术和计算机技术日新月异的发展及在测绘领域的广泛应用，20 世纪 80 年代产生的电子速测仪和电子数据终端与内业机助制图系统结合，形成了一套从野外数据采集到内业制图全过程数字化和自动化的测量制图系统，人们通常称这种测图方式为数字化测图，简称数字测图或机助成图。广义的数字测图主要包括地面（野外）数字测图、地图数字化成图、摄影测量和遥感数字测图。狭义的数字测图指地面数字测图。

第一节　数字化测图概述

一、数字测图的有关概念

1. 数字地图

数字地图以数字形式表示地图的内容。地图的内容由地图图形和文字注记两部分组成。地图图形可以分解为点、线、面三种图形元素，点是最基本的图形元素。数字测图就是要实现以数字坐标表示地物和地貌点的空间位置，以数字代码表示地形符号，说明注记和地理名称注记的过程。

2. 数字图形的表示

计算机中图形数据按照数据获取和成图方法的不同，可分为矢量数据和栅格数据两种数据格式。对应的图形通常称为矢量图形和栅格图形。

栅格图形是把空间分成一系列单元，每个单元代表有限但确定的地球表面。栅格图形的缺点是对图形的存储较为简单，只需按行、列顺序记下各像元的值（如空白用 "0"，黑色用 "1"）即可。栅格图形的缺点是不能精确定位，图形做放大、缩小、旋转等变化较为复杂。

矢量图形是假定地理空间是连续的，而不是量化为互相独立的小栅格。它能够精确定位空间位置，用独立的空间坐标对表示 "点"，用一系列坐标对表示 "线"，由首尾相连的线构成的多边形表示 "面"。矢量图形的特点是，图形上的每点均是用坐标表示，这样就不但便于用函数来计算，而且图形不会因放大、缩小，旋转等变化而产生变形。

二、数字化测图系统的构成

数字测图系统是指实现数字化测图功能的所有因素的集合。广义地讲，数字测图系统是硬件、软件、人员和数据的总和。

1. 数字测图系统的硬件

主要有两大类：测绘类硬件和计算机类硬件。测绘类硬件主要指用于外业数据采集的各种测绘仪器，如全站仪；计算机类硬件包括用于内业处理的计算机及外部设备，如显示器、打印机、数字化仪、扫描仪等。

2. 数字化成图软件

软件是数字测图系统中一个极其重要的组成部分，通常包括为完成数字化成图工作用到的所有软件，即各种系统软件（如操作系统 Windows）、支撑软件（如计算机辅助设计软件 AutoCAD）和实现数字化成图功能的应用软件（如南方测绘仪器公司的 CASS 地形地籍成图软件）。

数字测图软件是数字测图系统的关键，软件的优劣直接影响数字测图系统的效率、可靠性、成图精度和操作的难易程度。选择一种成熟的，技术先进的数字测图软件是进行数字化测图工作必不可少的关键问题。

目前，市场上比较成熟的数字化成图软件主要有南方测绘仪器有限公司的"数字化地形地籍成图系统 CASS"、清华山维新技术开发公司的"GIS 数据采集处理与管理系列软件"、北京威远图公司的"CitoMap 地理信息数据采集"等。

3. 数字测图系统的人员与数据

数字测图系统的人员是指所有参与完成数字化成图任务的工作与管理人员。数字化测图对人员提出了较高的技术要求，他们应是既掌握了现代测绘技术又具有一定的计算机操作和维护经验的综合性人才。

数字测图系统中的数据主要指系统运行过程中的数据流。它包括：采集（原始）数据、处理（过渡）数据和数字地形图（产品）数据。数字测图系统中数据的主要特点是结构复杂、数据量庞大。

三、数字测图的基本过程

数字化测图的工作过程主要有：数据采集、数据处理、图形编辑和图形输出。一般经过数据采集、编码和计算机处理、自动绘制几个阶段。数据采集和编码是计算机绘图的基础，这一工作主要在外业期间完成。内业进行数据的图形处理，在人机交互方式下进行图形编辑，生成图形文件，由绘图仪输出地形图。数字测图系统的工作流程如图 10-1 所示。

图 10-1　数字测图系统的工作流程

1. 数据采集

数据采集的目的是获取数字化成图所必需的数据信息，包括描述地形图中实体的空间位置和形状所必需的点的坐标和连接方式，以及地形图中实体的地理属性。数字化测图中，依据采集数据设备的不同，数据采集方式又可分为大地测量仪器法、GNSS RTK 法、图形数字化法、航测法等。前两者是在野外完成地形图的数据采集工作，后两者是室内采集数据。实际制图过程中，地形图，航空航天遥感像片，图形数据或影像数据、统计资料、野外测量数据或地理调查资料等，都可以作为数字测图的信息源。

2. 数据处理与编辑

数据处理阶段通常是指在数据采集以后到图形输出之前对图形数据进行的各种处理过程，主要是将采集到的数据处理为成图所需数据，包括：建立地图符号库、数据预处理、数据转换、数据计算、图形生成及文字注记、图形编辑与整饰、图形裁减、图幅接边、图形信息的管理与应用等。数据处理通常通过计算机软件来实现，最后生成可进行绘图输出的图形文件。在这个过程中，计算机是进行数据编辑、处理的主要设备，而专业的数字化成图软件则是系统的核心。

3. 图形输出

经过人机交互编辑生成数字地形图的图形文件，即数字地图。由磁盘或光盘作永久性保存。可以将该数字地图转换成地理信息系统的图形数据，建立和更新地理信息系统图形数据库，也可将数字地图通过绘图仪绘出。

四、数字化测图的作业模式

作业模式是数字化测图内、外业作业方法、接口方式和流程的总称。由于不同数字化测图作业方法的特点主要体现在数据采集阶段，因此其作业模式主要根据数据采集的方法进行划分。就目前地面数字测图而言，可分为三种，即数字测记模式（简称测记式）、电子平板测绘模式（简称电子平板）和地图数字化模式。

（1）数字测记模式。数字测记模式是一种野外数据采集、室内成图的作业方法。根据编码、草图来描述记录连接关系和地形图实体的地理属性。根据野外数据采集硬件设备的不同，又可将其分为全站仪数字测记模式和 GNSS RTK 数字测记模式。这种作业模式的特点是精度高，内外业分工明确，便于人员分配，具有较高的成图效率。

（2）电子平板测绘模式。电子平板是一种基本上将所有工作都放在外业完成的数字化成图方法。它用装有绘图软件的便携机模拟测图平板，将其与全站仪连接在一起，实现数据采集、数据处理、图形编辑在现场同步完成。这种作业模式的特点是精度高，现场成图实现了"所见即所测"，实现了内外业一体化，从而具有较高的可靠性。

（3）地图数字化模式。地图数字化作业模式是指用数字化仪或扫描仪，在室内对测区原有纸质地形图数据进行采集的模式。这种作业模式充分利用了现有的精度较高、现势性较好的地形图，工作较简单、效率较高，但精度较低，且必须有较完整的满足要求的纸质地形图可供利用。假如用户暂时还难以从"平板测图"的传统中摆脱出来或者测区内已有了精度合适的地形原图，就可以采用内业数字化作业模式。这种模式的优点是将外业测图和内业计算机处理较明显地分开，便于人员配置，放宽了大部分作业人员的技术要求，但得到的数字图的精度与模拟图是一致的。

近几年出现了视频全站仪和三维激光扫描仪等快速数据采集设备，通过在全站仪上安装数字相机（视频全站仪）或三维激光扫描仪的方法，可在对被测目标进行摄影的同时，测定相机的摄影姿态，经过计算机对数字影像处理，得到数字地形图或数字景观图，这种快速测绘数字景观的成图模式可能会成为今后建立数字城市的主要手段。

第二节　外业数据采集

野外数据采集通常利用全站仪或 GNSS RTK 接收机等测量仪器在野外直接测定地形特征点的位置，并记录地物的连接关系及其属性，为内业成图提供必要的信息。它是数字测图基础工作，直接决定成图质量与效率。

一、测图前的准备工作

测图前的准备工作主要包括：控制测量、仪器设备与资料准备等。

1. 控制测量

等级控制点尽量选在制高点处。对于图根控制点，可采用"辐射法"和"一步测量法"。辐射法是用极坐标测量的方法，按全圆方向观测方式一次测定周围几个图根点。这种方法不需要平差计算可直接测出坐标。一步测量法就是指图根导线与碎部测量同时作业。

2. 仪器设备与资料准备

实施数字测图前，应准备好仪器、设备、控制点成果和作业规范等。仪器设备主要包括：全站仪、对讲机、便携机、备用电池、花杆，棱镜、草图本等。

在测图前，最好将测区已知成果资料录入便携机或自带内存的全站仪中，方便现场调用。

二、测记法野外数据采集

测记法就是用全站仪或 GNSS RTK 在野外测量地形特征点的点位，用电子手簿或仪器自带内存存贮测点的定位信息，用人工编制的草图，笔记或简码记录其他属性信息，回到室内，将外业采集的数据通过专门的传输软件传输到计算机，经人机交互编辑成图。根据数据采集仪器的不同其作业方式又可分全站仪测记法测图（图 10-2）和 GNSS RTK 测记法测图。

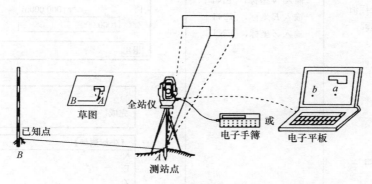

图 10-2　全站仪测记法测图

1. 全站仪测记法数据采集

下文以 NTS-660 全站仪为例，具体介绍全站仪数据采集过程。

（1）设置测站点坐标

确认在角度测量模式下，具体操作步骤见表 10-1。

设置站点坐标　　　　　　　　　　　　　　　　　　　　　　　表 10-1

操作步骤	按键	显示
① 按[F3]（坐标）键	[F3]	【角度测量】 V:　　87° 56′ 09″ HR:　120° 44′ 38″ 斜距　平距　坐标　置零　锁定　P1↓

操作步骤	按键	显示
② 按[F6](P1↓)键进入第二页	[F6]	【坐标测量】 N: 〈 E: Z: PSM 30 PPM 0 (m) *F·R 测量 模式 角度 斜距 平距 P1↓ 记录 高程 均值 m/ft 设置 P2↓
③ 按[F5](设置)键，显示以前的数据	[F5]	【设置测站点】 N: 12345.670 m E: 12.436 m Z: 10.445 m 退出 左移
④ 输入新的坐标值并按[ENT]键	输入 N 坐标，[ENT] 输入 E 坐标，[ENT] 输入 Z 坐标，[ENT]	【设置测站点】 N: 1000.000m E: 1000.000m Z: 1000.000 退出 左移
⑤ 测量开始		完成! 【坐标测量】 N: 〈 E: Z: PSM 30 PPM 0 (m) *F·R 记录 高程 均值 m/ft 设置 P2↓

（2）设置仪器高和棱镜高

在角度测量模式下，具体操作步骤见表 10-2。

设置仪器高和棱镜高 表 10-2

操作步骤	按键	显示
① 按[F3](坐标)键	[F3]	【角度测量】 V: 87° 56′ 09″ HR: 120° 44′ 38″ 斜距 平距 坐标 置零 锁定 P1↓

续表

操作步骤	按键	显示
② 在坐标观测模式下，按[F6](P1↓)键进入第2页	[F6]	【坐标测量】 N: 〈 E: Z: PSM 30 PPM 0 (m) *F·R 测量 模式 角度 斜距 平距 P1↓ 记录 高程 均值 m/ft 设置 P2↓
③ 按[F2](高程)键，显示以前的数据	[F5]	【高程设置】 仪器高: 0.000 m 棱镜高: 0.000 m 退出 左移
④ 输入仪器高，按[ENT]键	仪器高，[ENT]	【高程设置】 仪器高: 1.630 m 棱镜高: 1.450 m 退出 左移
⑤ 输入棱镜，按[ENT]键显示返回到坐标测量模式	棱镜高，[ENT]	【坐标测量】 N: 〈 E: Z: PSM 30 PPM 0 (m) *F·R 记录 高程 均值 m/ft 设置 P2↓

（3）坐标测量的操作

在进行坐标测量时，由于前面输入过测站坐标、仪器高和棱镜高，因此可直接测定未知点的坐标，具体步骤见表10-3。

坐标测量 表10-3

操作步骤	按键	显示
① 设置测站坐标和仪器高、棱镜高		
② 设置已知点的方向角		【角度测量】 V: 87° 56′ 09″ HR: 120° 44′ 38″ 斜距 平距 坐标 置零 锁定 P1↓
③ 照准目标点		

操作步骤	按键	显示
④ 按［F3］（坐标）键	［F3］	【坐标测量】 N: 〈 E: Z: PSM 30 PPM 0 (m) *F·R 测量 模式 角度 斜距 平距 P1↓ 记录 高程 均值 m/ft 设置 P2↓
⑤ 显示测量结果		【坐标测量】 N: 14235.458 E: −12344.094 Z: 10.674 PSM 30 PPM 0 (m) F·R 测量 模式 角度 斜距 平距 P1↓

2. GNSS RTK 法数据采集

（1）架设基准站

在测区内选择一个位置较高，视野开阔的已知点，并在其上整置基准站 GNSS 接收机（天线），在其附近（3m 以外）架设数传电台的天线，连接有关电缆，量取基准站仪器（天线）高，打开 GNSS 接收机和数传电台。

（2）设置和启动基准站

启动 GNSS 工作手簿（控制器），首先建立新任务，然后进行坐标系有关设置、坐标及高程转换参数设置，或直接测定转换参数（有一点，两点和三点校正法之区别，最好选择三点校正法），再进行电台广播格式，仪器天线高、天线类型、通信参数等项目设定，随后用测站点（基准站）坐标启动基准站。

（3）设置和启动流动站

在基准站附近连接好流动站设备，在工作手簿中设置移动站有关项目，如：广播格式（一定要与基准站一致）、对中杆天线高度、天线类型、存储方式等，然后立直对中杆并启动移动站接收机。如果无线电台和卫星信号接收正常，移动站开始初始化，随后确定整周模糊度，通常在 1 分钟内得到固定解。

（4）采集碎部点

工作手簿显示固定解后，即可进行碎部测量。将流动站对中杆立于地形特征点上，稳定 2～3 秒，待显示的固定解数据稳定后，记录存储点位信息。

3. 电子平板法野外数据采集

电子平板法野外数据采集主要作业流程包括输入控制点坐标、设置通信参数、测站设置、碎部测图。不同的测图系统有不同的操作方法。下面简要地介绍测图精灵（掌上电子平板）数据采集的过程。

（1）新建图形

在测站点整置全站仪，用专用电缆连接 PDA，打开全站仪和 PDA，点击开始菜单下的测图精灵图标，进入"Mapping Genius"主界面，如图 10-3 所示。点击文件菜单下的新建图形，创建一个作业项目。

（2）控制点录入

施测之前要先输入控制点。控制点的输入有手工输入和自动录入两种方式。以用手工方式为例来输入几个点：点击"手工输入"，弹出"坐标输入"对话框（图 10-4），在类别栏里输入该点的属性，在编码栏用户可输入自定义编码；输入后点击右上角"×"键退出，可以看到，输入的三个点都已显示在屏幕上（图 10-5）。

图 10-3　PDA 测图主界面

图 10-4　坐标输入对话框

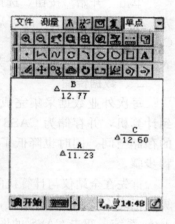

图 10-5　控制点分布

（3）测站定向

依次点击菜单："测量"→"测站定向"，则会弹出一个对话框"测站定向"，测站定向提供了两种方式：点号定向和方位角定向。选择点号定向方式，分别输入测站点点号、定向点点号、起始角、仪器高，然后按"确定"键。测站定向完成之后，可以在屏幕上看到有一个测站符号，标示这一点为测站点。

（4）选择仪器类型

这里以拓普康全站仪为施测仪器，则依次点击菜单："文件"→"仪器类型"，就会弹出全站仪设置对话框，选择好所使用的全站仪后，按"OK"键返回。

（5）启动掌上平板开始测量

点击第一排工具栏上的图标　进入掌上平板。首先在第一排的两个下拉窗内设置所测地物的属性。以测一个房屋为例：先在第一个下拉窗内选择"居民地层"，然后在第二个下拉窗内选择"简单房屋"。点击"新地物"，然后点击"连接"进入同步通信面板（SCB）；在同步通信面板中，水平角、垂直角、斜距栏内将同步显示全站仪所测得的数值。此时可看到测得的第 11 点，然后依次测得第 12、13 点，此时房屋三点已测好，点击"隔合"键，则房屋自动隔一点闭合。以此方法测得地面上其他地物。测完后，点击"保存图形"后，在弹出对话框中输入文件名后，点击"OK"按钮即可实现测量成果的保存。

第三节　数 字 测 图 内 业

数字测图的内业必须借助专业的数字测图软件来完成，数字测图软件是数字测图系统中重要的组成部分。CASS 地形地籍成图软件是我国南方测绘仪器公司开发的基于 Auto-CAD 平台的数字测图系统，它具有完备的数据采集、数据处理、图形生成、图形编辑、图形输出等功能，能方便灵活地完成数字测图工作，广泛用于地形地籍成图、工程测量，GIS 空间数据建库等领域。

一、CASS 数字测图系统操作主界面简介

单击"开始"按钮，选择"程序"项，再选择"CASS 成图系统"组中的程序项"南方 CASS 测绘系统"，即可启动 CASS 成图系统。CASS 的操作界面主要由下拉菜单，CAD 工具栏、CASS 实用工具栏、屏幕菜单、图形编辑区等组成。标有符号的下拉菜单表示还有下一级菜单，每个菜单项均以对话框或命令行提示的方式与用户交互应答。

二、数据传输

每次外业数据采集完成之后应该及时将全站仪内存中或 GPS RTK 中的数据传输到计算机，并存储为 CASS 软件的专用格式。这样既可以保证下次作业时仪器有足够的存储空间，同时也降低了数据丢失的可能性。下面以全站仪为例说明数据传输的过程步骤。

首先在全站仪与计算机的串口之间用 RS-232C 电缆连上，利用数据线将全站仪与计算机正确连接，打开全站仪，查看仪器的相关通信参数设置；然后打开计算机进入 Windows 系统，双击 CASS 的图标，即可进入 CASS 系统，此时屏幕上将出现系统的操作界面。

移动鼠标至"数据"下拉菜单处按左键，便出现下拉菜单。

移动鼠标至"读取全站仪数据"项，该处以深蓝显示，按左键，便出现对话框。在对话框中选择对应仪器的型号，设置通信参数（通信口、波特率、校验、数据位、停止位），与全站仪内部通信参数设置相同，并选中"联机"选项。在对话框最下面的"CASS 坐标文件"下的空栏里输入您想要保存的文件名，点"转换"按钮。弹出对话框，按对话框提示顺序操作，命令区便逐行显示点位坐标信息，直至通信结束。

三、内业成图

根据数据采集方式的不同，内业成图的方式有多种，这里以无码测记法为例，说明其内业成图的作业流程。

1. 展点

先移动鼠标至屏幕的顶部菜单"绘图处理"项按左键，这时系统弹出一个下拉菜单；再移动鼠标选择"展野外测点点号"项按左键，便出现对话框；输入对应的坐标数据文件名后，便可在屏幕展出野外测点的点号。

2. 选择"测点点号"屏幕菜单

在右侧屏幕菜单的一级菜单"定点方式"中选取"测点点号"，系统将弹出一个对话窗，提示选择点号对应的坐标数据文件名；输入外业所测的坐标数据文件并单击"打开"后，系统将所有数据读入内存，同时命令行显示：

读点完成！共读入 120 个点。

3. 绘平面图

下面以绘矩形类普通房屋为例说明其操作方法。

将 5、8、7 号点连成一间普通房屋。移动鼠标至右侧菜单"居民地/一般房屋"处按左键，在系统弹出对话框选"四点房屋"的图标处按左键，图标变亮表示该图标已被选中，然后移鼠标至"确定"按钮处按左键。这时命令区提示如下：

1. 已知三点/2. 已知两点及宽度/3. 已知四点〈1〉：回车

点 P/〈点号〉输入 5，回车；

点 P/〈点号〉输入 8，回车；

点 P/〈点号〉输入 7，回车；

这样，即可把 5、8、7 三点连成一个矩形房屋。

类似以上操作，分别利用右侧屏幕菜单绘制其他地物。

4. 绘等高线

（1）建立数字地面模型（DTM）

要建立数字地面模型（digital terrain model，DTM），首先用鼠标左键点取"等高线"菜单下"建立 DTM"，将会弹出数据文件的对话框，找到"D：\ 地形图测绘 \ 华科中院 .dat"，选择"OK"选项，命令区提示如下：

请选择：1. 不考虑坎高 2. 考虑坎高〈1〉：回车（默认选 1）。

请选择地性线：（地性线应过已测点，如不选择直接回车）

Select objects：回车（没有地性线）。

请选择：1. 显示建三角网结果 2. 显示建三角网过程 3. 不显示三角网〈1〉：回车（默认选 1）。

这样参与建立三角网的点连接成三角网。

（2）绘等高线

用鼠标左键点取"等高线"菜单下的"绘等高线"，命令区提示：

最小高程为 490.400 米，最大高程为 500.228 米

请输入等高距〈单位：米〉：输入 1，回车。

请选择：1. 不光滑 2. 张力样条拟合 3. 三次 B 样条拟合 4. SPLINE〈1〉：输入 3. 回车。

按照提示操作，可绘制等高线，再选择"等高线"菜单下的"删三角网"。

执行"等高线 \ 等高线修剪"下"切除指定二线间等高线"或"切除指定区域内等高线"命令，程序将自动进行等高线的修剪。

5. 加注记

下面演示在平行等外公路上加"燕顺路"三个字的过程，如图 10-6 所示。用鼠标选择屏幕菜单中的"文字注记"功能项。

点击"注记文字"项，然后点取"OK"选项，命令区

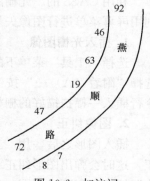

图 10-6　加注记

提示：

请输入图上注记大小（mm）〈3.0〉回车（默认 3 mm）。

请输入注记内容：输入"燕"，回车。

请输入注记位置（中心点）：在平行等外公路两线之间的合适的位置点击鼠标左键。

用同样的方法在合适的位置输入"顺""路"二字。

6. 加图框

用鼠标左键点击"绘图处理"菜单下的"标准图幅（50×40）"，弹出"图幅整饰"对话框界面，在"图名"栏里，输入"建设新村"；在"测量员""绘图员""检查员"各栏里分别输入"张三""李四""王五"；在"左下角坐标"的"东""北"栏内分别输入"53073""31050"；在"删除图框外实体"栏前打钩。上述操作完成后单击"确认"。

7. 出图

用鼠标左键点取"文件"菜单下的"用绘图仪或打印机出图"，进行绘图。按上述的提示操作可得到一份成果图。

第四节 地图数字化

一、地图数字化概念

在生产实际中，需要将大量的纸质地形图通过图形数字化仪或扫描仪等设备输入到计算机中，再用专用软件进行处理和编辑，将其转换成计算机能存储和处理的数字地形图，这一过程称为纸质地形图的数字化，简称地图数字化，也称原图数字化。目前，常用的地形图数字化方法有手扶跟踪数字化法和扫描屏幕数字化法两种。

数字化仪的原理是将图纸平铺到数字化板上，然后用定标器将图纸逐一描入计算机，得到一个以".dwg"为扩展名的图形文件，这种方式所得图形的精度较高，但工作量较大，尤其是自由曲线（如等高线）较多时工作量明显增大。扫描矢量化软件原理是先将图纸通过扫描仪录入图纸的光栅图像，再利用扫描矢量化软件提供的一些便捷功能，对该光栅图像进行矢量数字化，最后可以转换成为一个以".dwg"为扩展名的图形文件。与手扶跟踪数字化方法相比，它有作业速度快、精度高等优点。本节重点介绍地图扫描矢量化的方法。

二、CASS 软件矢量化工作步骤

利用 CASS 的"光栅图像"处理工具可以直接对扫描的栅格图像进行图形的纠正，并利用屏幕菜单进行图像矢量化，其主要操作步骤如下。

1. 插入光栅图像

选择"工具"菜单下的"光栅图像"→"插入图像"项，在弹出图像管理对话框中，选择"附着（A）…"按钮，选择要矢量化的光栅图，点击"打开（O）"按钮，依据命令行插入一幅扫描好的栅格图。

2. 图像纠正

插入图形之后，用"工具"下拉菜单的"光栅图像"→"图形纠正"对图像进行纠正，这时会弹出图形纠正对话框。选择"线性变换"纠正方法，点击"图面"一栏中"拾取"按钮，回到光栅图，局部放大后选择角点或已知点，此时自动返回"图像纠正"对话框，在"实际："栏中点击"拾取"，再次返回光栅图，选取控制点图上实际位置，返回"图像纠正"对话框后，点击"添加"选项，添加此坐标。完成一个控制点的输入后，依次拾取输入各点。最后点击"纠正"按钮，实现图形纠正。

3. 交互矢量化

屏幕菜单可以进行图像的矢量化工作。一般选择"坐标定位"屏幕菜单进行绘图，操作鼠标在屏幕显示的光栅图像上采集点。作业时，将图像放大到合适位置，对于点状符号，要找到点状符号图像的中心位置；对于线形符号，要沿着图像线条灰度最大的地方进行矢量化；对于需要填充的区域，调用符号进行填充。

当矢量化工作完成后，通过检查没有遗漏，即可选中图像边缘，用"Delete"命令，将光栅图像删除，并将生成的矢量化数据成果及时保存。

第五节　摄影测量与遥感影像成图

一、摄影测量成图

摄影测量是利用光学摄影机获取像片，经过处理以获取所摄取地物的形状、大小、位置特性及其相互关系的技术；然后利用获取的地物之间的相互位置关系测绘地形图的一种方法。这种方法可将大量外业测量工作改到室内完成，具有成图快，精度均匀，成本低，不受气候季节限制等特点。1：1万国家基本图及1：5000，1：2000甚至1：1000及1：500的大比例尺地形图均可采用这种方法测制。

目前摄影测量技术已经由模拟法摄影测量、解析法摄影测量发展到数字摄影测量阶段。数字摄影测量是指从摄影测量所获取的数据中，采用数字摄影影像或数字化影像，在计算机中进行各种数值、图像和图像处理，从而研究目标的几何和物理特性，获得各种形式的数字化产品和目视化产品。

按照瑞士苏黎世联邦理工大学 Grun 教授的报道，截至 1996 年 7 月已有 18 个商用数字摄影测量系统问世，如：徕卡公司的 Helave 数字测量系统工作站，德国蔡司厂推出的 PHODIS 数字摄影测量工作站等。目前国内的数字摄影测量软件有由中国测绘科学研究院研制的数字摄影测量系统 JX-4A（DPW），它是由一台奔腾 PROducts-200 或奔腾 II-266 以上微机和两台显示器以及相应的数字摄影测量软件组成。该系统采用闪闭法液晶眼镜和红外同步器原理实现立体观察；用专用的立体显示卡实现影像的漫游、放大和缩小，使作业员能从显示屏幕上看到计算机的计算结果，保证了计算过程和计算结果的可视化，配备手轮、脚盘，脚踏板来进行立体量测。

国内的数字摄影测量软件还有由原武汉测绘科技大学研制的数字摄影测量系统 VirtuoZo NT，该系统采用与解析测图仪上相类似的手轮和脚盘及相应的接口设备进行立体量测，并用软件实现图像的平滑、快速地漫游，以提高立体量测的性能。立体观察有两种部件，即反光立体镜和液晶闪闭立体眼镜可供选择，能用于1：5万、1：1万、1：1000、1：500等各种比例尺的数字测图与地理信息数据采集。VirtuoZo NT 数字摄影测量系统进行制作地图的工作流程，如图 10-7 所示。

二、遥感影像成图

遥感（Remote Sensing）就是遥远感知的意思，泛指从远处探测感知物体或事物的技

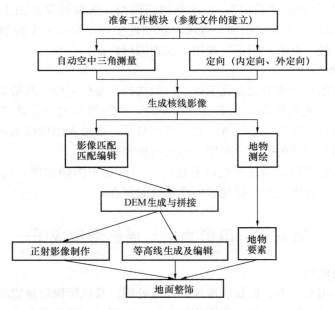

图 10-7 VirtuoZo NT 制图的工作流程

术。遥感指不直接接触物体本身,从远处通过仪器(传感器)探测和接收来自目标物体的信息(如电场,磁场,电磁波等信息)经过信息传输、加工处理及分析解译,识别物体和现象的属性及空间位置分布等特征与变化规律的理论与技术。

近年来,卫星遥感信息的获取技术和地面处理技术发展迅速。运用卫星遥感技术可以在最短的时间内获得最新的地面现势性数据;而且卫星遥感影像覆盖范围广,分辨率高,某些卫星数据的分辨率已经达到了米级甚至亚米级,可以和航空像片媲美,这些数据的出现为我们制作大、中比例尺的正射影像图提供了一条新的途径。与传统的测图方法相比,遥感影像制图节省了人力,缩短了工作时间,提高了工作效率。

以卫星影像为例,制作影像地图的通用工作流程如图 10-8 所示。

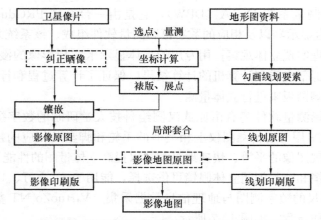

图 10-8 遥感影像编制影像地图的通用工作流程

第六节 三维激光扫描成图

三维激光扫描技术，又称实景复制技术，是目前世界上最先进的测绘新技术之一。三维激光扫描仪集光、机、电为一体，能在较短的时间内高速，精确地记录建筑物（或景象）的三维空间位置。三维激光扫描仪每次测量的数据不仅包含点的信息 X、Y、Z，还包括 R、G、B 颜色信息，同时还有物体反射率的信息，这样全面的信息能给人一种物体在电脑里真实再现的感觉，是一般测量手段无法做到的。因此，三维激光扫描技术的应用也越来越广泛，可以用在文物保护、桥梁修建、工程测量、地形测量以及隧道验收等方面。

三维激光扫描仪利用激光测距的原理，结合对横向和纵向转角的精确记录，可推算被测点与扫描仪之间的相对位置。扫描仪或其内置部件在横、纵两个方向上旋转，与此同时，激光发射器以高频率不断发光，完成对实物的扫描工作。扫描数据通过电缆传入电脑，并记录在硬盘上。高密度的扫描数据点有序地排列于三维的虚拟空间中，成为带有坐标的影像图，称之为"点云"。

由于受扫描对象客观环境的制约，一般项目需要几站扫描才能覆盖研究对象，有的需要几十站，乃至几百站。因此，需要将几十站或上百站的扫描点云严丝合缝地拼接成一幅点云。目前，所有的设备厂商都为用户提供了拼接工具——标靶。如果每站扫描至少设置三个标靶，再利用全站仪获得标靶的空间位置，那么两站的扫描点云便可以拼接到一起。用这种方法就可以把各个测站的点云全部拼接在同一幅点云图上。

三维激光扫描数据采集及数据处理流程主要分为外业数据采集和内业数据处理两大部分。外业数据采集包括控制测量和数据扫描两部分工作，控制测量包括平面控制测量和高程控制测量，数据扫描包括三维激光扫描和标靶三维坐标测量。内业处理主要包括扫描数据拼接、数据抽隙、虚拟测量、不规则三角网（triangulated irregular network，TIN）构网和成图等。

三维激光扫描技术具有快速、精确、三维实景、节省成本、缩短工期和可满足项目特殊要求的特点。三维激光扫描相对于传统测量具有以下优势：

（1）采集信息量大，可采集高密度、高清晰度，高精度三维数据资料，点云数据形象直观。

（2）采集过程简单安全快速。

（3）强大的数据后处理功能，能提供工程现状图，建立三维实体模型进行三维实体几何分析等。

第十一章 地 形 图 应 用

第一节 地形图应用的基本内容

一、在地形图上量测点的坐标

在工程建设中，需要了解某些点的坐标时，可借助图上的坐标格网来量取其坐标，从而确定其平面位置。例如，图 11-1 是一幅 1：1000 地形图，为确定图上点 A 的坐标，过点 A 作平行于 x 轴和 y 轴的两条直线 cc' 和 bb'，然后用比例尺分别量取得 $db=70.4\mathrm{m}$、$dc=63.5\mathrm{m}$，则：

$$x_A = x_d + db = 7100 + 70.40 = 7170.40(\mathrm{m})$$
$$y_A = y_d + dc = 1100 + 63.50 = 1163.50(\mathrm{m})$$

为进一步校核，还要量出 be 和 cd'，他们的长度分别为 29.60m 和 36.50m。

由于图纸伸缩，在图纸上量得的方格边的长度往往与方格边的理论长度 l 不相等，消除图纸伸缩对量测坐标的影响，点 A 的坐标为：

$$\left.\begin{aligned} x_A &= x_d + \frac{dbl}{db+be} \\ y_A &= x_d + \frac{dcl}{dc+cd'} \end{aligned}\right\} \tag{11-1}$$

另外，也可以用坐标展点器直接量取地形图上任意点的坐标。

二、在地形图上量测两点间的水平距离

1. 在图上直接量取

用两脚规在图 11-1 上直接卡出线段 AB 的长度，然后与地形图上直线比例尺进行比较，从而可得出 A、B 两点之间的平距，当精度要求不高时，也可以用三棱比例尺直接量取。

2. 量测两点的坐标计算两点间的平距

如图 11-1 所示，要求直线 AB 的距离 D_{AB} 时，首先用上述方法分别量得 A、B 两点的坐标 (x_A, y_A) 与 (x_B, y_B)，然后用下式计算出 AB 的长度，即：

$$D_{AB} = \sqrt{(x_B - x_A)^2 + (y_B - y_A)^2} \tag{11-2}$$

或先反算坐标方位角 α_{AB}，再计算距离 D，即：

$$D_{AB} = \frac{y_B - y_A}{\sin\alpha_{AB}} = \frac{x_B - x_A}{\cos\alpha_{AB}} \tag{11-3}$$

三、根据地形图确定直线的方位角

1. 直接量测

如图 11-1 所示，为了量测直线 AB 的坐标方位角，过 A、B 两点分别作平行于纵轴的直线，然后用量角器量出 AB 和 BA 的坐标方位角 α_{AB} 和 α_{BA}，量测时各量测两次取平

均值。α_{AB} 和 α_{BA} 应相差 $180°$，由于图纸伸缩及量测误差的影响，一般来说，两者不会正好相差 $180°$，即 $\alpha_{AB} \neq \alpha_{BA} \pm 180°$。设 $\delta = \alpha_{BA} \pm 180° - \alpha_{AB}$，求出 δ 值后，在 α_{AB} 的量测值上加改正数 $\frac{\delta}{2}$，再以此作为直线 AB 的坐标方位角。

2. 量测直线两端的坐标，反算直线的方位角

按上述方法量测出 A、B 的坐标（x_A, y_A）、（x_B, y_B），则

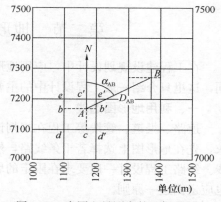

图 11-1　在图上量测点的坐标和距离

$$\tan \alpha_{AB} = \frac{y_B - y_A}{x_B - x_A} = \frac{\Delta y_{AB}}{\Delta x_{AB}} \qquad (11\text{-}4)$$

按坐标反算求出 α_{AB}。

四、在地形图上确定点的高程

根据地形图确定点的高程，有以下两种情况：如图 11-2 所示，A 点恰好在 $26m$ 等高

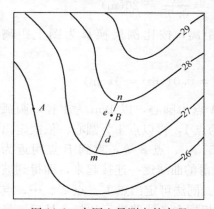

图 11-2　在图上量测点的高程

线上，那么该点的高程就等于该等高线的高程；若所求点在两条等高线之间，该点的高程应根据相邻的两条等高线的高程用内插法求得。图中 B 点位于 $27m$ 与 $28m$ 两条等高线之间，求其高程时，过 B 点作与两相邻等高线大致垂直的直线，交两等高线于 m、n 点，量出 mn 和 nB 的平距分别为 d 和 e。设所求 B 点对高程较高的一条等高线的高差为 h_x，地形图的等高距为 h，则

$$\frac{d}{e} = \frac{h}{h_x}$$

故

$$h_x = h \frac{e}{d}$$

$$H_B = H_0 - h \frac{e}{d} \qquad (11\text{-}5)$$

式中，H_0 为与 B 点相邻而高程较高的一条等高线的高程。在实际工作中，h_x 通常是用目估法确定的，在图 10-2 中可直接目估出 $H_B = 27.6m$。

五、根据地形图确定两点间的坡度

地面上，两点间的坡度指两点间高差与其水平距离之比，通常以 i 表示，即

$$i = \frac{h}{D} = \tan\alpha \qquad (11\text{-}6)$$

根据上述方法，在图上量测出两点间的距离 D 和两点的高程，即可算出高差 h，再代入式（11-6），就可以求出两点间的坡度 i，坡度 i 通常以百分率或千分率来表示，式（11-6）中的 α 表示地面上两点连线相对于水平线的倾角。

当两点间的地面坡度一致、无高低起伏时，按式（11-6）所算出的坡度值，即表示这条直线方向上的地面坡度值。

第二节 地形图在工程设计中的应用

在工程建设规划设计中，应用地形图的地方很多，而且不同工程其应用的内容也不相同，这里只介绍一般工程设计中的主要应用。

一、利用地形图选线

道路、渠道、管线等工程在规划设计阶段，往往要根据工程本身的特点及对地形的要求，先在地形图上选择若干条线路，然后进行方案比较，选择最佳线路作为最后确定的路线。线路工程设计一般要求在限定的坡度条件下经过的路程最短。因此，在地形图上选线也应遵循这一原则。

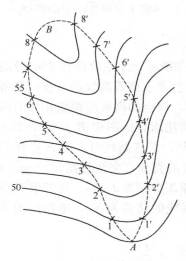

图 11-3 利用地形图选线

图 11-3 是一幅 1∶2000 的地形图，等高距为 1m，现从点 A 到点 B 选择一条坡度不超过 5％的线路。选线时，先以 5％坡度，求出相应于 1 个等高距的平距。即

$$D = \frac{h}{i} = \frac{1}{0.05} = 20(\text{m})$$

式中，D 为实地距离，按比例尺换算为图上距离 d，即：

$$d = \frac{20}{2000} = 0.01(\text{m}) = 1(\text{cm})$$

然后用两脚规以 A 点为圆心，以 1cm 为半径，画弧与 50m 等高线的交点为点 1，再以点 1 为圆心，依次定出点 2、点 3、点 4、点 5、…、点 8 等，直到 B 点附近为止，然后把这些点用光滑的曲线逐一连接起来，即得到坡度不大于 5％的坡度线。同法可定出点 1′、点 2′、…、点 8′等多点确定的线路，根据多条线路进行比较，最后选择一条作为最佳线路。

二、根据地形图绘制纵断面图

在道路、渠道工程设计中，为了进行土石方量的计算及合理地确定线路的纵坡，都要了解沿线路方向的地形变化情况，为此可以利用地形图绘制线路的纵断面图。

图 11-4 中，欲绘制 AP 方向的断面图。先用直线连接 AP 并找出它与图上等高线的

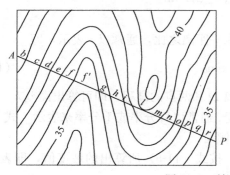
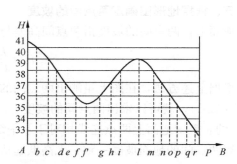

图 11-4 利用地形图绘断面图

交点 b、c、⋯、p、q，另外再找出直线与山脊线、山谷线和坡度变化线的交点，如图 11-4 中的点 f'。各点距 A 点的水平距离可以在图上量得，并可以根据等高线确定出这些点的高程。绘图时先在厘米方格纸上作一条水平线 AB 为横轴，在 AB 上截取 AP 线段，再过 A 作 AH 垂直 AP 为纵轴。以 AP 表示距离，AH 表示高程。自 A 点起沿 AP 方向，截取等于点 A 至等高线交点的距离，得到对应的若干点，并从这些点做垂直于 AP 的垂线，在垂线上量取相应高程的点，将相邻的点依次连接，形成的光滑曲线即为 AP 的纵断面图。

为了能明显地显示出沿线地势高低变化的情况，作图时高程的比例尺往往要比水平距离的比例尺大 10～20 倍。图 11-4 中的横向比例尺为 1：2000；纵向比例尺为 1：100。

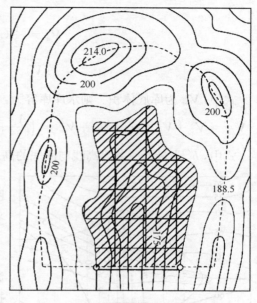

图 11-5　确定汇水面积和库容水库

三、根据地形图确定汇水面积的边界线

在修建水库、桥梁、涵洞时，通常要通过上游来水量来确定构筑物各部分的尺寸，为此就需要确定某水库坝址或某断面的汇水面积。确定汇水面积，首先要确定汇水面积的边界，图 11-5 的虚线是断面 AB 汇水面积的边界线，它由一系列分水线连接而成。在勾绘汇水面积的边界线时应注意以下几点：

1）边界线要处处与等高线垂直；

2）边界线要通过山头鞍部及等高线凸向低处的拐点；

3）边界线由某一断面的一端开始，在该断面的另一端终止，形成一个闭合环线，环线所围成的面积，即是该断面的汇水面积。

四、根据地形图确定水库库容

进行水库设计时，需要以地形图上的等高线为依据计算水库库容，当水库溢洪道的高程确定以后，就可以根据地形图确定水库的淹没面积。如图 11-5 所示的水库，其溢洪道的高程为 185m，因此当水库蓄满水时，185m 等高线就是淹没线了。185m 等高线和大坝所围成的面积称为淹没面积，淹没面积以下的蓄水量，即为水库库容。计算库容时，先求出淹没线及其以下各条等高线所围成的面积，然后求出各相邻等高线之间的体积，其总和即为库容。

设各条等高线与大坝所围成的面积分别为 A_1、A_2、⋯、A_n、A_{n+1}，等高线的等高距为 h，则各相邻等高线间的体积 V，为：

$$V_1 = \frac{1}{2}(A_1 + A_2)h$$

$$V_2 = \frac{1}{2}(A_2 + A_3)h$$

$$\cdots$$

$$V_n = \frac{1}{2}(A_n + A_{n+1})h$$

$$V'_n = \frac{1}{3}A_{n+1}h'$$

式中，V'_n 为库底体积。则水库库容为：

$$V_{总} = V_1 + V_2 + \cdots + V_n + V'_n = \left(\frac{A_1}{2} + A_2 + A_3 + \cdots + A_n + \frac{A_{n+1}}{2}\right)h + \frac{1}{3}A_{n+1}h'$$

式中，h' 为最低一条等高线与库底的高差。

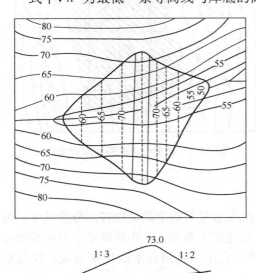

图 11-6　确定土坝坡脚线

有时，溢洪道的高程不一定正好等于地形图上某一条等高线的高程，这时就要用内插法求出水库淹没线的高程，然后再求水库库容。

五、在地形图上确定土坝坡脚线

土坝坡脚线是指土坝建成后，土坝上、下游的坡面与地面的交线。当土坝设计完后，根据土坝的设计轴线、坝宽、坝顶高程和上、下游坡度等数据，在地形图上画出土坝坡脚线。

如图 11-6 所示，设坝顶高程为 73m，下游坡面的坡度为 1∶3，上游坡面的坡度为 1∶2，地形图等高线的等高距为 5m。绘坡脚线时，根据设计数据先将坝轴线画在地形图上，再按坝顶宽画出坝顶位置，然后再根据坝顶高程，上、下游坡度画出与地面等高线的等高距相适应的坝面等高线，如图 11-6 中平行的一组虚线。坝面等高线画至与地面同高程的等高线相交为止，然后把坝面等高线与地面等高线的交点连接成一个闭合的曲线，这就是土坝坡脚线。

六、应用地形图量算面积

在工程建设中使用地形图时，经常需要确定图上某些范围的面积。下面介绍几种在地形图上确定面积的常用方法。

1. 量测坐标法

当在地形图上确定多边形的面积时，可以根据图上的坐标格网线，量取多边形各顶点的坐标。按下式计算面积，即：

$$P = \frac{1}{2}\sum_{i=1}^{n} x_i(y_{i+1} - y_{i-1}) = \frac{1}{2}\sum_{i=1}^{n} y_i(x_{i+1} - x_{i-1}) \tag{11-7}$$

在实际计算中，按顺时针编写点号，且 $y_{n+1} = y_1$、$y_0 = y_n$ 或 $x_{n+1} = x_1$、$x_0 = x_n$。式 (11-7) 中各点的 x，y 方向坐标，如果由在野外根据图根点直接测量并计算出的数值代入计算，其结果的精度要高很多。

2. 量测边长法

将所求面积的多边形划分成若干个三角形或划分成若干个矩形和三角形，量取各三角形的边及矩形的长和宽，应用海伦公式及矩形的面积计算公式，算出每个三角形及矩形的面积，然后累加起来，即得到所求面积的总和。

3. 平行线法

如图 11-7 所示，在透明薄片上（透明纸上）绘上等间隔为 h（一般取 $h＝2mm$）的平行线，将该片覆盖在欲求面积的图形上，则图形的边界与平行线所组成的图形，可以近似地看成若干个梯形，量取所有梯形的中线（图上虚线）长 c，将其累加后乘以梯形的高 h，即可得到所求的面积，即：

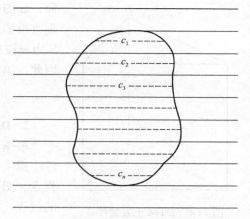

图 11-7 平行线法计算面积

$$p = h \sum_{i=1}^{n} c_i \qquad (11-8)$$

平行线法对于不规则的曲线形图形使用起来尤为方便，其量算面积的精度与平行线的间隔 h 有一定的关系，h 值小，精度越高。

第三节 数字地形图在工程中的应用

传统地形图通常是绘制在纸上的，具有直观性强、使用方便等优点，但也存在易损、不便保存、难以更新等缺陷。地形测量的实例数据经过全站仪等数据采集和计算机的数据通信，以及计算机的软件的编辑处理，将地形信息形成地形图，并以数字形式存储于磁盘或光盘等载体，就成为数字地形图。与传统的纸质地形图相比，数字地形图具有明显的优越性和广阔的发展前景。随着计算机技术和数字化测绘技术的迅速发展，数字地形图已广泛地应用于国民经济建设、国防建设和科学研究的各个方面，如工程建设的设计、交通工具的导航、环境监测和土地利用调查等。

目前，用于数字成图的软件很多，大多数都满足工程应用的某些功能。有些功能是 CAD 平台本身已经具备的，其他功能是通过二次开发实现的，本节以南方 CASS 数字化成图软件在工程应用部分为例，从基本几何要素的查询、土方量计算、断面图绘制和面积应用等方面介绍数字化地形图在工程建设中的应用。

一、土方量的计算

在 CASS2008 "工程应用" 下拉菜单中提供了 5 种土方量相关计算方法，即 DTM 法土方计算、断面法土方计算、方格网法土方计算、等高线法土方计算、区域土方量平衡。其中，DTM 土方计算是目前较好的一种方法。下面重点介绍用 CASS 软件进行 DTM 土方计算的原理及方法。

1. DTM 法计算土方量的原理

由 DTM 模型来计算土方量通常是根据实地测得的地面离散点（X，Y，Z）和设计高程来计算。该方法直接利用野外实测的地形特征点（离散点）进行三角构网，组成不规则三角网。三角网构建好之后，用生成的三角网来计算每个三棱柱的填挖方量，最后累积得到指定范围内填方和挖方分界线，三棱柱体上表面用斜平面拟合，下表面为水平面或参考

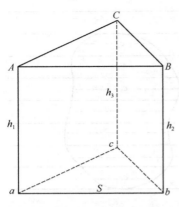

图 11-8 DTM 土方量计算

面。如图 11-8 所示，A、B、C 为地面上相邻的高程点，垂直投影到某一个平面上，对应的点为 a、b、c。此外，S 为三棱柱底面积，h_1、h_2、h_3 为三角形角点的填挖高差。因此，填、挖方计算公式为

$$V = \frac{h_1 + h_2 + h_3}{3} S \qquad (11\text{-}9)$$

2. DTM 法计算土方方法

根据不同的数据格式，DTM 法土方计算在 CASS 软件中提供了三种计算模式，分别是根据坐标文件、图上高程点、图上三角网计算。前两种算法包含重新建立三角网的过程，第三种方法直接采用图上已有的三角形，不再重建三角网。

DTM 法土方计算首先执行下拉菜单"绘图处理"→"展高程点"命令，将坐标文件中的碎部点三维坐标展绘到当前图形中，再用复合线 Pline 根据工程要求绘制一条闭合多义线作为土方计算的边界，最后执行下拉菜单"工程应用"→"DTM 法土方计算"→"根据坐标文件"命令，按提示选择边界线后在对话框中显示区域面积，接着输入平场设计标高与边界插值间隔（系统默认 20m）或者进行边坡设置后，在对话框中显示挖放量和填方量，并在系统默认的 dtmtf. log 文件中详细记录了每个三角形地块的挖放量和填方量数值。同时还可以指定表格左下角所在位置后，CASS 将在指定点处绘制一个土方均衡计算表格。

二、数字地形图在线路勘察设计中的应用

1. 线路曲线设计

在 CASS 软件中，提供了进行线路曲线设计的基本计算功能，可进行单个交点和多个交点的处理，得到平曲线要素和逐桩坐标成果表，现以多交点的线路曲线设计为例，简要说明其计算方法。

（1）鼠标选取"工程应用"→"公路曲线设计"→"要素文件录入"，命令行提示如下：①偏角定位；②坐标定位：选择坐标定位则弹出曲线要素录入对话框。

线路的起点坐标和各交点坐标可以直接输入或者用鼠标在已设计好的线路中线上直接拾取。

（2）用鼠标选取"工程应用"→"公路曲线设计"→"曲线要素处理"菜单项，弹出相应的对话框。输入要素文件后按命令行提示操作，显示线路图和相应成果表。

2. 断面图的绘制

在进行道路、隧道、管道等工程设计时，往往需要了解线路的地面起伏情况，这时，可根据等高线地形图来绘制断面图，绘制断面图的条件依据有四种：已知坐标、里程文件、等高线、三角网。

（1）根据已知坐标生成断面图

首先在数字地图上用复合线画出断面方向线，单击"工程应用"→"绘断面图"→"根据已知坐标"菜单项。按命令行提示选择断面线，输入高程点数据文件名。在绘制纵断面图对话框（图）输入采样点的间隔，输入起始里程、横向比例、纵向比例、隔多少里

程绘一个标尺等，在屏幕上显示所选断面线的断面图。

（2）根据里程文件生成断面图

一个里程文件可包含多个断面的信息，此时绘制断面图时就可一次绘出多个断面。里程文件的一个断面信息内允许有该断面不同时期的断面数据，这样绘制这个断面时就可以同时绘出实际断面线和设计断面线。

（3）根据等高线生成断面图

如果图面存在等高线，则可以根据断面线与等高线的交点来绘制纵断面图，点击"工程应用"→"绘断面图"→"根据等高线"菜单项，按照命令行提示进行操作。

（4）根据三角网生成断面图

如果图面存在三角网，则可以根据断面线与三角网的交点来绘制纵断面图，点击"工程应用"→"绘断面图"→"根据三角网"菜单项，依据命令行提示选择要绘制断面图的断面线，这里不详细介绍。

在建筑工程中，利用数字地形测量原理和方法扩充为建筑工程测绘，除了获得建筑物的平面图形外，还可以得到三维立体图形和模拟现实的建筑模型，对于古建筑、历史性建筑、建筑文物等的勘察、修复、资料保存等具有重要作用。

数字地形图还能在交通工具行进中接通 GPS，将目前所处的位置显示在图上，并指明前进路线和方向。在航海中数字地形图可以将船的位置实时显示在地图上，并能随时提供航线和航向。

另外，根据数字地形图可以建立数字地面模型，而数字高程模型是数字地面模型的一个重要组成部分，因此可以利用数字地面模型制作坡度图、坡向图和地形剖面图。此外，数字地形图还是地理信息系统的一个重要信息数据来源，还可以进行图与图、数与图、数与数之间的跨平台变换等。

数字地形图在土地规划管理、农业、气象、防洪救灾、军事指挥等方面也发挥着重大的作用。

第十二章　施工测量基本原理

第一节　施 工 测 量 概 述

各种工程建设的施工阶段和运营初期阶段所进行的测量工作称为施工测量。其目的是把在图纸上设计的建（构）筑物的平面位置和高程，按设计要求以一定精度测设在地面或不同的施工部位，并设置明显标志作为施工依据，以及在施工过程中进行一系列的测量工作，来指导和衔接各施工阶段和工种间的施工。由此可知，放样工作与施工联系密切，它既是施工的先导，又贯穿整个施工过程。

一、施工测量的主要内容

施工测量贯穿于整个施工过程，其主要内容如下：

① 施工前施工测量控制网的建立。

② 场地平整、建（构）筑物的测设、基础施工、建筑构件安装定位等测量工作。

③ 检查、验收工作。每道施工工序完成后都要通过测量，检查工程各部分的实际位置和高程是否符合要求。实测验收的记录编绘竣工图，作为验收时鉴定工程质量和工程运营管理好坏的依据。

④ 变形观测工作。对于大中型建筑物，随着工程进展，须测定建筑物在水平方向和高程方向的位移，收集整理各种变形资料，确保工程安全施工和正常运行。

各种工程在施工阶段进行的测量工作通常称为施工测量，主要包括：施工控制网的建立、工程放样、竣工测量及建（构）筑物的变形观测等。

二、施工测量的精度

施工测量是直接为施工服务的，它必须与施工组织计划相协调。测量人员应与设计、施工人员密切联系，了解设计内容、性质及对测量精度的要求，随时掌握工程进度及现场的变动，使测设精度和速度满足施工的要求。

施工测量的精度主要取决于建（构）筑物的大小、性质、用途、材料、施工方法等因素。例如，施工控制网的精度一般高于测图控制网的精度，高层建筑测设精度高于低层建筑，装配式建筑测设精度高于非装配式，连续性自动设备厂房测设精度高于独立厂房，钢结构建筑测设精度高于钢筋混凝土结构砖石结构。施工测量精度不够将造成质量事故，精度要求过高，则会导致人力、物力及时间的浪费，因此，应选择合理的施工测量精度。

1. 施工控制网的精度

施工控制网的精度要求应以工程建筑物建成后的允许偏差（建筑限差）来确定。正确确定施工控制网的精度具有重要的意义；精度要求高会造成测量工作量的增加，拖延工期；反之，会影响放样精度，无法满足施工的需要，造成质量事故。施工控制（方格）网的主要任务是用来测设系统工程各组成单元的中心线以及各组成单元连接建筑物的中心线的。例如，测设厂房、市炉和焦炉的中心线、皮带通廊、铁路或管道的中心线。这些中心线的测设精度比各单元工程的内部精度要低一些。对于单元工程内部精度要求较高的大量中心线的测设，可单独建立局部的单元工程施工控制网。这些单元工程施工控制网不是在整个厂区控制网基础上加密的，而是根据厂区控制网测设的单元工程中心线，再建立较高精度的单元工程局部控制网进行加密。

2. 建筑物中心轴线的测设精度

建筑物中心轴线的测设精度是指所测设的建筑物与控制网、建筑红线或周围原有建筑物相对位置的精度，除自动化和连续生产车间外，一般要求较低。

3. 建筑物细部放样精度

建筑物细部放样精度是指建筑物各部分相对于主要轴线的放样精度。这种精度的高低取决于建筑物的材料、用途和施工方法等。例如，高层建筑和连续生产的工业建筑的测设精度要求较高，一般建筑的细部测设精度要求较低。细部测设的精度应根据工程的性质和设计的要求来确定，不应片面追求高精度，导致人力、物力、财力及时间的浪费；也不应过低，影响施工质量，甚至造成工程事故。通常长度测设精度应优于 $1/2000 \sim 1/5000$，角度测设精度应优于 $\pm (40'' \sim 20'')$。

三、施工测量的原则与工作要求

施工测量和其他测量工作一样，也要遵循；"先控制、后碎部"的原则。首先，要建立统一的施工控制网，这种为施工需要而布设的控制网称为施工控制网；然后，根据该控制网标定建筑物的主要轴线；再以此为基础测设建（构）筑物的各个细部。

一个合理的设计方案要通过精心施工来实现，而放样精度会直接影响到建（构）筑物位置、尺寸和形状的正确性，对施工起到举足轻重的作用，必须予以高度重视。

在施工测量前，测量人员应熟悉设计图纸，验算与测量有关的数据，核对图上的坐标、高程及有关的几何关系，确保放样数据的准确性。同时，还需要对放样使用的控制点及其成果进行检查，对所用仪器、工具进行检校。放样之后，还要经过适当检查，才能施工。

有些工程竣工后，还需要对各种新建建筑物或构筑物进行竣工测量，测出竣工图。对一些高大或特殊的建（构）筑物，在建成后，有时还要定期进行沉降和变形观测，以便积累资料为建（构）筑物的设计、维护和使用提供依据。

各种工程的施工测量方法将在后续章节中介绍，本章仅介绍施工测量的基本工作。

第二节　测设的基本工作方法

施工放样是按设计的要求将建（构）筑物各轴线的交点、道路中线、桥墩等点位标定在相应的地面上。这些点位是根据控制点或已有建筑物的特征点与放样点之间的角度、距离和高差等几何关系，用仪器和工具标定出来的。因此，测设已知水平距离、已知水平角、地面点平面位置和已知高程是施工测量的基本工作。

一、测设已知水平距离

测设已知水平距离是从地面一已知点开始，沿已知方向测设出给定的水平距离，以确定第二个端点的工作。根据测设精度要求，可分为一般方法和精确方法。

1. 钢尺测设已知水平距离

（1）一般方法

如图 12-1 所示，在地面上，由已知点 A 开始，沿给定方向 AP，用钢尺量出已知水平距离 D 确定点 B'。为了校核与提高测设精度，在起点 A 处改变读数（10～20cm），按相同方法量出已知距离 D 确定点 B''。由于量

图 12-1　用钢尺测设已知水平距离

距有误差，B' 与 B'' 两点一般不重合，其相对误差在允许范围内时，则取两点的中点 B 作为最终位置。

（2）精确方法

当水平距离的测设精度要求较高时，按照一般方法在地面测设出的水平距离，还应再加上尺长、温度和高差三项改正，但改正数的符号与精确量距时的符号相反，即：

$$l = D - \Delta l_{\mathrm{d}} - \Delta l_{\mathrm{t}} - \Delta l_{\mathrm{h}}$$

2. 光电测距仪测设已知水平距离

用光电测距仪测设已知水平距离的方法与钢尺测设方法大致相同。如图 12-2 所示，光电测距仪安置于点 A，棱镜沿已知方向 AB 移动，使仪器显示的距离大致等于待测设距离 D，定出点 B'，测出点 B' 棱镜的竖直角及斜距，计算出水平距离 D'。再计算出 D' 与需要测设的水平距离 D 之间的改正数 $\Delta D = D - D'$。根据 ΔD 的符号，在实地沿已知方向用钢尺由点 B' 量出 ΔD，从而确定点 B，AB 即为测设的水平距离 D。

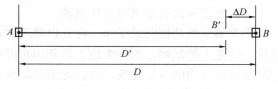

图 12-2　光电测距仪测设距离

用全站仪准位于点 B 附近的棱镜后，能够直接显示出全站仪与棱镜之间的水平距离 D'，因此可以通过前后移动棱镜使其水平距离 D' 等于待测设的已知水平距离 D 时，即可定出点 B。

为了检核，将棱镜安置在点 B，测量 AB 的水平距离，若误差不符合要求，则再次改正，直到在允许范围之内。

二、测设已知水平角

测设已知水平角就是根据一已知方向测设出另一方向，使它们的夹角等于给定的设计角值。按测设精度要求，分为一般方法和精确方法。

1. 一般方法

当测设的水平角精度要求不高时，可采用一般方法，即盘左、盘右取平均值的方法。

如图 12-3 所示，设 OA 为地面上已知方向，欲测设水平角 β。在点 O 安置经纬仪，以盘左位置瞄准点 A，配置水平度盘读数为 0。转动照准部使水平度盘读数恰好为 β，在视线方向定出点 B_1。然后用盘右位置，重复上述步骤定出点 B_2（OB_1 与 OB_2 等距），取 B_1 和 B_2 中点 B、则 $\angle AOB$ 即为测设的 β 角。该方法也称为盘左盘右分中法。

2. 精确方法

当测设精度要求较高时，可采用精确方法测设已知水平角如图 12-4 所示，安置经纬仪于 O 点，按照上述一般方法测设出已知水平角 $\angle AOB'$，定出 B' 点。然后较精确地测量

出∠AOB′的角值，一般采用若干测回取平均值的方法。设平均角值为β′，测量出OB′的距离，计算点B′处线段OB′的垂距B′B，即：

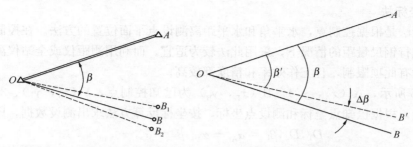

图12-3　一般方法测设水平角　　　图12-4　精确方法测设水平角

$$B'B = \frac{\Delta\beta}{\rho''}OB' = \frac{\beta-\beta'}{206265''}OB'$$

然后，从点B′沿OB′的垂直方向调整垂距B′B，调整后的∠AOB即为β角。如图12-4所示，若Δβ＞0，则从B′点往外调整B′B至B点；若Δβ＜0，则从B′点往内调整B′B至B点。

三、测设地面点平面位置

点的平面位置测设是根据已布设好的控制点的坐标和待测设点的坐标，反算出测设数据，即控制点与待测设点之间的水平距离和水平角，再利用上述测设方法标定出设计点位。根据所用仪器设备、控制点的分布情况、测设场地地形条件及测设点精度要求等条件，可采用以下几种方法进行测设工作。

1. 直角坐标法

直角坐标法是建立在直角坐标原理基础上的一种点位测设方法。当建筑场地已建立相互垂直的主轴线或建筑方格网时，一般采用此法。

如图12-5所示，A、B、C、D为建筑方格网或建筑基线控制点，点1、点2、点3、点4为待测设建筑物轴线的交点，建筑方格或建筑基线分别平行或垂直于待测设建筑物的轴线。根据控制点的坐标和待测设点的坐标可以计算出两者之间的坐标增量。下面以测设点1、点2为例，说明测设方法。

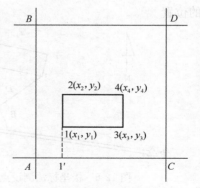

图12-5　直角坐标法测设点位

首先计算点A与点1、点2之间的坐标增量，即：

$$\Delta x_{A1} = x_1 - x_A, \Delta y_{A1} = y_1 - y_A$$
$$\Delta x_{A2} = x_2 - x_A, \Delta y_{A2} = y_2 - y_A$$

测设点1、点2平面位置时，在点A安置经纬仪，照准点C，沿视线方向从A向C测设水平距离Δy_{A1}定出点1′。再安置经纬仪于点1′，盘左照准点A（或点C），转90°确定视线方向，沿此方向通过分别测设水平距离Δx_{A1}和Δx_{12}来确定1、2两点。同理以盘右位置再测定1、2两点，取1、2两点盘左和盘右的中点即为所求点的位置。采用同样方法可以测设点3、点4的位置。检查时，可通过在已测设的点上架设经纬仪来检测各个角度是否符合设计要求，并丈量各条边长。

如果待测设点位的精度要求较高，可以利用精确方法测设水平距离和水平角。

2. 极坐标法

极坐标法是根据控制点，水平角和水平距离测设点平面位置的方法。在控制点与测设点间便于进行钢尺量距的情况下，采用此法较为适宜。而利用测距仪或全站仪测设水平距离时，则没有此项限制，且工作效率和精度都较高。

图 12-6 所示，A $(x_A，y_A)$、B $(x_B，y_B)$ 为已知控制点，1 $(x_1，y_1)$、2 $(x_2，y_2)$ 为待测设点，根据已知点坐标和测设点坐标，按坐标反算方法求出测设数据，即：

$$D_1，D_2，\beta_1 = \alpha_{A1} - \alpha_{AB}，\beta_2 = \alpha_{A2} - \alpha_{AB}$$

测设时，经纬仪安置在点 A，照准后视 B，置度盘为零，按盘左盘右分中法测设水平角 β_1、β_2，定出点 1、点 2 的方向，沿此方向测设水平距离 D_1、D_2，则可以在地面标定出设计点 1、2。检核时，可以将实地丈量的 1、2 两点之间的水平边长与 1、2 两点设计坐标反算出的水平进行比较。

如果待测设点 1、2 的精度要求较高，可以利用前述的精确方法来测设水平角和水平距离。

3. 角度交会法

角度交会法是在两个控制点上分别安置经纬仪，根据相应的水平角测设出相应的方向，根据两个方向交会定出点位的一种方法。此法适于测设点离控制点较远或量距有困难的情况。

如图 12-7 所示，根据控制点 A、B 和测设点 1，2 的坐标，反算出测设数据 β_{A1}、β_{A2}、β_{B1} 和 β_{B2}，将经纬仪安置在点 A，瞄准点 B，利用 β_{A1}、β_{A2} 按照盘左盘右分中法，定出 A1、A2 的方向线，并在其方向线上的 1，2 两点附近分别打上两个木桩（俗称骑马桩），桩上钉小钉以表示此方向，并用细线拉紧。然后，在点 B 安置经纬仪，同法定出 B1、B2 的方向线。根据 A1 和 B1、A2 和 B2 的方向线可以分别交会得到 1、2 两点，即所求待测设点的位置。

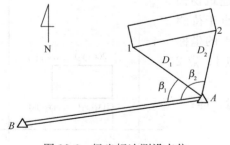
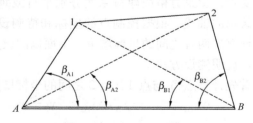

图 12-6　极坐标法测设点位　　　　　图 12-7　角度交会法测设点位

当然，也可以利用两台经纬仪分别在 A、B 两个控制点同时设站，测设出方向线后，标定出 1、2 两点。检核时，在 1、2 两点通视的情况下，可以将丈量出的 1、2 两点之间的实际水平距离，与 1、2 两点的设计坐标反算出的水平距离进行比较。

4. 距离交会法

距离交会法是从两个控制点利用两段已知距离进行交会定点的方法。当建筑场地平坦且便于量距时，用此法较为方便。

如图 12-8 所示，A、B 为控制点，点 1 为待测设点。首先，根据控制点和待测设点的坐标反算出测设数据 D_{B1} 和 D_{A1}，然后用钢尺从 A、B 两点分别测设两段水平距离 D_{A1} 和 D_{B1}，其交点即为所求点 1 的位置。

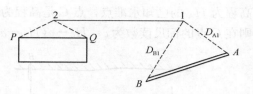

图 12-8　距离交会法测设点位

同理，点 2 的位置可由附近的地形点 P、Q 交会出。检核时，可以将实地丈量的 1、2 两点之间的水平距离与 1、2 两点设计坐标反算出的水平距离进行比较。

5. 全站仪坐标测设法

全站仪不仅具有测设精度高、速度快的优点，还可以直接测设点的位置，且在施工放样中受天气条件和地形条件的影响较小，从而在生产实践中得到了广泛应用。

全站仪坐标测设法是根据控制点和待测设点的坐标定出点位的一种方法。首先，仪器安置在控制点上，使仪器置于测设模式，然后输入控制点和测设点的坐标，一人持反光棱镜立在测设点附近，用望远镜照准棱镜，按坐标测设功能键，全站仪显示出棱镜位置与测设点的坐标差。根据坐标差值，移动棱镜位置，直到坐标差值等于零，此时棱镜位置即为测设点的点位。

为了及时发现错误，每个测设点位置确定后，可以再次测定其坐标作为检核。

四、测设已知高程与坡度

1. 已知高程的测设

（1）水准尺测设法

测设已知高程就是根据已知点的高程，通过引测，把设计高程标定在固定的位置上，如图 12-9 所示，已知点 A，其高程为 H_A，需要在点 B 标定出已知高程为 H_B 的位置。在点 A 和点 B 中间安置水准仪，精平后读取点 A 的标尺读数为 a，则仪器的视线高程为 $H_i = H_A + a$。

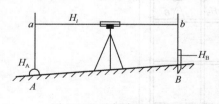

图 12-9　已知高程测设

由图 12-9 可知，测设已知高程为的 H_B 的点 B 的标尺读数应为 $b = H_i - H_B$。

将水准尺紧靠点 B 木桩的侧面，并上下移动，直到尺上读数为 b 时，沿尺底画一横线，此线为设计高程 H_B 的位置。测设时应始终保持水准管气泡居中。

在建筑设计和施工中，为计算方便，通常把建筑物的室内设计地坪高程用 ± 0.000 表示，建筑物的基础、门窗等高程都是以 ± 0.000 为依据进行测设。因此，首先要在施工现场利用测设已知高程的方法测设出室内地坪高程的位置。

在地下坑道施工中，高程点位通常设置在坑道顶部。通常规定当高程点位于坑道顶部，在进行水准测量时水准尺均应倒立在高程点上。如图 12-10 所示，点 A 是高程为 H_A 的已知水准点，点 B 是高程为 H_B 的待测设点，由于 $H_B = H_A + a + b$，则在 B 点的标尺读数为 $b = H_B - (H_A + a)$。因此，将水准尺倒立并紧靠 B 点木桩上下移动，直到尺上读数为 b 时，在尺底画出设计高程 H_B 的位置。

同理，对于多个测站的情况，也可以采用类似的解决方法。如图 12-11 所示，点 A 是高程为 H_A 的已知水准点，点 C 是高程为 H_C 的待测设点，由于 $H_C = H_A - a - b_1 + b_2 + c$，则在 C 点的标尺读数为 $c = H_C - (H_A - a - b_1 + b_2)$。

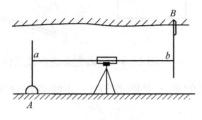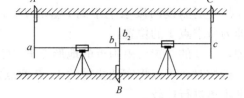

图 12-10 高程点在顶部的测设   图 12-11 多个测站高程点测设

（2）水准尺与钢尺联合测设法（高程的传递）

在建筑物基坑内进行高程放样时，设计高程点 B 通常远远低于视线，使安置在地面上的水准仪看不到立在基坑内的水准尺。此时，可借助钢尺，并配合水准仪进行，放样时使用两台水准仪，其中一台安置在地面上，另一台安置在基坑内，同时进行观测。利用同样的方法可将高程从低处向高处引测。

当待测设点与已知水准点的高差较大时，可以采用悬挂钢尺的方法进行测设。

如图 12-12 所示，钢尺悬挂在支架上，零端向下，并挂一重物，点 A 是高程为 H_A 的已知水准点，点 B 是高程为 H_B 的待测设点。在地面和待测设点位附近安置水准仪，分别在标尺和钢尺上读出 a_1、b_1 和 a_2。由于 $H_B = H_A + a_1 - (b_1 - a_2) - b_2$，则可以计算出点 B 处标尺的读数 $b_2 = H_A + a_1 - (b_1 - a_2) - H_B$。同理，图 12-13 所示情况可采用类似方法进行测设，即计算出前视读数 $b_2 = H_A + a_1 + (a_2 - b_1) - H_B$，再画出高程 H_B 的标志线。

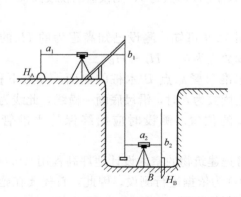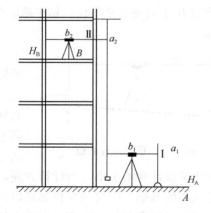

图 12-12 测设建筑基底高程   图 12-13 测设建筑楼层高程

2. 已知坡度线的测设

在施工过程中，往往由于排水或者其他需要，要求地坪要有一定的高度和坡度。坡度的大小一般用百分比表示。例如，水平距离为 $100m$，高差变化为 $1m$（升高或者降低），其坡度记为 1%（上坡时为正，下坡时为负）。坡度的放样实质上是高程的放样，可以根据设计的坡度和前进的水平距离计算点位间的高差，进而求得放样点的高程。如图 12-14 所示，其坡度的计算公式为：

$$i = \tan\alpha = \frac{h_{AB}}{D_{AB}}$$

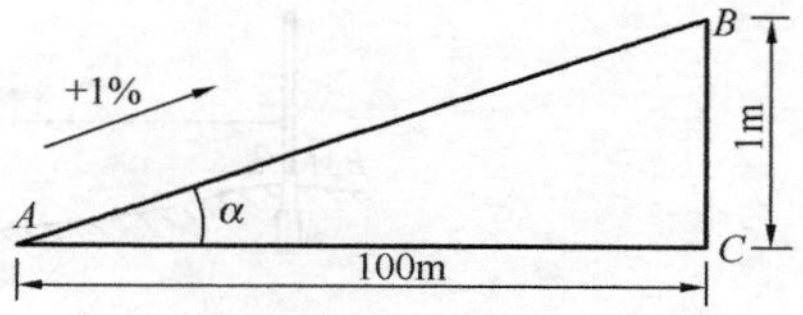

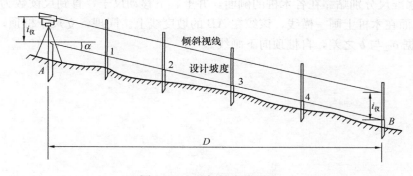

图 12-14　坡度的计算

（1）倾斜视线法

已知坡度线的测设就是在地面上定出一条直线，其坡度值等于已给定的设计坡度。在交通线路工程、排水管道施工和敷设地下管线等工作中经常涉及该问题。如图 12-15 所示，设地面上点 A 的高程为 H_A，A、B 两点之间的水平距离为 D，要求从点 A 沿 AB 方向测设一条设计坡度为 i 的直线 AB，即在 AB 方向上定出 1、2，3、4、B 各桩点，使各个桩顶面连线的坡度等于设计坡度 i。具体测设时，先根据设计坡度 i 和水平距离 D 计算出点 B 的高程，即 $H_B = H_A + iD$。

图 12-15　已知坡度线测设

计算点 B 高程时，注意坡度 i 的正、负，在图 12-16 中应取负值。然后，按照前述方法测设已知高程，把点 B 的设计高程测设到木上，则 A、B 两点连线的坡度等于设计坡度 i。为了在 AB 间加密 1、2、3、4 等点、在点 A 安置水准仪时，应使一个脚螺旋在 AB 的方向线上，另两个脚螺旋的连线大致与 AB 垂直，量取仪器高 $i_仪$。用望远镜照准点 B 的水准尺，旋转在 AB 方向上的脚螺旋，使点 B 柱上水准尺的读数等于 $i_仪$，此时仪器的视线即为设计坡度线。在 AB 中间各点打上木柱，并在桩上立尺，使读数皆为 $i_仪$，此时各桩桩顶的连线就是测设的坡度线。当设计坡度较大时，可利用经纬仪定出中间各点。

（2）水平视线法

如图 12-16 所示，点 A、点 B 为设计坡度线的两个端点，其设计高程分别为 H_A、H_B，直线 AB 的设计坡度为 i。为使施工方便，要在 AB 方向上，每隔距离 d 定一木桩，并在木桩上标定出坡度为的坡度线。施测方法如下：

1）沿 AB 方向，标定出间距为 d 的点 1、点 2、点 3 的位置。

2）计算各桩点的设计高程。

第 1 点的设计高程为 $H_1 = H_A + id$

第 2 点的设计高程为 $H_2 = H_1 + id$

第 3 点的设计高程为 $H_3 = H_2 + id$

B 点的设计高程为 $H_B = H_3 + id$ 或 $H_B = H_A + iD$（检核）

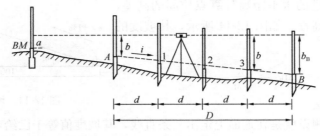

图 12-16 水平视线法

式中，坡度 i 有正有负，计算设计高程时，坡度应连同其符号一并运算。

3）安置水准仪于水准点 BM 附近，后视读数为 a，则仪器视线高为 $H_i = H + a$，然后根据各点的设计高程计算测设各点的应读前视标尺读数 $b_应 = H_i - H_设$。

4）将水准尺分别贴靠在各木桩的侧面，并上、下移动尺子，直到尺读数为 $b_应$ 时，利用水准尺底面在木桩上画一横线，该线在 AB 的坡度线上。同理，立尺于桩顶，读前视读数 b，再根据 $b_应$ 与 b 之差，自桩顶向下画线。

第十三章　建筑施工测量

第一节　施工控制网的建立

一、建筑施工测量的特点

建筑施工测量工作的特殊性如下：

（1）施工控制网的精度要求以工程建筑物建成后的允许偏差（建筑限差）确定。一般来说，施工控制网的精度高于测图控制网的精度。

（2）测设精度的要求取决于建（构）筑物的大小、材料、用途和施工方法等因素。一般来说，高层建筑物的测设精度高于低层建筑物，钢结构厂房的测设精度高于钢筋混凝土结构厂，装配式建筑物的测设精度高于非装配式建筑物。

（3）施工测量工作应满足工程质量要求和工程进度要求。测量人员必须熟悉图纸、定位依据和定位条件，掌握建筑物各部件的尺寸关系与高程数据，了解工程全过程，能及时掌握施工现场变动，确保施工测量的正确性和即时性。

（4）各种测量标志必须埋设在能长久保存、便于施工的位置，并对其进行妥善保护和检查。施工现场工种多，交叉作业频繁，并有土、石方填挖和机械振动，因此应尽量避免测量标志破坏。如有破坏，要及时恢复，并向施工人员交底。

（5）为保证各种建筑物、管线等的相对位置能满足设计要求，便于分期、分批进行测设和施工，施工测量必须遵守布局上"从整体到局部"、精度上"从高级到低级"、工作程序上"先控制后碎部"的工作原则。

二、施工平面控制网的建立

1. 施工控制网的特点

与勘测阶段的测图控制网相比，施工控制网有如下特点：

（1）控制点的密度大，精度要求较高，使用频繁，受施工干扰多。这就要求控制点的位置应分布合理且稳定，使用方便，并能在施工期间保持桩点不被破坏。因此，控制点的选择、测定及桩点的保护等各项工作应与施工方案，现场布置统一考虑、确定。

（2）在施工控制测量中，局部控制网的精度要求往往比整体控制网的精度要求高，如有些重要厂房矩形控制网的精度常高于整个工业场地的建筑方格网或其他形式的控制网。在安装一些重要设备时，也经常要建立高精度的施工控制网。因此，大范围的控制网只是给局部控制网传递一个起始点的坐标和起始方位角，而局部控制网可以布设成自由网。

2. 建筑施工场地平面控制网的形式

施工平面控制网经常采用的形式有三角网、导线网、建筑基线或建筑方格网。其布设应综合考虑建筑总平面图和施工地区的地形条件、已有测量控制点情况及施工方案等因素。对于地形起伏较大的山区和丘陵地区，宜采用三角网形式或边角网形式布设控制网；对于地形平坦、通视困难的地区（如改、扩建的施工场地）或建筑物分布很不规则的地区，可采用导线网；对于地形平坦而简单的小型建筑场地，常布置一条或几条建筑基线，组成简单的图形作为施工放样的依据；对于地势平坦、建筑物分布比较规则和密集的大、中型建筑施工场地，一般布设建筑方格网。

3. 建筑基线

（1）施工坐标系统

设计和施工部门为了工作方便，常采用一种独立坐标系统来表示建筑物的平面位置，称为施工坐标系（也称建筑坐标系）。施工坐标系通常与建筑物的主轴线方向或主要道路、管线方向一致，坐标原点设在设计总平面图的西南角上，纵轴记为 A 轴，横轴记为 B 轴。

如果建筑基线或建筑方格网的施工坐标系与测图坐标系不一致，则应在测设前，将建筑基线或建筑方格网主点的施工坐标换算成测图坐标，然后再进行测设。如图 13-1 所示，$O-AB$ 为施工坐标系，$O-XY$ 为测图坐标系，设点 P 为建筑基线的主点，它在施工坐标系中的坐标值为 A_p、B_p，而 x_o、y_o 是施工坐标原点在测图坐标系中的坐标值，α 为 X 轴和 A 轴的夹角。将点 P 的施工坐标转化为测图坐标，则公式为：

$$x_p = x_o + A_p \cos\alpha - B_p \sin\alpha$$
$$y_p = y_o + A_p \sin\alpha + B_p \cos\alpha$$

$$(13-1)$$

（2）建筑基线的布设要求

建筑基线是建筑场地施工控制的基准线，一般由纵向的长轴线和横向的短轴线组成，适用于总平面图布置比较简单的小型建筑物。根据建（构）筑物的分布及场地情况，建筑基线通常布设形式有"一"字形、"L"形、"T"字形和"十"字形，如图 13-2 所示。

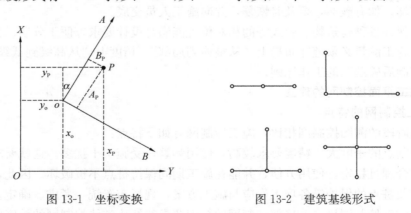

图 13-1 坐标变换   图 13-2 建筑基线形式

建筑基线布设的要求如下：

1）主轴线应尽量位于建筑区中心、中央通道的边沿上，其方向应与主要建筑物的轴线平行。为检查建筑基线的点位有无变动，主轴线上的主轴点（定位主轴线的点）数不应少于 3 个，边长为 100～400m。

2）基线点位应选在通视良好、不易破坏、易于保存的地方，并埋设永久性混凝土桩。

（3）建筑基线的测设

根据建筑场地的情况，建筑场地的测设方法主要有以下两种：

1）根据建筑红线确定基线。在老建筑区，城市规划部门在测设建筑时用地边界线

（建筑红线）作为测设建筑基线的依据。如图 13-3 所示，点 M、点 O、点 N 是建筑红线桩，点 A、点 B、点 C 是选定的建筑基线点。如果建筑基线与建筑红线平行，则 $\angle MNO=90°$，因此可在现场利用经纬仪和钢尺推出平行线，得到建筑基线。标定点位后，在 A 点安置经纬仪，精确观测 $\angle BAC$，若角值与 90°之差超过 $\pm 20''$，则应对点 A、点 B、点 C 按水平角精确测设的方法进行调整。

2）根据测图控制点测设基线。测设前，利用式（13-1）将施工坐标化为测图坐标，求得图 13-4 中 A、B、C，3 个建筑基线点的测图坐标，计算测设基线点数据通常采用极坐标放样方法（图 13-4），在实地定出基线点点位（图 13-5 中的点 A、点 B、点 C）。尚需在点 B 安置经纬仪，精确测出 $\angle A'B'C'$。若此角与 180°之差超过 $\pm 10''$，则应对点位进行调整。调整时，将点 A'、点 B'、点 C' 沿与基线垂直的方向移动一个调整值 δ，且点 B' 与 A'、C' 两点的移动方向相反。调整值 δ 为：

$$\delta = \frac{ab}{a+b}\left(90° - \frac{1}{2}\angle A'B'C'\right)\frac{1}{\rho''} \tag{13-2}$$

式中，ρ'' 为 206265''、δ 为各点的调整值，m；a、b 为 AB、BC 的长度值，m。

除了调整角度之外，还应调整点 A、点 B、点 C 之间的距离。先用钢尺检查 AB、BC 的距离，若丈量长度与设计长度的相对误差大于 1/10000，则以点 B 为准，按设计长度调整 A、C 两点的距离。

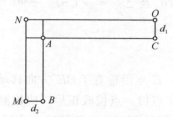

图 13-3　根据建筑红线测设建筑基线

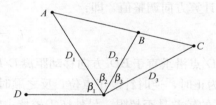

图 13-4　根据控制点测设建筑基线

4. 建筑方格网

（1）建筑方格网的布设要求

建筑场地的施工平面控制网布设成与建筑物主要轴线平行或垂直的矩形、正方形格网，称为建筑方格网，如图 13-6 所示。建筑方格网中的两组互相垂直的轴线组成建筑坐标系，便于用直角坐标法对各建筑物进行定位，且精度高。

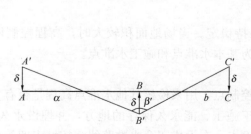

图 13-5　基线点的调整

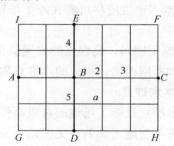

图 13-6　建筑方格网

　　布设建筑方格网时，应根据建筑物、道路、管线的分布，结合场地的地形等因素，先选定主轴线点，再全面布设方格网。布设要求与建筑基线布设要求基本相同，但还应考虑以下几个方面：

　　1）主轴线点应接近精度要求较高的建筑物。

　　2）方格网的轴线应严格垂直，方格网点之间应能长期保持通视。

　　3）在满足使用的情况下，方格网点数应尽量少。

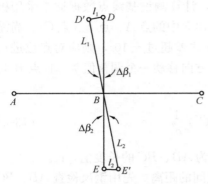

图 13-7　主轴线的调整

　　4）当场区面积较大时，方格网常分两级。首级可采用"十"字形、"口"字形或"田"字形，然后再加密方格网。

　　（2）建筑方格网的测设

　　1）主轴线点的测设。首先根据原有控制点坐标和主轴线点坐标计算出测设数据，然后测设主轴线点。如图 13-7 所示，按建筑基线点的测设方法先测设长主轴线 AC，然后测设与 AC 垂直的另一主轴线 DE。测设主轴线 DE 的步骤为：在点 B 安置经纬仪，瞄准点 C，顺时针依次测设 $90°$、$270°$，并根据主轴点间的距离，在地面上定出 E'、D' 两点。精确检测 $\angle CBD'$ 和 $\angle CBE'$，然后求出 $\Delta\beta_1 = \angle CBD' - 270°$ 及 $\Delta\beta_2 = \angle CBE' - 90°$。若较差超过 $\pm 10''$，计算方向调整值，即：

$$l_i = \frac{L_i \Delta\beta'_i}{\rho'} \tag{13-3}$$

　　将 D' 点沿垂直于 BD' 方向移动距离 $D'D = l_1$，E' 点沿垂直于 BE' 方向移动距离 $E'E = l_2$。$\Delta\beta_i$ 为正时，逆时针改正点位，反之顺时针改正点位。点位改正后，应检测两主轴线交角与 $90°$的较差是否超限，另外还需校核主轴线点间的距离，一般精度应达到 $1/10000$。

　　2）方格网点的测设。如图 13-6 所示，沿纵横主轴线精密丈量各方格网边长，定出点 1、点 2、点 3、点 4、点 5 等点，并按设计长度检核，精度应达到 $1/10000$。然后，将经纬仪分别安置在点 2、点 5 处，精确测出 $90°$，用交会法定出方格网点 a，并标定点位。同理可测设其余方格网点，校核后埋设永久性标志。

三、施工高程控制网的建立

　　对施工场地高程控制网的要求如下：

　　① 水准点密度应尽可能在施工场地放样时满足安置一次仪器即可测设所有需要的高程点。

　　② 在施工期间，高程点的位置应保持稳定。当场地面积较大时，高程控制网可分为首级网和加密网两级，相应的水准点称为基本水准点和施工水准点。

1. 基本水准点

　　基本水准点是施工场地的首级高程控制点，用来检核其他水准点高程是否有变动，其位置应设在不受施工影响、无振动、便于施工、能永久保存的地方，并埋设永久性标志。在一般建筑场地，通常埋设三个基本水准点，布设成闭合水准路线，按城市四等水准测量要求进行施测。

2. 施工水准点

施工水准点是直接用来测设建筑物高程的。为使用方便和减少误差，施工水准点应尽量靠近建筑物。对于中、小型建筑场地，施工水准点应布设成闭合路线或附合路线，并根据基本水准点按城市四等水准或图根水准要求进行测量。

为便于施工放样、在每栋较大的建筑物附近，还要测设幢号或±0.000水平线，其位置多选在较稳定的建筑物外墙立面或柱的侧面，用红漆绘成上边为水平线的"▼"形。

第二节　民用建筑施工测量

一、建筑物测设前的准备工作

在进行施工测量之前，应先检校所使用的测量仪器。根据施工测量需要，还需做好以下准备工作。

1. 熟悉、校对图纸

设计图纸是施工测量的依据。测量人员应了解工程全貌和对测量的要求，熟悉与放样有关的建筑总平面图、建筑施工图和结构施工图，并检查总的尺寸是否与各部分尺寸之和相符，总平面图尺寸与大样详图尺寸是否一致。

2. 校核定位平面控制点和水准点

对建筑场地上的平面控制点，使用前必须检查、校核点位是否正确，实地检测水准点高程。

3. 制定测设方案

先要考虑设计要求、控制点分布、现场和施工方案等因素，再选择测设方法，制定测设方案。

4. 准备测设数据

（1）从建筑总平面图上，查出或计算出设计建筑物与原有建筑物、测量控制点之间的平面尺寸和高差，并以此作为测设建筑物总体位置的依据。

（2）在建筑物平面图上，查取建筑物的总尺寸和内部各定位轴线之间的尺寸。它们是施工测量的基础资料。

（3）从基础平面图上，查出基础边线与定位轴线的平面尺寸以及基础布置与基础剖面的位置关系。

（4）从基础详图（基础大样图）上，查取基础立面尺寸、设计标高以及基础边线与定位轴线的尺寸关系。它们是基础高程测设的依据。

（5）从建筑物的立面图和剖面图上，查取基础、地坪、楼板等的设计高程。它们是高程测设的主要依据。

5. 绘制测设略图

根据设计总平面图和基础平面图绘制测设略图，如图13-8所示，图上要标定拟建建筑物定位轴线间的尺寸和定位轴线控制桩。

二、建筑物主轴线的定位测量

一般建筑物的轴线指墙基础或柱基础沿纵轴方向布置的中心线。这里将控制建筑物整体形状的纵、横轴线或起定位作用的轴线，称为建筑物的主轴线，多为建筑物外墙轴线。

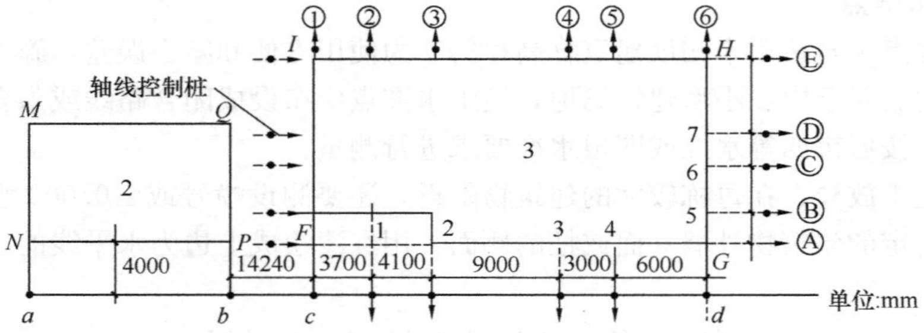

图 13-8   建筑物的定位和放线

外墙轴线的交点称为角桩。所谓定位就是把建筑物的主轴线交点标定在地面上，并以此作为建筑物放线的依据。由于设计条件不同，定位方法也不同，一般包括下面几种：

1. 根据与现有建筑物的位置关系放样主轴线

如图 13-8 所示，欲将 3 号拟建房屋的外墙轴线交点测设于地面上，其步骤如下：

（1）用钢尺紧贴已建的 2 号房屋的 MN 边和 QP 边，各量出 4m（距离大小根据实地地形而定），得 a、b 两点，打入木桩，桩顶钉上铁钉标志。

（2）把经纬仪安置在点 a，瞄准点 b，沿 ab 方向量取 14.240m、得点 c，再继续量取 25.800m，得点 d。

（3）将经纬仪分别安置在点 c、点 d 上，再随准点 a，按顺时针方向精确测设 90°，并沿此方向用钢尺量取已知距离，得到点 F、点 G，再继续量取一段已知距离，得到点 I、点 H，而 F、G、H、$I4$ 点即为拟建房屋外墙轴线的交点。用钢尺检测各角柱之间的距离、其值与设计长度的相对误差不应超过 1/2000。如房屋规模较大，则不应超过 1/500 在 4 个交点上架设经纬仪，检测各个直角，被检测直角与 90°之差不应超过 ±40″，否则应进行调整。

2. 根据建筑红线放样主轴线

在城镇建造房屋时，要按统一规划进行，建设用地边界成建筑物轴线位置由规划部门的拨地单位于现场直接测定。拨地单位直接测设的建筑用地边界点称建筑红线桩。若建筑红线与建筑物的主轴线平行或垂直，可利用直角坐标法放样主轴线，并检核各纵、横轴线间的关系及垂直性。然后，还要在轴线的延长线上加打引桩，以便在开挖基槽后作为恢复轴线的依据。

3. 根据建筑方格网放样主轴线

通过施工控制测量建立了建筑方格网或建筑基线后，根据方格网和建筑物坐标，利用直角坐标法可以定出建筑物的主轴线，最后检核各顶点边、角关系及对角线长。一般角度误差不超过 ±20″，边长误差则根据放样精度要求来决定，一般不低于 1/5000。此方法测设的各轴线点均设在基础中间，在挖基础时，大多数要被挖掉。因此，在建筑物定位时，要在建筑物边线外侧定一排控制柱。

4. 根据控制点放样主轴线

在山区或建筑场地障碍物较多的地方，一般采用导线点或三角点作为放样的控制点。还可根据现场情况，利用极坐标法或角度交会法放样建筑物轴线。

三、建筑物放线

建筑物放线指根据已定位的建筑物主轴线交点桩详细测设出建筑物各轴线的交点桩（称中心桩），然后根据交点桩用白灰撒出开挖边界线。

1. 在外墙轴线周边上测设中间轴线交点桩

如图 13-8 所示，将经纬仪安置在点 F 上，瞄准点 G，用钢尺沿 FG 方向量出相邻两轴线间的距离，定出各点，且量距精度应达到 $1/2000\sim1/5000$。丈量各轴线间距离时，为避免误差积累，钢尺零端应始终在一点上。

由于基槽开挖后，角桩和中心桩将被挖掉，为了便于在施工中恢复各轴线位置，应把各轴线延长到槽外安全地点，并做好标志。方法有测设轴线控制桩和设置龙门板两种。

2. 测设轴线控制桩（引桩）

如图 13-8 所示，将经纬仪安置在角桩上，瞄准另一个角柱，沿视线方向用钢尺向基槽外量取 $2\sim4m$，打入木桩，用小钉在木桩顶准确标出轴线位置，并用混凝土包裹木桩，如图 13-9 所示。如有条件也可把轴线引测到周围原有的地物上，并做好标志，以此来代替引桩。

3. 设置龙门板

在一般民用建筑中，常在基槽开挖线外一定距离处设置龙门板，如图 13-10 所示。其设置步骤和要求如下：

（1）在建筑物四角和中间定位轴线的基槽开挖线外约 $1.5\sim3m$ 处（根据土质和基槽深度而定）设置龙门桩，桩要竖直、牢固，桩外侧应与基槽平行。

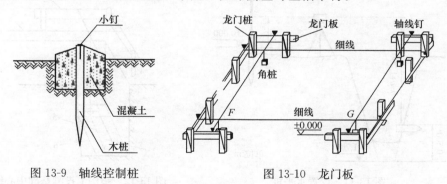

图 13-9　轴线控制桩　　　　　　图 13-10　龙门板

（2）根据场地内水准点，用水准仪将±0.000 的标高测设在每一个龙门桩的侧面，并用红笔画一横线。

（3）沿龙门桩上测设的±0.000 线钉设龙门板，使板的上缘恰好为±0.000。若现场条件不允许，也可测设比±0.000 高或低一整数的高程，测设龙门板的高程允许误差为±5.0mm。

（4）如图 13-10 所示，将经纬仪安置在点 F，瞄准点 G，沿视线方向在点 G 附近的龙门板上引测出一点，钉上小钉标志（也称轴线钉）。倒转望远镜，沿视线在点 F 附近的龙门板上钉一小钉。同理可将各轴线引测到各自的龙门板上。引测轴线点误差的绝对值小于 5.0mm。

（5）用钢尺沿龙门板顶面检查轴线钉之间的距离，其精度应达到 $1/2000\sim1/5000$。

检核合格后，以轴线钉为准，将墙边线、基础边线、基槽开挖、边线等标定在龙门板上。标定基槽上口开挖宽度时，应按有关规定考虑放坡的尺寸要求。

4. 撒出基槽开挖边界白灰线

在轴线两端，根据龙门板标定的基槽开挖边界标志拉直线绳，并沿此线绳撒出白灰线，施时按此线开挖。

四、基础工程施工测量

基础工程施工测量主要是控制基坑（槽）宽度、坑（槽）底和垫层的高程等。涉及的主要工作如下：

1. 控制基槽开挖深度

在即将挖到槽底设计标高时，用水准仪在槽壁各拐角和每隔 3～5m 的地方测设一些水平小木桩（又称水平桩，如图 13-11 所示），使木桩的上表面离槽底设计标高为一个固定值，来控制挖槽深度。为了方便施工，必要时可沿水平桩的上表面拉白线或向槽壁弹墨线，作为基坑内高程控制线。

2. 在垫层上投测基础墙中心线

基础垫层打好后，根据龙门板上的轴线钉或轴线控制桩，用经纬仪或拉线绳挂垂球的方法，把轴线投测到垫层上（如图 13-12 所示），并用墨线弹出基础墙体的中心线和基础墙边线，以便砌筑基础墙。

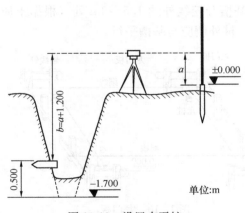

图 13-11 设置水平桩

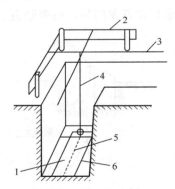

图 13-12 垫层上投测基础中心线

1—垫层；2—龙门板；3—细线；
4—线坠；5—墙中线；6—基础边线

3. 基础墙体标高控制

房屋基础墙（±0.000 以下的墙体）的高度是利用基础皮数杆来控制的。基础皮数杆是根一木制的杆子（图 13-13），事先在杆上按照设计的尺寸，在砖、灰缝的厚度处画出线条，并标明±0.000、防潮层等的标高位置。立皮数杆时，先在立杆处打一木桩，用水准仪在木桩侧面定出一条比垫层标高高出某一数值的水平线，然后将皮数杆上标高相同的一条线与木桩的同高水平线对齐，并用大铁钉把皮数杆和木桩钉在一起，作为基础墙砌筑时的依据。

4. 基础墙顶标高检查

基础施工结束后，应检查基础墙顶面的标高是否符合设计要求。可用水准仪测出基础顶面上若干点的高程，并与设计高程比较，允许误差为±10mm。

五、墙体工程施工测量

利用轴线引桩或龙门板上的轴线钉和墙边线标志，用经纬仪或拉线吊垂球的方法，将轴线投测到基础顶面或防潮层上，然后用墨线弹出墙中心线和墙边线。检查外墙轴线交角是否为直角。符合要求后，把墙轴线延伸并画在基础墙侧面，作为向上投测轴线的依据。同时，把门窗和其他洞口的边线也立墙基础立面上。

在墙体施工中，墙身各部件也用皮数杆控制。墙身皮数杆上根据设计尺寸，在砖、灰缝厚度处画有线条，并标明±0.000门、窗、楼板的标高位置，如图13-14所示。一般墙身砌筑1m高后就在室内砖墙上定出0.50m的标高，并弹墨线标明，供室内地坪抄平和装修用。当进行第二层以上墙体施工时，可用水准仪测出楼板面四角的标高，取平均值作为本层的地坪标高，并以此作为本层立皮数杆的依据。

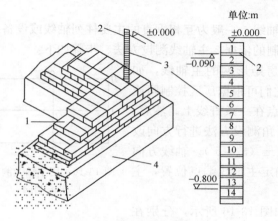

图 13-13　基础皮数杆的使用
1—大放脚；2—防潮层；
3—皮数杆；4—垫层

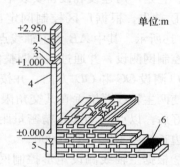

图 13-14　墙身各部件高程控制
1—二层地面楼板；2—窗口过梁；
3—窗口；4—窗口出砖；
5—木桩；6—防潮层

当精度要求较高时，可用钢尺沿墙身自±0.000直接丈量至楼板外侧，确定立杆标志。框架式结构的民用建筑，墙体砌筑在框架施工结束后进行，因此可在柱面上刻线代替皮数杆。

第三节　工业建筑施工测量

一、工业厂房施工控制网的测设

工业建筑场地的施工控制网建立后，为对每个厂房或车间进行施工放样，还需对每个厂房或车间建立厂房施工控制网。由于厂房多为排柱式建筑，跨度和间距大，所以厂房施工控制网多数布设成矩形，故也称厂房矩形控制网或厂房矩形网。

1. 布网前的准备工作

（1）了解厂房平面布置情况、设备基础的布置情况。

（2）了解厂房柱子中心线和设备基础中心线的有关尺寸、厂房施工坐标和标高等。

（3）熟悉施工场地的实际情况，如地形变化、放样控制点的应用等。

（4）了解施工的方法和程序，熟悉各种图纸资料。

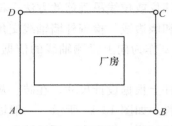

图 13-15 厂房矩形控制网

2. 厂房控制网的布网方法

（1）角桩测设法

布置在基坑开挖范围以外的厂房矩形控制网的四个角点，称为厂房控制桩。角桩测设法就是根据工业建筑厂区的方格网，利用直角坐标法直接测设厂房控制网的四个角点（图 13-15）。用木桩标定后，检查角点间的角度和距离关系，并做必要的误差调整。一般来说，角度误差不应超过 $\pm 10''$，边长误差不得超过 1/10000。这种形式的厂房矩形控制网适用于精度要求不高的中、小型厂房。

（2）主轴线测设法

厂房主轴线指厂房长、短两条基本轴线，一般为互相垂直的主要柱列轴线或设备基础轴线。它是厂房建设和设备安装平面控制的依据。主轴线测设方法、步骤如下：

① 首先，根据厂区控制网定出厂房矩形网的主轴线，如图 13-16 所示。其中 *AB* 为主轴线点，它们可根据厂区控制网或原有控制网测设，并通过适当调整使三点在一条直线上。然后，在点 *O* 测设 *OC* 和 *OD* 方向，并按水平角测设方法进行方向改正，使两主轴线严格垂直其交角限差为 $\pm$（$3''\sim 5''$）。轴线方向调整好后，以点 *O* 为起点精密量距，确定主轴线端点位置，主轴线边长精度不低于 1/30000。

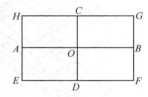

图 13-16 用主轴线测设
厂房控制网

② 根据主轴线测设矩形控制网。如图 13-16 所示，分别在点 *A*、点 *B*、点 *C*、点 *D* 处安置经纬仪，后视点 *O*，测设直角，交会出 *E*、*F*、*G*、*H* 各厂房控制桩，然后再对 *AH*、*AE*、*GB*、*BF*、*CH*、*CG*、*DE*、*DF* 进行精密丈量，其精度要求与主轴线相同。若量距所得交点位置与角度交会所得点的位置不一样，可适当进行调整。

二、厂房柱列轴线的测设和柱基的施工测量

1. 柱列轴线的测设

根据厂房平面图上所注的柱间距和跨距尺寸，用钢尺沿矩形控制网各边量出各柱列轴线控制桩的位置，如图 13-17 中的点 1′、点 2′、…、点 9′ 所示，并打入大木桩，桩顶用小钉标出点位，作为柱基测设和施工安装的依据。丈量时，应以相邻的两个距离指标桩为起点分别进行，便于检核。距离指标桩可在测设矩形控制网 PQRS 的同时进行测设（如图 13-17 中的点 3′、点 3″、点 7′、点 7″）。

2. 柱基定位和放线

（1）安置两台经纬仪，在两条互相垂直的柱列轴线控制桩上，沿轴线方向交会出各柱基的位置（即柱列轴线的交点），此项工作称为柱基定位。

（2）在柱基的四周轴线上，打入 4 个定位小木桩 *a*、*b*、*c*、*d*，如图 13-17 所示，其柱位应在基础开挖边线以外、比基础深度大 1.5 倍的地方。柱顶采用统一标高，并在柱顶用小钉标明中线方向，作为修坑和立模的依据。

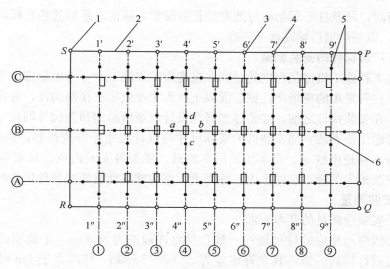

图 13-17 厂房柱列轴线和柱基测量

1—厂房控制桩；2—厂房矩形控制网；3—柱列轴线控制桩；4—距离指标桩；5—定位小木桩；6—柱基础

（3）按照基础详图所注尺寸和基坑放坡宽度，用特制角尺，放出基坑开挖边界线，并撒出白灰线以便开挖，此项工作称为基础放线。

（4）在进行柱基测设时，应注意，柱列轴线不一定都是柱基的中心线，而一般立模、吊装等习惯用中心线，此时应将柱列轴线平移，定出柱基中心线。

3. 柱基施工测量

（1）基坑开挖深度的控制

当基坑挖到一定深度时，应在基坑四壁，离基坑底设计标高 0.5m 处，测设水平桩，作为检查基坑底标高和控制垫层的依据。此外，还应在坑底边沿及中央打入小木桩，使桩顶高程等于垫层设计高程，以便在桩顶拉线打垫层，如图 13-18 所示。

（2）杯形基础立模测量

杯形基础立模测量有以下三项工作：

1）基础垫层打好后，根据基坑周边定位小木桩，用拉线吊垂球的方法，把柱基定位线投测到垫层上，弹出墨线，用红漆画出标记，作为柱基立模板和布置基础钢筋的依据。

2）立模时，将模板底线对准垫层上的定位线，并用垂球检查模板是否垂直。

3）将柱基顶面设计标高测设在模板内壁（图 13-19），作为浇灌混凝土的高度依据。

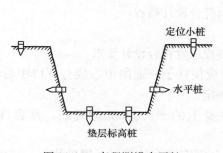

图 13-18 高程测设水平桩

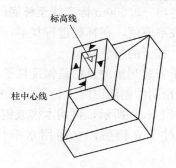

图 13-19 测设杯内标高

在支杯底模板时，顾及柱子预制时可能有超长的现象，应使浇灌后的杯底标高比设计标高略低 3～5cm，以便拆模后填高修平杯底。

三、工业厂房构件的安装测量

随着建筑工程施工机械化程度的提高，在建筑工程施工中，为缩短施工工期，确保工程质量，将以往所采用的现场浇注钢筋混凝土改为工业化生产预制构件，并在施工现场安装主要构件。在安装构件之前，必须仔细研究设计图纸所给的预制构件的尺寸，检查预制实物尺寸，考虑作业方法，使安装后的实际尺寸与设计尺寸相符或在容许的偏差范围内。单层工业厂房主要是由柱子、吊车梁、吊车轨道、屋架等安装而成。从安装施工过程来看，柱子的安装最为关键，它的平面、标高垂直度的准确性将影响其他构件的安装精度。

1. 柱子安装测量

（1）柱子安装应满足的基本要求

柱子中心线应与相应的柱列轴线一致，其允许偏差为±5mm。牛腿顶面和柱顶面的实际标高应与设计标高一致，其允许误差为±（5～8）mm，柱高大于 5m 时允许误差为±8mm。柱身垂直允许误差：当柱高不超过 5m 时，为±5mm；当柱高为 5～10m 时，为±10mm；当柱高超过 10m 时，则为柱高的 1/1000，但不得大于±20mm。

（2）柱子安装前的准备工作

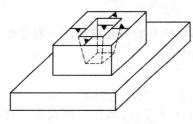

图 13-20 杯型基础

柱子安装前的准备工作包括以下几项：

1）在柱基顶面投测柱列轴线。柱基拆模后，用经纬仪根据柱列轴线控制桩，将柱列轴线投测到杯口顶面上，如图 13-20 所示，并弹出墨线，用红漆画出"▼"标志，作为安装柱子时确定轴线的依据。如果柱列轴线不通过柱子的中心线，应在杯形基础顶面上加弹柱中心线。用水准仪，在杯口内壁，测设一条一般为－0.600m 的标高线（般杯口顶面的标高为－0.500m），并画出"▼"标志（图 13-20），作为杯底找平的依据。

2）柱身弹线。柱子安装前，应将每根柱子按轴线位置进行编号。如图 13-21（a）所示，在每根柱子的三个侧面弹出柱中心线，并在每条线的上端和下端近杯口处画出"▼"标志。根据牛腿面的设计标高，从牛腿面向下用钢尺量出－0.600m 的标高线，并画出"▼"标志。

3）杯底找平。先量出柱子的－0.600m 标高线至柱底面的长度，再在相应的柱基杯口内，量出－0.600m 标高线至杯底的高度，并进行比较，确定杯底找平厚度。用水泥砂浆根据找平厚度，在杯底进行找平，使牛腿面符合设计高程。

（3）柱子的吊装测量

柱子安装测量的目的是保证柱子平面和高程位置符合设计要求。

1）预制的钢筋混凝土柱子插入杯口后，应使柱子三面的中心线与杯口中心线对齐，如图 13-21（a）所示，再用木楔或钢楔临时固定。

2）柱子立稳后，立即用水准仪检测柱身上的±0.000m 标高线，其容许误差为±3mm。

3）如图 13-21（a）所示，将两台经纬仪分别安置在柱基纵、横轴线上，离柱子的距离不小于柱高的 1.5 倍。先用望远镜瞄准柱底的中心线标志，固定照准部后，再缓慢抬高望远镜观察柱子偏离十字丝竖丝的方向，指挥用钢丝绳拉直柱子，直至从两台经纬仪中观测到的柱子中心线都与十字丝竖丝重合。

4）在杯口与柱子的缝隙中浇入混凝土，以固定柱子的位置。

5）在实际安装时，一般是一次把许多柱子都竖起来，然后进行垂直校正。这时，可把两台经纬仪分别安置在纵、横轴线的一侧，这样一次可校正几根柱子，如图 13-21（b）所示，但仪器偏离轴线的角度应在 15°以内。

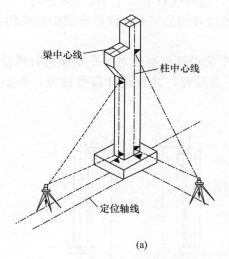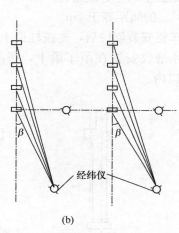

图 13-21　柱子垂直度校正

（a）单根柱子；（b）多根柱子

2. 吊车梁安装测量

吊车梁安装测量主要是保证吊车梁中线位置和吊车梁的标高满足设计要求。

（1）吊车梁安装前的准备工作

1）在柱面上量出吊车梁顶面标高。根据柱子上的 ±0.000m 标高线，用钢尺沿柱面向上量出吊车梁顶面设计标高线，作为调整吊车梁面标高的依据。

2）在吊车梁上用墨线弹出梁的中心线，如图 13-22 所示，在吊车梁的顶面上和两端面上用墨线弹出梁的中心线，作为安装定位的依据。

3）在牛腿面上弹出梁的中心线。根据厂房中心线，在牛腿面上投测出吊车梁的中心线，投测方法为：如图 13-23（a）所示，利用厂房纵轴线 A_1A_1，根据设计轨道间距，在地面上测设出吊车梁中心线（也是吊车轨道中心线）$A'A'$ 和吊车梁中心线 $B'B'$，在吊车梁中心线的一个端点 A'（或 B'）上安置经纬仪，瞄准另一个端点 A'（或 B'），固定照准部，抬高望远镜，即可将吊车梁中心线投测到每根柱子的牛腿面上，并用墨线弹出梁的中心线。

图 13-22　吊车梁上的中心线

（2）吊车梁的安装测量

安装时，首先，使吊车梁两端的梁中心线与牛腿面梁中心线重合，误差不超过±5mm，这是吊车梁的初步定位。然后，采用平行线法，对吊车梁的中心线进行检测，校正方法如下：

1）如图13-23（b）所示，在地面上，从吊车梁中心线，向厂房中心线方向量出长度 $a=1m$ 得到平行线 $A''A''$ 和 $B''B''$。

2）在平行线一端点 A''（或 B''）上安置经纬仪，瞄准另一端点 A''（或 B''），固定照准部，抬高望远镜进行测量。

3）此时，另外一人在梁上移动横放的木尺，当视线对准尺上 1m 刻划线时，尺的零点应与梁面上的中心线重合。如不重合，可用撬杠移动吊车梁，使吊车梁中心线到 $A''A''$（或 $B''B''$）的间距等于 1m。

吊车梁安装就位后，先按柱面上定出的吊车梁设计标高线对吊车梁面进行调整，然后，将水准仪安置在吊车梁上，每隔 3m 测一点高程，并与设计高程比较，误差应在±5mm 以内。

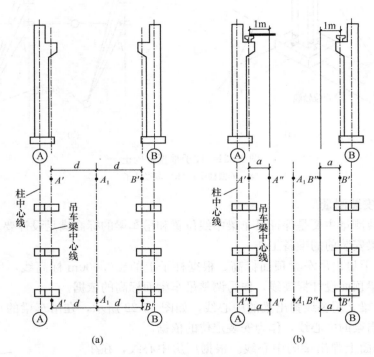

图 13-23　吊车梁的安装测量
（a）初步定位；（b）平行线定位

3. 吊车轨道安装测量

吊车轨道安装前，要用水准测量技术检查吊车梁顶面标高，以便放置垫块。吊车轨道按校正过的中心线安装就位后，可将水准尺直接放在轨顶面上进行检测，每隔 3m 测一点标高，误差应在 3mm 以内。最后用钢尺悬空丈量轨道上对应中心线的跨距，其误差不得超过±10mm。

第四节 高层建筑施工测量

一、高层建筑物的轴线投测

高层建筑物施工测量的主要问题是控制垂直度，就是将建筑物的基础轴线准确地向高层引测，并保证各层相应轴线位于同一竖直面内，控制竖向偏差，使轴线向上投测的偏差值不超限。

轴线向上投测时，要求竖向误差在本层内不超过±5mm，全楼累计误差值不应超过 $2H/10000$（H 为建筑物总高度），且 30m＜H≤60m 时，累计误差不应大于 10mm；60m＜H≤90m 时，累计误差不应大于 15mm；90m＜H 时，累计误差不应大于 20mm。

高层建筑物轴线的竖向投测，主要有外控法和内控法两种，下面分别介绍这两种方法。

1. 外控法

外控法是在建筑物外部，利用经纬仪，根据建筑物轴线控制桩进行轴线的竖向投测，也称作经纬仪引桩投测法。具体操作方法如下：

（1）在建筑物底部投测中心轴线位置

高层建筑的基础工程完工后，可将经纬仪安置在轴线控制桩 A_1、A_1'、B_1 和 B_1' 上，把建筑物主轴线精确地投测到建筑物的底部，并设立标志，如图 13-24 中的 a_1、a_1'、b_1 和 b_1'，供下一步施工与向上投测时使用。

（2）向上投测中心线

随着建筑物不断升高，要将轴线逐层向上传递，如图 13-24 所示，将经纬仪安置在中心轴线控制桩 A_1、A_1'、B_1 和 B_1' 上，严格整平仪器，用望远镜瞄准建筑物底部已标出的轴线点 a_1、点 a_1'、点 b_1 和点 b_1'，用盘左和盘右分别将轴线点向上投测到每层楼板上，并取其中点作为该层中心轴线的投影点，如图 13-24 中的点 a_2、点 a_2'、点 b_2 和点 b_2'。

（3）增设轴线引桩

当楼房逐渐增高，而轴线控制桩距建筑物又较近时，望远镜的仰角较大，使操作不便，投测精度也会降低。因此，要将原中心轴线控制桩引测到更远的安全地方，如附近大楼的顶面。具体做法是：将经纬仪安置在已经投测上去的较高层（一般高于十层）楼面的轴线 $a_{10}a_{10}'$ 上，如图 13-25 所示，瞄准地面上原有的轴线控制桩点 A_1 和点 A_1'，用盘左盘

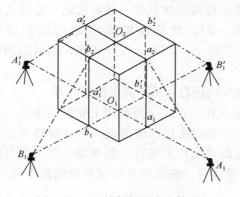

图 13-24 经纬仪投测中心轴线

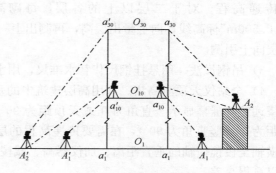

图 13-25 经纬仪引桩投测

右分中法，将轴线延长到远处点 A_2 和点 A_2' 并用标志固定其位置，点 A_2、点 A_2' 即为新投测的轴线控制桩。而引测更高各层的中心轴线时，可将经纬仪安置在新的引桩上，按上述方法继续进行投测。

2. 内控法

内控法是在建筑物内±0.0 平面设置轴线控制点，并预埋标志，随后在各层楼板相应位置上预留 200mm×200mm 的传递孔，在轴线控制点上直接采用吊线坠法或激光铅垂仪法，通过预留孔将其点位垂直投测到任一楼层。

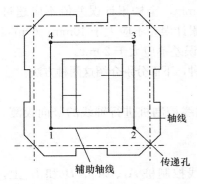

图 13-26　内控法轴线控制点的设置

（1）内控法轴线控制点的设置

基础施工完毕后，在±0.000 首层平面上的适当位置设置与轴线平行的辅助轴线。辅助轴线距轴线 500～800mm 为宜，并在辅助轴线交点或端点处设埋标志，如图 13-26 所示。

（2）吊线坠法

吊线坠法是利用钢丝悬挂重垂球的方法进行轴线竖向投测。这种方法一般用于高度在 50～100m 的高层建筑施工中，垂球的重量为 10～20kg，钢丝的直径为 0.5～0.8mm。投测方法为：首先，在预留孔上安置十字架，挂上垂球，对准首层预埋标志。当垂球线静止时，固定十字架，并在预留孔四周做出标记，作为以后恢复轴线及放样的依据。此时，十字架中心即为轴线控制点在该楼面上的投测点。

用吊线坠法实测时，要采取一些必要措施，如用铅直的塑料管套着坠线或将垂球沉浸于油中，以减少摆动。

二、高层建筑物的高程传递

在多层建筑施工中，要由下层向上层传递高程，以便使楼板、门窗口等的标高符合设计要求。高程传递的方法有以下几种。

1）利用皮数杆传递高程。一般建筑物可用墙体皮数杆传递高程。在皮数杆上自±0.000 标高线起，门窗口、过梁、楼板等构件的标高都已注明，一层砌好后，接着从这一层的皮数杆起逐层向上接，以此传递高程。

2）利用钢尺直接丈量。对于高程传递精度要求较高的建筑物，通常用钢尺直接丈量来传递高程。对于二层以上的各层，每砌高一层，就从楼梯间用钢尺从下层的"＋0.500m"标高线，向上量出层高，再测出上一层的"＋0.500m"标高线，然后用钢尺逐层向上引测。

3）吊钢尺法。用悬挂钢尺代替水准尺，用水准仪读数，从下向上传递高程。

4）全站仪天顶测高法。利用高层建筑中的垂准孔，在底层控制点上安置全站仪，置平望远镜（屏幕显示竖直角为 0°或天顶距为 90°），然后将望远镜指向天顶（屏幕显示天顶距为 0°或竖直角为 90°），在需要传递高程的层面垂准孔上安置反射棱镜，即可测得仪器横轴至棱镜横轴的垂直距离、加仪器高、减棱镜常数（棱镜面至棱镜横轴的高度），就可以算得高差。

第五节　建筑物的变形观测

一、变形观测概述

随着高大建（构）筑物的不断兴建，建筑物的变形观测越来越受到人们的重视。各种大型的建（构）筑物，如水坝、高层建筑、大型桥梁、隧道在其施工和运营过程中，都会不同程度地出现变形。这些变形总有一个由量变到质变的过程，最终酿成事故。因而需及时对建（构）筑物进行变形观测，掌握变形规律，以便及时分析、研究和采取相应措施。同时检验设计的合理性，为提高设计质量提供科学依据。

1. 建筑物产生变形的原因

建筑物产生变形的原因主要有两方面：一是自然条件及其变化，即建筑物地基的工程地质、水文地质及土壤的物理性质等；二是建筑物本身的原因，即建筑物本身的荷重，以及建筑物的结构，型式和动荷载（如风力、振动等）。此外，勘测、设计、施工及运营管理等方面工作做得不合理还会引起建筑物的额外变形。所谓变形观测就是用测量仪器或专用仪器测定建（构）筑物及其地基在建（构）筑物荷载和外力作用下随时间变形的工作。变形是一个总体概念，既包括地基沉降回弹，也包括建筑物的裂缝、位移及扭曲等。变形按时间长短可分为长时间变形（建筑物自重引起的沉降和变形）、短周期变形（温度变化引起的变形）和瞬时变形（风震引起的变形等），按类型可分为静态变形和动态变形两类。静态变形是时间的函数，观测结果只表示在某一期间内的变形；动态变形是指在外力影响下而产生的变形，这是以外力为函数表示，其观测结果表示在某一时刻的瞬时变形。

变形观测的任务是周期性地对观测点进行重复观测，求得其在两个观测周期间的变化量。为了求得瞬时变形，应采用多种自动记录仪器记录其瞬时位置，本节主要说明静态变形的观测方法。

2. 变形观测的精度要求及内容

变形观测的精度要求取决于工程建筑的预计允许变形值的大小和进行观测的目的。若为建（构）筑物的安全监测，其观测中误差一般应小于允许变形值 $1/10 \sim 1/20$；若是研究建（构）筑物的变形过程和规律，则精度要求还要高。通常以当时达到的最高精度为标准进行观测。

变形观测的内容有建（构）筑物的沉降观测、倾斜观测、水平位移观测、裂缝观测和挠度观测等。变形观测和观测周期，应根据建（构）筑物的特征、变形速率、观测精度要求和工程地质条件等因素综合考虑。在观测过程中，应根据变形量的大小适当调整观测周期。根据观测结果，对变形观测的数据进行分析，得出变形的规律和变形的大小，以判定是建筑物趋于稳定还是变形继续扩大。如果变形继续扩大且速率加快，则说明变形超出允许值，会妨碍建筑物的正常使用。如果变形量逐渐减小，说明建筑物趋于稳定，变形减小达到一定程度，即可终止观测。

二、建筑物的沉降观测

建筑物沉降观测采用水准测量方法，周期性地观测建筑物上的沉降观测点和水准基点之间的高差变化。

1. 水准基点和沉降观测点的布设

（1）水准基点的布设

水准基点是沉降观测的基准，因此它的构造与埋设必须保证稳定不变和长久保存。水准基点应埋设在建筑物沉降影响之外、距沉降观测点20～100m、观测方便且不受施工影响的地方；为了互相检核，水准基点最少应布设 3 个；对于工程规模较大者，基点要统一布设在建筑物周围，便于缩短水准路线，提高观测精度。图 13-27 是水准基点的一种形式，在有条件的情况下，基点可筑在基岩或永久稳固建筑物的墙角上。

城市地区的沉降观测水准基点可用二等水准与城市水准点联测。

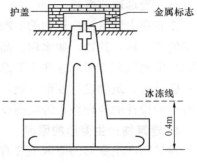

图 13-27　水准基点形式

（2）沉降观测点的布设

沉降观测点应布设在最有代表性的地点，埋设时要与建筑物连接牢靠，使观测点的变化能真正反映建筑物的沉降情况。对于民用建筑，通常在它的四角点、中点、转角处布设观测点，沿建筑物的周边每隔 10～20m 布置一个观测点；设有沉降缝的建筑物，在其两侧布设观测点；对于宽度大于 15m 的建筑物，当其内部有承重墙和支柱时，应尽可能布设观测点；对于一般的工业建筑，除了在转角、承重墙及柱子上布设观测点外，在主要设备基础、基础形式改变处、地质条件改变处也应布设观测点。

沉降观测点的埋设形式如图 13-28 和图 13-29 所示，图 13-28 分别为承重墙和柱上的观测点，图 13-29 为基础上的观测点。

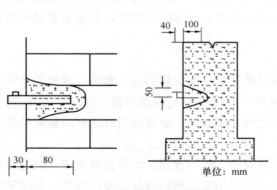

图 13-28　承重墙和柱上的观测点

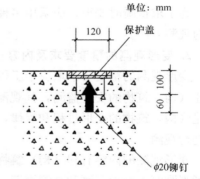

图 13-29　基础上的观测点

2. 沉降观测

在建筑物变形观测中，进行最多的是沉降观测。对中、小型厂房和建筑物，可采用普通水准测量；对大型厂房和高层建筑物，应采用精密水准测量方法。沉降观测的水准路线（从一个水准基点到另一个水准基点）应形成附合线路。与一般水准测量相比，沉降观测的视线长度较短，一般不大于 25m，一次安置仪器可以有几个前视点。为提高观测精度，可采用"三固定"的方法，即固定人员、固定仪器和固定施测路线、镜位与转点。由于观测水准路线较短，其闭合差一般不会超过 1～2mm，闭合差可按测站平均分配。

当埋设的观测点稳固后，即可进行第一次观测。施工期间，一般建筑物每升高 1～2 层或每增加一次荷载，就要观测一次。如果中途停工时间较大，应在停工时和复工前各观测一次。在发生大量沉降或严重裂缝时，应进行逐日或几天一次的连续观测。竣工后应根据沉降量的大小来确定观测周期。开始时可隔 1～2 个月观测一次，每次以沉降量在 5～10mm 为限，否则应增加观测次数。以后，随着沉降量的减少，再逐渐延长观测周期，直至沉降稳定为止。

3. 沉降观测的成果整理

（1）整理原始记录

每次观测结束后，应检查记录的数据和计算是否正确，精度是否合格，然后调整闭合差，推算各沉降观测点的高程。

（2）计算沉降量

计算各观测点的本次沉降量（用各观测点本次观测所得的高程减去上次观测高程）和累计沉降量（每次沉降量相加），并将观测日期和荷载情况一并记入沉降量观测记录表。

（3）绘制下沉曲线

为了预计下一次观测点沉降的大约数值和沉降过程是否渐趋稳定或已经稳定，可分别绘制时间-沉降量关系曲线及时间-荷载关系曲线。如图 13-30 所示，时间-沉降量关系曲线以沉降量 s 为纵轴，时间 t 为横轴。根据每次观测日期和相应的沉降量按比例画出各点位置，然后将各点连接起来，

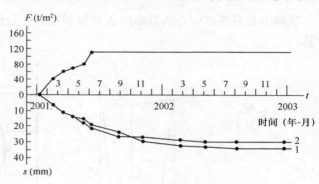

图 13-30 沉降曲线

并在曲线一端注明观测点号码，构成 $s\text{-}t$ 曲线图。同理；时间-荷载关系曲线是以荷载 F 为纵轴，时间 t 为横轴，根据每次观测时间和相应荷载画出各点，将各点连接起来，构成图 $F\text{-}t$ 曲线图。

三、建筑物的倾斜观测

测定建筑物倾斜度随时间变化的工作称为倾斜观测。测定方法有两类：一类是直接测定法，另一类是通过测定建筑物基础的相对沉降确定其倾斜度。

1. 一般建筑物的倾斜观测

如图 13-31 所示，将经纬仪安置在离建筑物距离大于其高度的 1.5 倍的固定测站上，瞄准上部的观测点 M，用盘左盘右分中法定出下面的观测点 N。用同样方法，在与原观测方向垂直的另一方向，定出上观测点 P 和下观测点 Q。相隔一段时间后，在原固定测站上安置经纬仪，分别瞄准上观测点 M 和 P，仍用盘左盘右分中法得 N' 与 Q'，若 N' 与 N、Q' 与 Q 不重合，说明建筑物发生了倾斜。用尺量出倾斜位移分量 ΔA、ΔB，然后求得建筑物的总倾斜位移量 Δ，即

$$\Delta = \sqrt{(\Delta A)^2 + (\Delta B)^2} \tag{13-4}$$

建筑物的倾斜度 i 为

$$i = \frac{\Delta}{H} = \tan\alpha \tag{13-5}$$

式中，H 为建筑物高度，α 为倾斜角。

2. 塔式建筑物的倾斜观测

当测定烟囱、水塔等圆心建筑物的倾斜度时，首先，须求出顶部中心对底部中心的偏心距。为此，可在烟囱底部横放一把水准尺，然后，在水准尺的中垂线方向上安置经纬仪。经纬仪距烟囱的距离约为烟囱高度的 1.5 倍。用望远镜将烟囱顶部边缘两点 A、A' 及底部边缘两点 B、B' 分别投到水准尺上，得读数为 y_1、y'_1 及 y_2、y'_2，如图 13-32 所示。烟囱顶部中心 O 对底部中心 O' 在 Y 方向上的偏心距为：

$$\Delta y = \frac{y_1 + y'_1}{2} - \frac{y_2 + y'_2}{2} \tag{13-6}$$

同理可测得 X 方向上顶部中心 O 的偏心距为：

$$\Delta x = \frac{x_1 + x'_1}{2} - \frac{x_2 + x'_2}{2} \tag{13-7}$$

顶部中心对底部中心的总偏距 Δ 和倾斜度 i 可分别用式（13-4）和式（13-5）的方法计算。

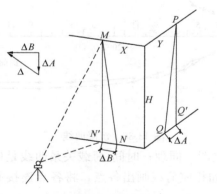
图 13-31　一般建筑物的倾斜观测

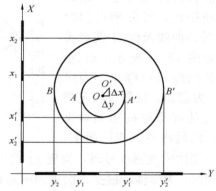
图 13-32　圆形建（构）筑物倾斜观测

3. 激光铅垂仪

激光铅垂仪法是在顶部适当位置安置接收靶，在其垂线下的地面或地板上安置激光铅直仪或激光经纬仪。按一定的周期观测，在接收靶上直接读取或量出顶部的水平位移量和位移方向。作业中仪器应严格置平、对中。

建筑物倾斜观测的周期，可视倾斜速度每 1～3 个月观测一次。如遇基础附近因大量堆载、卸载或场地降雨长期积水而导致倾斜速度加快，应及时增加观测次数。施工期间的观测周期与沉降观测周期一致。倾斜观测应避开强日照和风荷载影响大的时间段。

四、建筑物的裂缝与位移观测

1. 建筑物的裂缝观测

（1）裂缝观测内容及观测点的布设

裂缝是在建筑物不均匀沉降的情况下产生不容许应力及变形的结果。当建筑物发生裂缝时，为解决现状和掌握其发展情况，应对裂缝进行观测根据这些观测资料分析其裂缝产生的原因和它对建筑物安全的影响，及时采取有效措施加以处理。当建筑物多处发生裂缝时，应先对裂缝进行编号，然后分别观测裂缝的位置、走向、长度、宽度等项目，并绘制裂缝分布图。为了系统地进行裂缝变化的观测，要在裂缝处设置观测标志。

裂缝观测标志应具有可供测量的明晰端或中心，如图 13-33 所示。观测期较长时，可采用镶嵌式或埋入墙面的金属标志、金属杆标志或楔形板标志；观测期短或要求不高时，可采用油漆平行线或用建筑胶粘贴的金属片标志。要求较高，且需要测出裂缝纵横向变化值时，可采用坐标方格网板标志。使用专用仪器设备观测标志，可按具体要求另行设计。

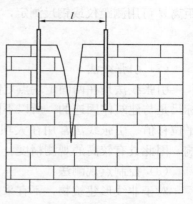

图 13-33　裂缝观测

（2）裂缝观测方法、周期及提交成果

1）裂缝观测方法。对于数量不多、易于量测的裂缝，由于可视标志形式不同，可用比例尺、小钢尺或游标卡尺等工具定期量出标志间距离，求得裂缝变形值，或用方格网板定期读取"坐标差"计算裂缝变化值。对于较大面积且不便于人工量测的众多裂缝，宜采用近景摄影测量方法。当需连续监测裂缝变化时，还可采用裂缝计或传感器自动测计的方法观测。裂缝观测中，裂缝宽度数据应量取至 0.1mm，每次观测应绘出裂缝的位置、形态和尺寸，并注明日期，附上必要的照片资料。

2）裂缝观测周期。裂缝观测周期应视裂缝变化速度而定。通常开始可半月测一次，以后一月左右测一次。当发现裂缝加大时，应增加观测次数，直至几天或逐日一次连续观测。

3）提交成果：a：裂缝分布位置图；b：裂缝观测成果表；c：观测成果分析说明资料；d：当建筑物裂缝和基础沉降同时观测时，可选择典型剖面图绘制两者的关系曲线。

2. 建筑物水平位移观测

建筑物水平位移观测就是测量建筑物在水平位置上随时间移动的变化量。因此，必须建立基准点或基准线，通过观测相对于基准点或基准线的位移量，可以确定建筑物水平位移变化情况。为了求得变化量，通常把基准点和观测点组成平面控制图形，形成三角网、导线网、测角交会等形式。通过测量和计算求得变形点坐标的变化量。对于有方向性的建筑物，一般采用基准线法，直接或间接测量变形点相对于基准线的偏移值以确定其位移量。至于采用哪一种方法，视建筑物形状、分布等而定。当建筑物分布较广、点位较多时，可采用控制网方法；当要测定建筑物在某一特定方向上的位移量时，可在垂直于待定的方向上建立一条基准线，定期直接测定观测点偏离基准线的距离，以确定其位移量。建立基准线的方法有视准线法、引张线法、控制点观测法。

（1）视准线法

视准线法是由经纬仪的视准面形成固定的基准线，以测定各观测点相对基准线的垂直距离的变化情况，从而求得其位移量。采用此方法，首先，要在被测建筑物的两端埋设固定的基准点，建立视准基线，然后，在变形建筑体布设观测点。观测点应埋设在基线上，偏离距离不应大于 2cm，一般每隔 8～10m 埋设一点，并做好标志。观测时，经纬仪安置在基准点上、照准另一个基准点，建立视准线方向，以测微尺测定观测点至视准线的距离，从而确定其位移量。

测定观测点至视准线的距离还可以测定视准线与观测点偏离的角度，并通过计算求得距离。角度测量采用仪器精度不低于 $2''$ 的经纬仪，且测回数不小于 4 个，仪器至观测点的距离 d 可用测距仪或钢尺测定，则偏移量 Δ 为：

$$\Delta = \frac{\alpha''}{\rho''}d \tag{13-8}$$

（2）引张线法

引张线法是在两固定端点之间用拉紧的不锈钢作为固定的基准线。由于各观测点上的标尺是与建筑体固连的，所以不同观测期，钢尺在标尺上的读数变化值就是该观测点的水平位移值。引张线法常用在大坝变形观测中，引张线安置在坝体廊道内，不受外界的影响，因此具有较高的观测精度。

（3）控制点观测法

对于非线形建筑物，不宜采用上述方法时，可采用精密导线法、前方交会法、极坐标法等。将每次观测求得的坐标值与前次进行比较，求得纵、横坐标增量 Δx、Δy，从而求得水平位移量 $\Delta = \sqrt{(\Delta x)^2 + (\Delta y)^2}$。

水平位移观测的周期：对于地基不良地区的观测，可与同时进行的沉降观测协调考虑，进行确定；对于受基础施工影响的观测，应按施工进度的需要确定，可逐日或隔数日观测一次，直至施工结束；对于土体内部侧向位移观测，应视变形情况和工程进展而定。

前面讲述了用工程测量的办法求得建（构）筑物的变形，也可以用地面摄影测量方法来测定。简要说就是在变形体周围选择稳定的点，在这些点上安置摄影机，对变形体进行摄影，然后通过测量和数据处理算得变形体上目标点的二维或三维坐标，比较不同时刻目标点的坐标，得到各点的位移。这种方法有许多优点，经常用于桥梁等的变形观测。变形量的计算以首期观测的结果为基础，即变形量是相对于首期结果而言的。变形观测的成果表述要清晰直观，便于发现变形规律，通常采用列表和作图形式。

第六节   竣工总平面图的编绘

一、竣工测量

1. 编绘竣工总平面图的目的

工业与民用建筑工程是根据设计总平面图施工的。在施工过程中，种种原因使建（构）筑物竣工后的位置与原设计位置不完全一致，因此需要编绘竣工总平面图。

编绘竣工总平面图的目的一是全面反映竣工后的现状，二是为以后建（构）筑物的管理、维修、扩建、改建及事故处理提供依据，三是为工程验收提供依据。竣工总平面图的编绘包括竣工测量和资料编绘两方面内容。

2. 竣工测量

建（构）筑物竣工验收时进行的测量工作，称为竣工测量。在每一个单项工程完成后，必须由施工单位进行竣工测量，并提出该工程的竣工测量成果，作为编绘竣工总平面图的依据。

竣工总平面图按工程性质分为综合竣工总平面图、工业管线竣工总平面图，以及厂区铁路、公路竣工总平面图。

（1）竣工测量的内容

1）工业厂房及一般建筑。须测定各房角坐标、几何尺寸，各种管线进出口的位置和高程，室内地坪及房角标高，并附注房屋结构、层数、面积和竣工时间。

2）地下管线。测定检修井、转折点、起终点的坐标，井盖、井底、沟槽和管顶等的高程，附注管道及检修井的编号、名称、管径、管材、间距、坡度和流向。

3）架空管线。测定转折点、节点、交叉点和支点的坐标，支架间距、基础面标高等。

4）交通线路。测定线路起点、终点、转折点和交叉点的坐标，路面、人行道、绿化带界线等。

5）特种构筑物。测定沉淀池的外形和四角坐标、圆形构筑物的中心坐标，基础面标高，构筑物的高度或深度等。

6）其他。测量控制网点的坐标及高程，绿化环境工程的位置及高程。

（2）竣工测量的方法与特点

1）图根控制点的密度。一般竣工测量图根控制点的密度要大于地形测量图根控制点的密度。

2）碎部点的实测。地形测量一般采用视距测量的方法，测定碎部点的平面位置和高程；竣工测量一般采用经纬仪测角、钢尺量距的极坐标法测定碎部点的平面位置，采用水准仪或经纬仪视线水平测定碎部点的高程。也可用全站仪进行测绘。

3）测量精度。竣工测量的测量精度，要高于地形测量的测量精度。地形测量的测量精度要满足图解精度，而竣工测量的测量精度一般要满足解析精度，精确至厘米。

4）测绘内容。竣工测量的内容比地形测量的内容更丰富。竣工测量不仅测地面的地物和地貌，还要测地下的各种隐蔽工程，如上、下水及热力管线等。

二、竣工总平面图的编绘

1. 编绘竣工总平面图的依据

（1）设计总平面图、单位工程平面图、纵、横断面图、施工图及施工说明。

（2）施工放样成果、施工检查成果及竣工测量成果。

（3）更改设计的图纸、数据、资料（包括设计变更通知单）。

2. 竣工总平面图的编绘方法

（1）在图纸上绘制坐标方格网。绘制坐标方格网的方法、精度要求与地形测量绘制坐标方格网的方法、精度要求相同。

（2）展绘控制点。坐标方格网画好后，将施工控制点按坐标值展绘在图纸上。展点对所邻近的方格而言，其容许误差为±0.3mm。

（3）展绘设计总平面图，根据坐标方格网，将设计总平面图的图面内容，按其设计坐标用铅笔展绘于图纸上，作为底图。

（4）展绘竣工总平面图，对凡按设计坐标进行定位的工程，应以测量定位资料为依据，按设计坐标（或相对尺寸）和标高展绘。对原设计进行变更的工程，应根据设计变更资料展绘。对凡有竣工测量资料的工程，若竣工测量成果与设计值之差，不超过所规定的定位容许误差，按设计值展绘，否则按竣工测量资料展绘。

3. 竣工总平面图的整饰

（1）竣工总平面图的符号应与原设计图的符号一致。有关地形图的图例应使用国家地形图图式符号。

（2）厂房应使用黑色墨线，绘出该工程竣工位置，并应在图上注明工程名称、坐标、高程及有关说明。

（3）对于各种地上、地下管线，应用不同颜色的墨线绘出其中心位置，并在图上注明转折点及井位的坐标、高程及有关说明。

（4）对于没有进行设计变更的工程，用墨线绘出竣工位置，竣工位置应与按设计原图用铅笔绘出的设计位置重合，但其坐标及高程数据与设计值可能稍有差别。

随着工程的进展，在底图上逐步将铅笔线绘成墨线。

4. 实测竣工总平面图

对于直接在现场指定位置进行施工的工程、以固定地物定位施工的工程及多次变更设计而无法查对的工程等，只能进行现场实测，这样测绘出的竣工总平面图，称为实测竣工总平面图。

5. 竣工总平面图的附件

为了全面反映竣工成果，便于日后的管理、维修、扩建或改建，下列与竣工总平面图有关的一切资料，应分类装订成册，作为竣工总平面图的附件保存。

① 建筑场地及附近的测量控制点布置图及坐标与高程一览表。

② 建筑物或构筑物沉降及变形观测资料。

③ 地下管线竣工纵断面图。

④ 工程定位、放线检查及竣工测量的资料。

⑤ 设计变更文件及设计变更图。

⑥ 建设场地原始地形图等。

第十四章 线路施工测量

第一节 线路施工测量概述

线路测量指铁路、公路等线路在勘测、设计和施工等阶段中所进行的各种测量工作。它主要包括：为选择和设计线路中心线的位置所进行的各种测绘工作，为把所设计的线路中心线标定在地面上的测设工作，为进行路基、站场的设计和施工的测绘和测设工作。

为保证新建线路在国民经济建设和国防建设中能充分发挥其效益，修建一条新线路一般要经过下列程序。

一、方案研究

在小比例尺地形图上找出线路的可行方案，并初步选定一些重要技术标准，如线路等级、限制坡度、牵引种类、运输能力等，进而提出初步方案。

二、初测和初步设计

初测是为初步设计提供资料而进行的勘测工作，其主要任务是提供沿线大比例尺带状地形图及地质和水文资料。初步设计的主要任务是在提供的带状地形图上选定线路中心线的位置，也称纸上定线。经过技术、经济两方面比较提出一个推荐方案，同时确定线路的主要技术标准，如线路等级、限制坡度、最小半径等。

三、定测和施工设计

定测是为施工技术设计而做的勘测工作，其主要任务是把已经上级部门批准的初步设计中所选定的线路中线测设到地面上，并进行线路的纵断面和横断面测量，对个别工程还要测绘大比例尺的工点地形图。施工技术设计是根据定测所取得的资料，对线路全线和所有个体工程做出详细设计，并提供工程数量和工程预算。该阶段的主要工作是线路纵断面设计和路基设计，并对桥涵、隧道、车站、挡土墙等做出单独设计。

精心勘测、精心设计，精心施工是我们应遵循的准则，每一个环节上的差错都会给工作带来不应有的损失。

第二节 线路中线测量

线路中线测量的任务是把图纸上设计好的线路中线或在野外实地选定的线路中线的位置在地面上标定出来，并测出中桩的里程。线路中线的平面线形由直线和曲线组成，如图 14-1所示。

在没有测设曲线之前，线路的位置由一系列连续的折线所确定。因此，此时放线的任务就是把线路的各直线段在地面上测设出来。在地形开阔且通视良好的地段，如果相邻两交点之间能互相通视，则只需定出两交点。在地形起伏、通视不良地段，相邻交点间不能通视，则须在直线上加设若干个转点。因此，具体来说，线路中线测量的任务就是测设各

图 14-1　线路的平面线形

个交点和直线段上必要的转点。

一、线路交点的测设

路线改变方向时，两相邻直线段延长后相交的点称为路线交点，用符号 JD 表示，是中线测量的控制点。交点的测设一般可用以下两种方法。

1. 穿线放线法

穿线放线法就是先根据控制导线点在实地将路线中线的直线段测设出来，然后将相邻直线延长相交，定出交点桩的位置，具体测设步骤如下：

（1）室内选点并计算标定要素

在室内根据初测地形图上设计好的线路中线与初测导线之间的关系，选取线路中线直线段上的若干点，并根据所采用的标定平面点的方法（如极坐标法、交会法、平面直角坐标法、支距法等），在图上量出或计算出相应的标定要素。如图 14-2 所示，图中选用极坐标法放点，点 P_1、点 P_2、点 P_3、点 P_4 是设计图纸上道路中线上的四点，欲标定到实地。点 4、点 5 是图上与实地相对应的导线点。可由图上直接量取或由坐标反算获取 β_1、β_2、β_3、β_4 及 l_1、l_2、l_3、l_4 的数值。

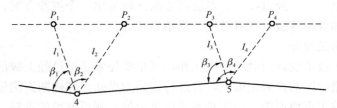

图 14-2　极坐标法放点

（2）现场放点

实地放点时，在点 4 上安置仪器，以点 4 为极点拨角 β_1 定出方向，用钢尺量距或光电测距在视线上丈量 l_1 定出点 P_1。以同样方法定出点 P_2，迁站至点 5 定出点 P_3、点 P_4。上述方法放出的点为临时点，这些点应尽可能选在地势较高、通视条件较好的位置，以便下一步的穿线或放置转点。

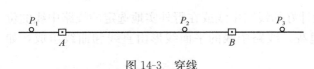

图 14-3　穿线

（3）穿线

用上述方法标定的临时点，因图解标定要素和测设误差及地形影响，它们不在一条直线上，如图 14-3 所示。这时可根据实地情况，采用目估法或经纬仪法穿线，通过比较和选择，定出条尽可能多地穿过或靠近临时点的直线 AB，在点 A、点 B 或其方向线上打下两个以上的转点桩，随即取消临时点，这种确定直线位置的工作叫穿线。

（4）确定交点

如图 14-4 所示，当相邻两相交直线在地面上确定后，即可确定它们的交点。将经纬仪安置于 ZD_2，瞄准 ZD_1，倒镜在视线方向上、接近交点的位置前后打下两桩（俗称骑马桩）。采用正倒镜分中法在两桩上定出 4、b 两点，并钉上小钉，挂上细线。仪器搬至 ZD_3，同理定出

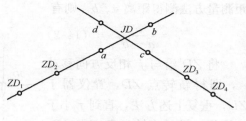

图 14-4 交点

点 c、点 d、挂上细线，在两细线的相交处打下木，并钉上小钉，得到交点 JD。

2. 拨角放线法

拨角放线法是在地形图上量出纸上定线的交点坐标，反算相邻交点间的直线长度、坐标方位角及转角。然后，在野外将仪器置于线路中线点或已确定的交点上，拨出转角，测设直线长度，依次定出各交点位置。

这种方法工作速度快，但拨角放线的次数越多，误差累积也越大，故连续测设 3～5km 后应与初测导线附合一次，进行检查。当闭合差超限时，应查找原因并予以纠正；当闭合差符合精度要求时，可按具体情况进行调整，使交点位置符合纸上定线的要求。

二、线路转点的测设

路线测量中、当相邻两点互不通视或直线较长时，需要在其连线或延长线上测设若干点，供交点、测角、量距或延长直线瞄准使用，这样的点称为转点（以 ZD 表示），测设方法如下。

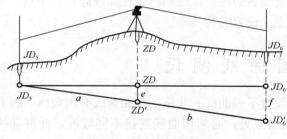

图 14-5 两交点间设转点

1. 在两交点间设转点

如图 14-5 所示，JD_5、JD_6 为已在实地标定的两相邻交点，但互不通视。ZD' 为粗略定出的转点位置。将经纬仪安置于 ZD' 上，用正倒镜分中法延长直线 JD_5-ZD' 至 JD_6'。若 JD_6' 与 JD_6 重合或存在偏差 f 在路线允许移动的范围内，则 ZD' 为要测设的转点，这时应将

JD_6 移至 JD_6'，并在桩顶上钉上小钉表示交点位置。

当偏差 f 超出容许范围或 JD_6 不许移动时，则需重新设置转点。设 e 为 ZD' 应横向移动的距离，用视距法量出 ZD' 到 JD_5 和 JD_6' 的距离 a、b，则有：

$$e = \frac{a}{a+b}f \tag{14-1}$$

将 ZD' 沿偏差 f 的相反方向横移 e 至 ZD，延长直线 JD_5-ZD，看延长线是否通过 JD_6 或偏差 f 是否小于容许值。否则，应再次设置转点，直至符合要求。

2. 在两交点延长线上设转点

如图 14-6 所示，设 JD_8、JD_9 互不通视，ZD' 为其延长线上转点的概略位置。将仪器置于 ZD'，盘左瞄准 JD_8，在 JD_9 处标出一点；盘右再瞄准 JD_8，在 JD_9 处也标出一点；取两点的中点得 JD_9'，若 JD_9' 与 JD_9 重合或偏差在容许范围内，即可将 JD_9' 代替 JD_9 作为交点，ZD' 作为转点。否则，应调整 ZD' 的位置。设 e 为 ZD' 应移动的横向距离，用视

距测量方法测得距离 a、b，则有

$$e = \frac{a}{a-b}f \qquad (14\text{-}2)$$

将 ZD' 沿与 f 相反方向移动 e，即得新转点 ZD。置仪器于 ZD，重复上述方法，直到 f 小于容许值。最后将转点和交点 JD_9 用木柱钉在地上。

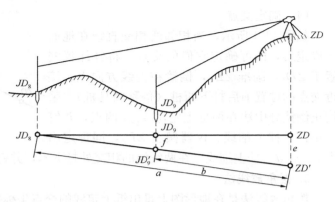

图 14-6　两交点延长线上设转点

三、里程桩的设置

在标定路线交点、转点等后，可将测距仪设在直线段起始控制点上，瞄准直线另一端的控制点，在两者之间每隔一定距离，可将一系列木桩钉在道路中心线上，这些桩称为中线桩（简称中桩）。中桩除标定了线路的平面位置外，还同时写有桩号，标记着线路的里程，即从线路起点到该桩点的距离，故中桩又称里程桩，通常用 3+350.25 的形式表示该点里程为 3350.25m（"+"号前的数值表示 km 数，"+"号后的数值表示 m 数），桩号应用红油漆标明在木柱上。里程桩分为整桩和加桩两类。整桩是按规定桩柱距以 10m、20m 或 50m 的整倍数桩号而设置的里程桩。百米桩和千米桩均属于整桩，一般情况下均应测设。加桩分为地形加桩、地物加桩、曲线加桩和关系加柱。地形加桩是在中线地形变化点上设置的桩；地物加桩是在中线上的桥梁、涵洞等人工构筑物处及公路、铁路、高压线、渠道等交叉处设置的桩；曲线加桩是在曲线起点、中点、终点等处设置的桩；关系加桩是在转点和交点上设置的柱。

第三节　圆曲线测设

在线路转向处（两条直线相交处）应设置平面曲线。线路的平面曲线有圆曲线、缓和曲线和回头曲线等，如图 14-7 所示。在变坡点处，必须用曲线连接不同坡度，此种曲线称为竖曲线。

圆曲线测设分两步，首先测设曲线的主点，即曲线的起点（图 14-8 中直圆点 ZY）、

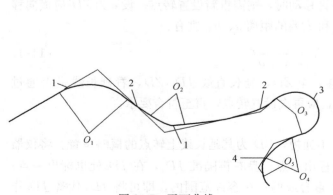

图 14-7　平面曲线

1—圆曲线；2—缓和曲线；3—回头曲线；4—复曲线

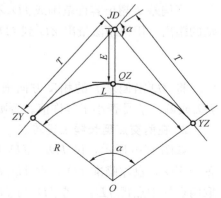

图 14-8　圆曲线的主点及标定要素

中点（图 14-8 中 QZ）和终点（图 14-8 中圆直点 YZ）；然后进行曲线的详细测设，即在曲线上每相距 10m 或 20m 测设一个曲线桩。

一、圆曲线主点的测设

1. 圆曲线主点标定要素的计算

如图 14-8 所示，圆曲线的半径 R、线路转向角 α、切线长 T、曲线长 L、外矢距 E 及切曲差 q 等称为圆曲线的标定要素。其中，R 是已知的设计值，线路转向角 α 是在线路定测时测出的，而其余要素计算公式为：

$$
\left.
\begin{aligned}
T &= R\tan\frac{\alpha}{2} \\
L &= R\alpha\frac{\pi}{180°} \\
E &= R\left(\sec\frac{\alpha}{2} - 1\right) \\
q &= 2T - L
\end{aligned}
\right\}
\tag{14-3}
$$

2. 圆曲线主点里程的计算

交点 JD 的里程可由中线丈量得到，根据交点里程和圆曲线标定要素可算出各主点的里程。由图 14-8 可知：

$$
\left.
\begin{aligned}
ZY_{里程} &= JD_{里程} - T \\
QZ_{里程} &= ZY_{里程} + \frac{L}{2} \\
YZ_{里程} &= QZ_{里程} + \frac{L}{2} \\
JD_{里程} &= QZ_{里程} + \frac{q}{2}（校核）
\end{aligned}
\right\}
\tag{14-4}
$$

3. 主点的测设

测设主点时，在转向点 JD 安置仪器，顺次瞄准两切线方向，沿切线方向丈量切线长 T，标定曲线的起点 ZY 和终点 YZ。然后再照准 ZY 点，测设 $(180°-\alpha)/2$ 角，得分角线方向 $JD\text{-}QZ$，沿此方向丈量外矢距 E，即得曲线中点 QZ。

二、圆曲线详细测设

1. 曲线上对桩距的要求

在圆曲线的主点测设后，即可进行曲线的详细测设。详细测设所采用的桩距 C 与曲线半径有关，一般有如下规定：$R \geqslant 100\text{m}$ 时，$C=25\text{m}$；$R<100\text{m}$ 时，$C=10\text{m}$；$R \leqslant 25\text{m}$ 时，$C=5\text{m}$。按桩距 C 在曲线上设桩，通常有以下两种方法：

① 整桩号法。将曲线上靠近起点 ZY 的第一个桩号凑整为 C 的倍数的整桩号，然后按桩距 C 连续向曲线终点 YZ 设桩。这样设置的桩均为整桩号。

② 整桩距法。从曲线起点 ZY 和终点 YZ 开始，分别以桩距 C 连续向曲线中点 QZ 设桩。由于这样设置的桩距为整数，桩号多为零数，因此应注意加设百米桩和千米桩。中线测量一般采用整桩号法。

2. 偏角法详细测设圆曲线

圆曲线的详细测设方法很多，下面介绍偏角法测设圆曲线的详细过程。

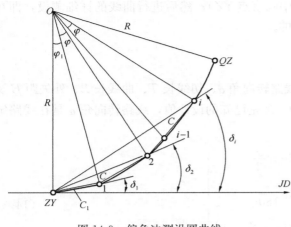

图 14-9　偏角法测设圆曲线

如图 14-9 所示，圆曲线的偏角指弦线和切线的夹角，即弦切角，用 δ_i 表示。用偏角法测设圆曲线的实质是以方向和长度交会的方法获得放样点位。例如，欲测设曲线上的一点 i，首先在 ZY 点设站，瞄准交点 JD，转动 δ_i，再从点 $(i-1)$ 量一规定长度 C，长度与方向交会即得出点 i 位置。

（1）标定要素的计算

由于圆曲线半径远远大于桩距，因此可以近似认为圆弧的弦长 C 等于弧长。在实际工作中，为了便于测量和施工，要求圆曲线上各曲线桩按整桩号法设置，但曲线的起点（ZY）和终点（YZ）及曲线中点（QZ）的里程常常不是桩距的整倍数，因此在曲线两端就会出现小于桩距的弦。例如，ZY 的里程为 DH3+12.345，而第一个曲线桩的里程为 DH3+20.000，于是 C_1 等于 7.655m。

设首末两端的弦长分别为 C_1、C_n，对应的圆心角为 φ_1、φ_n，其余弦长为 C，对应的圆心角为 φ，则偏角分别为：

$$\left.\begin{aligned}
\delta_1 &= \frac{\varphi_1}{2} = \frac{90°C_1}{\pi R} \\
\delta_2 &= \delta_1 + \frac{\varphi}{2} = \delta_1 + \delta \\
\delta_3 &= \delta_1 + 2\frac{\varphi}{2} = \delta_1 + 2\delta \\
&\cdots \\
\delta_i &= \delta_1 + (i-1)\frac{\varphi}{2} = \delta_1 + (i-1)\delta \\
\delta &= \frac{\varphi}{2} = \frac{90°C_1}{\pi R}
\end{aligned}\right\} \qquad (14\text{-}5)$$

（2）测设步骤

1）在点 ZY 安置经纬仪，照准切线（JD），并使度盘读数为 0。

2）拨偏角 δ_1，沿视线方向自 ZY 点起量取 C_1，得第 1 个曲线柱点位置。

3）拨偏角 δ_2，从点 1 起量取 C，与视线相交，得第 2 个曲线桩点位置。

4）同理可测设出其余各点，一直测设到曲线中点（QZ）并与 QZ 校核。

5）将仪器搬到曲线另一端点 YZ，同样测设另一半曲线。

用偏角法测设圆曲线的计算和操作方法都比较简单、灵活，故应用比较广泛。如果使用光电测距仪或全站仪进行作业，可直接用极坐标法进行曲线测设。

第四节　缓 和 曲 线 测 设

一、缓和曲线基本公式

车辆在曲线上行驶，会产生离心力。为了抵消离心力的影响，要把曲线路面外侧加高，称为超高。在直线上超高为 0，在圆曲线上超高为 h。这就需要在直线与圆曲线之间插入一段曲率半径由无穷大逐渐变化至圆曲线半径 R 的曲线，使超高由 0 逐渐增加到 h，同时实现曲率半径的过渡，这段曲线称为缓和曲线。缓和曲线的长度应根据线路等级、圆曲线半径和行车速度等因素来确定。以缓和曲线起点为原点，过该点曲线的切线为 x 轴，半径为 y 轴，则缓和曲线的参数方程为：

$$\left.\begin{aligned} x &= l - \frac{l^5}{40\,R^2\,l_0^2} \\ y &= \frac{l^3}{6R\,l_0} \end{aligned}\right\} \tag{14-6}$$

式中，l 为缓和曲线上的点到坐标原点的曲线长度，l_0 为缓和曲线长度，R 为圆曲线半径。

在直线和圆曲线之间加入缓和曲线的方法：原来的圆曲线半径保持不变，而圆心向内侧移动，在垂直于切线方向上移动的距离为 p；曲线圆心内移和增加缓和曲线使切线增长一段距离 m；原来圆曲线的两端长各为 $l_0/2$ 的一段（圆心角为 β_0）均被缓和曲线所代替。因此，缓和曲线大约有一半在原圆曲线范围内，而另一半在原直线范围内，如图 14-10 所示。缓

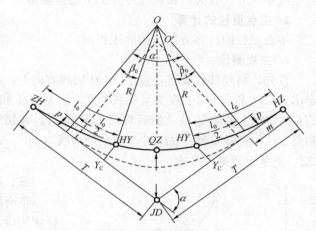

图 14-10　带有缓和曲线的圆曲线

和曲线终点的倾角 β_0、圆曲线内移量 p 和切线延伸量 m 是确定缓和曲线的主要参数，称缓和曲线常数。其计算公式为：

$$\left.\begin{aligned} \beta_0 &= \frac{90° l_0}{\pi R} \\ p &= \frac{l_0^2}{24R} \\ m &= \frac{l_0}{2} - \frac{l_0^3}{240R^2} \end{aligned}\right\} \tag{14-7}$$

式中，R 和 l_0 为已知设计数据。

二、带缓和曲线的圆曲线主点的测设

1. 标定要素的计算

如图 14-10 所示，缓和曲线的主点有直缓点 ZH、缓圆点 HY、曲线中点 QZ、圆缓点 YH 和缓直点 HZ，其标定要素有切线长 T、曲线长 L、外矢距 E_0 和切曲差 q 等，计算公式为：

$$\left.\begin{aligned} T &= (R+p)\tan\frac{\alpha}{2} + m \\ L &= \frac{R(\alpha - 2\beta_0)\pi}{180°} + 2l_0 \\ E_0 &= (R+p)\sec\frac{\alpha}{2} - R \\ q &= 2T - L \\ x_0 &= l_0 - \frac{l_0^3}{40R^2} \\ y_0 &= \frac{l_0^2}{6R} \end{aligned}\right\} \tag{14-8}$$

式中，x_0、y_0 为缓和曲线终点 HY 的坐标值。

2. 主点里程的计算

主点里程的计算方法与圆曲线相同。

3. 主点测设

首先，将经纬仪安置在点 JD，在切线方向上，从点 JD 向两切线方向量出切线长 T，定出点 ZH 和点 HZ。在丈量切线的同时，从 ZH 和 HZ 向 JD 方向量出 x_0，定出 HY 和 YH 在切线上的垂足 Y_c，然后将仪器搬到 Y_c，在切线的垂直方向上量出 y_0，定出点 HY 和点 YH。仪器安置在 JD 时，定出分角线（$180° - \alpha$）/2，沿分角线方向量出 E_0，确定 QZ，重复上述操作 2 次。

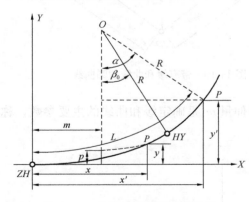

图 14-11 切线支距法测设圆曲线

三、带缓和曲线的圆曲线的详细测设

带有缓和曲线的圆曲线可以用偏角法进行详细测设，其方法与圆曲线测设相同。下面介绍用切线支距法的测设过程。

切线支距法即直角坐标法，支距即垂距，相当于直角坐标中的 y 值。此方法以点 ZH 和点 HZ 为坐标系原点，过点 ZH 和点 HZ 的切线为 x 轴，并与垂直于 x 轴的 y 轴组成直角坐标系。计算出缓和曲线和圆曲线上各曲线桩的坐标值 x、y，根据平面直角坐标法定出各曲线桩，如图 14-11 所示。缓和曲线各点坐标的计算按式（14-6）进行，且圆曲线各点坐标的计算公式为：

$$\left.\begin{aligned} x &= R\sin\alpha + m \\ y &= R(1 - \cos\alpha) + p \\ \alpha &= \frac{(L - l_0)180°}{\pi R} + \beta_0 \end{aligned}\right\} \tag{14-9}$$

测设步骤如下：

① 取 $L=0$、10、20……当 $L \leqslant l_0$ 时，以 L 作为 l 代入式（14-6）；当 $L > l_0$ 时，代入式（14-9）。据此求得各桩点的坐标 (x, y)。

② 将仪器安置在点 ZH，瞄准点 JD、沿此方向量取 x，得到各曲线桩在切线上的垂足。

③ 在各垂足处测设直角，并在垂线方向上量出相应的 y 值，得各切线桩的位置。

④ 将仪器搬到点 HZ，用同样方法测设曲线的另一半。

四、竖曲线的测设

测设竖曲线时，根据路线纵断面图中所设计的竖曲线半径 R 和相邻坡道的坡度 i_1、i_2、计算测设数据。如图 14-12 所示，竖曲线元素的计算可用平曲线的计算公式，即：

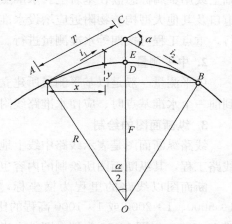

图 14-12　竖曲线测设元素

$$T = R\tan\frac{\alpha}{2}$$

$$L = R\alpha$$

$$E = R\left(\sec\frac{\alpha}{2} - 1\right)$$

由于竖曲线的转角 α 很小，可简化为 $\alpha = (i_1 - i_2)$、$\tan(\alpha/2) \approx \alpha/2$，因此，

$$T = \frac{1}{2}R(i_1 - i_2)$$

$$L = R(i_1 - i_2)$$

因 α 很小，可认为 $DF = E$，$AF = T$。根据 $\triangle ACO$ 与 $\triangle ACF$ 相似，得：

$$E = \frac{T^2}{2R}$$

同理，可导出竖曲线中间各点按直角坐标法测设的纵距（也称标高改正值）的计算公式，即：

$$y_i = \frac{x_i^2}{2R} \tag{14-10}$$

计算出各桩的竖曲线高程后，可在实地进行竖曲线的测设。

第五节　线路的纵横断面测量

一、线路纵断面测量

线路纵断面测量的任务是沿着地面上已定的线路测出所有中线桩的高程，并根据测得的高程和各桩的里程绘制线路的纵断面图，为线路纵断面设计服务，以确定线路的坡度、路基的标高和填挖高度及沿线桥梁，隧道的位置等。

为了提高测量精度和有效地进行成果检核，线路的纵断面测量一般分为高程控制测量

（又称基平测量）和中桩高程测量（又称中平测量）两步进行。

1. 基平测量

基平测量一般采用国家统一的高程系统，而独立工程或要求较低的路线工程，在与国家水准点联测有困难时，可采用假定高程。

基平测量应根据需要和用途设置永久性或临时性水准点，其位置应选在稳固、醒目、便于引测及施工时不易遭受破坏的地方。永久点可埋设标石，也可设置在永久性建筑的基础上或用金属标志嵌在基岩上。水准点的密度应根据地形和工程要求来确定，在桥梁、隧道口及其他大型构筑物附近应增设水准点。基平测量的方法和要求可参照等外水准测量进行，重点工程可按四等水准测量进行。

2. 中平测量

中平测量一般是以基平测量所建立的水准点开始，逐个测定中桩的地面高程。当进行到前一个水准基点时，应使水准路线附合一次。

3. 纵断面图的绘制

线路纵断面图是表示线路中线上地面起伏变化情况和纵坡设计的线状图。对于不同的线路工程，其纵断面图所绘制的内容也会有所不同。

断面图以线路的里程为横坐标，中柱的高程为纵坐标。横坐标的比例尺一般取 $1:5000$、$1:2000$ 或 $1:1000$ 高程的比例尺则比里程比例尺大 10 倍，取 $1:500$、$1:200$ 或 $1:100$。以图 14-13 为例，图的上半部一条细的折线表示中线方向的实际地面线，另一条粗线是包含竖曲线在内的纵坡设计线，是在设计时绘制的。此外，图上还注有水准点的位置和高程、桥涵的类型、孔径、跨度、长度、里程桩号和设计水位、竖曲线示意图及其

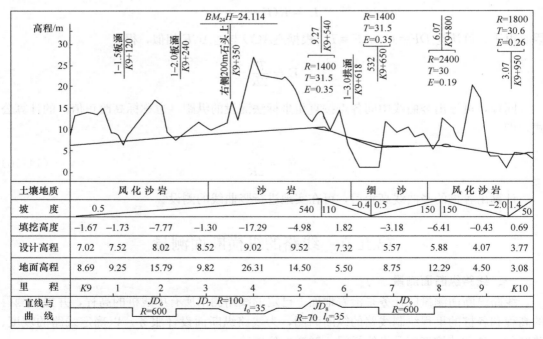

图 14-13 道路纵断面图

曲线元素，与现有公路、铁路等工程建筑物的交叉点的位置和有关说明等。

图的下部注有关于测量及纵坡设计的资料。

纵断面图的绘制一般可按以下步骤进行：

（1）绘制表格，根据选定的里程比例尺和高程比例尺，在表格里填写里程桩号、地面高程、直线和曲线及其他说明资料。

（2）依据选定的纵、横比例尺依次绘出各中桩的地面位置，再用直线将相邻点连接起来，就得到地面线。

（3）根据设计的坡度计算设计高程并绘制设计的纵坡线。各点设计高程的计算为：

$$H_P = H_0 + iD$$

式中，H_0 为起算点的高程，i 为设计坡度，D 为推算点至起算点的水平距离。

（4）计算各桩的填挖高度，填挖高度等于设计高程与地面高程之差，正号为填高，负号为挖深。

（5）在图上注记有关资料，如水准点、桥涵、竖曲线等。

二、线路横断面测量

线路横断面测量是测定中线各里程桩两侧垂直于中线的地面距离和高程，并绘制断面图，供线路工程设计、计算土石方量及施工边桩测设之用。在线路上所有的百米桩处、加桩处、桥头、隧道洞口及重点工程地段均需测绘横断面，它是定测阶段一项工作量很大的工作。

1. 横断面测量

进行横断面测量，需选定横断面方向。一般直线地段的横断面方向与线路方向垂直，在曲线地段一般与各点的切线方向垂直。横断面方向的确定，一般可用方向架和经纬仪等进行测量。

横断面测量的方法很多，一般常用的方法有两种。

（1）经纬仪测量横断面

将经纬仪安置于中线上，读取中线桩两侧地形变化点的视距和竖直角。计算出各点相对于中线桩的水平距离和高差。此法适用于地形变化大的山区。

（2）水准仪测量横断面

在平坦地区可使用水准仪测量横断面。施测时，用方向架定出横断面方向，如图14-14所示，安置好水准仪，以中桩为后视，以横断面方向上各变坡点为前视，测得各变坡点高程。用皮尺丈量横断面上各变坡点至中桩的距离。

（3）全站仪测量横断面

将全站仪安置在中线桩上，依次读取中线桩两侧各特征点的水平距离和高差，记录所测数据。

2. 横断面图的绘制

横断面图一般采用现场边测边绘的方法，以便及时对横断面进行核对。也可在现场做好记录、回到室内绘图。横断面图一般是绘制在毫米方格纸上。为了便于计算面积和设计路基断面，其水平距离和高程采用同一比例尺，通常为1：200 或 1：100。绘图时，先将中桩位置标出，然后依比例尺绘出左右两侧变坡点，用直线连接相邻变坡点，即得横断面图。如图 14-15 所示，图中粗线为中基横断面设计线。通常按断面里程的顺序将各里程桩的横断面图逐一绘制在一张图纸上，其排列顺序是由下而上，从左到右。

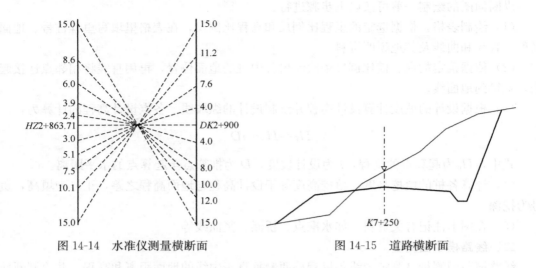

图 14-14　水准仪测量横断面　　　　　　图 14-15　道路横断面

第十五章　桥梁与隧道施工测量

随着交通运输事业的发展，桥梁工程日益增多。测量工作在桥梁的勘测设计、建筑施工及运营管理期间都起着重要作用。桥梁工程测量包括桥梁勘测和桥梁施工测量两部分。

桥梁勘测的目的是选择桥址和为设计工作提供地形和水文资料。对于中小型桥梁和技术条件简单、造价比较低廉的桥梁，其桥址位置往往由线路决定，且包括在线路勘测之内，不需要单独进行设计。对于特大型桥梁或技术条件复杂的桥梁，因其工程量大、造价高、施工期限长，线路的位置需要服从桥梁的位置。为能选择最优的桥址，通常需要单独进行勘测。

桥梁勘测的主要工作包括桥位控制测量、桥渡线跨河长度测量、桥位地形图测绘、桥轴线纵横断面测量、水文地质调查等。

第一节　桥 梁 施 工 测 量

一、桥梁控制测量

1. 平面控制网的布设及测量

建立平面控制网的目的是测定桥轴线长度和据此进行墩、台位置的放样，同时也可用于施工过程中的变形监测。对于跨越无水河道的直线小桥，桥轴线长度可以直接测定，墩、台位置，也可直接利用桥轴线的两个控制点测设，无须建立平面控制网。但跨越有水河道的大型桥梁、墩、台无法直接定位，必须建立平面控制网。

选择控制点时，应尽可能使桥的轴线作为三角网的一个边，有利于提高桥轴线的精度。如不能实现，也应将桥轴线的两个端点纳入网内，间接求算桥轴线长度。

对于控制点的要求，除了图形刚强外，还要求地质条件稳定、视野开阔，便于交会墩位，其交会角不致太大或太小。在控制点上要埋设标石及刻有"十"字的金属中心标志。如果兼作高程控制点使用，则中心标志宜做成顶部为半球状。

控制网可布设成测角网、测边网、边角网、导线网或 GPS 网。

在施工时如因机具、材料等遮挡视线，无法利用主网的点进行施工放样时，可以根据主网中两个以上的点将控制点加密。这些加密点称为插点，插点的观测方法与主网相同，但在平差计算时，主网上点的坐标不得变更。

2. 高程控制点的布设及测量

在桥梁的施工阶段，为了作为放样的高程依据，应建立高程控制，即在河流两岸建立若干个水准基点。这些水准基点除用于施工外，也可作为以后变形观测的高程基准点。

水准基点布设的数量视河宽及桥的大小而异。一般小桥可只布设 1 个；在 200m 以内的大、中桥，宜在两岸各布设 1 个；当桥长超过 200m 时，由于两岸联测不便，为了在高程变化时易于检查，则每岸至少布设 2 个。

水准基点是永久性的，必须十分稳固。除了它的位置要求便于保护外，根据地质条件，可采用混凝土标石、钢管标石、管柱标石或钻孔标石。在标石上方嵌以凸出半球状的铜质或不锈钢标志。

为了方便施工，也可在附近设立施工水准点。由于其使用时间较短，在结构上可以简化，但要求使用方便，也要相对稳定，且在施工时不致破坏。

桥梁水准点与线路水准点应采用同一高程系统。与线路水准点联测的精度不需要很高，当包括引桥在内的桥长小于500m时，可用四等水准联测，大于500m时可用三等水准进行测量。但桥梁本身的施工宜采用较高精度的水准网，因为它直接影响桥梁各部的放样精度。当跨河距离大于200m时，宜采用过河水准法联测两岸的水准点。跨河点间的距离小于800m时，可用三等水准进行测量；大于800m时，则采用二等水准进行测量。

二、小型桥梁施工测量

小型桥路度小、工期不长一般用临时筑坝流或选在枯水季节进行施工。

1. 桥轴线及控制桩的测设

桥梁的中心线称为桥轴线。图15-1为一座两跨的小型桥梁。测设时，首先在线路中线上，依桥位桩号准确地标出桥台和桥墩的中心桩位 A、B、C，在河道两岸测设桥位控制桩 k_1、k_2、k_3、k_4。然后分别在点 A、点 B、点 C 上安置经纬仪，测设桥台和桥墩的中心线，并在两侧各设两个以上控制桩，如 a_1、a_2、b_1、b_2、c_1、c_2……如果桥台、桥墩中心不能安置仪器，则可在两岸先布设控制点，然后用交会法定出各轴线。

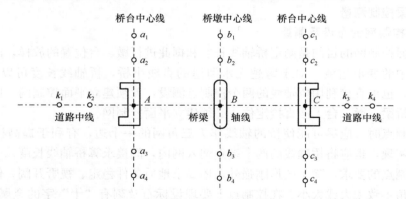

图15-1 小型桥梁施工控制桩

2. 基础施工测量

基坑开挖前，应根据桥台、桥坡的中心线定出基坑开挖边界线，基坑上口尺寸要根据基坑坑深、坡度、土质情况和施工方法确定。当基坑挖到一定深度后，应在坑壁上测设距基底设计面一定高差（如1m）的水平桩，作为控制挖深及基础施工中的高程依据。

基础完工后，应根据上述桥位控制桩和墩、台控制桩，用经纬仪在基础面上测设出墩、台中心及相互垂直的纵、横轴线，根据纵、横轴线即可测设桥台、桥的外廓线，作为砌筑墩、台的依据。

3. 墩、台顶部施工测量

为控制桥墩、台的砌筑高度，当桥墩、台砌筑到一定高度时，应根据水准点在墩、台的每侧测设一条距顶部一定高度的水平线。在墩帽、顶帽施工时，应用水准仪依水准点控制其高程，使其误差在±10mm 以内；用经纬仪依中线桩检查墩、台的两个方向的中线位置，其偏差应在±10mm 以内；同时应检查墩、台间距，相对误差应小于 1/5000。

三、大、中型桥梁施工测量

建造大、中型桥梁时，因江河宽阔，桥墩在水中建造，且墩台较高、基础较深、墩间跨距大、梁部结构复杂，对桥轴线测设、墩台定位等要求较高。因此，需要在施工前布设平面控制网和高程控制网，用于墩台定位和架设梁部结构。控制网的等级应根据桥梁长度合理确定。高程控制网的主要形式是水准网，平面控制网的形式可以是传统的三角网、导线网，或是 GNSS 网。在布设平面控制网和高程控制网后，可用精密的方法进行墩台定位和梁部结构架设测量。

1. 桥梁墩台定位测量

准确测设桥梁墩台的中心位置，称为墩台定位。墩台定位常用的两种测量方法为交会法和极坐标法。

（1）交会法

如图 15-2 所示，P_i 为第 i 号桥梁墩台的中心，d_i 为 P_i 至桥轴线控制点 A 的距离，基线 D_1、D_2 及角度 θ_1、θ_2 均为已知值，现采用方向交会法进行第 i 号桥墩的墩台定位。

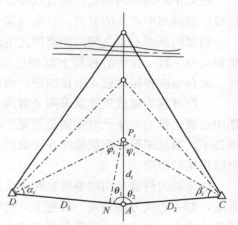

1）计算交会角 α_i、β_i。经 P_i 向基线 AD 做辅助垂线 P_iN，则有：

$$\tan\alpha_i = \frac{P_iN}{DN} = \frac{d_i\sin\theta_1}{D_1 - d_i\cos\theta_1}$$

则：

$$\alpha_i = \arctan\frac{d_i\sin\theta_1}{D_1 - d_i\cos\theta_1} \qquad (15-1)$$

同理得：

图 15-2 方向交会法测量桥墩位置

$$\beta_i = \arctan\frac{d_i\sin\theta_2}{D_2 - d_i\cos\theta_2} \qquad (15-2)$$

为了检核 α_i、β_i，可参照求算 α_i、β_i 的方法，计算 φ_i、ψ_i，即：

$$\varphi_i = \arctan\frac{D_1\sin\theta_1}{d_i - D_1\cos\theta_1}$$

$$\psi_i = \arctan\frac{D_2\sin\theta_2}{d_i - D_2\cos\theta_2} \qquad (15-3)$$

则计算检核公式为：

$$\left.\begin{array}{l} \alpha_i + \varphi_i + \theta_1 = 180° \\ \beta_i + \psi_i + \theta_2 = 180° \end{array}\right\} \qquad (15-4)$$

2）测设方法。如图 15-3 所示，在 C、A、D 三测站各安置 1 台经纬仪。置于 A 站的经纬仪瞄准点 B，标出桥轴线方向，置于 C、D 两测站的仪器，均后视点 A，以正倒镜分中法测设 α_i、β_i，在桥墩上的人员分别标定出 A、C、D 三测站测设的方向。受测量误

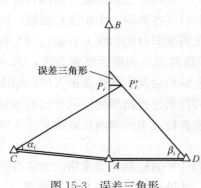

图 15-3 误差三角形

差的影响，3个测站测设的方向构成一个误差角形，若误差三角形在桥轴线上的边长不大于规定数值（墩底放样为 2.5cm，墩顶放样为 1.5m）则取 C、D 两测站测设方向线的交点 P_i' 在桥轴线上的投影 P_i 作为墩台的中心位置。

交会精度与交会角 γ 有关，当 γ 角在 $90°\sim110°$ 时，交会精度最高。故在选择基线及布网时尽可能满足 $30°<\gamma<150°$。

（2）极坐标法

如被测设的桥梁墩台可以安置棱镜，可直接在某控制点上安置全站仪，根据计算出的标定数据以极坐标法测设墩台中心位置。

2. 桥梁架设施工测量

架梁是桥梁施工的最后一道工序。架梁时需将相邻的墩台联系起来，并考虑其相关精度，使中心点间的方向、距离和高差符合设计要求。

桥梁中心线方向测定：在直线部分采用准直法，用经纬仪正倒镜观测，在墩台的中心标板，刻画出中心线的方向；在曲线部分，采用测定偏角与弦长的方法标定中心点。

相邻桥墩中心点之间的距离用光电测距仪观测，适当调整中心点，使观测结果与设计里程完全一致。在中心标板上刻画里程线，与已刻画的方向线正交，形成墩台中心十字线。墩台顶高程用精密水准仪测定，构成水准路线，附合到两岸基本水准点上。

大跨度钢桁架或连续梁采用悬臂或半悬臂安装架设。安装开始前，应在横梁顶部和底部中点做出标志。架梁时需测量钢梁中心线与桥梁中线的偏差值。在梁的安装过程中，应通过不断测量来保证钢梁始终在正确的平面位置上，高程位置应符合设计的大节点挠度和整跨拱度的要求。

如果梁的拼装是两端悬臂在跨中合拢，则合拢前的测量重点应放在两端悬臂的相对关系上，如中心线方向偏差、最近节点高程差和距离差，要符合设计和施工的要求。全梁架通后，进行一次方向、距离和高程的全面测量，其成果可作为钢梁整体纵、横移动和起落调整的施工依据，称为全桥贯通测量。

第二节 隧 道 施 工 测 量

一、隧道平面与高程控制测量

定测时，隧道的设计位置一般已初步标定在地表面上。在施工之前先进行复测，检查并确认各洞口的中线控制桩。当隧道位于直线上，两端洞口应各确定一个中线控制桩，以两桩连线作为隧道洞内的中线；当隧道位于曲线上，应在两端洞口的切线上各确认两个控制桩，两桩间距应大于 200m。以控制桩所形成的两条切线的交角和曲线要素为准，来测定洞内中线的位置。由于定测时测定的转向角、曲线要素的精度及直线控制桩方向的精度较低，满足不了隧道贯通精度的要求，所以施工之前要进行洞外控制测量。洞外控制测量是在隧道各开挖口之间建立一精密的控制网，以便根据它进行隧道的洞内控制测量或中线测量，保证隧道的正确贯通。

洞外控制测量包括平面控制测量和高程控制测量。洞外平面控制测量常用的方法有精密导线法、三角测量、三边测量、边角测量或综合使用，此外还可以采用 GNSS 测量。

1. 精密导线法

精密导线法比较灵活、方便，对地形的适应性比较大。目前，在光电测距仪已经普及和其精度不断提高的情况下，对于有条件的单位，精密导线法应当是隧道洞外控制形式的首选方案。

精密导线应组成多边形闭合环。它可以是独立闭合导线，也可以是与国家三角点相连的导线，导线水平角的观测，应以总测回数的奇数测回和偶数测回，分别观测导线前进方向的左角和右角，以检查测角错误。将它们换算为左角或右角后再取平均值，可以提高测角精度。为了增加检核条件和提高测角精度评定的可行性，导线环的个数不宜太少，最少不应少于 4 个；每个环的边数不宜太多，一般以 4～6 条边为宜。

在进行导线边长丈量时，应尽量接近测距仪的最佳测程，且边长不应短于 300m；导线尽量以直伸形式布设，减少转折角的个数，以减弱边长误差和测角误差对隧道横向贯通误差的影响。

导线的测角中误差应满足测量设计的精度要求，其公式为：

$$m_\beta = \pm \sqrt{\frac{(f_\beta/n)^2}{N}} \tag{15-5}$$

式中，f_β 为导线环的角度闭合差，s；n 为一个导线环内角的个数 N 为导线环的个数。

导线环（网）的平差计算一般采用条件平差或间接平差，边与角的定权为

$$\left.\begin{array}{l} P_\beta = 1 \\ P_D = \dfrac{m_\beta^2}{m_D^2} \end{array}\right\} \tag{15-6}$$

式中，m_β 为导线测角中误差；m_D 为导线边长中误差，宜用统计值。

2. 三角测量

三角测量的方向控制较中线法、精密导线法都高，如果仅从横向贯通精度的观点考虑，它是最理想的隧道平面控制方法。

三角测量除采用测角三角锁外，还可采用边角网和三边网。但从精度、工作量、经济方面综合考虑，采用测角三角锁为最佳。

三角锁一般布置一条高精度的基线作为起始边，并在三角锁另一端增设一条基线，进行检核。其余是测角工作，按正弦定理推算边长，经过平差计算可求得三角点和隧道轴线上控制点的坐标，然后以控制点为依据，确定进洞方向。

3. 三角锁和导线联合控制

三角锁和导线联合控制只有在受到特殊地形条件限制时才考虑，一般不宜采用。例如，隧道在城市附近，三角锁的中部遇到较密集的建筑群，这时使导线穿过建筑群与两端的三角锁相连接。

在布设中除了前面所述要求之外，还应注意以下几点：

（1）应使三角锁或导线环的方向尽量垂直于贯通面，以减弱边长误差对横向贯通精度的影响。

（2）尽量选择长边，减少三角形个数或导线边个数，以减弱测角误差对横向贯通精度的影响。

（3）每一洞口附近平面控制点测设不少于三个（包括洞口投点及其相联系的三角点或

导线点），作为引线入洞的依据，并尽量将其纳入主网中，以加强点位稳定性和入洞方向的校核。

（4）三角锁的起始边如果只有一条，则应尽量布设于三角锁中部；如果有两条，则应使其位于三角锁两端，这样不仅利于洞口插网，还可以减弱三角网测量误差对横向贯通精度的影响。

（5）三角锁中若要增列基线条件，应将基线设于锁段两端，但此时起始边的测量精度应满足下列要求，即：

$$\frac{m_{\mathrm{b}}}{b} \leqslant \frac{m_{\beta}}{\sqrt{2}\rho''} \tag{15-7}$$

否则，不应加入基线条件。

4. GNSS 测量

隧道施工控制网可利用 GNSS 相对定位技术，采用静态或快速静态测量方式进行测量。由于定位时仅需要在开挖洞口附近测定几个控制点，GNSS 测量工作量少，而且可以全天候观测，目前已得到应用。

隧道 GNSS 定位网的布网设计应满足下列要求：

（1）定位网由隧道各开挖口的控制点点群组成，每个开挖口至少应布测 4 个控制点。整个控制网应由一个或若干个独立观测环组成，每个独立观测环的边数最多不超过 12 条，且应尽可能减少。

（2）网的边长最长不宜超过 30km，最短不宜短于 300m。

（3）每个控制点应有 3 条或 3 条以上的边与其连接，极个别的点才允许由 2 条边连接。

（4）GNSS 定位点之间一般不要求通视，但布设洞口控制点时，考虑用常规测量方法进行检测、加密或恢复的需要，应当通视。

（5）点位空中视野开阔，保证至少能接收到 4 颗卫星的信号。

（6）测站附近不应有对电磁波有强烈吸收和反射的金属和其他物体。

5. 高程控制测量

洞外高程控制测量的任务，是按照设计精度施测两相向开挖洞口附近水准点之间的高差，以便将整个隧道的统一高程系统引入洞内，保证按规定精度在高程方面正确贯通，并使隧道在高程方面按要求的精度正确修建。

高程控制的二、三等采用水准测量。当山势陡峻采用水准测量困难时，也可采用光电测距仪三角高程的方法测定各洞口高程。每一个洞口应埋设不少于两个水准点，两水准点之间的高差，以安置一次水准仪即可测出为宜。

二、隧道施工测量

1. 隧道中线标定

如图 15-4 所示为直线隧道，P_4、P_5 为施工导线点，点 A、点 D 为待标定的隧道中线点，标定数据 β_5、L 和 β_A 可由点 P_4、点 P_5 的实测坐标和点 A 的设计坐标及隧道中线的设计方位角 α_{AD} 求出。

在求得标定数据后，可将经纬仪置于点 P_5，后视点 P_4，用极坐标法标定中线点 A，在点 A 埋设标志。然后在点 A 安置经纬仪，后视点 P_5，分别用正、倒两个镜位拨角 β_A 给

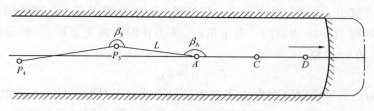

图 15-4　直线道中线的标定

出点 D' 和点 D''。点 D' 和点 D'' 往往是不重合的，这时可取点 D' 和点 D'' 的中点 D 作为中线点。为了检查，还应测定水平角 $\angle P_5AD$，与 β_A 比较作为检核。经检查确认无误，再瞄准点 D，在点 A 与点 D 中间再标定一个中线点 C。这样，点 A、点 C、点 D 就组成了一组中线点。

一组中线点可指示直线隧道掘进 $30\sim40\text{m}$。在由一组中线点到下一组中线点的隧道掘进过程中，可采用瞄线法或拉线法来指示隧道的掘进方向。

（1）瞄线法。如图 15-5 所示，瞄线法是在中线点 A、C、D 上分别悬挂垂球，一个人站在中线点 A 后，沿中线方向瞄视，指挥另一人在掘进头移动矿灯的位置，使矿灯正好位于这组中线点的延长线上。此时，矿灯的位置也就是隧道中线的位置。

（2）拉线法。如图 15-6 所示，拉线法是在一组中线点 A、C、D 上分别悬挂垂球后，将细绳的一端系在中线点 A 的垂球线上，另一端拉向掘进头，使细绳与点 C、点 D 处的垂球线相切，这时绳另一端点的位置即为隧道中线的位置。

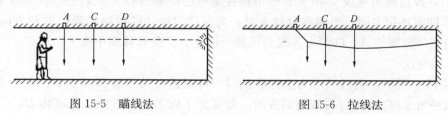

图 15-5　瞄线法　　　　　　　　　　　　图 15-6　拉线法

曲线隧道的中线可采用弦线法或偏角法标定，其标定方法与道路圆曲线测设类似。

2. 隧道腰线标定

在隧道施工过程中，为了随时控制洞底的高程和隧道横断面的放样，在隧道岩壁上，每隔一定距离（$5\sim10\text{m}$）标定出比洞底设计地坪高出 1m 的标高线，称为腰线。腰线的高程由施工水准点进行标定。由于隧道有一定的设计坡度，因此腰线也按此坡度变化，它与隧道设计地坪高程线是平行的。

对于近水平隧道，常用水准仪来标定腰线。其标定的方法如图 15-7 所示，首先根据已知腰线点和设计坡度，计算下一个腰线点 B 与已知腰线点 A 间的高差 h_{AB}，即：

$$h_{AB} = Li$$

式中，L 为 A、B 间的水平距离；i 为隧道的设计坡度；h_{AB} 的正负号与 i 的正负号相同，隧道上坡时为正，下坡时为负。

下一步，根据计算结果进行实地标定。在 A、B 间安置水准仪，用皮尺丈量 A、B 间

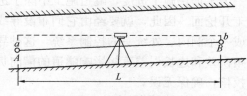

图 15-7　用水准仪标定腰线

的水平距离，计算出 h_{AB}。先后视点 A，得读数 a，再前视点 B，并用小钢尺自水准仪视线向下或向上量取 $|b|$（b 为负时，向下量取，b 为正时，向上量取），即得点 B 处腰线点的位置，b 的计算公式为

$$b = a + h_{AB}$$

式中，a 的正负号确定原则为 A 点在水准仪视线之上时取正号，否则取负号。

对于倾斜隧道的腰线标定，可利用经纬仪在标定中线时同时标出腰线。

三、联系测量

1. 进洞关系的计算和进洞测量

洞外控制测量完成以后，应把各洞口的线路中线控制桩和洞外控制网联系起来。由于控制网和线路中线两者的坐标系不一致，应首先把洞外控制点和中线控制桩的坐标纳入同一坐标内，故必须先进行坐标变换计算，得到控制点在变换后的新坐标。其坐标变换计算公式可以采用解析几何中的坐标旋转和平移计算公式，一般在直线段以线路中线作为 X 轴，曲线上则以一条切线方向作为 X 轴。用线路中线点和控制点的坐标，反算两点的距离和方位角，从而确定进洞测量的数据。把中线引入洞内，可按下列方法进行。

（1）移桩法

如图 15-8 所示，洞口两端线路控制点 A、B、C、D 是按定测精度测设的，它们并不是严格位于同一条直线上。在经精测点 A、点 B、点 C、点 D 后，可以点 A 为原点、AB 方向为纵轴，计算出 C、D 两点相应的偏离值 y_C、y_D 和 β 角。将经纬仪分别安置在点 C 和点 D 上，拨角量出垂线 y_C 和 y_D，即可移柱定出点 C' 和点 D'，再将经纬仪安置于点 D'，照准点 C' 即得进洞方向。当偏移量较大时，为保持原设计的线路平面位置和方向的一致性，可用洞口两端的 A、D 两点连线为纵轴，将点 B、点 C 移至中线上。

（2）拨角法

如图 15-9 所示，当以 AD 为坐标纵轴时，可根据点 A、点 B 及点 C、点 D 的坐标，反算出水平角 α 和 β，即可得到进洞方向。通常为了施工测量方便，也可将 B、C 两点移到中线上的点 B'、点 C' 上。

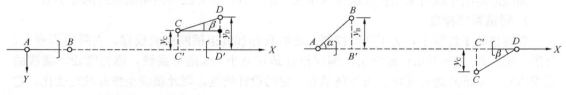

图 15-8 移桩法   图 15-9 拨角法

2. 由洞外向洞内传递方向和坐标

为了加快施工进度，隧道施工中除了进出洞口之外，还会用斜井、横洞或竖井来增加施工开挖面。因此，就要经由它们布设导线，把洞外导线的方向和坐标传递给洞内导线，构成一个洞内、外统一的控制系统，这种导线称为联系导线。联系导线属支导线性质，其测角误差和边长误差直接影响隧道的横向贯通精度，故使用中必须多次进行精密测定、反复校核，确保无误。

当由竖井进行联系测量时，可以采用垂准仪光学投点、陀螺经纬仪定向的方法，来传

递坐标和方位。

3. 由洞外向洞内传递高程

经由斜井或横洞向洞内传递高程时，一般均采用往返水准测量。当高差较差合限时、采用取平均值的方法。由于斜井坡度较陡，视线很短，测站很多，加之照明条件差，故误差积累较大，每隔十站左右应在斜井边脚设一临时水准点，以便往返测量时校核。近年来，光电测距三角高程测量的方法，在传递高程中，已得到越来越广泛的应用，大大提高了工作效率。但是，注意洞中温度的影响，以及应采用对向观测的方法。

经由竖井传递高程时，过去一直采用悬挂钢尺的方法，即在井上悬挂一把经过检定的钢尺（或一根钢丝），尺零点下端挂一标准拉力的重锤。如图 15-10 所示，在井上、井下各安置一台水准仪，同时读取钢尺读数 l_1 和 l_2，然后再读取井上、井下水准尺的读数 a、b，由此可求得井下水准点 B 的高程，即：

$$H_B = H_A + a - [(l_1 - l_2) + \Delta t + \Delta k] - b \tag{15-8}$$

式中，H_A 为井上水准点 A 的高程；a、b 为井上、井下水准尺读数；l_1、l_2 为井上、井下钢尺读数，有 $L = l_1 - l_2$；Δt 为钢尺温度改正数，有 $\Delta t = \alpha L (t_{均} - t_0)$，其中 α 为钢尺膨胀系数（取 $1.25 \times 10^{-5}/℃$），$t_{均}$ 为井上、井下平均温度，t_0 为钢尺检定时的温度；Δk 为钢尺尺长改正数，有 $\Delta k = (L/l) \Delta l$，其中 l 和 Δl 分别是钢尺的名义长度和它的尺长改正数。

如果在井上装配一托架，安装上光电测距仪，使照准头向下直接瞄准井底的反光镜（图 15-11），测出井深 D_h。然后，在井上、井下用两台水准仪，同时分别测定井上水准点 A 与测距仪照准头转动中心的高差（$a_{上} - b_{上}$）、井下水准点 B 与反射镜转动中心的高差（$b_{下} - a_{下}$）这样可求得井下水准点 B 的高程 H_B，即：

$$H_B = H_A + (a_{上} - b_{上}) + (b_{下} - a_{下}) \tag{15-9}$$

式中，H_A 为井上水准点 A 的已知高程。

光电测距仪测井深的方法比悬挂钢尺的方法更快速、准确，尤其是进行 50m 以上的深井测量，更显现出其优越性。

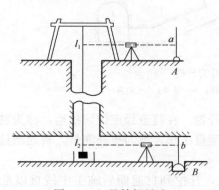

图 15-10　悬挂钢尺法

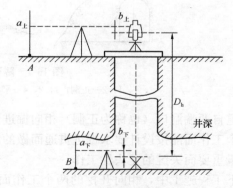

图 15-11　光电测距仪传速高程

第十六章　地　下　工　程　测　量

　　地下工程是指在地表之下的通道工程、民用建（构）筑物工程、采矿工程等。地下通道工程以隧道为代表，包括公路隧道、铁路隧道、城市地下交通工程和其他输送功能的隧道等。地下民用建（构）筑物工程包括地下人防工程、地下洞库、地下工厂、地下站场院所等，表现为地下空间的开发利用。地下采矿工程包括为开采各种矿产而建设的地下工程，如地下煤矿、地下磷矿、地下铁矿以及其他地下有色金属矿和非金属矿，多表现为地下矿藏的开采隧（巷）道。几十年来，我国地下工程建设趋势是，各类隧道越打越长，城市地铁越建越多，矿产开采越采越深，民用地下空间利用更是数不胜数；地下工程投资日益攀升；安全要求备受重视，测量精度相应提高，安全监测日常化、制度化。

　　地下工程测量是在地下工程建设的规划、设计、施工、竣工和运营管理各阶段进行的测量工作。其中，施工、运营阶段所进行的测量工作，称为地下工程施工测量。

　　从工程建设的角度来讲，地下工程为了早日竣工投入使用，便会增加工作面以加快工程进度。一般隧道会从两端相向掘进。对于特长隧道，还会采取开挖竖井、平洞或斜井等形式增加掘进工作面，如图 16-1 所示。

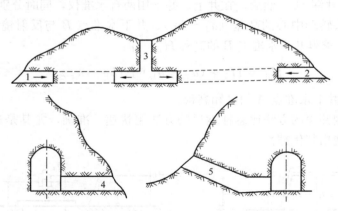

图 16-1　隧道的开挖

1，2—正洞；1，2，4—平洞；3—竖井；5—斜井

　　隧道自两端洞口（也称为正洞）相向掘进开挖，在隧道预定位置挖通，称为贯通。为保证多个工作面能按设计要求掘进贯通而做的测量工作，称为贯通测量。贯通测量是地下工程测量重要而关键的龙头性工作。

　　地下工程施工中，相向开挖的两个工作面，开挖到贯通面后施工中线难以准确地重合，会产生错位。其错位距离称为贯通误差，包含纵向贯通误差、横向贯通误差和高程贯通误差三个分量。如图 16-2 所示，贯通误差沿中线方向的分量 Δt，称为纵向贯通误差；水平面内垂直于中线方向的分量 Δu，称为横向贯通误差；在铅垂面内的分量 Δh，称为高

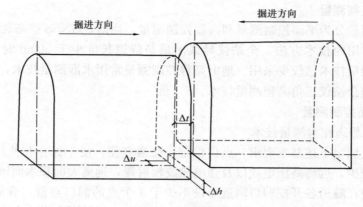

图 16-2　贯通误差

程贯通误差。纵向贯通误差 Δt 影响隧道长度，但只要不大于定测中线的误差即可，实际上比较好控制。影响最大的就是横向贯通误差 Δu 和高程贯通误差 Δh，在整个隧道贯通后要进行贯通误差的测量与评定。

　　与地面测量工作不同的是，地下工程施工的掘进方向在贯通之前无法与其他控制点通视，只能完全依据沿地下中线布设的支导线来指导施工。由于地下支导线无外部检核条件，同时地下光线暗淡，工作环境极差，所以在测量工作中可能产生疏忽或错误，导致开挖方向偏离设计方向，进而导致不能正确贯通。所以，进行地下工程施工测量时，要十分认真、细致，除按相关规范要求检验与校正仪器外，还应采取有效检核措施，以便及时发现错误、削弱误差，提高可靠性。

　　不同性质、不同行业对横向贯通误差和高程贯通误差的要求反映在不同规范中，不同行业不同的隧道长度对应着不同的贯通误差要求。

第一节　地上、地下控制测量

　　为了保证地下工程按设计要求顺利实施，需要进行地上控制测量，控制整个工程和洞口等关键部位，然后通过联系测量，将坐标基准和高程基准传递至地下，再在地下进行控制测量，指导地下施工。地上控制测量、联系测量和地下控制测量的精度（等级）由其对贯通误差的影响值决定。表 16-1 是《工程测量标准》GB 50026—2020 给出的控制测量和联系测量对贯通中误差影响值的限值，可供参考。

控制测量、联系测量对贯通中误差影响值的限值　　　　　　　　　表 16-1

隧道开挖长度（km）	横向贯通中误差（mm）				高程贯通中误差（mm）	
	地上平面控制	地下平面控制		联系测量	地上高程控制	地下高程控制
		无竖井	有竖井			
$L<4$	25	45	35	25	25	25
$4\leqslant L<8$	35	65	55	35	25	25
$8\leqslant L<10$	50	85	70	50	25	25

一、地上控制测量

地上控制测量分为平面控制测量和高程控制测量。当前，GNSS 静态相对测量是地上平面控制测量常用的技术方法。全站仪导线测量是隧道长度小于 500m 时常用的技术方法。三角形网测量技术已较少采用。地上高程控制测量常用水准测量技术，在困难地区可以采用同时对向全站仪三角高程测量技术。

1. 地上平面控制测量

（1）GNSS 静态相对测量技术

选点布网应满足下述基本要求：点位稳定，交通方便，便于保存和使用，高度角 15°以上顶空障碍较少，远离高压电线以及强电磁波辐射源，远离大面积水面以及平坦光滑地面等。此外，应在隧道各开挖洞口附近布设不少于 4 个点的洞口点群（含洞口投点）。对于直线隧道，应在进出口的定测中线上布设 2 个控制点，另外再布设 2 个定向点，要求洞口点与定向点通视；对于曲线隧道，应把曲线主要控制点（曲线起点、终点）和每条切线上布设的 2 个点包含在网中。洞口点应便于用地面测量方法检测、加密或恢复；洞口投点与定向点间应相互通视，距离不宜小于 300m，高差不宜过大。隧道 GNSS 平面控制网采用网联式布设，整个 GNSS 网由若干个独立异步环构成，每个点至少有 3 条独立基线通过，至少独立设站观测 2 个时段。具体观测应根据工程设计的等级，遵照相关技术规范执行。

GNSS 静态测量野外工作较为简便，效率高。数据处理与平差应使用可靠的计算软件，选择不同的处理参数，会对平差结果产生不同的影响。另外，起算点精度也会影响解算及平差结果的正确性，所以起算点一定要准确、可靠。联合连续运行参考站 GNSS CORS 和 IGS 数据参与平差计算，会提升可靠性。

（2）全站仪导线测量技术

在隧道长度小于 500m 时，可以采用全站仪导线测量技术进行地上平面控制测量。不宜布设成单一导线，而应布设成导线网，以闭合导线为主构成闭合环网，以提升可靠性。

如图 16-3 所示，布设导线网应满足以下基本要求：相邻导线点间高差不要太大，以免影响水平角的观测。为减小对横向贯通的影响，导线应尽可能沿隧道中线前进方向布设，导线点数不宜过多并将洞口控制点纳入导线网中。隧道洞口（平洞、斜井和竖井）至少布设 2 个导线点，以作为将来联系测量的起算点。对于曲线隧道，除了洞口外，还应在曲线的起点、终点和切线上布设导线点。为增加检核条件，提高导线测量可靠性和精度，一般每延伸两三条边就组成一个小的闭合环。

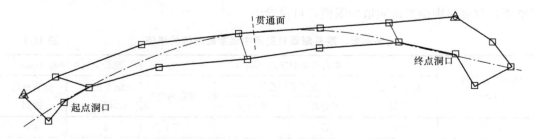

图 16-3 地上全站仪导线网

2. 地上高程控制测量

地上高程控制测量的任务是在洞口附近设立 2～3 个高程基准点，作为向洞内或井下传递高程的依据，以保证隧道竖向贯通（高程贯通）。洞口高程基准点的布设，应以安置一次水准仪即可联测为宜。一般在平坦地区用等级水准测量技术，在丘陵及山地地区可采用全站仪三角高程测量技术。对于矿山工程，高程基准点的精度应达到四等要求，对于大型隧道工程，水准测量等级应根据两洞口间水准线路长度确定。

以线路定测水准点作为起算点，构成闭合水准路线，或敷设两条相互独立的水准路线，以地形起伏较小和路径较短为原则。采用全站仪三角高程测量技术时，对向观测并加入球气差改正等参数。若有条件，可采用全站仪同时对向三角高程测量技术。

二、地下控制测量

在完成地上控制点的布设、观测和平差计算之后，将平面控制点和高程控制点（水准点）往洞内延伸，指引开挖方向、控制开挖底板高程。伴随着开挖进度，进行地下控制测量。地下控制测量有平面和高程之分。地下平面控制测量采用导线测量进行，地下高程控制测量采用水准测量进行。

1. 地下导线测量

地下工程的测量环境极差，空间狭窄、黑暗、潮湿，烟尘、水滴、人员和机械干扰大。施工采用独立掘进方式，逐渐延伸，只能前后通视。因此，地下平面控制测量只适合采用导线形式，根据地下导线点的坐标可以放样隧道［或隧（巷）道］中线及衬砌位置。地下导线的起始点通常位于平洞口、斜井口以及竖井的井底车场。这些点的坐标系由地上控制测量或联系测量得到。地下导线的等级取决于地下工程的用途、类型、范围大小及设计所需的精度等。

地下导线应以洞口控制点为起始点沿隧道中线或隧道两侧布设成直伸导线或多环导线。对于特长隧道，洞内导线可布设为由大地四边形构成的全导线网和由重叠四边形构成的交叉双导线网两种形式，如图 16-4 所示，大地四边形的两条短边可用钢尺量取，不需作方向观测。大地四边形全导线网的观测量较大，靠近洞壁的侧边易受旁折光影响，所以采用交叉双导线网效果更好。为增加检核，应每隔一条侧边闭合一次。

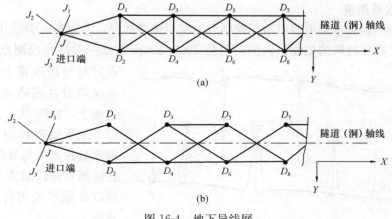

图 16-4　地下导线网
（a）全导线网；（b）交叉双导线网

与地上导线测量相比，地下导线测量的突出特点是：不能一次布设，而是随着隧道［或隧（巷）道］的开挖掘进而分级布设，并逐渐向前延伸。

地下导线可分为施工导线、基本导线和主要导线，如图 16-5 所示。施工导线边长为 25～50m，基本导线边长为 50～100m，主要导线边长为 150～300m。当隧道［或隧（巷）道］开始掘进时，首先布设施工导线，由此测设出坑道中线，指示掘进方向。当掘进到 100～300m 时，布设基本导线。当掘进到 800m 左右时，布设主要导线。其中，高等级导线的起点、部分中间点和终点应与低等级导线点重合。高等级导线是对低等级导线的检核，能提高精度和可靠性，保证隧道［或隧（巷）道］的正确贯通。隧道［或隧（巷）道］继续向前掘进时，应以高等级导线为准，向前布设低等级导线和测设中线。

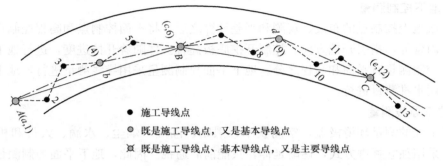

● 施工导线点

● 既是施工导线点，又是基本导线点

⊠ 既是施工导线点、基本导线点，又是主要导线点

图 16-5　地下导线的分级布设

地下导线布设时应注意以下事项：①导线点位于隧道顶板上时，需采用上对中方式。②有平行导坑时，平行导坑内的单导线应与正洞导线联测。③导线边长较短，为降低测角误差，要尽可能减小对中误差和目标照准误差。④为降低旁折光影响，视线应离开坑道壁 0.2m 以上。⑤主要导线边长在直线段处不宜小于 200m，在曲线段处不宜小于 70m。根据实际条件应布设尽可能长的导线边，以减少转角个数。⑥测距时，仪器镜头和棱镜不要有水雾。当水汽、风尘较大时，停止测距。⑦在有瓦斯地段作业时，应使用防爆全站仪并对观测人员采取有效防爆保护措施。⑧在隧道掘进过程中，施工爆破、岩层或土体应力变化等原因，可能会使控制点产生位移，所以要定期进行复测检核。

2. 地下水准测量

地下高程控制测量是由洞口高程控制点向洞内传递高程，作为洞内中线开挖的高程引导和洞内施工高程放样的依据。洞内应每隔 200～500m 设立一对高程控制点。高程控制

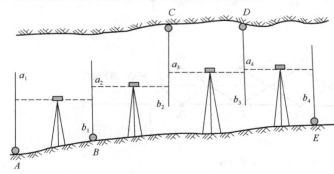

图 16-6　地下水准测量

点可与导线点重合，也可根据情况埋设在隧道顶板、底板或边墙上，如图 16-6 所示。

地下高程控制测量采用水准测量技术，与导线测量相同，在隧道贯通以前为支水准路线，所以必须形成闭合线路或往返观测。

水准测量遇到顶板水准点

时，水准尺需倒立，采用倒尺法传递高程。规定倒尺读数为负值，高差的计算公式与常规水准测量方法相同。图 16-6 中：$h_{BC}=a_2-b_2$，$h_{CD}=a_3-b_3$，$h_{DE}=a_4-b_4$，此时 b_2、a_3 是在顶板水准点 C 上倒立水准尺的读数，b_3、a_4 是在顶板水准点 D 上倒立水准尺的读数，记录时均需加"—"号。

第二节 联 系 测 量

地下工程为了加快施工进程，通常会考虑以开挖平洞、斜井或竖井的方式增加工作面。为了保证相向开挖的工作面最终正确贯通，需将地上平面坐标基准和高程基准通过洞、井传递到地下。通过洞、井传递平面坐标基准和高程基准的测量工作称为联系测量。

对于平洞和斜井，联系测量采用全站仪导线测量技术和水准测量技术将地上控制点延伸进洞入井。

对于竖井的联系测量称为竖井联系测量，常采用一井定向、二井定向或陀螺全站仪定向技术，将地上控制点坐标和方位角传递入井；采用悬吊钢尺（钢丝）法或全站仪天顶测距法将地上控制点高程传递入井。本节主要介绍竖井联系测量。

一、一井定向

如图 16-7 所示，一井定向是通过竖井自由悬挂两根钢丝投点。在地面上，根据地上控制点测定出两根钢丝的坐标及其方位角；在井下，将两根钢丝的坐标及其方位角，通过测量传递给地下导线，作为地下导线的起算数据。

一井定向的工作步骤：投点、连接测量、联系三角形解算。

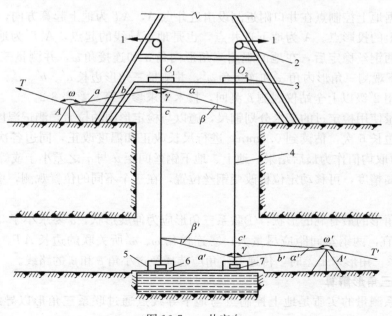

图 16-7 一井定向

1—绞车；2—滑轮；3—定位板；4—钢丝；5—桶；6—稳定液；7—吊坠

1. 投点

投点是通过竖井自由悬挂两根钢丝，将地面点的相关参数投递到地下。投点时为了调整和固定钢丝位置，在井架上设有定位板，通过移动定位板可以移动钢丝至合适的位置。

将钢丝挂以较轻的荷重，通过滑轮送至井下，然后换上作业重锤。钢丝直径以小于1mm为宜，以免影响观测时的照准精度。作业重锤放入机油桶内，不能与桶壁桶底接触；为防止受滴水等影响，油桶须加盖。

由于竖井气流、水滴等影响，自由悬挂钢丝井下点与其井上点的铅垂线难以严格重合，因此而产生微小间距就是投点误差。投点误差对定向精度的影响非常大。因此，投点时必须采取有效措施减小投点误差。采用激光垂准仪替代钢丝投点，是当前用来减小投点误差的有效方法。

2. 连接测量

连接测量是联测两根钢丝与地上控制点、地下导线点的工作。连接测量中构成的上、下两个三角形合称联系三角形，如图 16-8 所示。

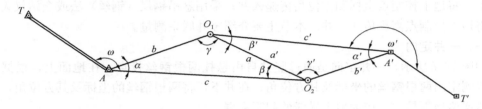

图 16-8　联系三角形

首先根据地上控制点在井口附近测设出近井点 A，AT 为地上起算方向，O_1、O_2 为两钢丝在地面上的投影点。A' 为地下近井点，也是地下导线的起点，$A'T'$ 为地下导线的起算方向。当两钢丝稳定后，在地面观测三角形内角 α 和连接角 ω，并测量三角形边长 a、b、c；在井下观测三角形内角 α' 和连接角 ω'，并测量三角形边长 a'、b'、c'。

角度可用 $2''$ 级以上全站仪观测 6 测回，技术要求参见第 8 章表 8-2。

边长测量使用检定过的毫米分划钢尺，施以与检定形同的拉力，测记温度，以不同钢尺位置测量边长 6 次，估读到 0.1mm。进行尺长改正和温度改正，同边各次互差小于或等于 2mm 时取均值作为最后结果。地上、地下钢丝间距 a 与 a' 之差小于或等于 2mm。

为了提高精度，可移动定位板改变钢丝位置，在三个不同的位置观测，取三组数据的平均值。

联系三角形的最有利的形状：①联系三角形应为伸展形状，α 要求小于 $3°$；②边长比 $b/a \approx 1.5$ 为宜，两钢丝间距应尽量大；③连接角 ω、ω' 所关联的边长 AT、$A'T'$ 应大于 20m；④联系三角形未平差时，传递方位角应选择经过小角 β 和 β' 的路线。

3. 联系三角形解算

竖井联系测量的实质是地上控制点与地下导线点通过联系三角形以导线形式连接：$T \rightarrow A \rightarrow O_2 \rightarrow O_1 \rightarrow A' \rightarrow T$。

联系三角形解算，是为了检核联系三角形的角、边观测值的关系，以确保数据可靠；解算联系三角形中导线转折角 $\beta_{改}$、$\beta'_{改}$，以及导线边长 $c_{改}$、$a_{改}$ 和 $c'_{改}$。

在联系三角形中，正弦定理可以反映内角 α（α'）观测值和三边 a、b、c（a'、b'、

c'）观测值的理论关系。连接测量成果合格之后，联系三角形的未知内角利用正弦定理解算：

$$\beta = \arcsin(b \cdot \sin\alpha/a), \gamma = \arcsin(c \cdot \sin\alpha/a) \tag{16-1}$$

$$\beta' = \arcsin(b' \cdot \sin\alpha'/a'), \gamma' = \arcsin(c' \cdot \sin\alpha'/a') \tag{16-2}$$

地上三角形内角和应满足 $\alpha + \beta + \gamma = 180°$，地下三角形内角和应满足 $\alpha' + \beta' + \gamma' = 180°$。若有微小的计算残差，则有：

$$f = \alpha + \beta + \gamma = 180°, f' = \alpha' + \beta' + \gamma' = 180° \tag{16-3}$$

可以将 f 和 f' 反号平均分配给 β、γ 和 β'、γ'：γ

$$\beta_改 = \beta - f/2, \gamma_改 = \gamma - f/2 \tag{16-4}$$

$$\beta_改' = \beta' - f'/2, \gamma_改' = \gamma' - f'/2 \tag{16-5}$$

以上解算，验证了连接测量 8 个观测值的正确性，同时解算出了传递方位角所需的水平角 $\beta_改$ 和 $\beta_改'$。$A'T'$ 的坐标方位角 $\alpha_{A'T'}$ 由下式计算：

$$\alpha_{A'T'} = \alpha_{AT} + \omega + \beta - \beta' + \omega' \pm i \cdot 180° \tag{16-6}$$

式中，$i = 4$。

在联系三角形中，地上、地下钢丝间距 a、a' 与其他测量值之间的关系，可用余弦定理检核：

$$a_计 = \sqrt{b^2 + c^2 - 2bc\cos\alpha}, a_计' = \sqrt{(b')^2 + (c')^2 - 2b'c'\cos\alpha'} \tag{16-7}$$

$$\Delta a = a - a_计, \Delta a' = a' - a_计' \tag{16-8}$$

当 $\Delta a \leqslant 2mm$ 时，可在地上三角形边长中加入相同的改正数 $-\Delta a/3$；当 $\Delta a' \leqslant 4mm$ 时，可在地下三角形边长中加入相同的改正数 $-\Delta a'/3$，以消除其差值影响。加入改正数后的各边长为：

$$a_改 = a - \frac{\Delta a}{3}, b_改 = b - \frac{\Delta b}{3}, c_改 = c - \frac{\Delta c}{3} \tag{16-9}$$

$$a_改' = a' - \frac{\Delta a'}{3}, b_改' = b' - \frac{\Delta b'}{3}, c_改' = c' - \frac{\Delta c'}{3} \tag{16-10}$$

将 $a_改$ 和 $a_改'$ 取均值：

$$a_均 = \frac{a_改 + a_改'}{2} \tag{16-11}$$

至此，进一步验证了连接测量 8 个观测值的正确性，同时解算出了传递坐标所需的水平距离 $c_改$、$a_均$ 和 $c_改'$。

近井点 A' 的坐标可按 $T \rightarrow A \rightarrow O_2 \rightarrow O_1 \rightarrow A' \rightarrow T'$ 构成的附合导线计算，可参照第 8 章第 3 节。

以上介绍的是联系三角形近似解算过程。在当前技术条件下，完全可以利用计算机平差软件对连接测量构成的边角网进行严密平差，消除边、角观测值之间的矛盾，得到其最或是值、地下近井点坐标和延伸方向的坐标方位角。

二、二井定向

地下工程的相邻竖井之间有施工隧（巷）道相通并可以展开测量工作时，应采用二井定向技术方法。如图 16-9 所示，二井定向是通过相邻两竖井分别自由悬挂一根钢丝投点至地下。在地面上，分别根据地上控制点测定出钢丝的坐标；在井下，两根钢丝之间布设

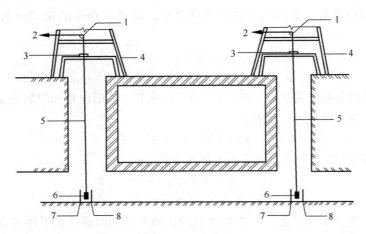

图 16-9　二井定向

1—滑轮；2—绞车；3—定位板；4—支架；5—钢丝；6—重锤；7—稳定液；8—桶

联系导线以实现坐标系统传递。

二井定向的工作步骤：投点、连接测量、联系导线计算。

1. 投点

二井定向的投点方法与一井定向相同。不同之处是两竖井分别悬挂一根钢丝进行投点。相对于一井定向，优点在于两悬吊钢丝间的距离大大增加了，因而减小了投点误差引起的方向误差，有利于提高地下导线的精度。另外，连接测量简单，占用竖井时间较短。优先采用激光垂准仪替代钢丝投点，可以减小投点误差。

2. 连接测量

地上，根据控制点采用前方交会法、极坐标法等方法确定两钢丝坐标；地下，测量两竖井钢丝投点之间联系导线的转折角和边长，无连接角。如图 16-10 所示。

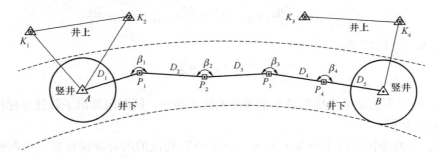

图 16-10　二井定向的无定向导线

3. 联系导线计算

图 16-10 中，联系导线是地下两竖井钢丝投点之间布设的无定向导线。无定向导线两端只有起算点坐标，无起算方位角。计算过程参见第 8 章第 3 节。

三、陀螺全站仪定向

陀螺全站仪（经纬仪）是一种将陀螺仪和全站仪（经纬仪）集成于一体，通过灵敏感受地球自转角动量独立测定任意方向真北方位角的定向仪器。

利用陀螺全站仪（经纬仪），在一井定向的井下支导线中，加测某条边的坐标方位角，可以提高支导线定位（定向）的可靠性和精度；在二井定向的井下无定向导线中，加测井下边的坐标方位角，可以将其变为附合导线，同样可以提高可靠性和精度。如图 16-11 所示，在井下导线中加测 D_1 边的坐标方位角 α_1 和 D_5 边的坐标方位角 α_5。

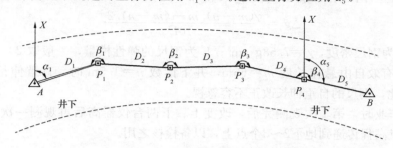

图 16-11　井下导线加测坐标方位角

利用激光垂准仪投点，陀螺全站仪（经纬仪）加测坐标方位角，两相联合可以获得良好的定向效果。关于加测坐标方位角的陀螺全站仪定向测量技术，将在下节详细阐述。

四、高程联系测量

竖井高程联系测量是将地面高程传递至井下，一般采用悬吊钢尺（钢丝）法或全站仪天顶测距法。

1. 悬吊钢尺（钢丝）法

悬吊钢尺（钢丝）法是用钢尺（钢丝）替代水准尺，利用水准测量原理进行高程传递的技术方法。

在高程传递前，必须对地面上的起始水准点进行检核。两台水准仪、两根水准尺和一把钢尺，需经过检验、检定。钢尺有 30m、50m、100m 之分，检定拉力可根据需要设为 49N、98N、147N。

如图 16-12 所示，将钢尺通过支架悬挂至井下，重锤拉力与检定拉力一致；分别在井上、井下适当位置安置水准仪，在 A、B 竖立的水准尺上读数 a 和 b；两台水准仪同时在钢尺上读数 m 和 n，测定井上气温 $t_上$、井下气温 $t_下$。由下式计算 B 点高程 H_B：

$$H_B = H_A + a - (m-n) - b + \Delta l + \Delta t + \Delta g \tag{16-12}$$

式中，H_A、H_B 为井上起算点 A 之高程、井下待定点 B 之高程；a、b 为 A、B 水准尺上的读数；m、n 为钢尺上的读数；Δl 为钢尺的尺长改正；Δt 为钢尺的温度改正；Δg 为

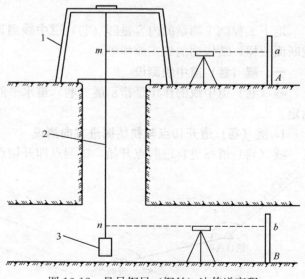

图 16-12　悬吊钢尺（钢丝）法传递高程
1—支架；2—钢尺；3—重锤

钢尺的自重伸长改正。

钢尺的尺长改正 Δl 和温度改正 Δt 参照第四章式（4-3）和式（4-4）计算。计算时，钢尺温度取井上温度 $t_上$ 和井下温度 $t_下$ 之平均值。

钢尺的自重伸长改正 Δg 由下式计算：

$$\Delta g = \frac{\gamma(m-n)\left[m-(m-n)/2\right]}{10E} \tag{16-13}$$

式中，γ 为钢尺密度，$\gamma = 7.58 \text{g/cm}^3$；$E$ 为钢尺的弹性模量，一般取 $2 \times 10^5 \text{N/mm}^2$。100m 钢尺，有效自由悬挂长度 $m = 65\text{m}$，井下读数 $n = 1.5\text{m}$ 时，自重伸长改正 $\Delta g = 8.0\text{mm}$。因此，钢尺的自重伸长改正不容忽视。

在实际作业时，第 1 次观测完后，改变上、下两台仪器高后再观测一次；将地面上 2~3 个水准点高程传递到地下 2~3 个点上，以备检核之用。

2. 全站仪天顶测距法

全站仪天顶测距法是利用全站仪测量竖直距离，结合水准测量原理进行高程传递的技术方法。

井上，采用水准测量技术测得起始点 A 至井口支架平面的高差 h_{AO}；在井口支架投点中心 O 安置反射棱镜（棱镜面朝向井下），在井底投点 O' 上安置全站仪，量取仪器高 $i_{O'}$，将望远镜指向天顶，测得垂直距离 D，同时测得井上、井下气温 $t_上$、$t_下$ 和气压 $P_上$、$P_下$。井下，采用水准测量技术测得 O 至待定点 B 的高差 $h_{O'B}$。由下式计算 B 点高程 H_B：

$$HB = HA + h_{AO} - (D + iO') + h_{O'B} + \Delta D_c + \Delta D_R + \Delta D_n \tag{16-14}$$

式中，ΔD_c 为 D 的加常数改正；ΔD_R 为乘常数改正；ΔD_n 为大气改正。此三项改正可参考第四章第 1 节。所用温度取井上温度 $t_上$ 和井下温度 $t_下$ 之平均值，气压取井上气压 $P_上$ 和井下气压 $P_下$ 之平均值。

第三节　地下工程施工测量

地下工程施工测量的内容是隧（巷）道中线测设、开挖方向指示（激光指示法）、开挖断面放样、结构物的施工放样等。

一、隧（巷）道中线测设

隧（巷）道中线的作用是指示隧（巷）道水平前进方向，中线方位角由隧（巷）设计给定。

1. 隧（巷）道开切点与初始掘进方向测设

隧（巷）道掘进自进洞点开始，进洞点即开切点，进洞点及隧（巷）道的初始掘进方向测设须在洞口控制点基础上进行。通常采用全站仪坐标放样法或极坐标放样法测设，如图 16-13 所示。测设应独立进行两次，两次测设结果应相符。进洞点测设完成后，应在洞口点上测量转角 β 和水平距离 S，将实测结果与设计资料

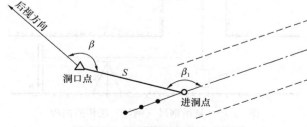

图 16-13　进洞点及初掘方向测设

进行比对检核，确保测设准确性。进洞点设定后，用进洞点至洞口点连线的方位与进洞点处隧（巷）道中线的设计方位角计算进洞点处的标定指向角 β_1，在进洞点安置全站仪，后视洞口点，测设 β_1 给出进洞点处隧（巷）道的初始掘进方向，此时因隧道尚未掘进，故将全站仪望远镜倒转给出进洞点处隧（巷）道设计中线的反向延伸线，在反向延伸线上设置 3 个木桩，在木桩上打钉标出掘进方向，并做检核测量。

2. 隧（巷）道直线段的中线测设

隧（巷）道中线的测设是保障隧（巷）道按水平设计方向掘进的必要技术措施。隧（巷）道的断面规格以及施工方法对中线测设方法的选择有很大影响，在隧（巷）道每个掘进段，初掘时因掘进现场状况变化频繁，测设的点位常常因受施工影响而发生变动或被破坏。因此，在中线测设时，一般是先测设临时中线指示隧（巷）道掘进，当隧（巷）道掘进 20m 左右时，对临时中线进行重新标定检核，符合要求后再测设永久中线。隧（巷）道掘进一段距离后，应及时延伸导线，以对中线进行控制和检核。

临时中线与永久中线的作用、测设用仪器和精度要求相同，均可用于指导隧（巷）道水平掘进方向和传递里程，同时也是隧（巷）道断面施工中各施工要素水平位置的测设依据。临时中线点在隧（巷）道直线段每隔 30m 左右测设一组点，曲线段每隔 10~20m 测设一组点；永久中线点是在临时中线指导下已掘好的隧（巷）道中测设的，同时作为下一段临时中线测设的基础，永久中线点在直线段一般 90~150m 设置一组，曲线段每隔 60~100m 设置一组，每组中线点应不少于 3 个，点间距应大于 2m，如图 16-14 中的 *B*、1、2、*C*、1、2 等，永久中线点桩可利用已埋设临时中线桩，隧（巷）道中线点桩一般设置于隧（巷）道顶板。导线延伸测量时，导线点应与合适位置的一组永久中线点中的一个点重合，如 *C*、1、2 中的 *C* 点。

直线形隧（巷）道中线测量主要使用测角仪器正倒镜分中法和激光指向仪导向法。

测角仪器正倒镜分中法测设的顺序如图 16-14 所示，在开切点 *A* 处，用与测设进洞点处初始中线相同的方法测设初始中线指示隧（巷）道掘进；掘进 30m 左右，测设一组中线点 *B*、1、2；再掘进 30m 左右，测设下一组中线点 *C*、1、2。依次类推，每组中线点中最前面的一个点至掘进工作面的距离不应超过 40~50m，以防止隧（巷）道掘偏。

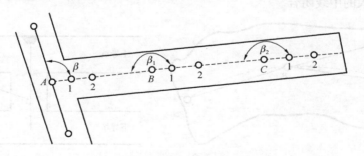

图 16-14　地下直线段中线测设

在 *B* 点处延设一组新的中线点 *C*、1、2 前，应在 *B* 点处检查旧的一组中线点是否发生过移动，检查证实没有移动，则在 *B* 点安置仪器，后视 *A* 点，直线隧道中指向角 β_1 通常为 180°，采用正倒镜分中法测设新的一组中线点 *C*、1、2。然后，在检查 *C* 处的一组中线点基础上延伸测设下一组中线点。

如果用激光导向仪，将其挂在中线洞顶指示开挖方向，可以定出 100m 以外的中线点，此方法用于直线隧道和全断面开挖的定向既快捷又准确。

3. 隧（巷）道曲线段的中线测设

在曲线导坑中，常用弦线偏距法和切线支距法。弦线偏距法最方便，如图 16-15 所示，A、B 为曲线上已定出的两个临时中线点，如要向前定出新的中线点 C，要求 $BC=AB=s$，则从 B 沿 BD 方向量出长度 s，同时从 A 量出偏距 d，将两尺拉直使两长度相交，即可定出 D 点；然后在 D、B 方向上挂 3 根垂球线，用串线法指导 B、C 间的掘进，掘进长度超过临时中线点间距时，由 B 沿 DB 延伸方向量出距离 s，即可测设出新的临时中线点 C。

圆曲线部分的偏距 d 可按以下近似公式计算：

$$d = \frac{s^2}{R} \tag{16-15}$$

式中，s 为临时中线点间距；R 为圆曲线半径。

缓和曲线部分的偏距 d 可按以下近似公式计算：

$$d = \frac{s^2 l_B}{R l_0} \tag{16-16}$$

式中，l_0 为缓和曲线全长；l_B 为 B 点到 ZH（或 HZ）的水平距离。

4. 中线侧移

测设双轨隧（巷）道中部导坑中线、侧壁导坑中线、平行导坑中线和线路中线上遇到溶洞、流沙等不良地质条件时，都需要进行中线平行侧移，以保证隧（巷）道的正常施工。中线平行侧移后，中线的功能应保持不变。

5. 上下导坑的联测

当采用上、下导坑方式开挖时，每前进一段距离后，上部的临时中线点和下部的临时中线点应通过漏斗联测一次，以改正上部的中线点或向上部导坑引点。联测时，一般用长线垂球、激光垂准仪等，将下导坑的中线点引到上导坑的顶板上，如图 16-16 所示。引设 3 个点之后，应复核其准确性；测量一段距离之后及筑拱前，应再引至下导坑检核，并尽早与洞口外引入的中线闭合。

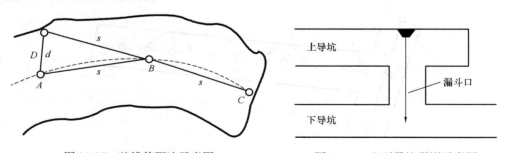

图 16-15　弦线偏距法示意图　　　　图 16-16　上下导坑联测示意图

二、开挖方向指示（激光指向法）

随着隧（巷）道施工大量采用机械化作业，掘进速度大大加快，传统的腰线测设方法已不能适应快速掘进的要求，当前我国的隧（巷）道施工已普遍采用激光指向仪导向法导向，极大地提高了工作效率。在我国大部分矿山与隧道施工中使用的主要是半导体激光指向仪，这种激光指向仪具有体积小、质量轻、寿命长、便于安装使用等优点。

如图 16-17 所示，激光指向仪既可以安置在隧道顶部，使激光光束和隧道中线重合，也可以安置在隧道边墙上，使激光光束和隧道中线平行。

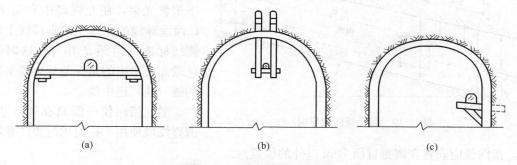

图 16-17　激光指向仪的安装
（a），（b）指向激光与中线重合；（c）指向激光在侧边与中线平行

激光指向仪的安装应注意以下几点：①直线隧道中，激光光束和隧道中线平行并且和隧道坡度一致。②曲线隧道中，无法满足激光光束和隧道中线平行的条件，只需将激光光束的坡度调整到和隧道坡度一致即可。③安置点距工作面要不小于 70m，以防止因工作面开挖引起仪器振动而偏离原来的位置，每掘进 100m，要进行一次检查测量。

激光指向光束和隧道中线重合时，所指示方向即为中线方向。若激光指向仪安装在边墙上，则任一激光点和隧道中线的距离 e、激光点和隧道起拱线间的高差 h 均为定值。根据测定的激光点的坐标、高程和线路设计参数，可以确定 e、h 的值。

如图 16-18 所示，由激光点量取水平距离 e 得到隧道中线点；在竖直面内由激光沿铅垂线方向量取 h，得到起拱线高程，从而可以对隧道的开挖断面进行控制。

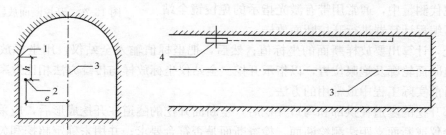

图 16-18　边墙上的激光指向仪指示开挖方向
1—起拱线；2—激光点；3—隧道中线；4—激光指向仪

已安置好的激光指向仪如图 16-19 所示。激光指向仪的安置与光束调节步骤如下：

先用经纬仪在隧（巷）道中测设两组中线点，图中 A、B 是后一组中线点中的两个，C 是向前延伸的另一组中线点中的一个，B、C 间距为 30～50m。测设中线点同时在中线点的垂球线上标出腰线位置。

选择中线点 A、B 间的适当位置安置指向仪，在安置位置的顶板以中线为对称线，安置与指向仪悬挂装置尺寸相配的 4 根螺杆，再将带有长孔的 2 根角钢安在螺杆上。

将仪器的悬挂装置与螺杆连接，根据 A、B 示出的中线移动仪器，使之处于中线方向上，然后用螺栓紧固。

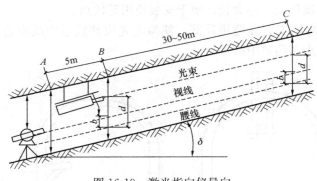

图 16-19　激光指向仪导向

接通电源，激光束射出，利用水平调节钮使光斑中心对准前方的 B、C 两个中线点上的垂球线再上下调整光束，使光线斑中心与 B、C 两垂球线的交点至两垂球线上的腰线标志的垂距 d 相等，这时红色激光束给出的是一条与腰线平行的隧（巷）道中线。

激光指向仪一般只在隧（巷）道直线段使用，在使用时要注意防爆，指向仪应安置在离掘进面 70m 以外的位置。

三、开挖断面放样

在隧道施工中，为使开挖断面能较好地附合设计断面，在每次掘进前，在开挖断面上根据中线和轨顶高程标出设计断面尺寸线（形状），如图 16-20 所示。在开挖里程断面内，将仪器安置在中线上，放样出中垂线 AB，A 为拱顶，B 为底板。然后沿 AB 方向从 A 开始往下在拱部每隔 0.5m、直墙部分每隔 1m 量取一点，再按断面设计数据在每点左右各量取相应的距离 l_1、l_2、l_3……，并在轮廓线上标出 1、2、3……及 1′、2′、3′……，如此便得到开挖面轮廓线，然后根据具体情况（如地质条件、装药量等）来布设炮眼位置。

在现代测量中，通常用带有激光指示的免棱镜全站仪联合可编程计算器进行开挖断面放样。

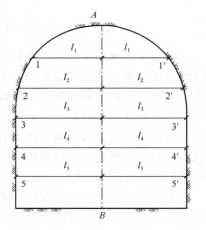

图 16-20　开挖断面放样

首先，计算出要放样断面的坐标值；然后，把坐标值输入全站仪，用坐标放样的方式，标出断面轮廓及炮眼位置，以指示开挖。全站仪坐标放样与传统方法相比效率大为提高，是目前实际工程中最常用的方法。

分部开挖的隧道在拱部和马口开挖后，全断面开挖的隧道在开挖成形后，应采用断面自动测绘仪或断面支距法测绘断面，检查断面是否符合要求；并用来确定超挖和欠挖工程数量。测量时按中线和外拱顶高程，从上至下每隔 0.5m（拱部和曲墙）和 1.0m（直墙）向左右量测支距。量支距时，应考虑曲线隧道中心与线路中心的偏移值和施工预留宽度。

仰拱断面测量，应由设计轨顶高程线每隔 0.5m（自中线向左右）向下量出开挖深度。

四、结构物的施工放样

在施工放样之前，应对洞内的中线点和高程点加密。中线点加密的间隔视施工需要而定，一般为每隔 5～10m 设置一点，加密中线点可以铁路定测的精度测定。加密中线点的高程，均以五等水准精度测定。

在衬砌之前，还应进行衬砌放样（包括立拱架测量、边墙及避车洞和仰拱的衬砌放样）、洞门砌筑施工放样等一系列的测量工作。

第四节　贯通误差测定与地下工程竣工测量

一、贯通误差的测定

贯通误差的测定就是测量贯通面上三个分量的实际偏差，这是一项重要的工作。贯通实际偏差测定的意义：①对隧（巷）道贯通的结果作出最后的评定；②用实际数据检查测量工作的成果，从而验证贯通测量误差预计的正确程度，以丰富贯通测量的理论和经验；③通过贯通后的联系测量，可使两端原来没有形成闭合或附合条件的井下测量控制网有可靠的检核，并可以进行平差和精度评定，以确定实测的精度；④作为隧（巷）道中腰线最后调整的依据。

隧（巷）道贯通后，应在贯通点处测量贯通实际偏差值，并将两端导线连接起来，计算各项闭合差。重要贯通的测量工作完成后，还应进行精度分析，并做出总结。总结要连同"技术设计书"和全部内、外业资料一起保存。

二、地下工程竣工测量

地下工程竣工后，为检查主要结构及线路位置是否符合设计要求，应进行竣工测量。其主要包括三个方面的测量工作：永久中线点测量、永久水准点测量和净空断面测量。

隧（巷）道贯通后，对原有中线点进行复测。对复测合格的中线点，在直线段每200~500m埋设一个永久点，在曲线段的主点均应埋设永久点。洞内水准点每1km埋设一个，不足1km的应至少埋设一个，洞口两端各埋设一个水准点。永久中线点和水准点，均应在墙上画出指示标志，以便运营、维护时使用。

净空断面测量，应在直线段每50m、曲线段每20m或根据工程实际要求在需加测断面处，测绘实际净空。测绘内容根据隧（巷）道功能不同，一般包括拱顶高程、起拱线宽度、轨顶水平宽度、铺底或仰拱高程等。目前有专用的断面仪可自动对断面进行扫描测量，并显示出断面实际形状，也可用全站仪配合断面处理软件来进行测量。断面仪由于专用性较强，所以一些施工企业并未配备。用得最多的是利用免棱镜全站仪配合软件进行净空断面测量。

外业采集完后，可将数据导入断面分析软件，绘制净空断面图，以图形和列表的方式显示实测净空断面和设计断面之间的差异。

竣工测量结束后，根据测量成果编绘相关的图表作为竣工资料。竣工图表主要包括：永久中线点、永久水准点的成果表和示意图，净空断面测量资料和断面图。

第十七章 变 形 监 测

第一节 概 述

一、变形监测相关概念及其特点

变形是变形体在各种荷载作用下，其形状、大小及位置在时间域和空间域中的变化。变形是自然界的普遍现象，主要包括沉降、位移、倾斜、挠度（扭曲）、裂缝等。变形量在一定范围内是允许的，如果超出允许范围，则可能引发灾害。自然界变形灾害是经常发生的，如地震、滑坡、岩崩、地表沉陷、溃坝、桥梁与建（构）筑物的倾覆和坍塌等。

变形体的范畴大可到整个地球，小可到一个工程建（构）筑物的块体。在当代工程测量实践中，代表性的变形体有高层或高耸建（构）筑物、桥梁、隧道、轨道交通及其基础设施、大坝、防护堤、边坡、矿区、地表沉降等。

变形监测是对变形体的变形现象进行监视观测的工作。变形监测具有实用和科学两方面意义。实用意义在于掌握各种建（构）筑物和地质构造的稳定性，为安全诊断提供必要信息，及时发现安全隐患，及时采取应对措施。科学意义包括更好地理解变形机理，检验工程设计理论及地壳形成和运动假说，进而设计并建立有效的变形预报模型。

变形监测特点：①变形监测贯穿于施工和运营阶段，须长期重复性工作。②变形监测控制网和变形监测网均要进行周期性观测，各周期采用相同的观测方案，包括相同的网形、仪器，相同的数据处理软件和处理方法，甚至相同的作业人员。③级别间精度要求差异很大。通常按照变形监测分级对应的精度要求进行即可。对于特种精密工程，须以"当前所能达到的最高精度为标准"进行。④坐标系可能采用基于变形体的坐标系，通过坐标值变化反映变形量变化。⑤对遥控、遥测和自动化的要求高。现代工程建（构）筑物规模大、造型丰富、结构复杂、建造快，变形信息的空间分辨率和时间分辨率要求提高，变形监测仪器的自动化程度在提高，各类传感器被普遍使用。因此，遥控、遥测和自动化是变形监测追求的目标。

二、变形监测范围和监测内容

变形监测范围，是对不同类别、不同条件下的监测对象的概括。监测项目是在施工的不同阶段对监测范围的细化。监测内容是外部变形、内部变形和其他与变形相关的因素监测的具体工作。外部变形监测是对变形体外部变形进行监测。内部变形监测是对变形体内部（坝体、边坡、地下洞室、岩体内部等）变形进行监测，还包括结构内部与变形相关的参数（包括水位、温度、应力、应变等）的监测。变形监测范围和内容，应根据变形体的性质与地基情况结合施工、运营条件来确定；要有明确的针对性，既要有重点，又要反映全局，能正确反映变形体的整体变化，从而达到监视安全、了解变形规律的目的。

1. 工业与民用建筑

工业与民用建筑变形监测，主要包括基坑支护边坡、基础、建（构）筑物主体沉降和水平位移。施工不同阶段的监测项目及其对应的主要监测内容，参见表17-1。

工业与民用建筑变形监测项目及内容 表 17-1

阶段	监测项目	主要监测内容
施工前期	场地沉降监测	沉降
基坑开挖期	基坑支护边坡监测	沉降、水平位移
	基坑地基回弹监测	基坑回弹
基坑开挖期的降水期	基坑地下水位监测	地下水位
主体施工期至竣工初期	基坑分层地基土沉降监测	分层地基土沉降
	建（构）筑物基础变形监测	基础沉降、基础倾斜
竣工初期	建（构）筑物主体变形监测	水平位移、主体倾斜、日照变形
发现裂缝初期	建（构）筑物主体变形监测	建筑裂缝

2. 水工建（构）筑物

水工建（构）筑物变形监测，主要包括外部变形的沉降、水平位移和裂缝监测。此外，还应进行内部监测，如深层位移、水位、温度、应力监测。施工和运营阶段的监测项目及其对应的监测内容，见表17-2。

水工建（构）筑物变形监测项目内容 表 17-2

阶段	施工期检测项目	主要监测内容
施工阶段	高边坡开挖稳定性监测	水平、位移沉降、挠度、倾斜、裂缝
	堆石体监测	水平位移、沉降
	结构物监测	水平位移、沉降、挠度、倾斜、接缝、裂缝
	临时围堰监测	水平位移、沉降、挠度
	建筑物基础沉降监测	沉降
	近坝区滑坡监测	水平位移、沉降、深层位移
	混凝土坝监测	水平位移、沉降、挠度、倾斜、接缝、裂缝、应力、应变等
	土石坝监测	水平位移、沉降、挠度、倾斜、接缝、裂缝、应力、应变等
运营阶段	灰坝、尾矿坝、堤坝监测	水平位移、沉降
	涵闸、船闸监测	水平位移、沉降、挠度、裂缝、张合变形等
	库区高边坡（滑坡体）监测	水平位移、沉降、深层位移、裂缝等
	库区高地质软弱层监测	水平位移、沉降、深层位移、裂缝等

3. 桥梁

桥梁变形监测，主要包括桥梁主体结构关键部位的沉降、位移、倾斜监测。不同类型的桥梁在施工和运营阶段的监测内容，见表17-3。

桥梁变形监测项目内容 表 17-3

类型	施工期主要监测内容	运营期主要监测内容
梁式桥	桥墩沉降、梁体水平位移、梁体沉降	桥墩沉降、桥面水平位移、桥面沉降

续表

类型	施工期主要监测内容	运营期主要监测内容
拱桥	桥墩沉降、拱圈水平位移、拱圈沉降	桥墩沉降、桥面水平位移、桥面沉降
悬索斜拉桥	索塔倾斜、塔顶水平位移、塔基沉降，主缆线性变形（拉伸变形），索夹滑动位移、梁体水平位移、梁体沉降，散索鞍相对转动，锚碇水平位移、锚碇沉降	索塔倾斜、索塔沉降，桥面水平位移、桥面沉降
两岸边坡	边坡水平位移、边坡沉降	边坡水平位移、边坡沉降

4. 地下工程

隧道变形监测，主要包括沉降、接缝位移、路面倾斜监测等；轨道交通变形监测，主要包括车站和构筑物基坑开挖引起的边墙、周围地基、建（构）筑物的变形，隧道内部拱顶、底部的沉降监测；盾构机掘进或矿山法开挖引起的地表道路、两侧既有建（构）筑物的沉降、倾斜、裂缝监测；对地下隧道结构和车站的长期位移和沉降监测。不同类型的地下工程项目在施工和运营阶段的监测内容，参照相关技术规范。

三、变形监测分级与基准点、工作基点和监测点设置

1. 变形监测分级

变形监测依据变形体性质及其变形敏感程度划分等级。《工程测量标准》GB 50026—2020 规定的等级划分及其精度要求见表 17-4。不同行业规范的分级有所差异。在进行实际项目的技术设计时，要根据具体工程要求，遵循主行业规范，参考其他相关规范。变形监测控制测量精度级别应不低于沉降或位移监测的精度级别。

变形监测的等级划分及其精度要求　　　　　　　　　　　　　　表 17-4

等级	沉降监测点高程中误差（mm）	位移监测点点位中误差（mm）	主要适用范围
一等	0.3	1.5	变形特别敏感的高层建筑、高耸构筑物、工业建筑、重要古建筑、大型坝体、精密工程设施、特大型桥梁、大型直立岩体、大型坝区地壳变形等
二等	0.5	3.0	变形比较敏感的高层建筑、高耸构筑物、工业建筑、古建筑、特大型和大型桥梁、大中型坝体、直立岩体、高边坡、重要工程设施、重大地下工程、危害性较大的滑坡等
三等	1.0	6.0	一般性的高层建筑、多层建筑、工业建筑、高耸构筑物、直立岩体、高边坡、深基坑，一般地下工程、大型桥梁，危害性一般的滑坡等
四等	2.0	12.0	观测精度要求较低的建（构）筑物、中小型桥梁、普通滑坡等

注：1. 监测点的高程中误差和点位中误差，是指相对于邻近基准点的中误差；2. 特定方向的位移中误差，可取表中相应等级点位中误差的 $1/\sqrt{2}$ 作为限值；3. 沉降监测，根据需要可用相邻监测点的高差中误差确定监测精度等级。高差中误差按高程中误差的 $1/2$ 计算。

2. 基准点、工作基点和监测点设置

变形监测也需遵循"从整体到局部，先控制后碎（细）部"的原则。变监测控制测量是在施工和运营阶段以变形监测为目的而建立控制网的工作。变形监测控制网需要布设基准点和工作基点。特别的是，监测点也需要事先设置。

（1）基准点是稳定可靠的控制点，是变形监测的基准参考点，是起算依据。基准点应设置在变形区域以外、稳定且易于长期保存的位置。每个工程至少应有 3 个基准点，但特级沉降监测的高程基准点应不少于 4 个。大型的工程项目，其水平位移基准点应采用带有强制归心装置的观测墩，垂直位移基准点宜采用双金属标或钢管标，在基岩壁或稳固的建（构）筑物上可埋设墙上水准标志。基准点的标志埋设后，达到稳定期方可开始监测。

（2）工作基点是直接测定监测点的控制点。工作基点应设置在稳定且方便使用的位置。大型工程施工区域的水平位移监测工作基点宜采用带有强制归心装置的观测墩，垂直位移监测工作基点可采用钢管标。

（3）监测点是设置在变形体上能够反映平面位移或垂直沉降等特征的固定标志。可根据变形体不同结构和实际环境采取固铆或预埋等方式设置在关键断面上。需要时，还应设置相应的位移、温度、应力、应变传感器。

全部基准点和部分工作基点构成变形监测控制网，部分基准点、工作基点和监测点构成变形监测网。控制网和监测网均须进行严密平差。以基准点为起算点，进行经典平差，或采取无稳定起算点的秩亏网平差，或采用部分相对移动点稳定的拟稳平差。严密平差采用计算机专业平差软件完成。

四、变形监测技术设计、监测周期及监测结果处理

1. 变形监测技术设计

接受变形监测项目之后，应收集相关水文地质、岩土工程资料、工程设计文件和图纸，并考虑岩土工程地质条件、工程类型、工程规模、基础埋深、建筑结构、施工方法等因素，进行变形监测技术设计，编制"技术设计书"。

"技术设计书"包括监测目的、精度等级、监测方法、监测控制网的精度估算和布设、监测周期、项目预警值、仪器装备和技术人员配备等内容。预警值由设计单位确定。

变形监测方法根据不同监测内容可分为常规大地测量方法、专门测量技术、空间测量技术、传感器技术等，监测方法的选择可参见表 17-5。

变形监测方法的选择　　　　　　　　　　　　　　　　　表 17-5

监测内容	监测方法
沉降监测	水准测量，电磁波测距三角高程测量，液体静力水准测量，传感器技术等
水平位移监测	基准线法（视准线法、激光准直法、引张线法、正倒垂线法），导线法（无定向导线法、弦矢导线法），前方交会法，GNSS 技术，伸缩仪，多点位移计，倾斜仪，传感器技术等
三维位移监测	智能全站仪（测量机器人）技术，GNSS 技术，三维激光扫描技术，InSAR 技术，传感器技术等
主体倾斜监测	投影法，水平角法，垂准线法，基础沉降法，传感器技术等
挠度观测	差异沉降法，正垂线法，位移计，挠度计，传感器技术等
裂缝监测	精密量距法，伸缩仪法，位移计，测缝计，传感器技术，摄影测量等
应力应变监测	应力计，应变计，传感器技术

2. 监测周期

监测周期是相邻两次变形观测的时间间隔，也称观测周期。监测周期的确定应以能系统地反映变形过程且不遗漏其变化时刻为原则，并综合考虑变形量、变形速率、观测精度要求、工程地质条件等影响因素。

每期观测前，应对所使用的仪器和设备进行检验、校正，并记录。变形监测的首次（即零周期）应连续进行两次独立观测，取其均值作为变形监测初始值。初始值反映变形体的初始状态。各周期观测应在短时间内完成。不同周期观测，采用相同的监测网形、观测路线和方法，使用相同测量仪器和设备。对于高等级监测，观测人员应相对固定，且选择最佳观测时段，在相同的环境和条件下进行。各周期观测要记录相关的环境信息，包括荷载、温度、降水、水位等；采用统一基准处理数据。

3. 监测周期的数据处理

以监测控制网数据为基础，对一个监测周期，在观测结束之后，应及时进行数据处理，根据处理结果得出监测安全与否的明确结论。

数据处理之前，应检查外业观测记录项目是否齐全，记录数据和信息是否无误。数据处理包括变形量计算、变形速率计算和变形分析。

以监测点为单位，逐个计算第 i 周期的本期变形量 Δ_i；变形量累积 Σ_i；和变形速率 v_i：

$$\Delta_i = L_i - L_{i-1} \tag{17-1}$$
$$\Sigma_i = \Sigma\Delta_i = \Sigma_{i-1} + \Delta_i \tag{17-2}$$
$$v_i = \frac{\Delta_i}{T} \tag{17-3}$$

式中，L_i 为本期观测值；L_{i-1} 为上期观测值；Σ_{i-1} 为上期变形量累积；T 为检测周期，d。当 Δ_i、Σ_i 和 v_i 中有某项达到预警值时，应及时报告建设单位和施工单位，启动相应安全预案。

以记录、计算数据为依据，绘制每个监测周期的变形过程曲线等相关曲线和等值线图等，在此基础上进行变形分析。变形分析一般包括以下内容：观测成果的可靠性，变形体的变形量累积和相邻观测周期的相对变形量（变形速率）分析，相关影响因素（荷载、气象和地质等）的作用分析。对于较大规模或重要的项目，还应进行统计分析（回归分析）和模型分析（有限元分析）。

变形分析常用方法有以下 4 种：①作图分析。将观测资料绘制成各种曲线，常用的是按时间顺序绘制过程曲线。通过观测物理量的过程曲线，分析其变化规律，并将其与水位、温度等过程曲线对比，研究相互影响关系。也可以绘制不同观测物理量的相关曲线，研究其相互关系。②统计分析。用数理统计方法分析各种观测物理量的变化规律和变化特征，分析周期性、相关性和发展趋势。③对比分析。将各种观测物理量的实测值与设计计算值或模型试验值进行比较，相互验证，寻找异常原因，探讨改进运行和设计、施工方法的途径。④建模分析。采用系统识别方法处理观测资料，建立数学模型，用以分离影响因素，研究观测物理量变化规律，进行实测值预报和实现安全控制。

4. 变形异常的处理

变形异常主要是指变形量累积或变形速率达到预警值或接近允许值 80% 的现象，也包含出现裂缝扩大、塌陷、滑坡、流沙、管涌、严重渗漏、断裂、松弛等现象。当出现变形异常时，应严格执行相关规范的强制性条款。

五、变形监测成果提交

建筑变形监测总周期较长，通常情况下需要按周期提交阶段性监测报告。变形监测任务全部完成后，则应提交技术总结报告。

阶段性报告包括以下内容：监测阶段工程概况，监测项目和监测点布置图，监测数据及变形过程曲线（变形量与时间、变形量与温度、荷载关系曲线等），变形分析及预测、相关设计与施工建议。

技术总结报告包括以下内容：工程概况、监测依据、监测内容（项目）、基准点、工作基点、监测点布置图、监测方法和设备、基准网观测成果和基准点稳定性分析、监测周期、监测预警值、监测全程的变形发展分析及预警评述、结论和建议。

第二节　沉　降　监　测

沉降监测是周期性地对监测点进行高程测量，以确定其沉降量，通过对沉降量和沉降速度等进行分析，判断变形体安全情况。沉降监测也称垂直位移监测。

建筑工程沉降监测可根据需要，分别或组合进行建筑基坑沉降监测、基础和上部结构沉降监测以及建筑场地沉降监测。对于深基础建筑或高层、超高层建筑，沉降监测应从基础施工时开始。

一、沉降监测控制测量

沉降监测控制测量是利用基准点和工作基点构成闭合水准路线（网），利用水准测量技术观测，并进行严密平差、稳定性分析的工作。

沉降监测控制测量的技术要求可参考《工程测量标准》GB 50026—2020 相关规定。

二、沉降监测方法

沉降监测方法可根据精度要求、场地环境和技术装备的差异选择，通常选用水准测量技术、电磁波测距三角高程测量技术、液体静力水准测量技术，也可以选择 GNSS 技术、三维激光扫描技术、InSAR 技术、传感器技术等三维位移监测技术。本节介绍前两种常用技术，其他技术将在本章后续内容中介绍。

1. 水准测量

水准测量技术方法是进行建（构）筑物沉降监测的有效手段。使用 0.5mm 或 1.0mm 级水准仪，配合铟钢水准尺进行测量。使用相应等级的数字水准仪配合铟钢编码水准尺，自动读数、自动记录，可靠性和效率更高。沉降监测的水准测量及其观测技术要求与控制测量一致，可参照《工程测量标准》GB 50026—2020 相关规定。

在实践中，由于存在建筑结构及施工场地复杂、施工干扰大等情况，会出现观测时间延迟、视距差容易超限等不利因素，因此应注意：尽量固定水准路线、测站位置、观测人员及所用仪器，观测前应对基准点、工作基点、监测点及途经路线进行检查和障碍清理，尽量构成附合水准路线。

2. 电磁波测距三角高程测量

施工现场通常比较复杂，场地制约、施工干扰等影响较大，当采用水准测量确有困难时，可使用高精度全站仪，采用自由设站电磁波测距三角高程测量或对向电磁波测距三角高程测量方法进行二等以下的沉降监测。

电磁波测距三角高程测量需使用专用觇牌和量高杆，视线长度通常不大于300m，最大不超过500m，测距中误差不超过3mm，视线竖直角不超过±10°，视线离地面和障碍物的距离不得小于1.3m。

采用自由设站电磁波测距三角高程测量时，前后视距差，二等不得大于15m，三等、四等不得超过视线长度的10%；视距差累积，二等不得超过30m，三等不得超过60m，四等不得超过100m。

竖直角观测应照准专用觇牌，中丝双照准两次读数。采用自由设站电磁波测距三角高程测量时，分两组观测竖直角，照准觇牌与观测顺序为：第1组，后视-前视-前视-后视照准觇牌上目标；第2组，前视-后视-后视-前视照准觇牌下目标。照准后视或前视，按正、倒镜完成总测回数的1/2观测。

观测前后采用经过检定的专用量高杆（或钢尺）量取仪器高和觇标高各1次，读数精确至0.1mm。前后较差不超过1.0mm时，取均值作为最后结果。采用自由设站电磁波测距三角高程测量时，无须量测仪器高。

三、建筑基坑沉降监测

建筑基坑沉降监测主要包括基坑及支护结构沉降监测和基坑周边环境沉降监测。

建筑工程施工之初，主要工作是建筑基坑施工。为了保证基坑施工安全，开挖深度5m以上的深基坑，或开挖深度未超过5m但现场地质情况和周围环境较复杂的基坑，均应进行安全监测。建筑基坑沉降监测主要包括基坑及支护结构沉降监测和基坑周边环境沉降监测。以下介绍建筑基坑沉降监测过程中的监测点布设、监测频率确定、监测方法与观测精度、报警值与报警、监测数据分析和反馈等问题。

1. 监测点布设

基坑监测点的布置应能反映实际沉降及其变化趋势，应布置在内力及反映变形的关键特征点上，并能满足监测要求。通常，监测点沿基坑周边在围护墙顶部或边坡顶部布置，间距不宜大于20m。周边中部、阳角处应布置监测点，每边不少于3个。立柱监测点应布设在基坑中部、多根支撑交汇处、地质条件复杂的立柱上，监测点不应少于立柱总数的5%，逆作法施工时不少于10%，且不少于3个。坑底隆起（回弹）监测点沿纵向或横向剖面布置，剖面不少于2个，在同一剖面内以10~30m间隔布点，数量不少于3个。沉降监测点和水平位移监测点可共用。监测标志应稳固、明显、结构合理，监测点布设时应避开障碍物，便于观测。

基坑周边环境沉降监测的监测对象是基坑边缘以外1~3倍基坑开挖深度范围内需要保护的周边环境。必要时可扩大监测范围。监测点应布设在监测范围内的建筑四角，沿外墙每隔10~15m处或每隔2~3根柱基上布设一个，且每侧不少于3点；不同地基或基础的分界处；不同结构的分界处；变形缝、防震缝或严重开裂处的两侧；新旧建筑或高低建筑交界处的两侧；高耸构筑物基础轴线的对称部位，每一构筑物应不少于4点；管线的节点、转角处和变形速率较大的部位，间距15~25m为宜；基坑周边地表监测剖面应在基坑中部或其他具有代表性的部位，剖面应与坑边垂直，数量视具体情况确定，每个剖面上监测点应不少于5个。

2. 监测频率

监测频率是单位时间内的监测次数。监测频率的确定应满足能系统反映监测对象的重要变化过程且不遗漏其变化时刻的要求。

沉降监测的时间间隔可根据施工进程确定,当基坑开挖深度增大、变形累计值或变化速率接近预警值时,应增加观测次数。当检视发现有事故征兆时,应连续监测。

沉降监测工作必须从基坑开挖之前进行,直至完成地下室结构施工至±0.00和基坑与地下室外墙之间的空隙回填。但对于基坑工程影响范围内的建(构)筑物、道路、地下管线的变形监测应适当延长。

监测项目的监测频率应综合考虑基坑类别、基坑及地下工程的不同施工阶段以及周边环境、自然条件的变化和当地经验而确定。当监测值相对稳定时,可适当降低监测频率。对于应测项目,在无数据异常和事故征兆的情况下,开挖后现场仪器监测频率可参照表17-6来确定,表中基坑类别系基坑工程安全等级,由多种条件综合确定。其中,一级是指周边环境条件很复杂,破坏后果很严重,$H>12m$,工程地质条件复杂,地下水位很高,条件复杂,对施工影响严重;二级是指周边环境条件较复杂,破坏后果很严重,$6m<H\leqslant12m$,工程地质条件较复杂,地下水位较高,条件较复杂,对施工影响较严重;三级是指周边环境条件简单,破坏后果不是很严重,$H\leqslant6m$,地下水位低,施工条件简单,对施工影响较轻。

基坑监测频率 表 17-6

施工进程		检测频率		
		基坑设计安全等级:一级	基坑设计安全等级:二级	基坑设计安全等级:三级
开挖深度 h(m)	$\leqslant H/3$	1次/(2~3)d	1次/3d	—
	$H/3\sim2H/3$	1次/(1~2)d	1次/2d	—
	$2H/3\sim H$	(1~2)次/d	1次/d	1次/2d
底板浇筑 后时间 (d)	$\leqslant7$	1次/1d	1次/2d	1次/3d
	7~14	1次/3d	1次/3d	1次/5d
	14~28	1次/5d	1次/7d	1次/8d
	>28	1次/7d	1次/10d	1次/10d

注:H指基坑深度。

当出现下列情况之一时,应提高监测频率:监测数据达到报警值,监测数据变化较大或者速率加快,存在勘察未发现的不良地质,超深、超长开挖或未及时加撑等违反设计工况施工,基坑及周边大量积水、长时间连续降雨、市政管道出现泄漏,基坑附近地面荷载突然增大或超过设计限值,支护结构出现开裂,周边地面突发较大沉降或出现严重开裂,邻近建筑突发较大沉降、不均匀沉降或出现严重开裂,基坑底部、侧壁出现管涌、渗漏或流沙等现象,基坑工程发生事故后重新组织施工,出现其他影响基坑及其周边环境安全的异常情况。当有危险事故征兆时,应实时跟踪监测。

3. 监测方法与观测精度

沉降监测可采用水准测量或液体静力水准等方法。坑底隆起(回弹)宜通过设置回弹监测标,采用水准测量进行监测,传递高程的钢尺等应进行温度、尺长和拉力等项改正。

各监测点与基准点或工作基点应组成闭合环路或附合水准路线。

围护墙（边坡）顶部、立柱、基坑周边地表、管线和邻近建筑沉降监测的精度要求应根据其报警值按表 17-7 确定。坑底回弹（隆起）监测的精度要求根据其报警值按照表 17-8确定。

沉降监测的精度要求　　　　　　　　　　　　　　　　　　表 17-7

沉降报警值	沉降量累积 Σ_i（mm）	<20	20～40	40～60	>60
	沉降速率 v_i（mm/d）	<2	2～4	4～6	>6
监测点测站中误差（mm）		≤0.15	≤0.15	≤0.15	≤0.15

坑底回弹（隆起）监测的精度要求　　　　　　　　　　　　表 17-8

坑底回弹（隆起）报警值 Σ_i（mm）	≤40	40～60	60～80
监测点测站中误差（mm）	≤1.0	≤2.0	≤3.0

4. 报警值与报警

基坑工程监测必须确定监测报警值。监测报警值应满足基坑工程设计、地下结构设计以及周边环境被保护对象的控制要求，由基坑工程设计方确定。基坑及支护结构监测报警值应根据土质特征、设计结果及当地经验等因素确定。监测报警值由沉降量累积和沉降速率共同体现，其中任一出现异常便须报警。

5. 监测数据分析和反馈

对每期观测数据进行处理、分析，包括本次沉降量、沉降量累积和沉降速率，对照预警值分析可能的沉降变化趋势，进行预测并判断是否预警。监测成果资料应及时反馈，当出现异常情况时，应立即以书面报告形式通知施工方和建设方并签字确认。

四、基础及其上部结构沉降监测

1. 监测点布设

沉降监测点布设应能全面反映建筑及地基变形特征，同时考虑地质情况和建筑结构特点。点位宜选设在下列位置：建筑的四角、核心筒四角、大转角处及沿外墙每隔 10～20m 处或每隔 2～3 根柱基上；高低层建筑、新旧建筑、纵横墙交接处的两侧；建筑裂缝、后浇带和沉降缝两侧、基础埋深相差悬殊处、人工地基与天然地基接壤处、不同结构的分界处及填挖方分界处；对于宽度大于或等于 15m，或小于 15m 且地质情况复杂以及膨胀土地区的建筑，应在承重内隔墙中部设内墙点，并在室内地面中心及四周布设地面监测点；邻近堆置重物处、受振动影响显著的部位及基础下的暗浜（沟）处；框架结构建筑的每个或部分柱基上或沿纵横轴线上；筏形基础、箱形基础底板或接近基础结构部分的四角处及其中部位置；重型或动力设备基础的四角、基础形式改变或埋深改变处以及地质条件变化处的两侧；对于电视塔、烟囱、水塔、油罐、炼油塔、高炉等高耸建筑，应设在周边与基础轴线相交的对称位置上，点数不少于 4 个。

沉降监测的标志可根据不同的建筑结构类型和建筑材料，采用墙（柱）标志、基础标志和隐蔽式标志等形式。标志的埋设位置应避开雨水管、窗台线、散热器、暖水管、电气开关等妨碍设标与观测的障碍物，并应视立尺需要与墙（柱）面和地面保持一定距离。

2. 监测频率

普通建筑可在基础完工后或地下室砌完后开始监测，大型、高层建筑可在基础垫层或基础底部完成后开始监测；监测次数与时间间隔应视地基与加荷情况而定。民用高层建筑可每加高 1~3 层监测一次，工业建筑可按回填基坑、安装柱子和屋架、砌筑墙体、安装设备等不同施工阶段分别进行监测。若建筑施工均匀增高，应至少在增加荷载的 25%、50%、75% 和 100% 时各测一次；停工时及重新开工时应各测一次，停工期间可每隔 2~3 个月监测一次。

竣工后的监测频率，视地基土类型和沉降速率大小而定。除有特殊要求外，可在第一年监测 3~4 次，第二年监测 2~3 次，第三年后每年监测 1 次，直至稳定为止。

监测过程中，若有基础附近地面荷载突然增减、基础四周大量积水、长时间连续降雨等情况，应及时增加监测次数。当建（构）筑物突然发生大量沉降、不均匀沉降或严重裂缝时，应立即进行逐日或 2~3d 一次的连续监测。

建筑沉降是否进入稳定阶段，应根据沉降量与时间的关系曲线判定。当最后 100d 的沉降速率小于（0.01~0.04）mm/d 时，可认为已进入稳定阶段。具体取值宜根据各地区地基土的压缩性能来确定。

3. 报警值

每周期监测后，应及时对监测资料进行整理，计算监测点的沉降量、沉降量累积和沉降速率。沉降量累积或沉降速率达到允许值时，需要报警。表 17-9 为常见建筑基础最终允许沉降值（报警值），供参考。

常见建筑基础最终允许沉降值（报警值）　　　　　　　　　　表 17-9

变形特征		地基土-中压缩性土	地基土-高压缩性土
体形简单的高层建筑基础的平均沉降量（mm）		200	
单层排架结构（柱距为 6m）柱基础的沉降量（mm）		120	200
高耸结构基础的沉降量（mm）	$H_g \leqslant 100$	400	
	$100 < H_g \leqslant 200$	300	
	$200 < H_g \leqslant 250$	200	

注：H_g 为自室外地面起算的建（构）筑物高度，单位为 m。

4. 提交成果

沉降监测完毕后应提交工程平面位置图及基准点和沉降监测点点位分布图、沉降监测成果表、时间-荷载-沉降量（t-P-S）曲线等资料。

第三节 水平位移监测

水平位移监测是对变形体的平面位置变化所进行的监测工作。监测方法主要有：基准线法（视准线法、激光准直法、引张线法）、导线法（无定向导线法、弦矢导线法）、前方交会法、智能全站仪（测量机器人）技术、三维激光扫描技术、GNSS 技术、InSAR 技术、传感器技术和近景摄影测量技术等。本节介绍基准线法、导线法和前方交会法。

一、基准线法

基准线法是以通过或平行于建（构）筑物轴线的铅垂面为基准面，基准面和水平面相交形成基准线，通过测定监测点与基准线偏离值的变化量，进而计算建（构）筑物水平位移的方法。

水平位移一般是很小的，对水平位移的观测精度要求很高。因此，应在建（构）筑物的轴线（或平行于轴线）方向上埋设基准点；监测点尽可能在基准线上，困难条件下偏离基准线也不应大于 20mm。

基准线法根据基准线形成方式的不同，又有视准线法、激光准直法和引张线法之分。

1. 视准线法

视准线法是利用全站仪视准轴形成的基准线，通过测定监测点与基准线之间偏离值的变化量进行水平位移监测。偏离值的观测通常采用测小角法或活动觇牌法。当精度要求不高时（如基坑围护结构顶部水平位移监测），可在监测点预埋一个不锈钢直尺，重复观测基准线在直尺上的读数，进而计算基坑围护结构顶的水平位移。

图 17-1 所示是小角法，其原理是通过测定基准线方向与监测点视线方向之间的微小角度 α，从而计算监测点相对于基准线的偏离值，即位移量 d。A、B 为基准点，监测点偏移视准线的距离，即偏移量 d 为：

$$d = \frac{\alpha D}{\rho''} \tag{17-4}$$

式中，d 为偏移量，m；α 为监测点偏离基准线的小角，(")；D 为基准点（测站）到监测点的距离，m；$\rho'' = 206265$。

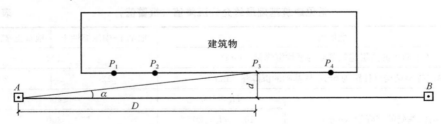

图 17-1 视准线法之小角法监测示意图

采用小角法进行视准线测量时，视准线应按平行于待测建筑边线布置，监测点偏离视准线的偏角不应超过 30"。目的在于监测时，固定仪器照准部于基准线方向，只旋进微动螺旋就可照准监测点，读数。这样可以有效保证测角精度。

2. 激光准直法

激光准直法是利用氦氖激光器发射的激光束作为基准线进行水平位移监测。图 17-2

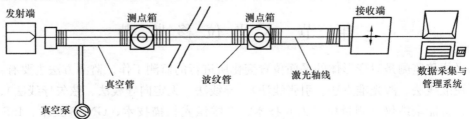

图 17-2 激光准直系统结构示意图

所示为激光准直系统结构示意图。

在变形监测应用中，为了提高观测精度，需要对发散的激光束进行聚焦。根据激光相干性原理，制成波带板进行聚焦。通常波带板有圆形和方形，如图 17-3 所示，圆形波带板聚焦呈一亮点，方形波带板聚焦呈一个明亮的"十"字线。

图 17-3　激光波带板

观测时，在基准点 A 安置激光器，在基准点 B 安置探测器。在监测点 i 上安置波带板，如图 17-4（a）所示。当激光照准波带板时，在基准点 B 的探测器上得到 Δ_i，从而可得到偏移量 δ_i：

$$\delta_i = \frac{S_{Ai}\Delta_i}{S_{AB}} \tag{17-5}$$

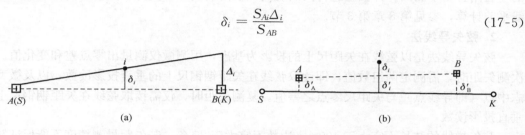

图 17-4　激光准直测量
(a) 基准点在轴线上；(b) 基准点平行于轴线

当基准点 A、B 与轴线方向 SK 不重合时，可测得 A、i、B 相对于 SK 的偏离量 δ'_A、δ'_i、δ'_B，参考图 17-4（b）可得实际产生的偏移量 δ_i：

$$\delta_i = \delta'_i - (\delta'_B - \delta'_A) \tag{17-6}$$

3. 引张线法

柔性弦线两端加以水平拉力引张后自由悬挂，则它在竖直面内呈悬链线形状，它在水平面上的投影是一条直线，利用此直线作为基准线可以测定监测点的横向偏离值，这种方法称为引张线法。

引张线法在大坝外部变形和内部变形监测中应用较多。一般将引张线布设在坝体廊道内、坝顶或土坝坡面上。两端点应尽可能布设在两岸地基稳定处。若端点布设在坝体上，

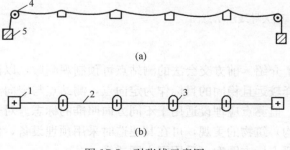

图 17-5　引张线示意图
1—端点；2—引张线；3—监测点；4—定滑轮；5—重锤
(a) 立面图；(b) 平面图

则端点处需用倒垂线或其他措施测定端点的位移。

引张线装置如图 17-5 所示。其端点由墩座、夹线装置、滑轮、重锤及连接装置等部件组成。监测点由浮托装置、标尺、保护箱组成。

二、导线法

导线法是监测曲线型建（构）筑物（如拱坝等）水平位移的有效方法。因布设环境限制，通常两个端点之间

不通视，无法进行方位角联测，只能布设为无定向导线。无定向导线端点的位移需要采用倒垂线、前方交会法、GNSS 测量等方法进行控制和校核。按照观测方法和原理不同，导线法可分为无定向导线法和弦矢导线法。无定向导线法是根据导线边长和转折角观测值计算监测点的变形量。弦矢导线法则是根据导线边变化和矢距变化的观测值来求得监测点的变形量。

1. 无定向导线法

无定向导线的转折角和边长，可用标称精度不低于 $(1'', 1mm+1×10^{-6}D)$ 的全站仪观测；也可以采用高精度全站仪测角，用铟钢尺或高精度测距仪测量边长。观测前，应按相关规范要求检验、校正仪器。在洞室和廊道中观测时，应封闭通风口以保持空气平稳，采用冷光照明设备（或手电筒），以减少折光误差。观测时，需分别观测导线点标志的左右角各一个测回，并独立进行两次观测，取两次读数均值为该方向观测值。无定向导线平差计算，参见第 8 章第 3 节。

2. 弦矢导线法

弦矢导线法是以弦线在矢距尺上的投影为基准，用测微仪测量出零点差和变化值。首次测矢距时，需测定两组数值，即读取弦线在矢距铟钢尺上的垂直投影读数，以及微型标志中点（即导线点）与矢距尺零点之差值。复测矢距时，仅需读取弦线在矢距铟钢尺上的垂直投影读数。

弦矢导线的弦长不宜大于 400m，边数不宜大于 25 条。若矢距量测精度不能保证转折角的中误差小于 $1''$，则导线应适当缩短，边数应适当减少。若矢距量测精度较高，则线长也可适当放长。因为此法的关键是提高三角形矢高的观测精度，一般需采用铟钢杆尺、读数显微镜和整平装置等设备。弦矢导线法的原理如图 17-6 所示。弦矢导线法适用于曲线隧道或廊道内部水平位移监测。

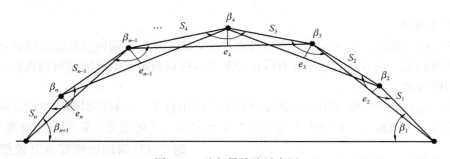

图 17-6 弦矢导线法示意图

三、前方交会法

前方交会原理已在第 5 章第 2 节做了介绍。前方交会法的测站点可预制观测墩，以消减对中误差影响。观测时，应尽可能选择较远且稳固的目标作为定向点，测站点与定向点间的距离一般要求不小于交会边的长度。监测点应埋设适用于不同方向照准的标志。对于高层建（构）筑物的观测，为保持建（构）筑物的美观，可在其建造时采用预埋设备，作业时将标心安上，作业完后可取下。观测点标志图案可采用同心圆式样。

前方交会法包括角度前方交会、距离前方交会、边角前方交会等。水平角观测采用方向观测法，$0.5''$ 或 $1''$ 级测角仪器。标称精度为 $(0.5'', 1mm+1×10^{-6}D)$ 的全站仪广泛应用于变形监测，选用边角前方交会法，可提高监测成果的可靠性和精度。

一般来说，当交会边长在 100m 左右时，用 1″级测角仪器观测 6 个测回，其位移值测定中误差将不超过 ±1mm。前方交会法可用于拱坝、曲线桥梁、高层建（构）筑物的外部水平位移监测。

四、基坑及支护结构水平位移监测

在基坑施工中，为了确保支护结构和相邻既有建（构）筑物的安全，基坑围护结构顶部水平位移和基坑壁侧向水平位移监测是非常重要的。基坑水平位移监测可根据现场条件使用视准线法、前方交会法，并宜使用测斜仪、轴力计、传感器技术等进行同时监测。

当使用视准线法、前方交会法监测基坑水平位移时，监测点应沿基坑周边围护结构顶部每隔 10～15m 布设一点；测点宜布置在冠梁上，可采用铆钉枪射入铝钉，亦可钻孔埋设膨胀螺栓或用环氧树脂胶粘标志；工作基点（测站）布置在基坑围护结构之外。

监测频率：基坑开挖期间应 2～3d 监测一次，位移速率或位移量大时应每天监测 1～2 次；当位移速率或位移量迅速增大或出现其他异常时，应增加监测次数。监测预警值应由基坑工程设计人员确定，参考表 17-10。

基坑及支护结构水平位移监测预警值　　　　表 17-10

监测项目	支护结构类型	一级基坑		二级基坑		三级基坑	
		累积值（mm）	变化速率（mm/d）	累积值（mm）	变化速率（mm/d）	累积值（mm）	变化速率（mm/d）
围护墙边坡顶部位移监测	放坡、土钉墙、喷锚支护、水泥土墙	30～35	5～10	50～60	10～15	70～80	15～20
	钢板桩、灌注桩、型钢水泥土墙、地下连续墙	25～30	2～3	40～50	4～6	60～70	8～10
深层平面位移监测	水泥土墙	30～35	5～10	50～60	10～15	70～80	15～20
	钢板桩	50～60	2～3	80～85	4～6	90～100	8～10
	灌注桩	45～50	2～3	70～75	4～6	70～80	8～10
	型钢水泥土墙	50～55	2～3	75～80	4～6	80～90	8～10
	地下连续墙	40～50	2～3	70～75	4～6	80～90	8～10

注：相对基坑深度 h 的控制值，本表没有列出。读者可查阅《建筑基坑工程监测技术标准》GB 50497—2019。

第四节　倾斜监测、挠度监测和裂缝监测

一、倾斜监测

倾斜监测是对建（构）筑物中心线或其墙、柱等，在不同高度的监测点相对于底部中心垂线的偏离值进行的测量，包括建（构）筑物基础倾斜监测、主体倾斜监测。

如图 17-7 所示，建（构）筑物主体的倾斜率一般用 i 值表示：

$$i = \tan\alpha = \frac{\Delta D}{H} \tag{17-7}$$

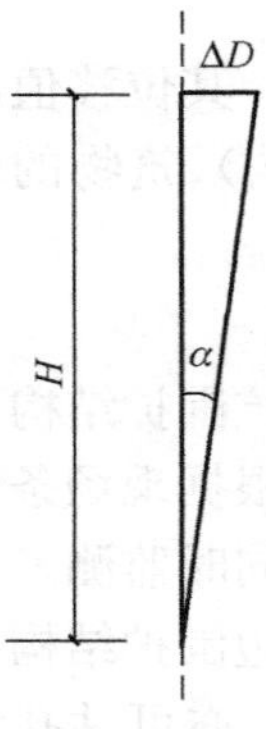

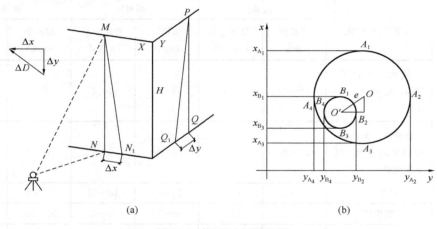

式中，i 为主体的倾斜率；H 为建（构）筑物的高度，m；α 为倾斜角，(°)；ΔD 为监测点相对于底部中心垂线的偏移量，m。

测定建（构）筑物倾斜率的方法有两类：一类是直接方法，包括测角仪器投影法、水平角法、垂准线法、测角前方交会法；另一类是间接方法，通过测量建（构）筑物基础相对沉降，间接确定建（构）筑物的倾斜率，包括基础沉降法、水准测量法、液体静力水准测量法、测斜仪法等。

图 17-7　倾斜示意图

1. 投影法

（1）常规建（构）筑物倾斜监测

如图 17-8（a）所示，在建筑底部监测点安置水平读数尺等量测设备。在测站安置测角仪器，按正倒镜法测出每对上下监测点标志间的水平位移分量，再按矢量相加求得水平位移值（倾斜量）和位移方向（倾斜方向）。步骤如下：

第一，将测角仪器安置在基准点（工作基点，测站）上。测站到建（构）筑物的距离，为建（构）筑物高度的 1.5 倍以上，照准建（构）筑物 X 墙面上部的监测点 M，用盘左、盘右分中投点法定出下部的监测点 N。

图 17-8　投影法倾斜监测

（a）常规建筑；（b）圆形高耸建筑

第二，同样的方法，在与 X 墙面垂直的 Y 墙面上定出上部监测点 P 和下部监测点 Q。M、N 点和 P、Q 点即为所设监测标志。

第三，下一周期，在原测站点上安置测角仪器，分别瞄准上部监测点 M 和 P，用盘左、盘右分中投点法，得到 N_1 和 Q_1。如果 N 与 N_1、Q 与 Q_1 不重合，说明建（构）筑物发生了倾斜。分别量出 X、Y 墙面的偏移分量 Δx、Δy，然后矢量相加，计算出该建（构）筑物的偏移量 ΔD，即

$$\Delta D = \sqrt{\Delta x^2 + \Delta y^2} \qquad (17-8)$$

根据偏移量 ΔD 和建（构）筑物高度 H，按式（17-7）即可计算出其倾斜率 i。此方法操作比较简便，但是需要建（构）筑物处于比较开阔的位置，建筑密集时则无法进行。

（2）圆形高耸建（构）筑物倾斜监测

对圆形高耸建（构）筑物的倾斜监测，是在互相垂直的两个方向上，测定其顶部中心对底部中心的偏移量，如图 17-8（b）所示。步骤如下：

第一，在圆形建（构）筑物的底部正交平放两根标尺 x 和 y。在标尺中垂线方向上，分别安置测角仪器，仪器到建（构）筑物的距离为其高度的 1.5 倍。

第二，用望远镜将建（构）筑物顶部边缘两点 B_1、B_3 及底部边缘两点 A_1、A_3 分别投到标尺 x 上，得读数为 x_{B_1}、x_{B_3}，及 x_{A_1}、x_{A_3}。

顶部中心 O' 对底部中心 O 在 x 方向上的偏移分量 Δx 为：

$$\Delta x = \frac{x_{B_1} + x_{B_3}}{2} - \frac{x_{A_1} + x_{A_3}}{2} \tag{17-9}$$

第三，同样的方法，即用望远镜将建（构）筑物顶部边缘两点 B_2、B_4 及底部边缘两点 A_2、A_4 分别投到标尺 y 上，得读数为 y_{B_2}、y_{B_4}，及 y_{A_2}、y_{A_4}。可得在 y 方向上，顶部中心 O' 的偏移分量 Δy 为：

$$\Delta y = \frac{y_{B_2} + y_{B_4}}{2} - \frac{y_{A_2} + y_{A_4}}{2} \tag{17-10}$$

综合以上两式，利用式（17-8）即可计算出顶部中心 O' 相对于底部中心 O 的偏移量 ΔD。根据偏移量 ΔD 和圆形高耸建（构）筑物的高度 H，按照式（17-7）即可计算出其倾斜率 i。

2. 水平角法

对塔形、圆形建（构）筑物，每测站的观测应以定向点作为零方向，测出各监测点的方向值和至底部中心的距离，计算顶部中心相对于底部中心的水平位移分量。对于矩形建（构）筑物，可在每测站直接观测顶部监测点与底部监测点之间的夹角或上层监测点与下层监测点之间的夹角，以所测角值与距离值计算整体的或分层的水平位移分量和位移方向。以烟囱为例，如图 17-9 所示。

第一，在拟测建（构）筑物的纵横两轴线方向上距建（构）筑物 1.5 倍高度处

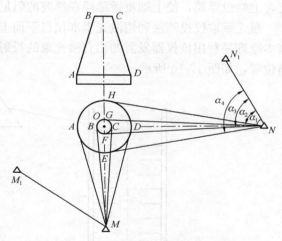

图 17-9　水平角法倾斜监测

选定两个点 M、N 作为测站。在烟囱横轴线上布设监测标志 A、B、C、D 点（A、D 在下部，B、C 在上部），在纵轴线上布设监测标志 E、F、G、H 点（E、H 在下部，F、G 在上部），并选定远方通视良好的固定点 M_1、N_1 作为零方向。O 为底部中心，O' 为顶部中心。

第二，监测时，先在 N 点设站，以 N_1 为零方向，以 E、F、G、H 为观测方向，用测角仪器按方向观测法观测 2 个测回，得到水平角分别为 α_4、α_3、α_2、α_1，则 O、O' 所对测站点 N 的水平夹角 θ_1 为：

$$\theta_1 = \frac{\alpha_4 + \alpha_1}{2} - \frac{\alpha_3 + \alpha_2}{2} \tag{17-11}$$

若已知 N 至烟囱底座中心水平距离为 L_1，则在纵轴线方向上的倾斜位移分量 δ_1 为：

$$\delta_l = \frac{\theta_1 L_1}{\rho''} \tag{17-12}$$

式中，$\rho'' = 206265$。

第三，在 M 点设站，以 M_1 为零方向，测出 A、B、C、D 各点对应的水平角 α_A、α_B、α_C、α_D。O、O' 所对测站点 M 的水平夹角 θ_2 为：

$$\theta_2 = \frac{\alpha_A + \alpha_D}{2} - \frac{\alpha_B + \alpha_C}{2} \tag{17-13}$$

同理，可得纵轴线方向的倾斜位移分量 δ_2 为：

$$\delta_2 = \frac{\theta_2 L_2}{\rho''} \tag{17-14}$$

则倾斜偏移量 ΔD 为：

$$\Delta D = \sqrt{\delta_1^2 + \delta_2^2} \tag{17-15}$$

倾斜率 i 可按照式（17-7）计算。

3. 垂准线法

在建（构）筑物顶部和底部之间有竖向通视条件时，可采用垂准线法，包括吊垂球法，正、倒垂线法，激光垂准仪法。正垂线是上端固定，下端悬挂重锤；倒垂线是下端固定，上端设浮筒，使上端重锤漂浮在浮筒的阻尼液中。

激光垂准仪投测法利用激光垂准仪自下而上投测，是一种精度高、速度快的方法。其基本原理是利用该仪器发射的铅直激光束的投射光斑，在基准点处向上投射，从而确定偏离位置，如图 17-10 所示。

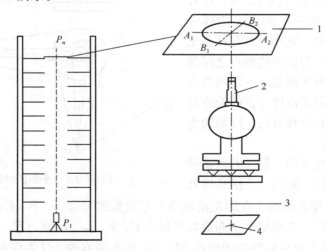

图 17-10 激光垂准投测法倾斜监测
1—接收光靶；2—望远镜；3—垂准激光；4—基准点

在高层建（构）筑物的楼板上，通常设有垂准孔（预留孔，面积约为 25cm×25cm）。将激光垂准仪安置在底层平面的基准点上，精确对中整平之后，视准轴即处于铅垂位置。在顶部安置接收光靶。初次观测时，移动接收光靶，使接收光靶中心与激光光斑重合，然后做好固定位置标记。

以后各期观测时，将仪器在基准点上安置好后，直接读取或量取顶部 A_1A_2 和 B_1B_2 两个方向上的位移分量 ΔA、ΔB，则偏移量为 ΔD：

$$\Delta D = \sqrt{\Delta A^2 + \Delta B^2} \tag{17-16}$$

倾斜率 i 可按照式（17-7）计算。

4. 基础沉降法

对于刚性较强的建（构）筑物来说，可以利用建（构）筑物基础的不均匀沉降量间接确定建筑整体倾斜。在基础上设置两监测点 M、N，如图 17-11（a）所示；监测点标志如图 17-11（b）所示。定期监测基础两点的高差 Δh，则基础倾斜率 i 为：

$$i = \frac{\Delta h}{L} \tag{17-17}$$

分析图 17-11（c），基础倾斜率与建（构）筑物主体倾斜率是一致的。此外，也可以利用测斜仪、传感器技术测定建（构）筑物倾斜。

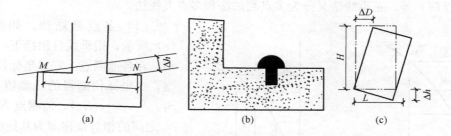

图 17-11　基础沉降法监测倾斜
(a) 基础上两点；(b) 基础上点位标志；(c) 基础沉降与主体倾斜

二、挠度监测

挠度是指建（构）筑物基础、上部结构或构件等在弯矩作用下由挠曲引起的垂直于轴线的线位移。即建（构）筑物在水平方向或竖直方向上的弯曲值，如高耸建筑墙、柱的侧向弯曲，建筑基础、梁和大型桥梁的竖向弯曲，拦水大坝向下游的弯曲等。

1. 建筑基础挠度监测—差异沉降法

建（构）筑物基础挠度监测可与建（构）筑物沉降监测同步进行。监测点应沿基础轴线或边线布设，每一基础不得少于 3 点。标志设置、观测方法与沉降监测相同。

如图 17-12 所示，C 点挠度 f_C 值按下式计算：

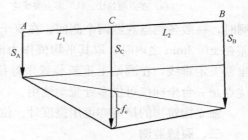

图 17-12　基础挠度观测

$$f_C = (S_C - S_A) - (S_B - S_A) \cdot \frac{L_1}{L_1 + L_2} \tag{17-18}$$

式中，f_C 为 C 点挠度；S_A 为基础监测点 A 的沉降量；S_B 为基础监测点 B 的沉降量；S_C 为 AB 间某点 C 的沉降量；L_1 为 AC 间的水平距离；L_2 为 BC 间的水平距离。单位均为 mm。

跨中挠度值按下式计算：

$$f_O = (S_O - S_1) - \frac{S_2 - S_1}{2} \tag{17-19}$$

式中，f_O 为跨中挠度；S_1 为基础端点 1 的沉降量；S_2 为基础端点 2 的沉降量；S_O 为基础中点 O 的沉降量。

2. 建筑主体挠度监测——正垂线法

对于高耸建（构）筑物，其挠度监测是测定建（构）筑物在铅垂面内各不同高程位置相对于底部的水平位移值。内部有竖直通道的建（构）筑物，挠度监测多采用正垂线法监测，即从建（构）筑物顶部附近悬挂一根不锈钢丝，下挂重锤，直到建（构）筑物底部。在建（构）筑物不同高程位置上设置监测点，以坐标仪定期测出各点相对于垂线的位移。比较不同周期的监测成果，即可求得建（构）筑物的挠度值。也可以采用激光准直仪观测。

正垂线法的主要设备包括：悬线装置、固定与活动夹线装置、观测墩、垂线、重锤、油箱（浮筒）等。正垂线法又分为多点测站法和多点夹线法。

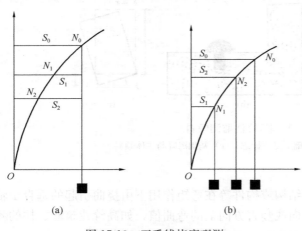

图 17-13　正垂线挠度观测

（a）多点测站法；（b）多点夹线法

（1）多点测站法。如图 17-13（a）所示，铅垂线自顶挂下，保持不动，在各监测点上安置坐标仪进行观测，由坐标仪测得的观测值为（S_0，S_1，S_2，…，S_N），监测点 N_i 与顶点 N_0 之间的相对位移即为其挠度值 f_i：

$$f_i = S_0 - S_i \tag{17-20}$$

（2）多点夹线法。如图 17-13（b）所示，将坐标仪设在垂线的最低点，在垂线上自上而下在监测点 N_i 处用夹线装置将垂线夹紧，在坐标仪上得到的观测值 S_i，即为各点相对于最低点的挠度值。采用此法观测时，一般各测点观测两个测回。在每个测回中，用坐标仪先后两次照准垂线读数，其限差在 ±0.3mm 之内时，取其平均值作为该测回的监测结果。每测回开始前，需在测点上重新夹定垂线，在测站上重新装置坐标仪，测回差应不超过 ±0.3mm。这种监测方法的优点是一台坐标仪可供多处流动使用。

独立构筑物的挠度亦可用挠度计、位移传感器等设备监测。

三、裂缝监测

建（构）筑物裂缝比较常见，成因不一，危害程度不同，严重的可能引起建（构）筑物的破坏。裂缝监测是指测定建（构）筑物上的裂缝分布位置和裂缝走向、长度、宽度及其变化情况，掌握变化规律，分析成因和危害，以便采取对策，保证建（构）筑物的安全施工和运行。

根据裂缝分布情况，对裂缝统一编号，对重要裂缝应选择有代表性的位置，在裂缝两侧各埋设一个标志，一端埋入混凝土内，一端外露。长期监测时，可采用镶嵌或埋入墙面的金属片标志、金属杆标志或楔形板标志。两标志点的距离不得少于 150mm，用游标卡尺定期测定两个标志顶点之间的距离，并计算变化值，测量精度为 0.1mm，如图 17-14（a）所示。

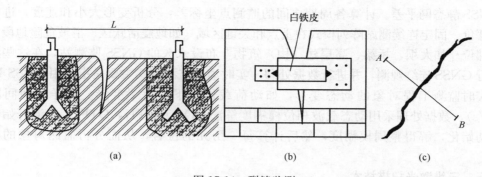

图 17-14　裂缝监测

（a）埋设标志；（b）金属片标志；（c）平行标志

短期监测时，可采用建筑胶粘贴的金属片标志。如图 17-14（b）所示，将一金属片先固定在裂缝一侧，并使其一边与裂缝的边缘对齐，另一稍窄的金属片固定在裂缝的另一侧，边缘相互平行，并其一部分重合紧贴；然后，在标志表面涂红漆，写明编号与日期。裂缝扩展时，两金属片相互拉开，露出下面没有涂漆的部分，即为裂缝扩展的宽度。也可在裂缝两侧绘两个平行标志 A、B，通过测定 AB 长度的变化来掌握裂缝宽度的扩展情况，如图 17-14（c）所示。

需要连续监测裂缝变化时，可采用测缝计或传感器自动监测。对于裂缝深度的量测，当裂缝深度较小时宜采用凿出法或超声波法监测，深度较大的裂缝宜采用超声波法监测。

第五节　三维位移监测

三维位移监测是对监测点甚至整个变形体表面的三维坐标变化进行监测的工作。监测方法主要有智能全站仪（测量机器人）技术、GNSS 技术、三维激光扫描技术、InSAR 技术等。

一、智能全站仪（测量机器人）技术

智能全站仪（测量机器人）可进行高精度测角、测距；自适应液晶显示器及背光式键盘，不受光线亮度制约，夜间也可以工作；高性能电机驱动系统，可达 24h×7d 连续观测；棱镜预扫描技术与棱镜就近照准技术结合，360°范围自动寻标和照准；有线或无线通信方式控制仪器操作；内置数据采集、坐标计算、变形监测等应用软件；大容量内存/USB 存储方式。

在基准点或工作基点上安置智能全站仪，周期性或连续性对变形体监测点进行三维坐标监测，对监测目标不同时间的三维坐标（X_i，Y_i，Z_i）与参考坐标（X_o，Y_o，Z_o）求差，得到坐标差（ΔX_i，ΔY_i，ΔZ_i）即为相应时间的变形量。智能全站仪（测量机器人）技术适用于基坑、高层建（构）筑物、大坝、桥梁、隧道、地下洞室等外部和内部三维位移监测。

二、GNSS 技术

GNSS 技术可以获得监测目标的高精度三维坐标信息，对监测目标进行周期性重复观测或连续观测。根据监测对象的不同特点，GNSS 监测技术可选不同的监测模式。周期性重复监测模式最常用，按照设计周期和网形，对基准点和监测点依时段进行静态观测，完成 GNSS 静态网平差。计算各周期之间的监测点坐标差，分析变形大小和速度，进行安全性评价。固定连续测站阵列模式在重点和关键区域（如地震活跃区、滑坡危险地段）或敏感部位［如大坝、桥梁、高层建（构）筑物］布设永久的 GNSS 监测站，在这些测站上进行 GNSS 连续观测，并进行数据处理。实时动态监测模式主要是指利用 GNSS RTK 技术实时监测工程对象的动态变形，如动荷载作用下的桥梁变形。采样时间间隔短（1 次/s），数据处理采用动态载波相位模糊度解法（On-The-Fly，OTF）。观测开始经几分钟初始化，解得整周模糊度，然后计算每一历元的位置，从而分析监测对象的变形特征。

三、三维激光扫描技术

三维激光扫描技术可以密集地记录监测目标的表面三维坐标、反射率和纹理信息，对整个变形空间进行三维测量。其特点是非接触，确保作业安全；面测量，数据量大，点云丰富，精度高（mm 级）；速度快（每秒百万点），数据获取自动化。

将三维激光扫描仪安置在基准点上，后视基准方向，对变形空间完成扫描获得点云数据。对每期扫描的点云数据进行拼接、去噪处理，建模评估。以首期扫描点云为基准，分别与其他周期的点云数据进行比对分析，从而得到监测目标的变形分布和趋势。

三维激光扫描监测技术可应用于道路边坡稳定性监测、桥梁外部变形监测、建（构）筑物位移监测、古建筑保护监测、山体滑坡监测等。

四、InSAR 技术

合成孔径雷达（Synthetic Aperture Radar，SAR）是 20 世纪 50 年代末研制成功的一种微波传感器。以此为基础，60 年代末出现了合成孔径雷达干涉技术（Interferometric Synthetic ApertureRadar，InSAR），它是 SAR 与射电干涉测量技术的结合。后经差分技术、GNSS 技术和步进频率连续波（SF-CW）技术的融合，形成了快速、经济的空间对地监测技术系列。包括合成孔径雷达差分干涉技术、GNSS-InSAR 合成技术和 IBIS 干涉测量成像远程监测系统。能够针对地壳变形、地震变形、地面沉降及滑坡、大坝坝体变形、高层建筑变形、道路路基及边坡变形、桥梁、隧道变形等，进行高精度连续远程监测。

第六节　在线安全监测系统

土木工程在线安全监测系统是在建过程和竣工运营过程中，通过设置在基准点和监测点上不同的传感器，获取变形及相关数据，并通过计算机（云计算）处理，从而评估施工过程的安全性和主体结构运营过程的主要性能指标（如可靠性、耐久性等）的自动化技术系统。

在线安全监测系统通过对施工过程和竣工运营过程状态的监测与评估，在土木工程出现异常状态时触发预警信号，为安全施工、安全运营、结构维护与管理决策提供依据和指导。

一、影响安全的因素

各种工程建设在建期间和竣工运营过程中，影响安全的因素都是复杂的。其施工技术和工艺、施工质量、安全意识、运营过程的管理和维护、外部环境等因素都会影响安全。因此，安全监测应尽可能地利用科学技术，监测所能顾及的影响因素及其变化，分析不同因素对工程安全的影响，以便针对主要因素采取应对措施，确保工程施工安全和工程运营安全。

二、在线安全监测系统

各类传感器包含了安全监测所能顾及的监测参数：变形参数、环境参数、应力应变参数、振动参数等。现场连续采集的数据通过通信网络传输到云计算平台，控制服务器进行解译，实时显示与分析解译后的物理变量，并与预警值实时比较，实现自动报警。

对于单体工程，可以建立局部性监测平台。不同类型的工程，采用适宜的管理终端，可实现多级权限分配，远程智能控制。云端、PC端、移动端等多种终端参与系统，管理更加便捷与智能。

基于云计算平台，可以实现大区域统一管理，避免重复建设，提高效率；数据连续、稳定采集，海量数据智能运算与存储；不同类型参数综合监测，故障诊断更加全面、智能，及时发现异常情况，方便指导安全施工和工程运营维护。

第二篇 建筑工程测量应用案例

第十八章 建筑施工测量应用案例

第一节 长沙 A1 区办公楼超高层建筑施工测量

一、工程概况

长沙北辰新河三角洲 A1 项目位于湖南省长沙市开福区，地处湘江和浏阳河交汇三角洲处。项目总建筑面积 320497.56m²，包括酒店、办公楼、商业及其他建筑，效果图如图 18-1所示。

图 18-1 长沙北辰 A1 项目效果图

办公楼工程是 A1 项目的最高建筑，地下 3 层，地上 45 层，总建筑面积 66079.48m²，结构最高标高为 248.62m，建筑最高标高为 268.0m。结构形式为筒中筒结构，其标准层结构平面形式如图 18-2 所示。核心筒为钢筋混凝土剪力墙结构，外筒为钢结构框架结构，自下而上逐渐收缩，框架角柱倾斜度约为 1∶20，其他框架柱倾斜度约为 1∶28，内外筒通过钢梁连接，平面形式为树叶状。一层主轴长 55.6m，短轴长 40.5m，顶层主轴长41.4m，短轴长 26.6m，最大截面为 $\phi1300\times30$。两层单柱重量（含牛腿）为 9.7t，三层单柱重量（含牛腿）为 13.5t，最重单梁重量（长度 13m）为 5.5t。钢结构柱自上而下需要 4 次变截面，截面自下而上分别为 $\phi1300\times30$，$\phi1150\times30$，$\phi1000\times30$，$\phi800\times26$，$\phi600\times20$，变截面处标高分别为 +51.20m，+68.00m，+122.60m，+189.80m。钢结

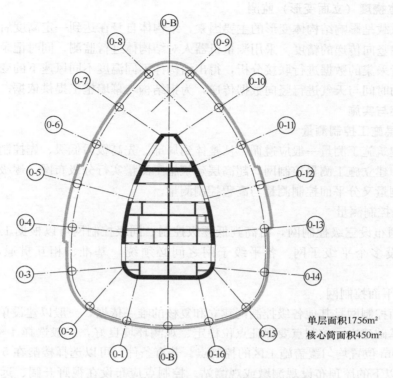

单层面积1756m²

核心筒面积450m²

图 18-2　A1办公楼标准层平面形式图

构总重约为 10000t。

二、关键问题

A1办公楼工程建筑高度超高，结构异型，构造曲线的曲率变化大，对测量精度要求高，建筑测量呈现施工困难、环境复杂、技术难度大的特点。

本项目获取建筑物在自重荷载、风荷载及日照作用下发生的竖向位移、水平位移、倾斜度、挠度和压缩变形等数据，为施工测量提供修正依据，掌握超高建筑变形规律、评估建筑物的安全性提供依据；轴线和高程竖向传递测量控制是超高层施工控制测量中最重要的控制环节。

1. 超高层竖向传递测量控制

超高建筑高度较高，需要进行分段传递，容易造成误差积累，给测量控制点的高精确带来了困难，而且效率低。竖向传递多为高空作业，施工环境复杂，风力、拉力和振动对测量结果均造成影响。

2. 弹性压缩变形监测

超高层建筑在达到一定高度后，由于自身重力及施工设备等的压力，核心筒楼体会受压出现弹性压缩变形，变形量的大小与结构体的材质、断面尺寸和时间有关。对于压缩变形主要采用建模分析的方法预估处变形量。高程传递采用钢尺量距的方法进行，在竖向结构上设置若干个高程传递接力点，在接力点利用激光铅直传递孔，采用全站仪铅直测距的方法进行校核；校核时，应考虑沉降变形和压缩变形对高程传递的影响。

3. 结构体挠度（立面变形）监测

日照、风载是影响结构体变形的主要因素，结构体自身在达到一定高度后也会出现摆动，从而影响竖向传递的精度。采用测量机器人对结构体进行监测，同时记录温度与风速变化，将三者采集的数据进行联接分析，得出结构体不同温度不同风速下的变形规律，从而选择合适的时间与天气进行竖向数据传递，为钢结构与幕墙施工提供依据。

三、方案与实施

1. 超高层施工控制测量

超高层建筑施工测量一般应遵循"从整体到局部、先高级后低级、先控制后碎部"的原则。首先，建立施工测量控制网。超高层建筑施工测量实行分级布网，逐级控制。超高层建筑控制测量又分平面控制测量与高程控制测量。

（1）平面控制测量

平面控制布设三级控制网，由高到低逐级控制。同级控制网可以根据工程规模进一步划分，布设多个平级子网。各平级子网之间必须统一基准、相互贯通，以便联测校核。

1）首级平面控制网

首级平面控制网是其他各级控制网建立和复核的唯一依据，一般以建设单位提供的平面控制点为基础建立。控制点要保证点位稳定、观测环境良好，一般选择 4～5 个离施工区 500～1000m 位置均匀覆盖施工区的控制点。若有条件，可以选择楼龄在 5 年以上并且楼高在 50m 以下的屋顶布设观测墩或观测站。控制点应布设在视野开阔、远离施工现场稳定可靠处，能视线通视，采用 GPS 定位时高度角 15°以上范围应无障碍物。为确保在超高层建筑施工全过程中稳定运行，首级平面控制网应满足有多余观测条件。首级控制网一般每个施工周期复测一次，并与基岩点或者沉降较小的控制点进行联测，并及时对破坏的控制点进行修复。长沙 A1 区办公楼首级控制网如图 18-3 所示。

2）二级平面控制网

二级平面控制网是场地平面控制网，起到承上启下的作用，即由首级平面控制网引测，并作为三级平面控制网建立和校核的基准，同时为重要部位的施工放样提供基准。二级平面控制网一般为环绕施工现场或沿建筑轴线布设的导线网或轴线网，一般采用大地四边形布网，离施工区 100m 左右，尽量减小因施工造成的沉降影响。长沙 A1 区办公楼二级平面控制网，如图 18-4 所示。二级平面控制网采用全站仪与 GPS 结合的方式进行观测，可采用埋石或者冲击钻埋设倒钉。由于二级平面控制网紧邻施工现场，受施工影响比较大，稳定性较差，因此必须定期复测校核，一般每月复核一次。

图 18-3　首级控制网

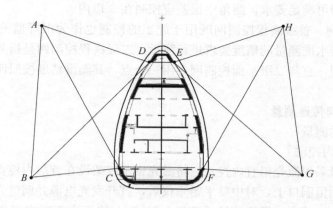

图 18-4　二级平面控制网

3）三级平面控制网

三级平面控制网是建筑物平面控制网，为超高层建筑细部放样而布设的平面控制网，一般布置在基础底板上。当结构施工至地面以上时，应及时将三级平面控制网转换到±0.000结构层，以便与二级平面控制网联测校核，进行施工测量控制。三级平面控制网位于超高层建筑内部，受施工和建筑沉降影响大，因此必须定期复测校核。

目前超高层建筑多采用框—筒结构体系、先核心筒后外框架的流水施工方式，因此三级平面控制网多分为核心筒内外两个平级子网。长沙 A1 区办公楼塔楼的三级平面控制网即由核心筒内外二个平级网组成，如图 18-5 所示。

（2）高程控制测量

高程控制网分二级布置，由高到低逐级控制。首级高程控制网以甲方提供的高程控制点为基础建立，布设在视野开阔、远离施工现场的稳定可靠处。创建过程中需考虑除了提交的城市高程控制点外，还要增加冗余高程控制点，以增强高程控制系统的安全性。为保证高程系统的稳定性，点位应设置在不受施工环境影响，且不易遭破坏的地方，考虑季节变化、环境影响以及其他不可知因素，定期对高程控制点进行复测。

二级高程控制网布设在建筑物内部，以首级高程控制网为依据创建。随着时间的推移与建筑物的不断升高，自重荷载的不断增加，建筑物会产生沉降。因此，要定期检测高程点的高程，并及时进行修正。高

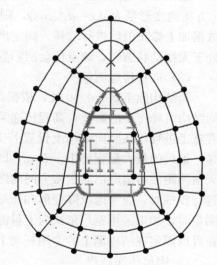

图 18-5　三级平面控制网

程控制网应结合平面控制网进行布设，控制点尽可能共享，以减少维护工作量。

（3）控制网的精度要求

a. 平面控制网。考虑到首级控制网既用于施工控制也用于变形监测的控制，同时控制点的间距较长，到建筑物的距离较远，故其精度应控制在1/60000 以上，角度中误差应控制在 2″；二级控制网主要用于基础和低层的施工测量控制，它距建筑物较近，故精度

不小于 1/45000 即可满足要求，测角中误差应控制在 3″以内。

b. 高程控制网。首级高程控制网既用于施工的控制也作为沉降监测的基准；首级高程网按照二等精密水准测量的精度要求进行测设；二级高程控制网是指基础施工阶段临时设立的高程控制网，宜与二级平面控制网共用一个点，其测设精度按照四等水准的精度要求进行测设。

2. 超高层竖向传递测量

（1）平面传递测量

1）激光铅直内控法

竖向平面测量采用激光铅直内控法。将激光铅垂仪架设在首层内控点上，接收靶放在待测顶模的相应预留洞口上，对中整平铅垂仪后，打开发光电源并调整光束，直至接收靶接收到的光斑最小、最亮。慢慢旋转铅垂仪，每转 90°停下来观察光斑变化，最后接收靶将得到一个激光圆，当该圆直径小于 2mm 时，圆心即为该控制点的接收点。

依据相关规范要求，在各层的轴线投测过程中，上下层的轴线竖向引测误差不大于 3mm，轴线间误差不大于±2mm。

2）修正测量法

在施测层用后方交会或 GPS 测量直接测量出控制点的位置（坐标数据）参照同步的变形监测数据，求解出该点位的位移分量 Δx、Δy（或位移的方向和该方向上的位移量），对（安置在控制点上的）全站仪的测站点坐标进行修正后，进行待测层细部测量。

根据变形监测数据，已知在当前时段，结构体变形的方向为 γ，变形量为 d，则其在 x 方向的变形量为 $\Delta x = d \times \cos\gamma$，则其在 y 方向的变形量为 $\Delta y = d \times \sin\gamma$。将放样点坐标数据加上修正值后进行放样，则定出的点位就是与结构体同步摆动的即时位置，若结构体处于无摆动状态时，该点位会回归到他的理论位置。

（2）高程传递测量

当结构施工到±0.00 处，依据高程基准点对结构高程进行修正，以削减基础施工期间结构沉降产生的高差；高程传递采用钢尺量距与全站仪天顶测距相结合的方法进行，随着施工进程，在竖向结构上设置若干个高程传递接力点，接力点间采用钢尺进行高程传递，钢尺的最大量程要小于 50m，即高程传递点的竖向距离要小于等于 50m；采用全站仪天顶测距法精确测出高程接力间的距离，并对钢尺传递上来的高程进行检核，在对接力点进行校核时，应考虑沉降变形和压缩变形对高程传递的影响；在结构墙体施工细部标高线测量时，如果采用钢尺依次向上量测的方式，势必会降低标高线的精度，拟将水准仪安置在可以固定在结构墙上的专用托架上，用水准测量的方式进行标高线的测设。

1）钢尺传递高程

钢尺是保证层间标高误差小于 3mm 的主要测量工具，用钢卷尺沿主楼核心筒外墙面向上传递楼层基准标高，每隔 50m 左右设置一个标高传递接力点，在施测的过程中必须施加标准拉力，且要进行温度、尺长修正。塔楼结构施工过程中，在首层楼面上，从高程控制网采用往返测把高程引测至核心筒外壁＋1.000m 处，红三角标志，作为向上引测高程基准点。每层所引测的高程点，不得少于 3 个，对于传递到施测层的高程应进行校核，三点的较差不得超过 3mm 时，并取平均值作为该楼层施工中标高的基准点。

2）全站仪天顶测距法

为减少钢尺分段传递累计误差以及风力对钢尺竖向量距的影响，每个标高传递接力点采用全站仪天顶测距的方法以首层的高程基准为依据进行校核。测量方法示意图 18-6 所示。

由于全息反射贴片配合远距离测距时反射信号较弱，影响测距的精度，故本工程用反射棱镜配合全站仪进行距离测量。

3. 超高层细部施工测量

（1）细部平面控制测量

在施工范围内（核心筒和外围钢结构）引测的内部控制点，经复核满足要求后，可以作为钢筋混凝土结构和钢结构施工放线的依据；鉴于施测的区域很小，细部放线首选传统的经纬仪＋钢尺进行，也可采用全站仪坐标法，对于不便于安置仪器的狭小区域也可采用钢尺距离交会的方法进行。具体方法是在楼面上根据引测上来的轴线点，用经纬仪或全站仪测设出一组主要控制轴线，复核无误后，

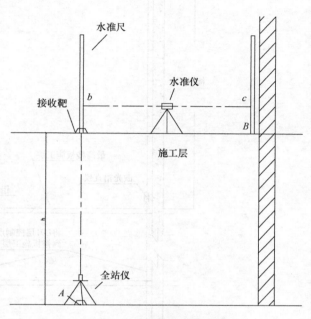

图 18-6　全站仪天顶测距法

即可根据楼层结构平面图的尺寸进行建筑物各细部放样。由于结构楼层与筒体结构墙的爬模施工相差 2～3 层，需将主要的轴线（控制线）引测到结构墙体的立面上，其目的一是用于校核各层间的垂直或顺直，二是为后期装修施工提供依据。

为控制墙体垂直度和轴线偏差，需对核心筒提模施工进行测量控制。可同时采用多台激光铅直仪在最上部结构楼层的控制线（点）上，直接用激光点控制上部爬模（墙体）轴线偏差，同时需要采用吊线坠的方法检查每层墙体垂直度，如图 18-7 所示。

（2）细部标高控制测量

超高层建筑核心筒一般采用爬模施工，会出现结构楼板施工与结构墙体施工不同步的情况，一般两者之间会相差三层，通常需采用常规的施工方法将结构施工到六层前后才开始使用爬模工艺。

楼层标高线测量时，依据有结构楼板的竖向结构上的高程基准点，用钢尺将高程铅直向上引测至最上部竖向结构上，作为该层抄测建筑标高线的依据，待该层结构楼板完成后，再依据基准点抄测楼层标高线。

核心筒顶端墙模板、钢骨柱等竖向结构施工时的标高控制一般有两种方法：一是用钢尺从下部有结构楼板处的楼层标高线直接量设；该方法的优点是简单易行；缺点是受环境条件应性较大，钢尺的铅直度不易保障，难以保证标高控制的整体性；二是在竖向结构的顶端架设水准仪；依据传递上来的高程对竖向结构施工提供标高控制，该方法的优点是控制精度高且均匀，只要保证通视条件，不受其他条件制约，方便使用；缺点是施测处没有

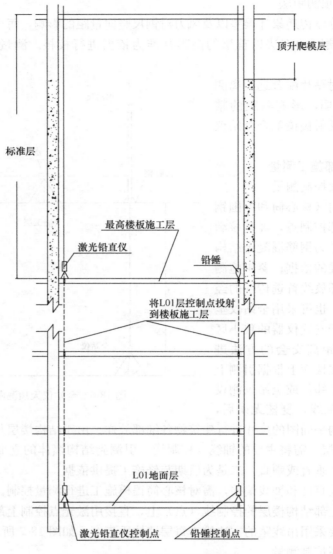

图 18-7 竖向控制示意图

结构楼板，水准仪安置较为困难，需预先在墙体混凝土的顶端埋设特制的托架，用于安置水准仪。

4. 超高层建筑动态变形监测

超高层建筑动态变形监测的主要目的是获取超高层建筑在施工和使用期间受自重荷载、风荷载、日照等多种环境因素作用下发生的竖向位移、水平位移、倾斜度、挠度和压缩变形等数据，为施工测量提供修正依据、掌握超高建筑变形规律、评估建筑物的健康与安全性提供依据。主要进行监测的方法、精度等级等方面的研究，同时开展数字化信息采集、数据分析、趋势预测等纵深研究。

（1）监测网的布置

根据长沙 A1 办公楼工程的建筑结构、周边环境特点，以及所采用的监测技术手段，共布设监测控制点 8 个，位于建筑主体结构的东西两侧，分别用 E1、E2、E3、E4（东侧）和 W1、W2、W3、W4（西侧）编号。监测控制点同时具备监测基准点和参考点的作用。

变形监测点布置在建筑物的顶部，共设置 8 个。其中核心筒上 4 个，用 C1～C4 编号；外围钢结构上 4 个，用 C5～C8 编号。监测点均采用强制对中装置，监测标志直接焊接在结构体上。测点的总体布置如图 18-8 所示。

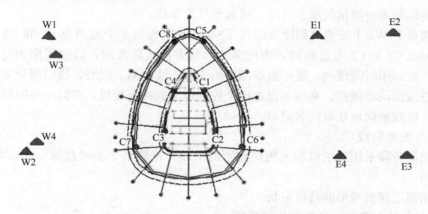

图 18-8　监测点位布置图

（2）监测方案的实施

整体监测采用建筑物一级变形监测的标准，具体实施步骤如下：

1）第一监测阶段

对现场的情况进行勘查，首先，到建筑物顶层查看 C1～C8 共八个监测点的钢架基座情况是否安装完好以及具体的位置；然后，在地面上适当距离处选定监测基准点和参考点位置，做好标志和标记，保证控制点和监测点通视良好，以便进行全站仪测量和摄影测量。

从建筑物地坪内控点起算，采用一级导线测量，将施工平面坐标引测至控制点 E1 和 E4 上；用二等水准测量的方法，将施工高程坐标引测至控制点 E1 和 E4 上。采用 GPS C 级静态测量，通过精密星历解算获得监测控制网内各基准点的坐标和监测点的初始坐标值。并根据已知控制点 E1、E4 的施工坐标，将解算的 WGS-84 坐标转换到施工坐标系下。表 18-1 是解算出的控制点施工坐标。

监测基准点施工坐标 　　　　　　　　　　　　　　　　　　　表 18-1

点名	X（m）	Y（m）	H（m）
E1	104009.271	48808.595	31.918
E4	103850.017	48715.038	31.787
W1	104441.132	48787.090	38.993
W2	104520.994	48672.121	38.944

在监测基准点 E4 上安置测量机器人 TS30，钢结构的 2 个监测点 C5 和 C6，核心筒的 2 个监测点 C1 和 C2 布设棱镜，参考点 E1 上安置棱镜作为后视点。采用多测回的方法实

施观测，每隔15min进行1期监测，每期监测共测量3个测回。并在封闭时间段内，采用跟踪测量的方法连续观测。

摄影测量方法与测量机器人动态监测同步进行。利用架设在两个控制点 E2，E3 上的两台相机，在同一时间同步对大楼进行拍摄，以精确地获取同名像对。

GPS 动态监测的基准点及参考点分别选取对角线上的两个控制点 E4 和 W2，以及核心筒上的 C1～C4 共 6 个测点同时安置 GPS 进行连续动态观测。为了提高监测精度，分析整个监测期间需要测量气温、气压、风速等气象参数。

在控制点上 W2 上安置高精度全站仪 TS30，钢结构的 2 个监测点 C3 和 C4，核心筒的 2 个监测点 C7 和 C8 布设棱镜，采用多测回的方法实施观测，监测周期为每隔 15min 测量 1 次，在封闭时间段内，采用跟踪测量的方法连续观测。同时，摄影测量方法与测量机器人动态监测同步进行。利用架设在两个控制点上的两台相机，在同一时间同步对大楼进行拍摄，以较精确地获取同名像对。

2）第二监测阶段

第二监测阶段采用测量机器人周期监测的手段，每隔半个小时监测一次，共进行 9d 的连续监测。

（3）超高层建筑变形的特征分析

1）风载条件下建筑物形态变化的特征

在风载作用下建筑物（结构体）会产生摆动现象，并具有简谐运动的性质；风载的大小和方向是实时的，结构体的摆动频率随风载的变化而变化，其动态特征的数学模型需要考虑以下两种状况：

超高层结构体的摆动满足简谐运动方程，但摆动过程中其振幅有突变。

$$y = A\sin(2\pi ft + \psi_0) \tag{18-1}$$

式中，A 为振幅；f 为频率；y 为位移量；t 为时间；ψ_0 初始相位。

设超高层结构体的振动频率保持不变，而振幅呈指数衰减。则：

$$y = Ae^{-\alpha(t-\tau)}\sin(2\pi ft + \psi_0) \tag{18-2}$$

式中，α 为衰减系数；τ 为初始时刻。

事实上受高度、结构体的风阻系数等条件的约束，强风载作用下结构体的动态变形是很复杂的，不能简单的用简谐运动方程进行描述，因此还需要通过变形测量获取结构体的实际变形量，并对理论值进行修正。

2）温度变化对超高层形态变化的影响特征

日照温度变形主要是因为结构体受照射面与其背面的温度差引起的，对于钢结构而言其断面相对较小、热传导系数高，所以正背两面的温差梯度较小；对于混凝土结构来说断面相对较大、热传导系数相对较低，所以正背两面的温差梯度也相对较大。由于混凝土的线膨胀系数与钢材的线膨胀系数很接近，所以两者的偏差值不会过大。通常进行日照偏差测量是采用大气温度为依据的。结构形式的不同，影响结构体的温差变形的因素很复杂，还需要实地测量才可以得出实际变形量的大小。

3）结构体竖向变形的影响特征

超高层结构体在自重荷载作用下会产生竖向弹性压缩变形，变形量的大小与结构体的材质、断面尺寸和时间有关，变形量的大小主要取决于上部荷载的大小；竖向变形还包括混凝土收缩变形、钢结构焊接变形、温度变形、结构体徐变等。对于超高层结构体的竖向变形必须在施工前根据结构的形式和特点进行粗略估算，用各层以上结构自重加在各层竖向构件上计算各层压缩变形，然后各层叠加求和；纯钢结构，采用钢材弹性模量；型钢混凝土、钢筋混凝土，近似采用混凝土弹性模量，以便在施工过程中提前采取消减措施。

第二节 北京新机场旅航站楼及换乘中心工程钢网架施工测量

一、工程概况

1. 钢结构工程总体概况

北京新机场旅客航站楼屋顶投影面积约为 35 万 m^2，南北长约 1000m，东西宽约 1100m，屋顶及直接支承屋顶的结构为钢结构。航站楼上部钢结构分为 6 个区，包括主楼 C 区、西北指廊 WN 区及东北指廊 EN 区，中央指廊 CS 区，西南指廊 WS 区和东南指廊 ES 区，钢结构设计结合放射型的平面功能，主楼 C 区在中央大厅设置六组 C 型柱，形成 180m 直径的中心区空间，在跨度较大的北中心区加设两组 C 型柱减少屋盖结构跨度；指廊区由钢柱和外幕墙柱形成稳定结构体系。

北京新机场航站楼如图 18-9 所示，航站楼屋顶为不规则自由曲面，采用桁架或网架结构，钢结构杆件采用圆钢管截面和方钢管截面，节点为相贯节点或焊接球，部分受力较大部位采用铸钢球节点或铸钢节点。

图 18-9 北京新机场航站楼效果图

2. 西南、西北指廊屋盖结构概况

北京新机场屋面分区如图 18-10 所示。指廊的基本结构由内侧的钢管柱和外侧的幕墙柱及横纵向钢管网架组成结构稳定体系。屋面网架通过钢结构节点支撑于柱顶上，内侧钢管柱柱距为 18～41m，外侧幕墙柱间距约为 9.4～9.7m。钢管网架结构形式为横纵向交叉的网格结构体系，网格最大间距为 9.4～9.7m，节点为相贯节点或球节点，钢管结构桁架

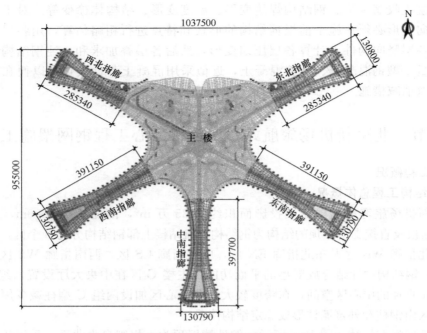

图 18-10   北京新机场屋面分区示意图

的最大矢高位 4.7m。西南指廊屋盖长 391m，宽 131m，结构高度最高为 25m；西北指廊屋盖长 285m，宽 131m，结构高度最高为 25m。两个走廊钢结构工程量约 5000t。西南指廊屋盖轴测图如图 18-11 所示。

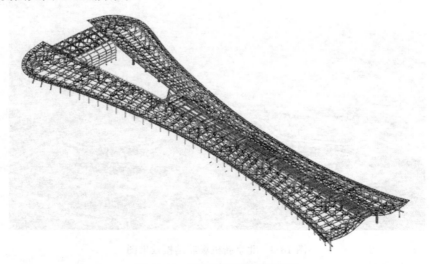

图 18-11   西南指廊屋盖轴测图

二、关键问题

（1）超大面积空间立体不规则自由曲面钢网架安装测量。针对世界难度最大的钢结构屋面网架安装施工，科学制定安装方案，配合安装方案制定全面、完整的测量方案，指出测量的关键和解决对策。

（2）超大面积空间立体自由曲面钢网架变形监测与分析。基于复杂的网架受力和理论变形分析，制定针对性变形监测方案，采用切实可行、高效的监测方法和手段，实现几个关键阶段网架全面变形监测和对比分析，确保施工过程各关键阶段网架的安全。

三、方案与实施

1. 测量工作内容

本项目的主要测量工作为钢柱支座坐标复核、焊接球网架、网架节点定位、钢结构施工控制网的建立及竖向传递、现场拼装放线定位、安装用支撑架定位等。项目重点是控制网的建立和传递、钢架地面拼装测量、钢架分片吊装测量。难点在于钢架施工面积大，拼装、安装作业量大；刚架结构安装精度要求高；施工场地上工种多，交叉作业频繁、测量作业过程受干扰多。

2. 测量控制网的布设

工程钢结构施工测量主要为平面测量、标高控制两部分。

（1）平面测量控制网的布设

钢结构安装在土建施工满足预埋件安装条件后进行，整个钢结构结构体系通过预埋件与土建结构形成统一整体。钢结构施工时沿用与土建施工控制网同一的场地坐标系。西南、西北指廊平面均设 5 个控制点，控制点位置如图 18-12、图 18-13 所示，坐标值见表 18-2 和表 18-3。

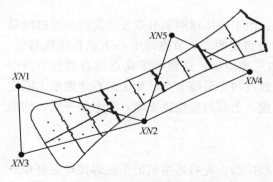

图 18-12 西南指廊控制点网形布设图

西南指廊控制点表 表 18-2

西南指廊控制点坐标		
控制点	纵坐标 X（m）	横坐标 Y（m）
XN1	7572.425	5600.416
XN2	7525.532	5785.469
XN3	7464.148	5603.933
XN4	7607.764	5945.153
XN5	7685.211	5827.529

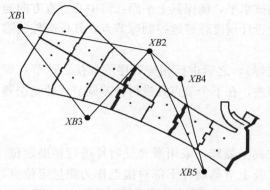

图 18-13 西北指廊控制点网形布设图

西北指廊控制点表 表 18-3

西北指廊控制点坐标		
控制点	纵坐标 X（m）	横坐标 Y（m）
XB1	8108.749	5602.354
XB2	8058.724	5777.477
XB3	7977.441	5698.769
XB4	8015.191	5822.209
XB5	7918.679	5843.787

（2）高程测量控制网的布设

高程控制点的布设与平面测量控制网的控制点相同，即西南、西北每个平面控制点均含有高程。本工程±0.000相当于地面绝对标高24.550m。西南指廊控制点高程和西北指廊控制点高程分别见表18-4和表18-5。

西南指廊控制点高程		表 18-4
控制点	高程（m）	相当于本工程标高（m）
XN1	23.064	−1.486
XN2	23.172	−1.378
XN3	23.059	−1.491
XN4	23.404	−1.146
XN5	22.996	−1.554

西北指廊控制点高程		表 18-5
控制点	高程（m）	相当于本工程标高（m）
XB1	23.493	−1.057
XB2	23.078	−1.472
XB3	23.528	−1.022
XB4	23.190	−1.360
XB5	23.150	−1.400

3. 钢网架施工主要测量方法

高精度的测量和校正使得钢构件安装到设计位置上，满足绝对精度的要求，因此测量控制是保证钢结构安装质量以及工程进度的关键工序。

（1）网架拼装测量

1）拼装测量准备

网架的拼装测量通过全站仪全程监测定位。由于焊接球网架节点安装定位是通过测量节点球中心的三维坐标是否与设计值坐标一致来实现的，而节点球中心不能直接观测到，只能通过测量球中心上方某一面来确定该点的三维坐标，这就要求此点垂直通过节点中心，且到节点的距离大于球的半径。只有垂线通过网壳最高节点球面上的点才能最大限度满足上述条件，为此，特制作一个特殊的钢托盘，上面放置棱镜支座，气泡整平后，均能满足上述要求。

2）网架拼装测量施工

为更好地控制网架拼装精度，定位的先后顺序为：先将待组装的下弦焊接球定好位→再定位下弦杆件→确定竖向腹杆和上弦球→再确定上弦杆和斜腹杆。

将焊接球吊装至就位胎架，测量用配套棱镜通过自制的钢支托安放于焊接球顶部，施工测量过程中，采用水平尺将托盘安放位置调试水平，确保其上平面几何中心垂直方向通过球心。如此测量所得数据在平面位置上可按设计精度较好地控制球节点，其标高控制需注意将测得标高除去球体半径及托盘壁厚。

焊接球在定位准确后需进行临时固定（点焊），之后进行相应顺序的焊接。球节点焊接完成后需再次进行坐标复核，如发现少许误差，在下个节点处进行补差调节，杜绝误差连续累积。

（2）网架安装测量

为了保证测量人员的操作安全减少工人在高空攀爬，采用激光反射片进行辅助定位。根据屋面网架特点，以内侧环形箱形梁对接点及上节幕墙柱下部对接点作为测量定位点，在测量定位点位置贴呈十字交叉宽48mm的透明胶以辅助找准中心点，做好中心线并贴上激光反射片。校正时，通过四条缆风绳及捯链调节网架空间位置并加以固定。

（3）提升的同步控制

屋面采用桅杆群整体提升。在网架吊装时，应保证各吊点起升及下降的同步性，必须采取下列措施、确保吊装同步。

采用电脑控制进行观测，在桅杆处的网架下弦球上贴应变片，通过数据线把数据输送到电脑控制端，总指挥根据汇总的数据调整网架的同步性，悬挂50m的同种钢尺各一把，钢尺一端拴在网架上，一端固定在地面，然后用水准仪对每个钢尺进行观测，在网架吊装的同时网架会将钢尺抽出，观测人员通过观测钢尺的读数向吊装总指挥人员汇报起吊是否同步，以便总指挥及时调整各桅杆的起升速度。

根据《空间网格结构技术规程》JGJ 7—2010 中第 6.6.2 条规定，在网架整体吊装时，应保证各吊点起升及下降的同步性。提升高差允许值（是指相邻两桅杆间或相邻两吊点组的合力点间的相对高差）可取吊点间距的 1/400，且不宜大于 100mm。

（4）整体起升卸载测量监控

钢网架提升后，与地上钢柱高空嵌补杆件安装焊接完成，同时上下节幕墙钢柱对接安装焊接完成后，即可拆除桅杆进行卸载。卸载采用同步卸载，卸载过程中需要全程密切监控测量。

空间网格结构安装完成后，应对挠度进行测量。本工程钢网架屋面为不规则曲面形状，参考《钢结构工程施工质量验收标准》GB 50205—2020 对挠度测量检查数量的要求，网架上下挠点检查数量见表 18-6。

网架上下挠点检查数量　　　　　　　　　　　　　　　　　表 18-6

区域	网架下挠点检查数量	区域	网架下挠点检查数量
西南一区	22	西北一区	22
西南二区	22	西北二区	22
西南三区	3	西北三区	3
西南四区	50	西北四区	22
西南五区	40	西北五区	27

4. 测量质量控制及精度保证措施

（1）测量精度控制标准

1）平面控制施测方法及限差要求

平面加密布设为一级导线。在原有首级控制网的基础之上，超过三个转折点根据实际情况布设为附合导线或闭合导线，特殊情况下布设为支导线。水平角观测两个测回，距离往返两个测回。加密控制网精度要求见表 18-7。

加密控制网精度要求　　　　　　　　　　　　　　　　　表 18-7

项目		精度要求
控制网边长相对中误差	＞100m	≤1/40000
	＞40m，且≤100m	≤1/30000
	≤40m	1/20000
控制网测角中误差		10″

续表

项目		精度要求
相邻点位中误差	测距误差	≤3mm
	测角横向误差	≤2mm

2）高程加密控制方法及限差要求

水准加密施测采用附合水准线路或闭合水准线路，四等水准测量精度。水准点两点间高差中误差不超过±3.0mm；水准尺传递高程每站两次高差较差≤2mm；水准尺和50m钢尺（悬挂5kg重球）两次高差较差≤3mm；水准仪和全站仪配合传递高程，两次高差较差≤3mm。

（2）钢结构安装测量的允许偏差

钢网架结构安装的允许偏差见表18-8。

钢网架结构安装的允许偏差表（单位：mm）   表18-8

项目	允许偏差	检验工具
纵向、横向长度	$L/2000$，且不应大于30.0 $-L/2000$，且不应大于-30.0	用钢尺实测
支座中心偏移	$L/3000$，且不应大于30.0	用钢尺和经纬仪实测
周边支承网架相连支座高差	$L/400$，且不应大于15.0	用钢尺和水准仪实测
支座最大高差	30.0	
多点支承网架相连支座高差	$L_1/400$，且不应大于15.0	

注：1. L 为纵向、横向长度；2. L_1 为相邻支座间距。

（3）测量精度保证措施

1）根据工程施工质量要求高的特点，制定高于规范要求的内部质量控制目标，允许偏差的减少对测量精度提出了更高的要求，因此预配置高精度三维测量系统 Leica TC2003 全站仪，该仪器测角精度 0.5″，测距精度±（1mm＋1ppm/3.0s）进行钢结构安装过程的监控。

2）在工程中所使用的制作和检测工具具有合格有效期和误差范围的标签后方可使用。测量使用的钢尺、仪器首先经计量检定，核对误差后才能使用，并做到定期检校。加工制作、安装和监督检查等几方统一标准，应具有相同精度。

3）根据楼层平面形状与结构型式及安装机械的吊装能力，考虑钢结构安装的对称性和整体稳定性，合理划分施工区域，控制安装总体尺寸，防止焊接和安装误差的积累。

4）标高和轴线基准点的向上投测，一定要从起始基准点开始量测并组成几何图形，多点间相互闭合，满足精度要求并将误差调正。

5）对修正后的钢结构空间尺寸进行会审。如果局部尺寸有误差，应调整施工顺序和方向，利用焊接收缩适量调整安装精度。

第十九章 地下工程测量应用案例

第一节 广州市轨道交通九号线一期工程清塘站土建工程

一、工程概况

清塘站是广州市轨道交通九号线工程第十座车站，东连高增站，西接清布站，为九号线新增车站，需破除其场地范围内已建成的隧道。该站位于迎宾大道与清塘路的交叉路口，有效站台中心里程为 YCK15＋490.000，设计起终点里程 YCK15＋410.000～YCK15＋570.000，总长 160m，为全明挖车站。车站为地下两层 120m 岛式站台车站，标准段宽29.25m，车站为地下两层双柱三跨箱型结构，车站基坑开挖深度约 14.00m，车站共设置4 个出入口，2 组风亭。

工程场地位于迎宾大道与清塘路的交叉路口。南侧为已实现规划的清塘路，北侧为规划的清塘路，未实施，现状为空地，站位西北象限为皇冠假日酒店及居住小区，西南象限是合和新城居住区，东南以及东北象限为空地。

二、关键问题

（1）由于该站为九号线新增车站，工程总工期较长，需要完成 1 座车站及其附属结构4 个出入口和 2 组风亭以及地质补勘、建（构）筑物等工程，测量作业面多，作业量大，为保证测量作业的顺利进行，必须确保各施工阶段测绘基准的统一及测绘成果的准确。

（2）本标段土建工程施工场地范围内土洞、岩溶发育强烈，见洞率为 17%，底板位于砂层，地下水丰富，坑底极易产生流砂、管涌现象，造成基坑不稳定，为保证施工安全顺利进行，必须做好地面监测工作。

（3）由于盾构隧道先于车站完成，后施工的工点必须与其相邻先行施工的工程进行联测，以保证相对位置的准确衔接，故开挖至底板时，需以隧道内控制点为已知点，以CPⅢ 为控制网，采用附和导线方法，加密底板点。

三、方案与实施

1. 平面控制网

根据提供的工程定位资料和测量标志资料，对所移交的导线网、水准网及其他控制点用精密导线方式进行复测，并将测量成果书进行审批。

整个车站经初步测量设计估算后，采用电磁波测距精密附合导线作为平面控制测量方法，测量导线按四等导线精度要求进行。复核交桩控制网布设如图 19-1 所示。

导线测量方法采用左右角法测量，即一个站点上，同时测得前进方向的左角和右角，4 个测回作业，圆周角闭合差≤4″，以确保测量精度。

地面控制导线网尽量利用提供的控制点，适当加设少量导线点，基本上按照线路走向布设，主要以附合导线的方式，必要时增加导线闭合环以利于提高测量精度，增加复核条件，增加各开挖洞口的加密控制点个数和观测检查方向，以及将施工测量的精度结果与测

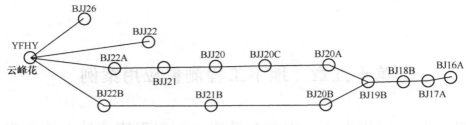

图 19-1　交桩控制网布设图

量成果进行比较。

为了方便施工测量，需要在工地内布设一定数量的加密控制点。测站点的测定以提供的精密导线点或 GPS 点出发，用同等作业精度（精密导线测量），用附（闭）合导线加密作为施工控制网。加密控制点的选取和导线网的具体布设根据现场实际情况进行。

2. 水准控制网

控制点高程复测按国家二等水准测量技术要求进行。精密水准测量以基岩水准点Ⅱ9-18、Ⅱ9-20 为起始基准点，采用徕卡 DNA03 电子水准仪，按国家二等水准测量要求测设附合水准路线。

复测结果与提供的控制点数据进行比较，复测成果与提供的控制点数据较差满足要求。

3. 引测近井导线点

利用批准的测量成果书，由工区精测组以最近的导线点为基点，引测四个导线点至每个端头井附近，布设成闭合导线网。导线测量方法采用左右角法进行测量。测角中误差为±2.5″。

依据《城市轨道交通工程测量规范》GB/T 50308—2017 中的规定，导线的主要技术要求，应符合表 19-1 规定。

精密导线的主要技术要求　　　　　　　　　　　　　　　　表 19-1

导线总长度（km）	平均边长（m）	测角中误差（″）	每边测距中误差（mm）	测距相对中误差	水平角测回数		边长测回数	方位角闭合差（″）	全长相对闭合差	相邻点的相对点位中误差（mm）
					Ⅰ级全站仪	Ⅱ级全站仪	Ⅰ、Ⅱ级全站仪			
3~4	350	±2.5	±4	≤1/60000	4	6	往返测距各2测回	±5$\sqrt{n}$	≤1/35000	±8

4. 引测近井水准点

利用批准的水准网，由工区精测组以最近的两个水准点为基点，将水准点引测至端头井附近，测量等级达到国家二等。每个端头井附近至少布设两个埋设稳定的测点，以便相互校核。二等水准测量观测，技术要求见表 19-2。

二等水准测量技术要求　　　　　表 19-2

等级	水准仪型号	视线长度(m)	每千米高差中误差		前后视距较差(m)	前后视累积差(m)	视线高度(m)	基辅分划读数较差(mm)	基辅分划所测高差之差	闭合差
			偶然中误差 M_Δ	全中误差 M_w						
Ⅱ等	DS1	≤50	±2	±2	≤1.0	3.0	≥0.5	±0.5	0.7	$\pm 8\sqrt{L}$

5. 高程传递

用鉴定后的钢尺，挂重锤 10kg 用两台水准仪在井上下同步观测，高程传递如图 19-2 所示，将高程传至井下固定点。传递高程时，每次应独立观测三测回，测回间应变动仪器高，三测回测得地上、地下水准点间的高差较差应小于 3mm。即高程传递至少进行三次。

传递高程时以闭合水准的方法根据提供的高程控制点Ⅱ9-20、Ⅱ9-21 量测并计算出现场加密高程控制点的高程。

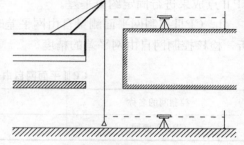

图 19-2　高程传递示意图

6. CPⅢ加密底板导线点

因为清塘站为九号线新加站，地底隧道已推通，后施工的工点必须与其相邻先行施工的工程进行联测，以保证相对位置的准确衔接，所以为了保证车站两头轨道衔接，基坑开挖至底板时，根据已有的地下隧道导线控制点，需对所移交的导线网、水准网及其他控制点用精密导线方式进行复测；并将测量成果报审批；然后根据所交隧道内控制点为已知点，采用 CPⅢ测量导线方式，增加控制点至底板上。

7. CPⅢ控制网测量

（1）CPⅢ控制网平面测量

1）CPⅢ控制网观测

CPⅢ网测点观测采用自由测站边角交会的方法进行。测点对间距一般为 45m 左右，每站以 2×3 对点为测量目标，测量时应保证每个点至少在不同的测站上被测量 3 次。观测距离不超过 180m。

在自由站上测量 CPⅢ的同时，应与靠近线路可利用的 CPⅠ点及 CPⅡ点全部进行联测，纳入网中，CPⅠ或 CPⅡ点应至少在两个自由站上进行联测，有可能时应联测 3 次，联测距离不宜超过 200m。

CPⅢ控制网水平方向应采用全圆方向观测法进行观测。全圆方向观测应满足表 19-3 的规定。

CPⅢ平面网水平方向观测技术要求　　　　表 19-3

仪器等级	测回数	半测回归零差	测回间同方向2C互差	同一方向归零后方向值较差	2C值
0.5″	3	6″	9″	6″	13″
1″	4	6″	9″	6″	13″

CPⅢ平面控制网的主要技术指标应符合表 19-4 规定。

CPⅢ平面网的主要技术指标 表 19-4

方向观测 中误差	距离观测 中误差	相邻点的相对点位坐标 方向中误差	同精度复测 坐标较差
±1.8″	±1.0mm	±1mm	±3mm

2）CPⅢ控制网观测数据处理

a. CPⅢ控制网平面测量数据先采用独立自由网平差，再采用复测合格的 CPⅠ点、CPⅡ点成果进行固定约束平差。

b. CPⅢ控制网平面测量自由网平差时，按表 19-5 的规定对各项技术指标进行统计分析，检核控制网自由网平差的精度。

CPⅢ平面网自由网平差后的主要技术要求 表 19-5

控制网的名称	方向改正数	距离该正数
CPⅢ平面网	±3″	±2mm

c. CPⅢ网平面自由网平差满足要求后，应进行平面约束平差，并按表 19-6 的规定对各项技术指标进行统计分析，检核控制网约束平差的精度。

CPⅢ平面网约束网平差后的主要技术 表 19-6

控制网 的名称	与 CPⅠ、CPⅡ联测		与 CPⅢ联测		方向观测 中误差	距离观测 中误差	点位中 误差	相邻点相对 点位中误差
	方向改正数	距离改正数	方向改正数	距离改正数				
CPⅢ 平面网	±4.0″	±4mm	±3.0″	±2mm	±1.8″	±1mm	2mm	±1mm

d. 区段接边处理。区段之间衔接时，前后区段独立平差重叠点高程差值应≤±3mm。满足该条件后，后一区段 CPⅢ网平差，应采用本区段联测的 CPⅠ、CPⅡ控制点及重叠段前一区段的 1～3 对 CPⅢ点作为约束点进行平差计算，平差后其余未约束的重叠 CPⅢ点前后区段坐标差值应≤±1mm，最后重叠点坐标成果。对于不满足≤±1mm 条件的 CPⅢ点应对其稳定性进行分析，确认点位变化后，坐标采用本次测量成果，并注明"坐标更新"。

（2）CPⅢ控制网高程测量

CPⅢ高程控制网观测采用单程精密水准测量的方法进行；CPⅢ点与上一级水准点的高程联测，应采用独立往返精密水准测量的方法进行。

每一测段应至少与 3 个二等水准点进行联测，并起闭于二等水准基点，形成检核。联测时，往测时以轨道一侧的 CPⅢ水准点为主线贯通水准测量，另一侧的 CPⅢ水准点在进行贯通水准测量摆站时就近观测。

CPⅢ高程控制网精密水准测量的主要技术要求，应符合表 19-7 的规定。

精密水准测量的主要技术标准　　　　　　　　　　　　表 19-7

附合路线长度 （km）	水准仪最低型号	水准尺	观测次数	
			与已知点联测	环线
≤3	DS1	因瓦	往返	单程

精密水准测量精度要求应符合表 19-8 的规定。

精密水准测量精度要求　单位：mm　　　　　　表 19-8

每千米水准测量 偶然中误差 M_Δ	每千米水准测量 全中误差 M_W	限差			
		检测已测段 高差之差	往返测不符值	附合路线或 环线闭合差	左右路线 高差不符值
≤2.0	≤4.0	$12\sqrt{R_i}$	$8\sqrt{K}$	$8\sqrt{L}$	$4\sqrt{K}$

注：1. K 为测段水准路线长度，L 附合或环线的水准路线长度，R_i 为检测测段长度，K、L、R_i 单位为 km，n 为测段水准测量站数；

　　2. 结点之间或结点与高级点之间，其路线的长度，不应大于表中规定的 0.7 倍。

CPⅢ高程网精密水准测量测站的主要技术要求见表 19-9。

CPⅢ高程网精密水准测量测站的主要技术标准　　　　表 19-9

前后视距差 （m）	视线高度 （m）	两次读数之差 （mm）	两次读数所测高差之差 （mm）
≤±2	≥0.3	≤±0.5	≤±0.7

8. 车站施工测量

（1）围护结构施工测量

地下连续墙的地面中心轴线依据蓝图坐标进行放线，放样误差应在±5mm 之内，其内外导墙应平行于地下连续墙，其放样允许误差为±5mm。考虑到连续墙成墙垂直度及墙体变形影响，连续墙外放 8cm；导墙垂直度控制在 1/200 内，以保证导墙顶面平整和定位准确。

（2）基坑开挖施工测量

基坑开挖时，利用场地内加密的导线、水准控制点将平面、高程控制点引到边坡上，随时控制开挖深度与宽度，也便于现场施工员校核，更好地控制开挖。引测到边坡的控制点只能即引即用，下次需要时再重新引测或者复核上次引测的控制点，复核无变化后方能使用。

高程传入基坑底部可采用水准测量方法或光电测距三角高程测量方法。光电测距三角高程测量应对向观测，垂直角观测、距离往返观测各两测回，仪器高和棱镜高量至毫米。

（3）车站主体结构及附属结构施工测量

1）主体结构中线的定位放样：利用监理批准的地面控制点，用全站仪将车站主体的中线放出，将控制点定在基坑上利于保存的地方。还应进行高程传递测量，把标高传递到高于底板设计面处的连续墙上，做好牢固标志。当完成第一块底板混凝土浇筑后，要及时埋设永久中线控制点，以便用来控制各结构的位置及标高。

2) 结构柱的施工：结构柱的钢筋绑扎之前，根据设计图纸计算出所有的结构柱的平面坐标，用全站仪采用极坐标的方法在底板垫层上测设结构柱中心的位置，点位的放样误差≤±10mm，同时测设出柱位控制桩，控制桩的连续一条平行车站主轴线，另外一条垂直车站主轴线，每条线的两侧测设 2 个控制桩。结构柱的垂直度用挂线锤控制。

3) 结构底板、底板的梁、边墙的施工：在垫层上用全站仪采用极坐标的方法测设底板梁和边墙的轴线、起点、拐点、终点，且在轴线的方向上、梁或边墙的两端测设控制桩，在垫层上弹出轴线和模板线，放线的误差≤±10mm。在混凝土浇筑之前复核模板的宽度和位置。模板牢固后、浇筑混凝土之前，利用水准仪将梁或边墙的层面标高测设在模板的内侧上（或测设下返 5cm 的高程控制线）。

4) 顶板梁施工：在模板的安装过程中，及时测设梁的轴线、模板的宽度线和模板高度的控制点，轴线的放线误差≤±10mm，模板宽度的放线误差 5～10mm 之内，高程放线误差在 10mm 之内。

5) 车站预埋件、预留孔洞的定位放样：严格按照图纸尺寸进行测量，精度应满足规范要求。方法是以车站的中线为控制基线，将几何图形墨线、红油漆弹画于底模上。

(4) 人防隔断门安装测量

隔断门安装测量，应根据隔断门施工设计图，并利用铺轨基标及贯通调整后的线路中线控制点，对隔断门中心的位置、轴线及高程进行放样。

隔断门门框中心与线路中线的横向偏差为±2mm，门框高程与设计值较差应不大于3mm，平面放样测量中误差为±1mm、高程放样测量中误差为±1.5mm。隔断门导轨支撑基础的高程应采用水准测量方法测定，其与设计高程的较差应不大于 2mm，高程放样测量中误差为±1mm。

(5) 车站站台及屏蔽门安装测量

车站站台测量应包括站台沿位置和站台大厅高程测量。测量工作根据施工设计图和有关施工规范的技术要求进行。

车站站台沿测量应利用车站站台两侧铺轨基标或线路中线点测设，其与线路中线距离允许偏差为 0～3mm。站台大厅高程应根据铺轨基标或施工控制水准点，采用水准测量方法测定，其高程允许偏差为±3mm。车站屏蔽门安装应根据施工设计图和车站隧道的结构断面进行，并应利用站台两侧的铺轨基标或线路中线点放样屏蔽门在顶、底板的位置，其实测位置与设计较差不应大于 10mm。

第二节　北京轨道交通昌平线二期十标施工测量方案

一、工程概况

1. 工程范围

工程范围包括昌平新区站、昌平新区站～南邵站区间土建工程、安装工程（构件预埋、孔洞预留）、装修工程、降水工程等。工程所处位置见图 19-3。

2. 工程规模

昌平新区站、昌平新区站～南邵站区间土建工程、装修工程、安装工程（构件预埋、

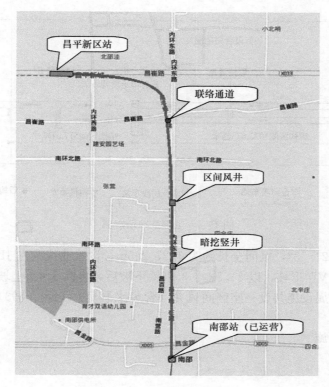

图 19-3　工程位置图

孔洞预留)、降水工程、站前广场、专项工作、总负责及协调配合等。

(1) 昌平新区站

昌平新区站位于崔昌路和昌平东扩内环西路的交叉口处,车站沿崔昌路路中设置,位于道路交叉口西侧。站位附近无建筑物,道路两侧规划有城市绿化带。昌平新区站为 12m 岛式站台车站,车站主体结构采用地下两层三跨双柱矩形框架结构。本车站共设 4 个对外出入口及两座风亭。如图 19-4 所示,车站中心里程 K8+472,设计起点里程 K8+355.3,设计终点里程为 K8+544.7,车站主体长 189.4m。车站大、小里程端均设盾构井。车站内设有铺轨基底吊装孔,此吊装孔长度约为 28m。总建筑面积 12802.6m²,其中主体建筑面积 8025.1m²;出入口、风道建筑面积 4777.5m²。

(2) 昌平新区站~南邵站区间

昌平新区站~南邵站区间自昌平新区站至昌平一期终点,与一期预留暗挖区间接口相接:区间沿内环东路呈南北走向,到达昌崔路呈东西走向到达昌平新区站。其中,区间风井以北,采取双线盾构法施工,为单圆断面;区间风井以南区间段采用矿山法施工,为单洞单线马蹄形断面。沿线较为空旷,盾构隧道覆土厚度为 10~18m。

如图 19-5 所示,右线平面布置上隧道设计起止里程为 K8+544.7~K10+150.373,区间全长约为 1605.673m,设置曲线为右 JD14 ($R=420m$);纵断面布置上为 "V" 形坡,以 22‰、3.2‰下坡后,再以 6.4‰上坡。

左线平面布置上隧道设计起止里程为 K8+544.7~K10+150.373,其中 K9+

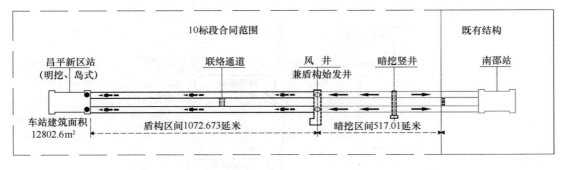

图 19-4　工程范围示意图

292.582 设置长链 21.582，区间全长约为 1627.255m，设置曲线为左 JD16（R＝440m）；纵断面布置上为"V"形坡，以 21.2‰、3.16‰下坡后，再以 6.4‰上坡。

本盾构区间附属设施共设一座区间风井（含废水泵房）（K9＋593）、一座联络通道（K9＋143.45）。

二、方案与实施

1. 控制测量

（1）平面控制

1）交接桩位复核

复核根据提供的（D[C2]01～D[C2]10；BM[C2]01～BM[C2]04）导线控制点进行。使用仪器徕卡"1201＋"全站仪及配套光学对中觇牌，外业要求水平角观测 4 测回，每测回间较差小于 3′，距离正倒镜往返观测。以 D[C2]01、D[C2]02、D[C2]9-1、D[C2]10 作为已知点，测算 D[C2]03～D[C2]09 点坐标。经复核计算，复测值与已知值之差小于规范要求的最小误差，符合规范要求，可以使用。

2）加密导线

① 选定施工控制点。依据地面控制点把施工控制点传递至车站基坑或井下。控制点的选择以不影响班组的正常施工为前提，要求点位稳定可靠，视线要好。对于基坑和井门附近的平面点，一般选择在基坑和井口边沿，利于观测保护的地方；对于洞内平面点，通常选择在人行道对侧，特殊需要也可布在人行道一侧。对于井口附近的高程点，一般选在井底角落上；对于洞内高程点，则选在人行道对侧与轨道高度相当的衬砌上。

② 利用已知地面导线点建立平面控制网，导线测量采用徕卡："1201＋"全站仪，方向观测 4 测回，测角中误差±2.5″，测距 4 测回，双向观测，测距相对中误差 1/60000，全站仪观测时设定温度、气压进行改正，并对观测结果进行严密平差。

③ 利用已知的平面控制网，测设一条附合在精密导线点上的明挖基坑地面趋近导线。地面趋近导线点的埋设与观测精度同地面平面控制网并设置固定标志，采用边角三角形引测至少三个导线点至每个基坑附近，布设成三角形，形成闭合导线网，然后再向明挖基坑下传递测设。如图 19-5 所示为昌平新区站导线控制点传递示意图。

④ 在隧道区间地面趋近导线测设至竖井的平面过渡点不超过两个，必须为固定观测

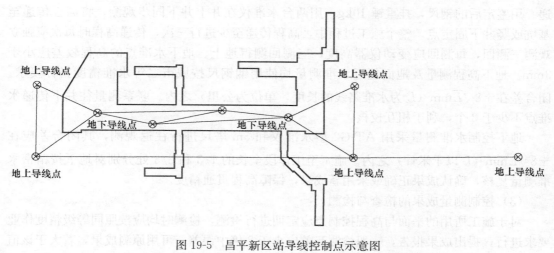

图 19-5　昌平新区站导线控制点示意图

平台，相邻点垂直角≤±30°。地下起始导线点由地面导线点传递至井下，需进行联系测量，即将地面坐标方位传递到地下。

车站明挖基坑向隧道内传递坐标点（不少于两个、可利用明挖结构底板进行水平基点埋设），是从基坑边向基坑内采用导线测量的方法进行定向，如图 19-6 所示；定向测量拟利用有双轴补偿的全站仪，要求其垂直角小于 30°，导线定向的距离必须进行对向观测，定向边中误差应在±2.5″之内。

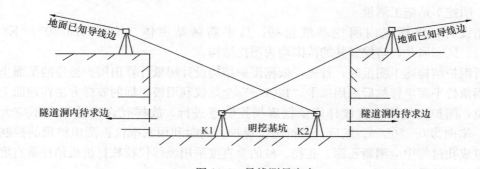

图 19-6　导线测量定向

（2）高程控制

1）利用施工区域附近已知的高级水准点，布设二等水准路线，将高程引测至车站基坑或竖井施工现场，并布设施工高程控制网。

2）水准测量采用徕卡 DNA03 型精密水准仪配合钢钢尺进行，往返观测。水准路线的闭合差限差为±8$\sqrt{L}$mm（L 为水准路线的长度，单位为公里）。

3）车站基坑和竖井施工时的高程测量控制，利用附合或增设的水准基点，在附近增设一条趋近水准线路，基坑内同样增设一条趋近水准线路，按精密水准测量要求采用在井内悬吊钢尺的方法把高程引测到车站基坑或竖井内，通过车站基坑、竖井和地面上的水准基点对车站结构和区间隧道进行高程测量控制。

先将地面高程传递到近井水准点上，然后在车站基坑或竖井内悬吊钢尺进行高程传递。用鉴定后的钢尺，挂重锤 10kg，用两台水准仪在井上井下同步观测，将高程传递至基坑或竖井下固定点。整个施工过程中，高程传递至少进行三次，传递高程时每次应独立观测三测回，每测回应变动仪器高度，三测回测得地上、地下水准点的高程较差应小于 3mm。地下高程测量及地面趋近水准测量均使用钢钢尺按城市二等水准精度指标要求。闭合差在 $\pm 8 \sqrt{L}$ mm（L 为水准路线的长度，单位为公里）之内。联系测量往井下传递水准点不少于 3 个，利于相互校核。

地下控制水准测量采用 AT-G2 型水准仪和 5m 塔尺进行往返观测，其闭合差应在 $\pm 8 \sqrt{L}$ mm（L 以千米计）之内。施工至工作段全长的 1/3 和 2/3 处分别对地下按精密水准测量复核，确认成果正确或采用新成果，保障高程贯通精度。

（3）控制测量成果的检查与检测

对于施工所用的平面与高程控制点应定期进行检测，检测时均应按照同等级精度作业要求进行，提出成果报告，一般检测互差应小于 2 倍中误差，可用原测成果，若大于该值或发现粗差，应采取专项检测来处理。

检测地上导线点的坐标互差 $\leqslant \pm 12$mm；地下导线点的坐标互差在近井点附近 $\leqslant \pm 16$mm、在贯通面附近 $\leqslant \pm 25$mm；检测地上高程点的高程互差 $\leqslant \pm 3$mm；地下高程点的高程互差 $\leqslant \pm 5$mm；检测地下导线起始边（基线边）方位角 $\leqslant \pm 16''$；检测相邻高程点误差 $\leqslant \pm 3$mm；检测导线边的边长互差 $\leqslant \pm 8$mm；检测经竖井悬挂钢尺传递高程的互差 $\leqslant \pm 3$mm；对影响隧道横向贯通的检测误差应严格控制。

2. 施工测量

（1）明挖车站施工测量

根据设计，该标段内明挖基坑包括：昌平新区站主体（K8＋355.300～K8＋544.700）、区间风井、暗挖竖井的范围均为明挖结构。

进行围护结构施工测量时，首先，依据围护结构设计图纸计算出围护桩位的平面坐标或结构拐角处平面坐标然后采用徕卡"1201＋"全站仪利用极坐标的放样方法在地面上施放出桩位，围护桩地面位置放样应依据现场控制点进行，放样允许误差纵向不应大于 100mm、横向为 0～50mm；然后，进行桩位保护，同时利用水准仪操测出桩顶的控制标高线。桩成孔过程中应测量孔深、孔径。桩的垂直度采用经纬仪校核打桩机钻杆垂直度来保证成孔桩位的垂直度。

1）车站结构施工

应首先将控制轴线投到结构底板上，依据控制轴线，放样出车站结构柱的中心位置，再依据结构柱放样车站其他部位结构尺寸。高程应采用联系测量方法传递到结构底板上，并做好固定点，作为车站结构施工高程控制依据。

2）结构柱的施工

结构柱的钢筋绑扎之前，根据设计图纸计算出所有的结构柱的平面坐标，用徕卡"1201＋"全站仪采用极坐标的方法在底板垫层上测设结构柱中心的位置，点位的放样误差 ± 5mm，同时测设出柱位控制桩，控制桩的连线一条平行车站主轴线，另外一条垂直车站主轴线，每条线的两侧测设 2 个控制桩。结构柱的垂直度用两台经纬仪控制，经纬仪安放在控制桩上，待模板牢固后复核模板的中心位置和垂直度，防止结构柱发生位移和倾斜现象。

3）结构底板、顶板的梁、边墙的施工

在垫层上使用徕卡"1201＋"全站仪采用极坐标的方法测设底板梁和边墙的轴线、起点、终点、拐点，且在轴线的方向上、梁或边墙的两端测设控制桩，在垫层上弹出轴线和模板线，放线的误差应为0～5mm。在混凝土浇筑之前复核模板的宽度和位置。模板牢固后、浇筑混凝土之前，利用水准仪将梁或边墙的层面标高线测设在模板的内侧上（或测设下返5cm的高程控制线）。

顶板梁施工在模板的安装过程中，及时测设梁的轴线、模板的宽度线和模板高度的控制点，轴线的放线允许误差为±5mm，模板宽度的放线允许误差为15mm之内，高程放线允许误差为0～10mm。

4）高程放样

结构施工的高程放样以水准点为依据，进行细部的测量放线工作。在施工测量中，按照施工习惯和方便操作，高程位置一般标注在设计高程的50cm以上位置，俗称"50线"其高程测量允许误差为0～＋10mm。

（2）暗挖施工测量

1）车站暗挖施工测量

根据设计，车站南侧C、D号出入口、暗挖区间（K9＋600.9～K10＋150.373）为暗挖施工。暗挖施工测量一是可以利用明挖基坑已投测的水平基点引伸进洞，结构底板施作完成后，重新恢复线路中线，作为暗挖隧道施工引伸测量的依据。二是采用从竖井做联系测量的方法投测控制点作为暗挖施工引伸测量的依据。

从地面近井点向地下采用吊钢丝的方法进行施测，利用经检验合格的地面控制点将方位传递到钢丝 L_1、L_2 上。地面坐标方位的传递和联系导线测量均按精密导线测量的精度进行，该测量使用仪器为徕卡"1201＋"全站仪。外业要求水平角观测四测回，每测回间较差小于3″，距离正倒镜往返测。距离观测时每条边均往返观测，各两测回，每测回读数两次，并测定温度和气压，现场输入全站仪进行气象改正，仪器的加乘常数也同时自动改正。

用全站仪做边角测量，竖井定位时，可在井口预先架设一个牢固的框架，在框架合适的部位固定两根钢丝 L_1、L_2。钢丝底部悬挂重锤并使重锤浸入设置在井底相应部位的油桶内，重锤与油桶不能接触。钢丝在重锤的重力作用下被张紧且由于桶内油的阻尼作用能较快地处于铅垂位置。因此，钢丝上任意一点的平面坐标均相同，起到了传递坐标的作用。

经过井上井下联系三角形的解算，将地面控制点的坐标和方位角通过投影点 L_1、L_2 传递至井下的导线点 B_1、B_2。

利用附合或增设的水准基点，在地面附近增设一条趋近水准线路，明挖基坑或竖井内同样增设一条趋近水准线路或水准点，按精密水准测量要求采用在明挖基坑或竖井内悬吊钢尺的方法把高程引测到明挖基坑或竖井内，通过明挖基坑或竖井内的水准基点对暗挖施工进行高程测量。

2）暗挖区间施工测量

本标段暗挖区间工点为：昌平新区站～南邵站区间风井以南至一期终点。

区间暗挖施工同样依据竖井或车站内已做好的地下导线控制点进行隧道导洞中线放样。导洞开挖控制依据隧道的设计中线数据反算出各导洞里程点的中线坐标，再用全站仪施放出控制线；同样安装激光指向仪来控制开挖尺寸及架立格栅支撑。

当隧道每掘进 30～50m 时应重新测定中线点和高程控制线，测定后应进行检查。当曲线隧道施工时应视曲线半径的大小、曲线长度，合理选择切线支距法或弦线法来测设，并定期对激光指向仪的精度进行校核，精度要求达到±3mm。上层边孔拱部和下层边孔两侧各开挖到 100m 时，需进行上下层边孔的贯通测量，贯通中误差为±30mm。贯通测量后必须进行上下导洞的中线调整并标定出各层的中线点和特征点。

开挖过程高程控制同样可以依据激光指向仪的激光线来随时量测开挖的标高，同时可以利用地下已做好的水准控制点和水准仪，按照隧道设计坡度，在各导洞内按照施工方便操作直接超测好高程控制线。达到复核开挖尺寸、架立格栅的精度要求，其测量允许误差为±20mm。

（3）盾构区间施工测量

本标段的盾构区间工点为：（昌平新区站～南邵站区间）。昌平新区站至明挖风井。

1）洞内平面控制点测量

洞内控制导线点应布设在隧道的两侧衬砌环片上，交叉前延。在通视条件允许的情况下，每 150m 布设一点。以竖井定向建立的基线边为坐标和方位角起算依据，观测采用全站仪进行测量，测角四测回（左、右角各两测回，左、右角平均值之和与 360° 的较差应小于 4″），测边往返观测各 2 测回。

2）洞内高程控制测量

洞内高程测量以竖井高程传递水准点为起算依据，采用二等精密水准测量方法和±8mm 的精密要求进行施测。

3）盾构机姿态和成型环片的测量

盾构掘进时为优化掘进参数需对盾构机姿态和成型环片进行测量。由于选配了较先进的 SLS-T 测量导向系统，盾构推进测量以 SLS-T 导向系统为主，辅以人工测量校核。该系统主要组成部分有 ELS 靶、激光全站仪、后视棱镜、工业计算机等。盾构机掘进的过程中 SLS-T 导向系统能够适时测出盾构机的瞬间姿态，盾构机司机可根据显示的偏差及时调整盾构机的掘进姿态，使得盾构机能够沿着正确的方向掘进。为了保证导向系统的准确性、确保盾构机沿着正确的方向掘进，需周期性地对 SLS-T 导向系统的数据进行人工测量校核。

3. 竣工测量

本工程的竣工测量内容包括：车站主体结构和区间隧道、区间风道等的结构横断面、平面位置、高程、结构尺寸等。测量仪器选用徕卡全站仪"1201＋"精度为 1′ 的仪器进行断面测量。

（1）竣工测量的要求

a. 结构横断面以贯通平差后的施工平面和高程控制点及线路的中线点位为依据，按照设计或施工程序进行。直线段每 6m、曲线段每 5m 测量一个横断面和底板高程点。在结构横断面变化处加测断面。

b. 结构横断面里程中误差为±50mm，高程测量中误差为±10mm。

c. 底板纵断面的高程点可以直接使用不低于 DS3 级的水准仪测量，里程中误差为±50mm、高程测量中误差为±10mm。

（2）隧道贯通的误差控制

由于地面控制测量、洞内控制测量以及施工放样中的误差等诸多因素的影响，将会使隧道两相对开挖面的施工中心线在贯通面处不能理想地衔接而产生错开。这种施工中心线在贯通面处产生错开的现象称为隧道施工的贯通误差。

隧道的贯通误差沿线路中心线方向的投影长度为纵向贯通误差 ΔL；在垂直于线路中心线方向的投影长度称为横向贯通误差 ΔQ；在铅垂面上投影的长度称为高程贯通误差 ΔH。

由于直线型或近于直线型的隧道，纵向贯通误差仅影响它的中心线长度，对隧道两相对开挖面产生的贯通影响不大。高程贯通误差影响着隧道的坡度和比降，在施测时利用精密水准测量后，能比较容易地保证高程方面的贯通要求。在隧道施工中对工程质量影响最为重要的是横向贯通误差，尤其是在边开挖边衬砌的隧道施工中，横向贯通误差太大会引起隧道净空面的缩减，影响运行车辆的行驶，所以隧道修建中，横向贯通误差的大小必须进行控制。

本标段，隧洞的贯通误差为 $\pm 50\text{mm}$，即 $M = 50\text{mm}$，故 $m_{\text{q}} = \pm 22.5\text{mm}$，即地面控制，每一个洞内开挖中的测量误差以及每一个竖井定向误差在隧洞贯通面上的影响均不得大于 22.5mm。

（3）地面和地下平面、高程控制点的复测

a. 地面精密导线点和水准点，每月须进行一次复测。根据高级控制点复测调整成果，修正坐标，及时对地面控制点进行复测修正。

b. 趋近导线测量地面至地下坐标及高程传递测量，地下施工控制导线和控制水准点须随地面控制测量同步进行复测调整。

c. 由于地下控制点受土体影响较大，易于变动，当发现地下控制点发生变动时，须随时加强复测调整。

第二十章　变形监测应用案例

第一节　工人体育场改造复建工程基坑监测及主体沉降观测

一、工程概况

1. 工程项目概况

本工程的拟建场地位于北京市朝阳区工人体育场内，地处东二环与东三环之间，距离东二环、东三环分别约为800、950m，如图20-1、图20-2所示。场地北侧为工人体育场北路（地下有在施的北京地铁3号线），场地东侧为工人体育场东路（地下有在施的北京地铁17号线）及在施的爱乐乐团项目，场地南侧为人工湖（内含富国海底世界），场地西侧为工人体育场西路，人工湖及爱乐乐团项目现场周边情况如图20-3所示。

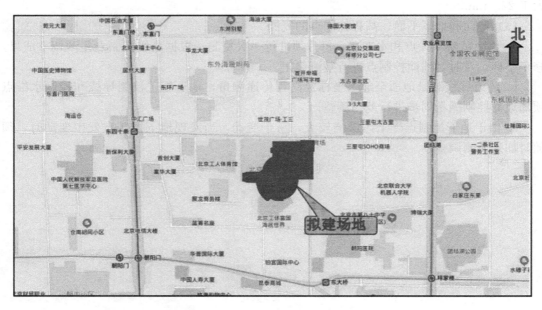

图 20-1　工程场区地理位置示意图

本项目规划总用地面积147130m²，其中建设用地面积147130m²，总建筑面积约385000m²，其中地上建筑面积107000m²，地下建筑面积278000m²。体育场（场芯）部分地上6层，建筑高度为26.69m（罩棚最高点高度47.3m）。项目建设拟分两期进行，本监测设计为一期的基坑支护及地下水控制设计，本次设计暂不考虑场地东北角邻地铁部分基坑支护设计，该部分目前为地铁施工临时占用场地范围。

本项目±0.00=40.60m，场地地面平均标高南侧按39.00m考虑，邻近爱乐基坑范围按39.27m考虑，东侧及一期工程北侧按39.60m考虑，一期工程西侧暂按39.60/

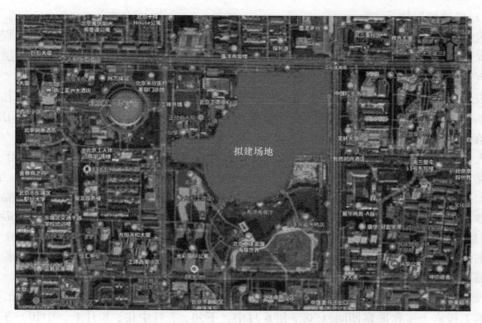

图 20-2　工程场地及周边环境遥感影像图

(a)

(b)

图 20-3　周边环境现场照片

(a) 人工湖；(b) 在施的爱乐乐团项目

40.00m 考虑，基坑槽底标高主要为 26.10m（场芯地下 2 层部分）/21.80m（配套车库地下 3 层部分），基坑开挖断面深度约 23.52m。

2. 工程地质、水文地质概况

（1）工程地质条件

1）地形及地物条件

工程场地现状地形基本平坦，现状地面建筑为现状北京工人体育场及周边配套用房。目前既有建筑未完成拆除，主要包括旧场馆、房屋、树木、内部道路、绿地等，部分建筑物设有地下室或者外扩地下室，勘察期间实测的勘探孔孔口处地面标高为 38.61～39.80m。场地附近及现状路上地下管线密集，施工前应进一步查明场地内地下管线及场地周边地下设施的分布情况，并充分考虑其可能对设计、施工带来的不利影响。

2）场地地层描述

根据对现场钻探、原位测试与室内土工试验成果的综合分析，将本工程岩土工程勘察勘探深度范围内（最深 52.00m）的地层，按成因类型、沉积年代划分为人工堆积层和第四纪沉积层两大类，并按岩性及工程特性划分为 11 个大层及亚层，具体分述如下：

表层为人工堆积之勘探揭示厚度为 0.80～5.60m（局部 X119 号和 X122 号钻孔附近可达 6.00～7.60m）的黏质粉土填土、粉质黏土素填土①层及房渣土、碎石填土①$_1$ 层，人工填土层局部含生活垃圾。

人工堆积层以下为第四纪沉积的砂质粉土、黏质粉土②层，粉质黏土、黏质粉土②$_1$ 层，黏土、重粉质黏土②$_2$ 层及粉砂②$_3$ 层；细砂、中砂③层；圆砾、卵石④层，细砂、中砂④$_1$ 层及黏土④$_2$ 层；黏土、重粉质黏土⑤层，粉质黏土、黏质粉土⑤$_1$ 层，黏质粉土、砂质粉土⑤$_2$ 层及细砂、中砂⑤$_3$ 层；中砂、细砂⑥层；卵石、圆砾⑦层及细砂、中砂⑦$_1$ 层；粉质黏土、黏质粉土⑧层，黏土、重粉质黏土⑧$_1$ 层，黏质粉土、砂质粉土⑧$_2$ 层及细砂、中砂⑧$_3$ 层；卵石⑨层，中砂、细砂⑨$_1$ 层；黏土、重粉质黏土⑩层及粉质黏土、黏质粉土⑩$_1$ 层，中砂、细砂⑪层。

（2）水文地质条件

本工程岩土工程勘察期间（2020 年 6 月中、下旬、7 月中旬、8 月上、中旬）于钻孔中 40m 深度范围内实测到 3 层地下水。各层地下水类型及钻探期间实测水位情况参见表 20-1。

勘察钻孔内地下水水位量测情况一览表　　　　　　　　　　　表 20-1

地下水序号	地下水类型	地下水稳定水位（承压水侧压力水头）	
		埋深（m）	标高（m）
第 1 层	层间水	14.80～16.80	22.71～23.91
第 2 层	潜水—承压水	29.00～31.70	7.01～9.77
第 3 层	承压水	34.10～35.70	3.67～4.92

本工程勘察期间揭露的第 2 层地下水为潜水～承压水，其赋存土层主要为第 6 大层的中砂、细砂层及第 7 大层的卵石、圆砾层，该层水受周边建设工程施工降水影响，水位下降较大。在周边建设工程施工完成后或地下水补给充足时，该层地下水有充满上述含水层的可能，且具有一定的承压性，基坑支护设计和施工时，要充分考虑其产生的不利影响，必要时采取合理的处理措施。

3. 基坑周边环境

（1）周边建（构）筑物

本项目一期基坑开挖范围邻近的周边建（构）筑物较多，主要可能影响的建筑物介绍如下：

a. 一期工程西北段，最近的已建建筑距支护内侧约 8.3m，2 层结构，基础形式及埋深未知，无地下室；其南侧有一栋 1～4 层结构的建筑，有地下室，地下室底板高程为 36.06m，距支护结构桩内侧最近约 19.00m；

b. 一期工程南侧东段有一栋 1～2 层已建建筑，距支护结构桩内侧最近约 6.80m；其南侧有一座变电站，1 层结构，距支护结构桩内侧最近约 9.20m；

c. 一期工程东侧有一座能源站距本项目支护桩内侧约 9.60m；

d. 本项目东南侧邻近正在施工的爱乐乐团项目基坑，基坑底标高为 24.37m，南段支护桩内侧距爱乐基坑边 3.2～5.3m，爱乐已施工支护桩桩长 19.5m/20.0m；东段支护桩内侧距爱乐基坑 7.90～16.80m，爱乐已施工支护桩桩长 17.0m/19.5m/20.0m。

（2）周边道路及管线

本项目基坑周边环境复杂，北侧邻近工人体育场北路，东侧邻近工人体育场东路，西侧邻近工人体育场西路，涉及的管线繁多，有市话管线、上水管线、电力管线、热力管线、天然气管线、污水管线、雨水管线、热力管沟等。

（3）临近人工湖

本项目南侧邻近人工湖，支护桩内侧距湖最近约 5.3m，人工湖湖底标高 34.01～35.81m（可量测范围内），淤泥厚度约 1m，湖底以下有 0.5～0.6m 的三合土回填。

（4）邻近地铁情况

本项目北侧邻近地铁 3 号线及其附属结构，东侧邻近地铁 17 号线及其附属结构，3 号线走向为东西方向，17 号线走向为南北方向，本次设计主要涉及地铁的关系如下：

a. 地铁 3 号线及 17 号线的联络线从本项目一期工程东北角斜穿而过，北低东高，其中在 3 号线的 1A 横通道位置，联络线轨顶标高为 4.003m，在 17 号线的 2B 横通道位置，联络线轨顶标高为 10.721m。本次基坑支护范围内，一期工程暂拟定施工退让线（即支护桩内侧）距联络线最近约 27.60m，联络线轨顶标高低于 4.003；东侧地下室结构距联络线最近约 8m，联络线轨顶标高不高于 10.721m。

b. 地铁 3 号线的 1 号施工竖井及横通道：1 号竖井距本次开挖一期工程暂拟定施工退让线（即支护桩内侧）最近约 24.00m，竖井底标高为 2.441m；1A 横通道距本次开挖一期工程暂拟定施工退让线（即支护桩内侧）9.43～25.23m，横通道初支顶标高为 25.213m。

c. 地铁 17 号线的 2 号施工竖井及横通道：2A 横通道局部穿过本次基坑开挖支护范围，横通道底标高为 7.562m，其中北段的横通道初支顶标高为 18.422m，南段的横通道初支顶标高为 21.362m。

二、关键问题

工人体育场为重点地标工程，确保主体和结构的施工安全、施工质量和施工进度是项目管理的重中之重。在施工阶段对该超大型项目进行监测是保证项目施工的重要手段，工人体育场项目基坑深度达到 23m，位于市中心位置，周围高层建筑较多，且紧邻规划的地铁线路。为促进工程的系统化、规范化，最大限度地规避风险，为工程建设提供安全保障服务。在主体结构施工及使用过程中对建筑物主体结构实施独立、公正的沉降观测，及时获取结构施工（加载）期间建筑物主体的沉降变形，并延续至建筑物竣工，直至投入使用。沉降观测成果可作为建筑物使用性能评价的依据，为建筑物施工及运维安全管理提供技术依据及数据支持。

三、方案与实施

1. 监测设计

（1）监测项目及对象

1）基坑监测

本工程对基坑自身支护结构体系和基坑施工影响范围内的道路、地表环境等实施现场监测。监测项目为以下几项内容：

  a. 支护结构顶竖向位移监测；

  b. 支护结构顶水平位移监测；

  c. 深层水平位移监测；

  d. 锚杆拉力监测；

  e. 地下水位监测；

  f. 周边道路地表及管线监测；

  g. 周边建构筑物监测。

2）建筑物主体结构

对建筑物主体结构进行沉降监测。

（2）监测变形控制标准

  a. 桩/坡顶水平位移、竖向位移监测。桩/坡顶水平位移、竖向位移控制值为：一级基坑 $2‰h$，二级基坑 $4‰h$，三级基坑 $6‰h$；报警值为控制值的 80%（h 为监测点处基坑开挖深度），且不得超过《建筑基坑工程监测技术标准》GB 50497—2019 规定的数值。

  b. 支护桩深层水平位移监测。监测控制值为 $3‰h$（一级基坑）或 $4‰h$（二级基坑）（h 为监测点处基坑开挖深度），变化速率为 3mm/d，报警值取控制值的 80%。

  c. 锚杆拉力监测。预应力锚杆拉力监测控制值为：不小于 0.65 倍锚杆预应力锁定值或不大于锚杆轴向拉力设计值。

  d. 地下水位。监测控制值为 1000mm，变化速率为 500mm/d，报警值取控制值的 80%。

  e. 坑外地表竖向位移监测。监测控制值为 $2‰h$（一级基坑）或 $4‰h$（二级基坑）（h 为监测点处基坑开挖深度），变化速率为 3mm/d，报警值取控制值的 80%。

  f. 管线及建、构筑物监测。基坑周边的管线及建（构）筑物的监测报警值应根据其原设计单位、产权单位或主管部门要求确定，如其无具体规定的，可参考北京市标准《建筑基坑支护技术规程》DB 11/489—2016。

  g. 周边其他监测。基坑周边的地铁结构监测项目、监测点的布置、监测方法、监测频率及监测预警值应与有关管理部门或单位协调确定。

2. 现场监测方案

本工程的部分监测点平面位置如图 20-4 所示。

（1）沉降监测

1）水准控制网的布设

水准网由基准点和工作基点构成，根据工程周边待监测对象的分布密度、风险等级以及施工现场的具体情况分级埋设基准点和工作基点。根据相关规范规定："每一测区的水准基点不应少于 3 个"，除考虑到水准基点的稳定性、长期性、使用方便的特点之外，还必须选择在沉降区以外。

本工程整个工程的水准网采用环路形式布网，水准网由水准基点、工作基点和变形监测点构成。高精度水准网用于整个监测区域垂直位移的变形监测，包括支护结构、周边道路、管线及道路、地表沉降监测。

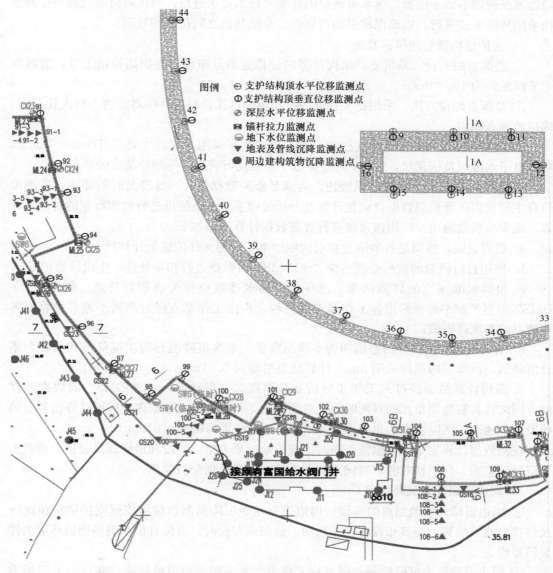

图 20-4 本工程监测点（部分）平面图

① 水准基点的布设。根据相关规范要求，结合场地条件，拟于现场布设混凝土基本水准标石或浅埋钢管水准基石，如有符合规范要求的稳定建（构）筑物，亦可设置为建（构）筑物式水准基点。

② 工作基点的布设。工作基点是每次监测工作的直接出发点，因此，工作基点的选取原则是要保证监测的便利性和稳定性，所以工作基点一般选在相对稳定的地段，每个测区不少于 3 个。本工程工作基点采用浅埋式或永久建（构）物式工作基点。永久建（构）筑物式工作基点应在施工影响范围以外已稳定的建（构）筑物上安设，并采取保护措施，确保观测数据的连续性。

③ 水准基点联测。水准基点联测按照国家一等水准测量的标准及技术要求进行，沉

降监测点按照不低于国家二等水准测量的标准及技术要求进行。每次对监测点的高程测量均采用环路方式进行，以确保成果的可靠性。水准基点之间每次均联测。

2）支护结构顶竖向位移监测

① 监测点的布设。基坑支护结构顶竖向位移监测点布设于支护结构顶上方，监测点水平间距约为 10～20m。

② 监测点埋设方法。采用钻头在支护结构顶部打孔，利用手锤将监测点打入孔洞内，确保监测点稳定。

③ 沉降监测技术方法及精度控制。本工程观测所采用的仪器主要是 Trimble Dini 03 精密电子水准仪及铟瓦尺，Trimble Dini 电子水准仪可满足一等测量精度的要求。

④ 沉降观测数据分析及成果表述。为满足监测数据量大、处理及时的要求，监测单位自主研发出沉降监测数据自动化计算及分析处理系统，系统可进行监测数据的自动化计算、成果分析及输出。应用该系统进行观测数据计算步骤如下：

a. 观测完成，将满足各项限差要求的原始电子观测文件传输至计算机；

b. 使用自行研制的数据处理系统"SODMS"对数据进行初步处理，生成原始记录；

c. 根据水准基点的联测结果，选择稳定的水准基点作为高程起算点，使用"SODMS"通过严密平差推算出各工作基点的高程，再由工作基点经过严密平差后推算出各观测点的本次高程值；

d. 前后两次观测高程的差值即为本次沉降值，本次沉降值与历次沉降值和值即为累计沉降值，沉降值的单位采用 mm，计算结果精确到 0.01mm；

e. 高程计算结果经过人工初步分析和数据筛选，自动输入"SODMS"的数据库存储，同时将各被监测单元的观测时间、观测时的工程进度输入数据库，即可计算出各点的阶段沉降速率，沉降速率的单位采用 mm/d，计算结果精确到 0.01mm/d。

观测数据计算完毕，根据需要随时生成原始成果表格、阶段和最终成果表格、观测点下沉量一览表、代表性观测点时间下沉曲线等，以备数据分析使用。

3）周边道路地表沉降监测

① 周边道路地表监测点的布设。周边道路地表沉降监测点位置依据支护结构顶沉降及位移监测点位置，与其布设在同一断面。监测点布设时，点位宜根据现场周边环境条件灵活布设。

② 周边道路地表沉降监测点埋设技术要求。本工程周边道路地表监测点拟采用标准式设点方法（具体监测点型制宜根据现场条件确定）。

沉降监测技术方法及数据成果表述同支护结构顶竖向位移监测。

4）地下管线沉降变形监测

① 监测控制网的布设。水准基点及工作基点的布置原则及埋设方法同道路及地表沉降监测。地下管线沉降监测点按施工设计图纸设计，在受施工影响的地下管线布设，布设基本原则为：

a. 重点监测煤气管线、给水管线、污水管线、大型的雨水管等管线；

b. 布置测点时要考虑地下管线与地铁洞室的相对位置关系，对于隧道下穿范围内的管线，监测点则布设在对应管线的管顶之上，其他情况时则在管线对应的地表上布设测点；

c. 测点宜布置在管线的接头处，或者对位移变化敏感的部位；

d. 根据设计图纸要求，有特殊要求的管线布置管线管顶测点，无特殊要求的布置在管线上方对应地表位置，结合地表沉降点布设。

② 地下管线监测点的埋设要求。地下管线监测点的埋设主要有遵循以下要求：

a. 有检查井的管线应打开井盖直接将监测点布设到管线上或管线承载体上；

b. 无检查井但有开挖条件的管线应开挖暴露管线，将观测点直接布到管线上；

c. 无检查井也无开挖条件的管线可在对应的地表埋设间接观测点。

③ 观测技术方法及精度控制。地下管线的沉降监测观测方法、采用的仪器、观测精度及数据传输及计算方式与道路及地表沉降监测相同。初次观测时，要对同一观测对象进行三遍观测后取平均值作为初始值。

④ 观测数据分析及成果表述。地下管线的沉降监测数据分析及成果表述方式与道路及地表沉降监测相同。对观测结果要结合巡视、施工进度、管线性质、风险等级等条件综合判断，及时准确地提供观测结果。

5）周边建构筑物沉降监测

建构筑物沉降监测点根据建筑物的现场条件确定。对于一般建（构）筑物采用直埋暴露式墙钉或地钉，对有特殊要求的建筑可采用隐蔽式观测点。

另外，埋设沉降监测点时，要避开如雨水管、窗台线、电器开关等有碍观测的障碍物，并根据立尺需要，测点点头应保持与墙（柱）面和地面一定距离，一般距墙面不少于 5cm，并应高于室内地坪 $0.2\sim0.5m$。测点埋设完毕后，在其端头的立尺部位涂上防腐剂。建筑物沉降监测观测方法、采用的仪器、观测精度及数据传输及计算方式与道路及地表沉降监测相同。初次观测时，要对同一观测对象进行三遍观测后取平均值作为初始值。

建筑物沉降监测数据分析及成果表述方式与道路及地表沉降监测相同。对观测结果要结合巡视、施工进度、管线性质、风险等级等条件综合判断，及时准确地提供观测结果。

（2）支护结构顶水平位移监测

支护结构顶水平位移监测，具体监测内容如下：

1）监测控制网的布设

本工程围护结构桩（坡）顶、临时立柱、建构筑物水平位移监测网采用导线网，导线采用闭合导线形式，起始并闭合于精密导线上。根据场地围挡的条件及基坑位置，合理布设控制点，一般每个基坑不少于 3 个控制点。

2）水平位移测点的埋设技术要求

① 设站点。明挖基坑周边建议设置观测台，观测台尺寸根据现场情况确定，以能保证作业空间和作业安全为宜。观测台与基坑边水平距离以及底座高度根据护栏高度及视线情况确定。将强制对中观测盘置于墩台底座上部。观测墩台数量应根据基坑长度确定，在满足规范监测精度要求的前提下，观测墩台间距建议不大于 100m。

② 后视点。桩（墙）顶水平位移监测应设置固定后视点。建议在基坑影响区范围外开挖深 60cm 坑，将直径 30cm，长 220cm 的 PVC 管件埋入坑内，保证地面硬化后外露部分不低于 100cm，并满足后视通视条件。每测站后视点数量建议不少于 4 个。

③ 监测点。本工程水平位移监测点采用研发的可旋转角度固定小棱镜装置。这种装

置解决了目前工程中常用的水平位移监测和垂直位移装置分体安装、构造单一机械、灵活性差等缺点。为克服现有监测装置存在的角度无法调整、易丢失且保证共点监测等问题，专门研发了一种新型棱镜装置，不仅可以进行垂直位移的观测，还可以对棱镜头角度进行随意调整；同时通过将棱镜与棱镜头固定，棱镜头与棱镜杆固定，大大减少了丢失情况的发生，具体型制如图 20-5 所示。

图 20-5　桩（墙）顶位移监测点装置示意图

研制的基坑水平位移监测棱镜装置已获得国家知识产权局授予的实用新型专利，在实际工程中应用效果良好。

3）监测技术方法

本工程水平位移监测采用自由设站法，现场监测条件限制时亦可采用极坐标法。本监测项目采用的仪器为 LEICA TS30 全站仪，根据现场具体条件及观测精度进行选用。初次观测时，要对同一观测对象进行 2～3 遍观测后取均值作为初始值。

4）观测数据分析及成果表述

现场监测完毕后，采用自主研发的水平位移及沉降监测数据自动化计算及分析处理系统。观测数据计算完毕，可根据需要生成原始成果表格、阶段性及最终成果表格、观测点变形量一览表、代表性观测点时间变形曲线等，满足数据分析使用的需要。水平位移监测子系统如图 20-6 所示。

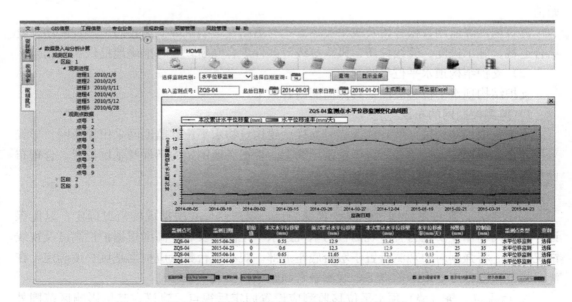

图 20-6　监测数据处理－水平位移监测子系统

（3）深层水平位移监测

本工程明挖基坑围护结构桩（墙）体深层水平位移采用测斜仪进行监测。

1) 监测技术方法

测斜仪的工作原理是测量测斜管轴线与铅垂线之间的夹角变化，从而计算土体、桩（墙）体在不同高度的水平位移。一般测斜仪由探头、电缆和数据采集仪组成。测斜数据的精度主要受探头的精度和测斜管的安装质量控制。本工程深层水平位移监测拟采用北京泰瑞科测斜仪，测试分辨率为0.02mm/m，满足工程监测的精度要求。

2) 观测数据分析及成果表述

在现场数据采集后，通过分析软件及时对测斜数据进行分析处理，绘出围护结构位移变形随深度的变化曲线，并对各测点变形量、变形速率发展情况及趋势进行综合分析。

（4）锚杆拉力监测

基坑工程桩锚支护体系应于每层锚杆中选择代表性锚杆进行监测。每层锚杆中若锚杆长度、锚杆形式或穿越的土层不同，则要在每种不同的情况下布设有代表性的锚杆拉力监测点。

1) 锚杆拉力监测技术方法

锚杆拉力测试采用含数支振弦式应变计的振弦式测力计进行测试，精度达到0.5%F·S。锚索测力计安装定位并锁定后，待仪器稳定后及时测量仪器的测值（原则上应取下层土方开挖前2d获得的稳定测试数据的平均值作为测试初始值），根据仪器编号和设计编号作好记录并存档，严格保护好仪器的引出电缆。

2) 监测数据成果表述

锚杆（索）拉力监测利用与测力计匹配的读数仪黑色引线夹连接测力计中线，红色引线夹依次连接其他颜色电缆线并分别读取相应频率值，同时填写监测原始记录手簿。每次测试时尽量选择相同的时间段，避免温差变化引起钢部件胀缩对测试数据的影响。

监测数据计算应用公式：

$$P_i = k\Delta F + B = 1 < (F_0 - F_1) + B \tag{20-1}$$

式中，P_i为第i次观测值，kN；k为测力计标定系数，kN/Hz；F_0、F_1、ΔF分别为测力计初始值、第i次测试值、频率变化值，Hz；B为测力计计算修正值，kN。

取多支传感器（不同颜色电线）测试值的平均值作为测力计的本次观测值。锚杆（索）拉力的计算单位为kN，计算结果精确到0.01kN。现场数据采集完毕，及时对监测数据进行处理分析，并对各测点变形发展情况及趋势进行综合分析。

（5）地下水位监测

地下水的有效控制是影响该基坑工程建设安全的重要因素，因此准确有效监控基坑施工过程中地下水控制效果具有重要意义。监测井规格根据基坑深度、承压水等工程条件进行设定，应满足工程实际要求。监测井安设完成后应加盖保护盖，并做明显测量标识，以便保护。

监测井安设完成后用测绳及水位计量测初始水位值，本工程采用钢尺水位计进行水位监测，其最小读数为1mm，重复性测量误差为2mm。每次监测时记录读数，并根据孔口联测标高反算水位标高，计算水位差，统计成果汇总表并生成水位变化曲线。在工程施工过程中进行实时监测，指导工程施工，保障工程顺利施工。

（6）建筑物主体沉降监测

1) 观测点的埋设

观测点的布置将根据建筑物的大小、结构特点、荷重分布以及地基土层的组合变化等因素综合确定。观测点一般选在建筑物的四角、大转角处及沿外墙每 10～20m 处；高低层建筑物交接处的两侧；建筑物裂缝和沉降缝两侧、人工地基与天然地基接壤处；宽度大于等于 15m 或小于 15m 而地质复杂以及膨胀土地区的建筑物，在承重内隔墙中部设内墙点。

2）观测方法及精度控制

水准网采用几何水准测量的方法进行观测，沉降观测控制网中的基准点、工作基点按国家一等水准测量标准及技术要求进行联测。本工程观测所采用的仪器主要是德国 Dini 03 精密电子水准仪及钢瓦尺，Trimble Dini 电子水准仪可满足一等测量精度的要求。初次观测时，要对同一观测对象进行 2～3 遍观测后取平均值作为初始值。

（7）数据采集处理与成果报送

1）现场监测数据采集

现场对各项监测项目数据进行采集，并及时传入数据管理系统，及时进行整理和校对。主要内容包括：观测粗差的剔除、观测限差的计算、观测误差的评定，对不合格数据决不能利用。及时进行数据处理和分析，主要内容包括：监测单元、施工概况、数据分析说明、测点布置图、监测成果表（包括阶段测值、累计测值、变形差值、变形速率、数据预警判断结论、变形曲线等）。

2）监测单位报送信息内容

监测成果报告应以直观的形式（如表格、图形等）表达出获取与施工过程有关的监测信息和巡视信息，监测巡视结果一目了然，可读性强。监测单位报送的内容包括阶段成果报告、预警快报信息（预警和突发风险事件）。

① 阶段成果报告

a. 基坑监测。根据建设单位要求，及时提交阶段监测成果报告，报告主要内容包括：工程施工进度、阶段监测情况、监测数据成果汇总、监测数据分析与安全状态评定、下阶段工作建议及需要相关方协调的事宜。

b. 建筑物沉降观测。观测单位应于每次观测结束后，及时进行成果整理，并及时向甲方提交阶段观测成果报告，报告主要内容包括：工程施工进度、阶段观测情况、观测数据成果汇总、下阶段工作建议及需要相关方协调的事宜（如有）。

② 预警快报信息

当判断风险工程可能达到预警状态或发生突发风险事件时，进行预警快报。报送内容主要包括：工程概况及风险工程概况（包括风险时间、地点及施工工况等）、监（观）测断面及位置、监（观）测数据汇总、安全巡视情况、监（观）测数据、巡视资料分析、风险原因初步分析等；风险变化趋势、处理建议等。

③ 最终成果报告

a. 基坑监测。全部监测活动终止后，1 个月内向甲方提供最终的监测报告，其内容则包括两个部分即第一部分报告正文和第二部分报告附件，主要包括以下部分：工程概况、监测目的、监测项目和技术标准、监测点平面布置图、代表性监测点变形时程曲线图、监测情况一览表、监测数据汇总。

b. 建筑物沉降观测。最终沉降观测分析报告应符合国家和北京市相关规范、标准的要求，结构应清晰，重点应突出，结论应明确，包括但不限于以下内容：项目概况、作业技术方法、结论及建议、项目成果图、表等附件。

第二节　国家会议中心二期项目屋盖拉索施工过程监测

一、工程概况

本工程位于北京城市中轴线的北延长线上，建筑功能为会展中心，主要用于举办国务、政务及高端国际交往活动。建筑平面尺寸为458m×146m，地上三层，地下两层，建筑高度51.32m。总用钢量约13万t。项目效果如图20-7所示。

图 20-7　国家会议中心二期项目效果图

国家会议中心二期项目结构健康监测涉及的区域主要为屋顶结构拉索健康监测与转换桁架应力与位移监测两个部分。由于前期已经提供了转换桁架卸载施工监测方案《国家会议中心二期项目（主体部分）施工过程监测方案-HD-20200315》，转换桁架的结构健康监测是在此基础上，选择部分传感器延伸至健康监测期间。本施工过程监测以屋盖拉索健康监测为主。

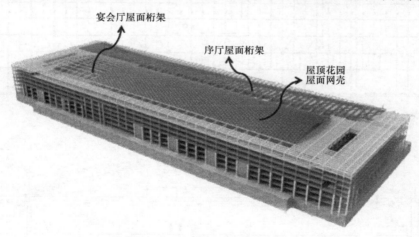

图 20-8　44.000～50.850m 标高结构布置图

拉索工程的概况：屋盖44.000～50.850m标高结构主要包括屋顶花园屋面网壳、宴会厅屋面桁架及序厅屋面桁架结构，结构布置如图20-8所示。屋顶花园屋面网壳共有主梁85榀，跨度为72m，连系次梁4928根，总计约1万t。宴会厅屋面桁架共计6榀，跨度为72m，每榀桁架重约95t。总计约700t。屋顶花园屋面网壳结构平、立面图如图20-9所示。

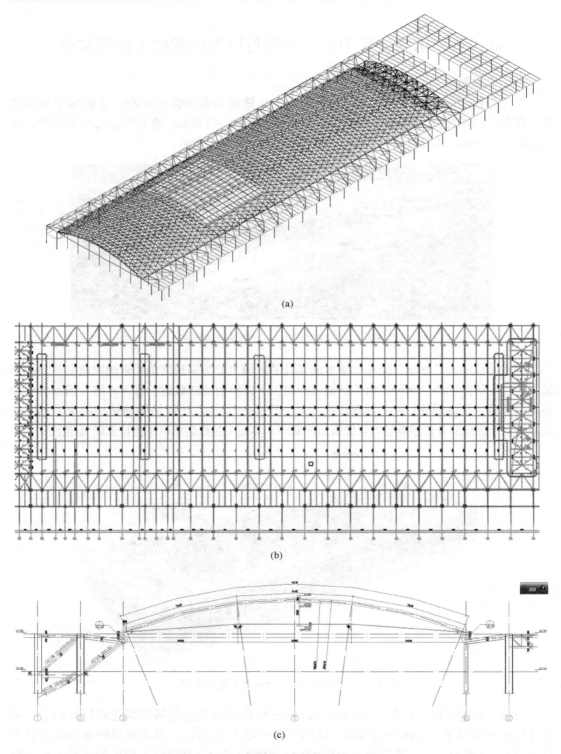

图 20-9　屋顶花园网壳结构平、立面图

（a）屋顶花园网壳轴侧图；（b）屋顶花园拉索布置图；（c）屋顶花园网壳杆件定位图

本项目的屋面网壳的主承力结构为拉索结构，拉索索力在服役过程中的长期演化规律是进行安全评定的必备数据，因此，针对拉索索力进行服役期长期健康监测是十分必要的。

二、关键问题

国家会议中心二期项目屋顶花园网壳结构拉索健康监测系统是一个集结构分析计算、计算机技术、通信技术、传感器技术等高新技术于一体的综合系统工程。

本项目监测工作包括健康监测系统深化设计、健康监测系统安装、健康监测系统调试、施工过程监测和长期健康监测。其中重点是监测系统的现场安装和调试，其监测工作主要存在如下关键问题：

（1）索力监测数据的准确性

本工程屋顶花园网壳结构拉索的受力状态是健康监测项目中的重点，故选取关键部位、受力较大的拉索进行施工阶段及运营期索力监测，且为保证数据的准确性和便于对比校核，考虑对索力监测采用至少两种方法同时进行。如何得到索力准确数据是本工程的关键技术难点，需要从仪器选型、仪器标定、安装和保护、线路优化布置、监测结果计算分析等一系列环节采取保障措施。监测软件系统中设计合理的程序和参数，通过一系列措施保证采集传输获得的数据精度满足要求。

（2）监测数据处理量大

本工程健康监测的软件系统需要对索力数据进行存储及分析处理，根据监测数据实现对屋盖结构进行预警和结构长期的安全评估。因此数据存储和处理量大，在开发监测系统时，应考虑为用户提供直观、简单实用的交互界面，方便用户对海量、复杂的数据进行各种操作。为本项目提供一套动态监测与预警服务软件，包括传感器系统、数据采集系统、数据库管理系统、三维可视化动态显示系统、安全预警系统、安全评估系统。

三、方案与实施

1. 监测仪器

（1）千斤顶施工过程拉索索力监测

1）测点位置

根据项目图纸以及施工过程可知，索力监测主要针对主要的主动索索力进行监测用以控制索网施工，因此，本项目监测索力为全部42根拉索。

2）监测仪器优选

本项目索力测试是通过拉索施工时的油泵上配套的标定后的压力表来实现。油泵和压力表系统在拉索张拉前需进行标定。在拉索施工就位后记录油泵上压力表的读数，通过标定书换算成拉索索力。传感器如图20-10所示。

（2）卡箍应变计监测法

1）测点位置

通过与拉索制作单位和施工企业沟通，对方反馈，考虑现场的工期进度和拉索施工的方案。本工程屋顶花园网壳结构拉索的受力监测采用卡箍式应变计每隔一根索取一根布设，共计21根，具体布设位置如图20-11所示。

2）监测仪器优选

本次采用新加坡新特公司生产的os3155应变传感器，其是一款自带温度补偿的光纤光

(a)　　　　　　　　　　　　　(b)

图 20-10　索力测试仪器

(a) 油泵＋压力表；(b) 压力表

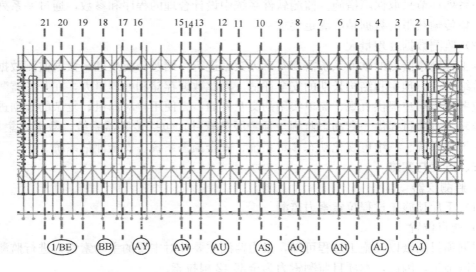

图 20-11　测索力传感器布设示意图

栅应变传感器，适用于室外钢结构表面的应变测量。os3155 应变传感器基底为不锈钢材料，在安装过程中起到保护光纤的作用，光栅被固定在不锈钢基底材料上，处于预拉状态。

2. 监测系统集成

（1）传感器安装使用

本工程采用 TV125 光纤光栅传解调仪，如图 20-12 所示。TV125 是一个大功率、高速度、多传感器的测量系统，主要为力学传感应用进行改进。使用了 Micron Optics 专利技术校正波长扫描激光器，TV125 具有高功率快扫描，它是一个完善的系统，具有扫描式光源，通过探测器可同时测量每根光纤反射回的光信号。

在传感器安装完成后，及时记录初始值。待拉索在张拉过程中，对每支被测的拉索进行标定，标定以油压千斤顶表的数据为准，为以后拉索的健康监测做好原始记录。

（2）综合布线

本项目线路布设时考虑如下原则：卡箍式光纤光栅索力传感器，一条线路最多可串联 3 个测点；光缆通过卡箍等方式固定在原有结构上，对于原结构的美观没有影响，每条走线均采取保护措施，并有明确清晰的编号和标识。在考虑以上原则的前提下，线路布设目标应使以长寿命、短

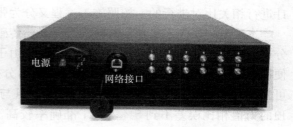

图 20-12　TV125 光纤光栅传感解调仪

距离、不影响其他结构为原则。国家会议中心二期项目屋顶结构拉索健康监测系统原理示意图如图 20-13 所示。

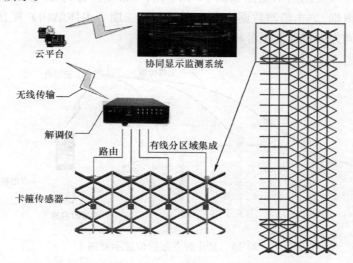

图 20-13　国家会议中心二期项目屋顶结构拉索健康监测系统集成

3. 监测系统实施

本项目拉索施工共分 2 次进行，分别为张拉控制力 50％阶段和张拉控制力 100％阶段。施工过程历时约一个半月，由于监测条件限制，无法实现自动化采集，本项目施工期主要采用人工采集方式。按照拉索施工的监测参数和结果分为拉索索力监测和北斗位移系统监测两个部分。

监测实施贯穿于整个屋面施工系统，屋面钢结构施工步骤为，分别在 3 个胎架上进行钢结构桁架安装，安装结束后张拉到张拉控制力的 50％。检查后滑移，滑移后在原胎架上再进行下一步钢结构安装，再进行滑移。在全部滑移到位并拆除安装胎架后，对所有拉索进行全部的第二次张拉，直至符合设计要求。

由于拉索索力在施工过程中由千斤顶进行数据控制，数据控制更加准确和有效。同时考虑卡箍式应变计的保护和使用问题，监测单位在张拉完第一次后进行传感器布设。北斗位形监测系统是在钢结构首批桁架安装完成后进行安装的。

4. 监测数据分析

（1）拉索数据分析

本项目拉索是在第一阶段安装结束后布设的，采用的方法是通过千斤顶和卡箍式应变

计进行相关比对进行的。按照施工过程又分为张拉控制力阶段和张拉后成型态阶段。

本项目采用的采集仪器选择为光纤光栅传感器，用于以后屋面拉索受风载的动态影像分析，因此，测试频率为1Hz。施工过程中由于受到条件限制，因此，采用的是同原理的便携式解调仪进行在张拉50%和张拉结束后分别进行了数据采集，通过相关计算和分析可知，所有21个轴线传感器数据均有，并且与理论值对比可知，张拉控制过程中与千斤顶的力值相比误差不到5%，施工准确率较高。完成所有拉索张拉后，在稳定5天后又对所有传感器进行了数据采集，通过数据处理和分析表明拉索施工高质量完成，准确可控。

(2) 北斗位形测试系统数据分析

本项目的北斗系统测点示意图如图20-14所示，布设位置为41轴线位置的桁架（整体拉索结构的最南端）。本监测数据为国家会议中心二期（主体结构）屋顶拉索及网架滑移阶段数据，不同方向位移数据分析如图20-15所示。

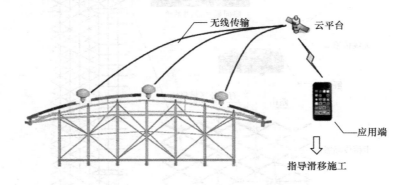

图 20-14　北斗测点布设位置示意图

由图 20-15 可知：

a. 北斗监控系统在正常工作状态下采集数据稳定正常，所有传感器均能看到数据随着滑移施工的变化而变化，这与施工过程对结构的影响变化规律相符合。

b. 取三个北斗传感器沿滑移水平方向数据对比分析，如图20-15(a)可得：同一网架上北斗传感器监控数据变化趋势相同，数据变化基本相同，在滑移结束后监控数据基本平稳；同时也与每次的滑移日期和滑移距离相一致。

c. 取同一高度位置处传感器垂直滑移水平方向数据作对比分析，如图20-15(b)可得，本图位肩部两个传感器水平方向的实测值的差值，可以看到在滑移过程中水平方向有所波动，但是波动值很小。这样从控制层面确定了第一级拉索起到了稳定钢结构桁架形态的作用，能够确保钢结构滑移的持续稳定进行。

d. 取最高点位置处传感器竖向位形数据作分析，如图20-15(c)可得：最高点受到拉索的反拱最大，因此，没有分析两个肩部的传感器数据。通过4条易损性分析中的定量数据值可知，41拉索所在的轴线位置的反拱值约为97mm，与实测的100mm相差非常微小。说明二次张拉的索力控制是准确有效的。

总体来看，屋盖从第一次张拉到滑移、再到二次张拉的全过程钢结构施工质量定量可控。

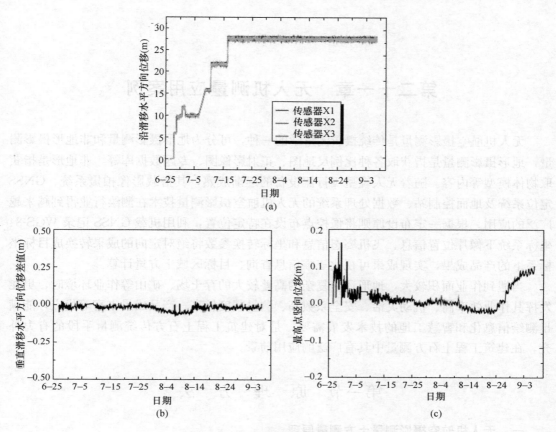

图 20-15 北斗监控系统数据对比

（a）沿滑移水平方向位移数据对比；（b）垂直滑移水平方向同一高度传感器数据对比；

（c）最高点传感器竖向位移数据

第二十一章　无人机测量应用案例

　　无人机航空摄影测量是传统摄影测量学的一种，可分为地形摄影测量和非地形摄影测量，地形摄影测量是指获取各种比例尺地图、正射影像图、专题数据库等，非地形是指获取物体模型等内容。随着无人轻型飞行器设备的逐渐成熟，其搭载影像拍摄系统、GNSS定位系统及地面控制站、数据处理系统的无人机航空摄影测量技术在测绘行业得到越来越广泛的应用。根据一定布设原则将像控点布设在特定位置，利用机载 GNSS 记录 WGS-84 坐标系统下像片位置信息、飞机姿态信息和坐标转换参数将绝对定向的成果转换成目标坐标系下的产品成果，实现成果可视化三维信息查询、目标区域土方量计算。

　　当遇到作业面积较大，地形环境复杂的高差较大的存土场、矿山等作业环境时，更能发挥其作业效率高、机动灵活、安全系数高、测量精度较高、产品成果丰富等优点，能满足测绘信息化和智慧工地的技术发展需要，是对建筑工程土石方传统测量手段的有力补充，在建筑工程土石方测量中具有广泛的应用前景。

第一节　原　理　方　法

一、无人机航空摄影测量土方测量原理

　　无人机航空摄影测量是利用搭载在飞行平台上的相机及 POS 定位定姿系统（全球定位系统 GNSS 和惯性测量装置 IMU 直接测定航片外方位元素的航空摄影导航系统）或者是加装 PPK 系统（动态后处理技术，是利用载波相位进行事后差分的 GNSS 定位技术），按照一定高度和路径，对土方测试场地进行连续摄影获取一定重叠度的像片（图 21-1）。进行内定向、相对定向、绝对定向等空中三角测量过程，完成成果坐标系的建立和旋转。

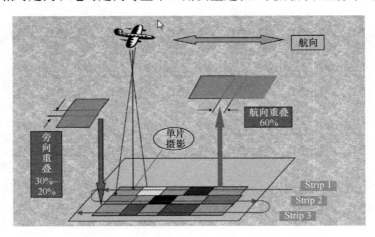

图 21-1　无人机航空摄影测量土方测量原理图

a. 内定向是指将扫描坐标系转换到以像主点为原点的像平面坐标系。内定向问题需要借助影像的框标来解决。直接由数码相机获取的影像不存在内定向的问题。

b. 相对定向是单张像片进行中心投影的透视变换，两张像片之间测得 5 对同名像点的坐标值，解算出该像对的 5 个相对定向元素完成像片与像片之间进行相对定向，确定像片之间相互关系。相对定向所建立的土方测量场地立体模型常处在暂时的模型坐标系中，而且比例尺也是任意的，因此必须把它变换至地面测量目标坐标系中，如图 21-2 所示。完成绝对定向并使符合规定的比例尺，方可进行后期成果输出，如图 21-3 所示。

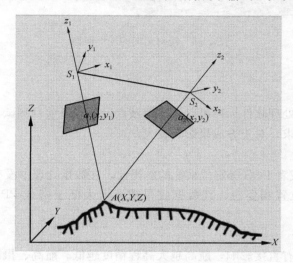

图 21-2　地面测量目标坐标系

图 21-3　相对定向的地面模型

c. 绝对定向的数学基础是三维线性相似变换，它的元素有 7 个，3 个坐标原点的平移值，3 个立体模型的转角值和 1 个比例尺缩放率。结合地面控制点、POS 或者 PPK 系统，获取相机在曝光瞬间测站的空间位置和姿态信息，将其视为观测值引入至飞行区域网平差中，将土方测量场地模型定位到对应空间位置，如图 21-4 所示。

二、无人机航空摄影测量精度影响因素分析

无人机航空摄影测量精度是受环境、技术方案、设备、人员等因素综合影响的，只有对各个关节严谨把控，才能获得质量符合规范要求的成果。其主要影响因素有以下几个

图 21-4　绝对定向的地面模型

方面：

1. 植被覆盖情况

虽然国内外数据处理软件标称可以消除植被点云，经过项目测试，点云分类效果尚不能满足土方测量的要求，对土方成果影响较大。

2. 设备技术局限

没有搭载 PPK 或者 POS 等定位系统的航摄仪，在数据处理中没有修正摄影曝光瞬间航摄仪物镜中心的位置和姿态，其数据成果精度大大低于搭载 PPK 或者 POS 系统的设备。

3. 摄影航高因素

航高对高程精度有直接影响，航高越大高程精度越低。航高、摄影比例尺分母、摄影焦距三者关系 $H = M * f$，土方测量中在保证飞行安全的前提下，尽可能选择低空飞行和使用短焦距相机。

4. 地面控制点精度及刺点精度

地面控制点是后期空中三角测量绝对定向时的关键因素，地面空点的精度如果不能满足需求或者刺点错误，就会导致模型转换 7 参数解算错误，导致方向、比例偏差，造成成果质量不能满足要求。

5. 天气情况

风力较大会导致无人机航行中航高起伏较大，航向倾角不稳定，导致 POS 信息数据不够准确，且同一航线内航高不同，导致精度不统一，质量不可控。

遇到雾霾或者光线较暗导致成像不清晰，这就对后期像片相对定向留下质量隐患，导致成果质量不能满足需求。

第二节　方案设计

本项目主要针对地形信息采集，故采用某固定翼无人机进行航拍作业。无人机如图 21-5 所示。

一、新机场东航项目

考虑作业区域情况、精度要求，以及气候因素，该项目采用固定翼无人机，该无人机搭载 SONY QX-1 型镜头、镜头焦距 16mm、POS 定位定姿系统，其工程应用流程如下。

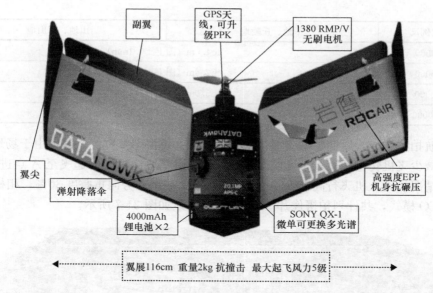

图 21-5　固定翼无人机

（1）像片控制测量，为后期绝对定向提供目标坐标系基准。本项目根据现场情况布设 8 个平高控制点，并进行坐标采集，平面控制点如图 21-6 所示。

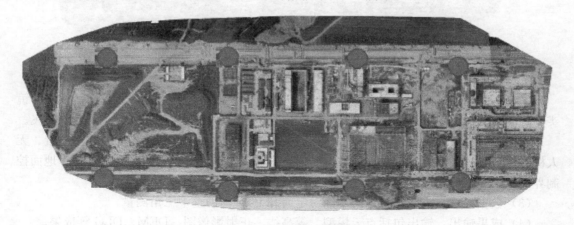

图 21-6　平面控制点示意图

按照《数字航空摄影测量控制测量规范》CH/T 3006—2011 无人机航空摄影测量像控点控制测量精度要求见表 21-1。

像控点平面位置中误差　　　　　　　　　　　　　　　　　　　表 21-1

成图比例尺	平地、丘陵地	山地、高山地
1：500	±0.06m（图上±0.12mm）	±0.08m（图上±0.16mm）
1：1000	±0.12m（图上±0.12mm）	±0.16m（图上±0.16mm）
1：2000	±0.24m（图上±0.12mm）	±0.32m（图上±0.16mm）
1：5000	±0.5m（图上±0.1mm）	

续表

成图比例尺	平地、丘陵地	山地、高山地
1∶10000	±1.0m（图上±0.1mm）	
1∶25000	±2.5m（图上±0.1mm）	
1∶50000	±5.0m（图上±0.1mm）	
1∶100000	±10.0m（图上±0.1mm）	

（2）航拍实施，为后期数据处理获取照片和无人机姿态及位置信息。由于场地为南北狭长，为减少飞机转弯频次，布设成南北向航线。由基地位置弹射起飞至 A 点进入航线。根据现场情况，无人机飞行高度120m，航向重叠度60%，旁向重叠度30%，相机 ISO 设置为 AUTO 模式，共计划拍摄像片 90 张。航拍路线如图 21-7 所示。

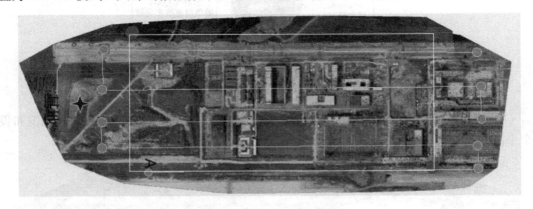

图 21-7　航拍路线图

无人机起飞前需按照检查表逐项对设备进行全面检查，尤其对外观、舵机、天线、镜头、降落伞、数据传输、电量、迫降模式等内容进行测试，在保证正常情况下才能起飞。

在无人机进入航线后地面站管理人员需关注飞控软件的飞行信息，尤其数传质量、无人机位置、飞行高度、飞行姿态、空速等信息，如遇到紧急情况需及时返回基地。地面控制界面如图 21-8 所示。

（3）数据处理，完成相对定向、绝对定向和 POS 辅助空中三角测量。

（4）成果输出，输出包括点云模型、等高线、正射影像图、DEM、DLG 等成果。

（5）精度评定，根据数据处理报告和现场抽样检测对成果精度进行评估。

（6）土方计算，利用数据处理软件进行土方计算并与其他传统方法结果进行比较分析。对无人机航空摄影测量技术在土石方量算中应用的精度及效率进行评定。

二、数据处理软件及处理流程

1. 数据处理软件

内业数据处理国内外常用的软件有 Pix4D、Photoscan、Context capture，三款软件都是进行自动化处理，人工干预少，具有较高的成果质量。Pix4D 软件操作简单，处理速度较慢，精度高，一站式生成多种成果；Photoscan 处理速度快、正射影像色彩艳丽、模型建立速度快，空三精度和照片拼接精度高，但是空中三角测量精度相较于 Pix4D 较差，且操作较 Pix4D 较复杂；Context capture 操作相对复杂，空三计算精度较差，不同成果

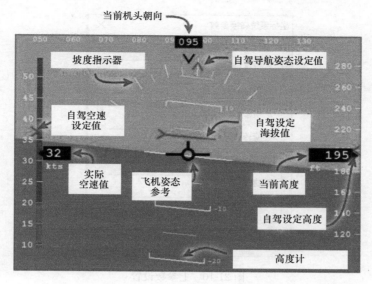

图 21-8　地面控制界面

需要单独处理输出，但 Context capture 实景三维建模成果更加真实。本项目采用 Pix4D 软件进行内业处理，下面介绍详细处理方法。

2. 内业基础数据制作

本次共拍摄 89 张像片，每张像片均无云影遮挡，色泽均匀清晰，反差适中，且色调正常，能够满足后期拼接要求。由于 LOG 信息不含照片信息，需利用 ACP_Creator 软件将照片信息和 LOG 信息整合匹配，保证每张像片曝光拍摄瞬间无人机的位置和姿态信息都能确定。

此款无人机 Log 信息中的定位信息默认 WGS-84 坐标，需将 WGS-84 坐标系下的 LOG 信息需转换到目标坐标系。其转换参数可通过 GNSS 操作手簿、Arcgis、Coord 等软件进行转换。现以 Coord 软件为例，介绍其具体步骤：

（1）通过 GNSS 利用 3 个及以上控制点解算当地坐标转换参数。

（2）可利用四参数或者七参数转换法进行转换，本次利用七参数转换。将解算求得的转换参数输入到 Coord 软件中，如图 21-9、图 21-10 所示。

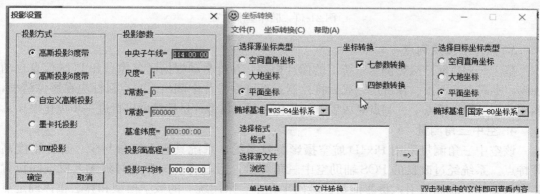

图 21-9　投影参数设置

图 21-10   七参数设置

（3）选择源坐标类型和目标坐标类型，源坐标一般是 WGS84 坐标，目标坐标类型需根据具体的工程选择。选择文件转换，添加坐标文件，最终完成转换。如图 21-11、图 21-12 所示。

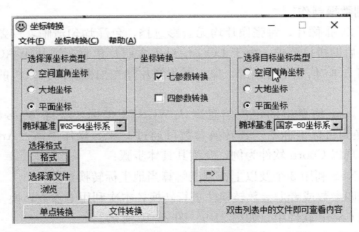

图 21-11   椭球基准设置

3. 像片拼接及刺点

基于 Pix4D 航空摄影测量系统下的像片拼接，系统自动根据同名像点和 POS 信息自动拼接，不需人工干预。在拼接完成后将控制点准确在像片中刺出。刺点目标应在影像清晰，能准确刺点的目标点上。刺点完成后重新优化匹配，将像片拼接精度进行进一步优化提高。

4. 空中三角测量

该空中三角测量采用 Pix4D 航空摄影测量系统，系统具有人工参与少、解算精度高等特点。系统经过改良的 POS 辅助空中三角测量，通过将镜头曝光时刻无人机空间位置姿态信息作为观测值引入摄影测量区域网平差中，采用统一的数学模型和算法整体确定点位并对其质量和精度进行评定。

#GPS.TIME	UAV.LATLON#1	UAV.LATLON#0	UAV.HEIGHT	UAV.HEADING	UAV.ELEVATI
DSC06133.JPG	3589.264595	7614.442663	184.4695	28.56678	-4.459385 -3.27542
DSC06134.JPG	3610.669904	7648.722685	182.7311	25.88902	-2.206026 -10.33435
DSC06135.JPG	3625.094127	7683.309344	183.6277	13.18896	-2.325127 -10.80094
DSC06136.JPG	3633.080671	7719.030919	183.341	3.602214	-5.110022 -4.03585
DSC06137.JPG	3637.838113	7755.695916	182.4627	0.6682934	-1.728583 -1.829956
DSC06138.JPG	3640.940686	7791.724611	183.6348	0.5081008	-3.11935 0.5362262
DSC06139.JPG	3643.453556	7829.659915	182.5753	357.0657	-4.102853 -0.4932456
DSC06140.JPG	3645.257151	7868.878897	182.2678	359.0566	-0.8039659 -0.4509204
DSC06141.JPG	3646.300971	7907.765856	182.4859	356.6129	-2.051896 -4.486143
DSC06142.JPG	3645.150866	7946.283853	182.8686	352.6135	-0.8440153 -0.9560813
DSC06143.JPG	3643.12055	7983.981231	183.4656	351.3013	-2.260419 3.09985

图 21-12　椭球基准设置坐标转换完成

5. 成果输出

Pix4D 航空摄影测量系统自动构建 TIN 内插 DEM，自动生成 DEM、DOM、等高线、点云模型等成果。应用 Global mapper 等软件对数字高程模型进行深处理生成正射影像等高线叠加图或者 DEM 等高线叠加图等。项目正射影像如图 21-13 所示，项目数字高程模型如图 21-14 所示，东航项目 3d 点云模型如图 21-15 所示，东航项目 10m 方格网如图 21-16所示。

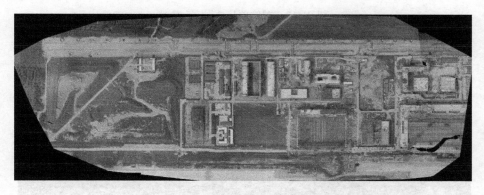

图 21-13　东航项目正射影像图

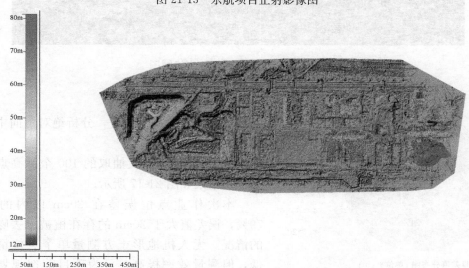

图 21-14　东航项目数字高程模型

图 21-15 东航项目 3d 点云模型

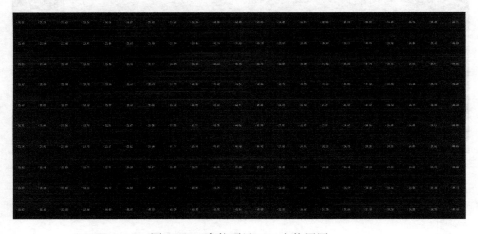

图 21-16 东航项目 10m 方格网图

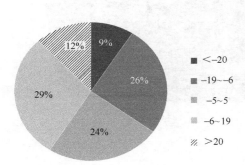

校验差值分布图（单位：cm）

图 21-17 校验差值

三、成果精度分析

根据 Pix4D 质量报告，分析绝对定向中的地面控制点误差精度。

采用 RTK 对随机抽取的 100 个标高点进行验证，结果如图 21-17 所示。

本次作业点位误差在 20cm 以内的达到 79％，误差值大于 20cm 的存在植被未去噪成功的情况。无人机地形土方测量单个点位精度较低，但测量效率极高，可为项目前期规划提供指导。

第三节 小 结

本章对无人机航测原理、无人机机型、精度影响因素、方案设计及数据处理软件的选择、处理流程、精度情况、时间统计等进行了介绍。

在方案设计无人机选型中，固定翼无人机一般搭载垂直水平面的单镜头，故只能拍摄地表顶部影像，适用于环境风险低、场区面积大的项目，主要用于正射影像、地形图、数字高程模型等数字产品的采集；旋翼无人机可搭载多镜头，可有效拍摄地表、建筑等要素侧面影像，适用于倾斜摄影建模，适用于场区面积小、环境复杂的项目。内业软件处理流程过程为利用 ACP 软件进行 POS 制作、利用 Coord 软件进行坐标系统转换、利用数据处理软件进行处理。其中，Pix4D 软件操作简单，处理速度较慢，精度高，一站式生成多种成果；Photoscan 处理速度快、正射影像色彩艳丽、模型建立速度快，空三精度和照片拼接精度高，空中三角测量精度低于 Pix4D，操作较 Pix4D 复杂；Context capture 操作较复杂，空三计算精度不高，不同成果需要单独处理输出，但 Context capture 实景三维建模成果更加真实，可根据需求选用相匹配的软件。无人机成果可利用 Global mapper 对数字高程模型进行深处理，生成 DEM 与等高线、正射影像与等高线叠加图等。无人机数字成果精度可利用 RTK 进行验证，对精度进行分析，指出无人机成果高程精度区间范围，可对项目前期规划起到指导意义。

参 考 文 献

[1] 高井祥. 测量学[M]. 徐州：中国矿业大学出版社，2016.

[2] 潘正风，程效军，成枢，等. 数字地形测量学[M]. 武汉：武汉大学出版社，2015.

[3] 张正禄. 工程测量学(第三版)[M]. 武汉：武汉大学出版社，2020.

[4] 顾孝烈，鲍峰，程效军. 测量学(第四版)[M]. 上海：同济大学出版社，2011.

[5] 周文国，郝延锦. 工程测量(第三版)[M]. 北京：测绘出版社，2019.

[6] 党海星，郭宗河，郑加柱. 工程测量[M]. 北京：人民交通出版社，2006.

[7] 武汉大学测绘学院测量平差学科组. 误差理论与测量平差基础(第三版)[M]. 武汉：武汉大学出版社，2014.

[8] 邓洪亮. 土木工程测量学(上、下)[M]. 北京：北京工业大学出版社，2005.

[9] 覃辉，叶海青. 土木工程测量[M]. 上海：同济大学出版社，2006.

[10] 严莘稼，李晓莉，邹积亭. 建筑测量学教程(第二版)[M]. 北京：测绘出版社，2007.

[11] 全国科学技术名词审定委员会. 测绘学名词(第四版)[M]. 北京：测绘出版社，2020.

[12] 中华人民共和国国家标准. GB/T 50228—2011 工程测量基本术语标准[S]. 北京：中国计划出版社，2012.

[13] 宋超智，陈翰新，温宗勇. 大国工程测量技术创新与发展[M]. 北京：中国建筑工业出版社，2019.

[14] 陆国胜，王学颖. 测绘学基础[M]. 北京：测绘出版社，2006.

[15] 殷耀国，郭宝宇，王晓明. 土木工程测量(第三版)[M]. 武汉：武汉大学出版社，2021.

[16] 张会霞，朱文博. 三维激光扫描数据处理理论及应用[M]. 北京：电子工业出版社，2012.

[17] 李征航，黄劲松. GPS测量与数据处理(第三版)[M]. 武汉：武汉大学出版社，2016.

[18] 徐绍铨，张华海，杨志强，等. GPS测量原理及应用(第四版)[M]. 武汉：武汉大学出版社，2017.

[19] 黄丁发，张勤，张小红，等. 卫星导航定位原理[M]. 武汉：武汉大学出版社，2015.

[20] 黄声享，郭英起，易庆林. GPS在测量中的应用[M]. 北京：测绘出版社，2007.

[21] 鲁恒. 利用无人机影像进行土地利用快速巡查的几个关键问题研究[D]. 成都：西南交通大学，2012.

[22] 孙烨龙. 小型无人机航测系统大比例尺测图方法研究[D]. 成都：成都理工大学，2017.

[23] 万刚. 无人机测绘技术及应用[M]. 北京：测绘出版社，2015.

[24] 赵琛琛. 多视角倾斜影像DSM自动提取的关键技术研究[D]. 郑州：解放军信息工程大学，2015.

[25] 官建军，李建明，苟胜国，等. 无人机遥感测绘技术及应用[M]. 西安：西北工业大学出版社，2017.

[26] 中华人民共和国国家标准. GB 50026—2020 工程测量标准[S]. 北京：中国计划出版社，2021.

[27] 孔祥元，郭际明. 控制测量学：上册(第四版)[M]. 武汉：武汉大学出版社，2015.

[28] 孔祥元，郭际明. 控制测量学：下册(第四版)[M]. 武汉：武汉大学出版社，2015.

[29] 杨晓明，沙从术，郑崇启，等. 数字测图[M]. 北京：测绘出版社，2009.

[30] 高井祥，肖玉林，付培义. 数字测图原理与方法[M]. 徐州：中国矿业大学出版社，2001.

[31] 李玉宝，曹智翔，余代俊，等. 大比例尺数字化测图技术[M]. 成都：西南交通大学出版

社，2006.

[32] 李生平. 建筑工程测量(第二版)[M]. 武汉：武汉理工大学出版社，2003.

[33] 郑文华，魏峰远，吉长东. 地下工程测量[M]. 北京：煤炭工业出版社，2007.

[34] 中华人民共和国国家标准. 建筑基坑工程监测技术标准 GB 50497—2019[S]. 北京：中国计划出版社，2020.

[35] 中华人民共和国国家标准. 城市轨道交通工程测量规范 GB/T 50308—2017[S]. 北京：中国建筑工业出版社，2017.

[36] 伊晓东，李保平. 变形监测技术及应用[M]. 郑州：黄河水利出版社，2007.

[37] 段向胜，周锡元. 土木工程监测与健康诊断[M]. 北京：中国建筑工业出版社，2010.

[38] 岳建平，田林亚，变形监测技术与应用[M]. 北京：国防工业出版社，2007.

[39] 邱冬炜，丁克良，黄鹤，等，变形监测技术与工程应用[M]，武汉：武汉大学出版社，2016.

[40] 夏才初，潘国荣. 土木工程监测技术[M]. 北京：中国建筑工业出版社，2001.

[41] 汪雅婕. Pix4Dmapper 在无人机航摄应急救灾项目中的应用研究[J]. 测绘与空间地理信息，2016，39(9)：202-203.

[42] 曹敏，史照良. 新一代海量影像自动处理系统"像素工厂"初探[J]. 测绘通报，2006(10)：55-58.

[43] 周友义. 基于 PixelGrid 软件的无人机数据处理[J]. 测绘与空间地理信息，2013，36(1)：128-130.